高等院校机械类创新型应用人才培养规划教材

数 控 技 术
Numerical Control Technology

主　编　唐友亮　佘　勃

副主编　刘　萍　贾小伟　何仁琪

参　编　刘美侠　刘　祎　吴　凯

主　审　饶华球

U0230653

北京大学出版社
PEKING UNIVERSITY PRESS

内 容 简 介

本书基于应用型人才培养的要求，从数控技术的实用性出发，着重叙述了数控程序的编制、插补原理与刀具补偿技术、计算机数控系统、数控机床的主轴驱动与控制、进给轴的驱动与控制等方面的内容，同时还叙述了数控技术的基本概念、数控机床的机械结构以及数控机床的选用、安装调试、维护与故障诊断等内容，内容全面、系统，且重点突出。全书注重理论联系实际，各章既有联系，又有一定的独立性。全书每章均附有思考与练习题，题型多样。

本书可作为高等院校本科机械类专业教材，也可供企事业单位从事数控技术开发与应用的工程技术人员参考使用。

图书在版编目(CIP)数据

数控技术/唐友亮，佘勃主编. —北京；北京大学出版社，2013.2
(高等院校机械类创新型应用人才培养规划教材)
ISBN 978 - 7 - 301 - 22073 - 3

Ⅰ. ①数… Ⅱ. ①唐… ②佘… Ⅲ. ① 数控技术—高等学校—教材 Ⅳ. ①TP273

中国版本图书馆 CIP 数据核字(2013)第 022467 号

书　　　　名：	数控技术
著作责任者：	唐友亮　佘　勃　主编
策 划 编 辑：	童君鑫
责 任 编 辑：	童君鑫　黄红珍
标 准 书 号：	ISBN 978 - 7 - 301 - 22073 - 3/TH • 0335
出 版 发 行：	北京大学出版社
地　　　　址：	北京市海淀区成府路 205 号　　100871
网　　　　址：	http://www.pup.cn　新浪官方微博：@北京大学出版社
电 子 信 箱：	pup_6@163.com
电　　　　话：	邮购部 010- 62752015　发行部 010-62750672　编辑部 010-62750667
印 刷 者：	北京虎彩文化传播有限公司
经 销 者：	新华书店

787 毫米×1092 毫米　　16 开本　　23 印张　　534 千字
2013 年 2 月第 1 版　　2022 年 12 月第 7 次印刷

定　　　　价：56.00 元

未经许可，不得以任何方式复制或抄袭本书之部分或全部内容。
版权所有，侵权必究
举报电话：010 - 62752024　　电子信箱：fd@pup.pku.edu.cn

前　　言

　　数控技术是通过计算机用数字化信息控制生产过程的一门自动化技术。数控技术是数控机床的核心技术，是机械制造业技术改造和技术更新的必由之路，是未来工厂自动化的重要基础。数控技术的应用和发展正在改变着机械制造业的面貌。随着制造业的发展，社会对掌握数控技术人才的需求越来越大，要求也越来越高。数控技术不仅具有较强的理论性，更具有较强的实用性，其内容范围覆盖很多领域：机械设计与制造技术、信息处理加工与传输技术、伺服驱动与控制技术、传感器技术、软件开发与网络技术等。数控技术是由各种技术相互交叉、渗透、有机结合而成的一门综合科学。本书主要介绍了数控编程的基础和方法、数控装置的轨迹控制原理、计算机数控系统的软硬件结构、数控机床伺服系统工作原理，还介绍了数控技术的基本概念、数控机床的应用和发展、数控机床的位置检测装置、数控机床用可编程控制器和数控机床的机械结构。

　　本书由宿迁学院的唐友亮和佘勃任主编，宿迁学院的刘萍、江苏农林职业技术学院的贾小伟和长江师范学院的何仁琪任副主编。其中第 1 章由唐友亮编写，第 2 章由佘勃和刘祎编写，第 3 章由刘萍编写，第 4 章由唐友亮和刘萍编写，第 5 章由唐友亮和刘美侠编写，第 6 章由何仁琪编写，第 7 章由贾小伟编写，第 8 章由吴凯编写。全书由唐友亮统稿和定稿，饶华球教授主审。

　　由于编者的水平所限，书中难免有欠妥之处，恳请广大读者批评指正。

编　者

2012 年 11 月

目　录

第 1 章
绪　　论
(Chapter One Introudction)

 本章教学要点

能力目标	知识要点
了解数控技术的有关概念	数控技术、数控机床的概念
掌握数控机床的工作过程	数控机床工作过程
了解数控机床的分类	数控机床的分类
了解数控技术发展趋势	数控技术发展趋势
了解常见的数控系统	华中数控系统、西门子数控系统、FANUC 数控系统

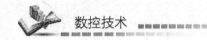

东芝事件——看看数控机床最风光的年代

克格勃（克格勃是1954年3月13日至1991年11月6日期间苏联的情报机构，以实力和高明而著称于世）从日本成功走私了一批高科技产品，大大降低了潜艇噪声，使美国海军难以追踪——"东芝事件"气坏美国朝野……（历史一页）

苏联迫切需要高精度机床

20世纪60年代末，苏联情报机构在美国海军机要部门建立的间谍网不断获得美国核潜艇跟踪苏联潜艇的情报。苏联潜艇的噪声很大，美国海军在200海里以外就能侦测到。苏军如果不能及早消除潜艇噪声，不管建造多少潜艇，打起仗来，它们都逃脱不了"折戟沉沙"的命运。要消除潜艇噪声，必须制造出先进的螺旋桨，而这必须要有计算机控制的高精度机床才行。高性能的机床是"巴黎统筹委员会"（由北约国家和日本等15国组成）严格限制的产品，该委员会明文规定，具有三轴以上的数控机床属战略物资，禁止向苏联、东欧等共产主义国家出口。为了改变本国潜艇面临的危险局面，苏共中央政治局指示，要不惜一切代价从西方国家获取精密加工方面的高新技术。

克格勃与日本、挪威公司秘密谋划

1979年底，苏联克格勃经过精心策划终于找到了机会。克格勃高级官员奥西波夫以全苏技术机械进口公司副总经理的身份，通过日本和光贸易股份公司驻莫斯科事务所所长熊谷独与日本伊藤忠商社、东芝公司和挪威康士堡公司接上了头。在巨大的商业利益的诱惑下，东芝公司和康士堡公司同意向苏联提供四台MBP－11OS型九轴数控大型船用螺旋桨铣床，此项合同成交额达37亿日元。这种高约10m、宽22m、重250t的铣床，可以精确地加工出巨大的螺旋桨，使潜艇推进器发出的噪声大大降低。

1984年4月24日，苏联和日本公司的签约仪式在东芝公司的外贸代理商———伊藤忠商社驻莫斯科办事处举行。苏日双方代表在合同上签了字。但合同上写的是向苏联出口技术性能较低、不为"巴统"禁止的四台两轴铣床。在克格勃官员奥西波夫的策划下，东芝公司和苏联早已"暗度陈仓"，签订了一份保证在发货时，以"狸猫换太子"的手法提供九轴铣床的秘密协议书。为了掩人耳目，苏联没有向日本订购与九轴铣床相配套的计算机控制系统，而是要求挪威国营武器制造公司——康士堡贸易公司向东芝公司提供四台NC－2000数字控制装置，由东芝公司完成总装后，出口苏联。苏联为此还与康士堡公司单独签订了秘密合同。这种数控装置通常与不受"巴统"限制的两轴机床配套使用，但是只要改变一下配线和电路，就可作为九轴机床的数控装置。

苏联军方如获至宝

苏、日秘密协议签字一个月后，东芝公司即向日本通产省申领向苏联出口的许可证。申领书隐瞒了九轴机床的高性能，伪称产品是用于加工水力发电机叶片的简易TDP－70/110型两轴机床，从而获得了通产省的出口许可证。

这四台精密机床顺利到达苏联并很快发挥作用。到1985年，苏联制造出的新型潜艇噪声仅相当于原来潜艇的10%，使美国海军只能在20海里以内才能侦测出来。1986年10月，一般美国核潜艇因为没有侦测到它正在追踪的苏联潜艇的噪声而与苏联潜艇相撞。

东窗事发　风波迭起

1985年12月，苏、日秘密协议当事人之一、日本和光公司的熊谷独因与他的雇主发生纠纷而辞职，并愤而向"巴统"主席盖尼尔·陶瑞格揭发了东芝事件。陶瑞格立即要求日方调查此事。日本通产省对东芝公司进行调查时，东芝公司以预先签署的假合同和其他技术文件为证，对此事矢口否认。经过进一步调查，1987年初，美国人掌握了苏联从日本获取精密机床的真凭实据。在美国的压力下，1987年5月27日，日本警视厅对东芝公司进行突击检查，查获了全部有关秘密资料，逮捕了日本东芝机械公司铸造部部长林隆二和机床事业部部长谷村弘明。东芝机械公司曾与挪威康士堡公司合谋，非法向前苏联出口大型铣床等高技术产品，林隆二和谷村弘明被指控在这起高科技走私案中负有直接责任。此案引起国际舆论一片哗然，这就是冷战期间对西方国家安全危害最大的军用敏感高科技走私案件之一"东芝事件"。

通过以上事件可以看出数控机床在军事领域的重要性。目前数控机床已经广泛应用于国民经济的很多领域。随着国民经济发展水平和企业综合能力的提高，数控机床已在很多机械制造企业中普及。那么，究竟什么是数控机床？数控机床是如何产生的？它由哪些部件组成？工作原理和特点如何？如何分类？数控机床的发展趋势如何？常见的数控机床品牌有哪些？这些问题都可以在本章找到答案。

1.1　基本概念(Basic Concepts)

1. 数字控制与数控技术

数字控制(numerical control，NC)简称数控。它是一种借助数字化信息(数字、字符或其他符号)对某一工作过程(如加工、测量、装配等)进行程序控制的自动化方法。通常采用专门的计算机(或单片机)让机器设备按照生产厂家或使用者编写的程序来进行工作。

数控技术(numerical control technology)是采用数字控制的方法对某一工作过程实现自动控制的技术。

2. 数控系统与数控机床

数控系统(numerical control system)是实现数字控制的装置，它是数字控制技术的物理实体体现，由硬件和软件两部分组成。

数控机床(numerical control machine tools)是采用数字控制技术对工件的加工过程进行自动控制的一类机床。数控机床是数控技术在生产中应用最为典型的例子，它是由数控系统和机床本体组成的。利用数控机床加工时，首先将机械加工过程中的各种控制信息(刀具、切削用量、主轴转速、加工轨迹等)用相应的代码数字化，然后将数字化的信息输入数控装置(数控系统的核心部分)，经运算处理后再由数控装置发出各种控制信号来控制机床的动作，从而使机床按图样要求的形状和尺寸，自动地将零件加工出来。

小提示：通常人们提到某一品牌的数控机床，如华中数控机床，实际上是指它的数控

系统的品牌，它与数控机床的生产厂家不是一个概念。每一品牌的数控系统又包括很多系列，如华中 21 系列、18/19 系列等。

1.2 数控机床的工作过程与组成
（Working Process and Components of Numerical Control Machine Tools）

1.2.1 数控机床的工作过程

在数控机床上加工零件时，一般按照图 1.1 所示的步骤进行。

图 1.1 数控机床的工作过程

（1）首先对零件加工图样进行工艺性分析，主要包括审查尺寸标注是否正确、合理，零件轮廓的完整性、结构的合理性，确定定位基准、加工方案、工艺参数等。

（2）选用合适的数控机床，用规定的程序代码和格式规则编写零件加工程序单；或用自动编程软件进行 CAD/CAM 工作，直接生成零件的加工程序文件。

（3）将加工程序的内容以代码形式完整记录在程序介质上。由手工编写的程序，可以通过数控机床的操作面板输入程序；由编程软件生成的程序，可以通过计算机的串行通信接口直接传输到数控装置。现代数控机床大都配有程序存储卡接口，编制好的程序也可以通过存储卡复制到数控装置内。

（4）数控装置读入程序，并对其进行译码、几何数和工艺数据处理、插补计算等操作，然后根据处理结果，以脉冲信号形式向伺服系统发出相应的控制指令。

（5）伺服系统接到控制指令后，立即驱动执行部件按照指令的要求进行运动，从而自动完成相应零件的加工。

1.2.2 数控机床的组成

数控机床一般由输入输出装置、数控装置、辅助控制装置、伺服驱动装置、测量反馈装置和机床本体等部分组成，如图 1.2 所示。

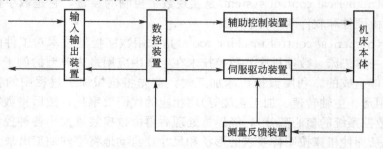

图 1.2 数控机床的组成

4

1. 输入输出装置

输入输出装置的作用是实现零件程序和控制数据的输入、显示、存储、打印等。输入是指将程序及加工信息传递给计算机。在数控机床产生的初期，输入装置为穿孔纸带，现已趋于淘汰。目前，广泛使用的输入装置有键盘、磁盘、闪存盘等。输出指输出内部工作参数(如机床正常、理想工作状态下的原始参数，故障诊断参数等)。常见的输出装置有显示器、打印机等。

2. 数控装置

数控装置是数控系统的核心，数控机床的各项控制任务均由数控装置完成。数控装置的作用是接受输入信息，并对输入信息进行译码、数值运算、逻辑处理，并将处理结果传送到辅助控制装置和伺服驱动装置控制机床各运动部件的运动。数控装置一般由专用计算机或通用计算机、输入输出接口、可编程控制器和相应的系统软件组成。

3. 伺服驱动装置

伺服驱动装置包括伺服驱动电路和伺服电动机，其作用是接受数控装置发出的位移、速度指令，经过调解、转换、放大后，驱动伺服电动机(直流、交流伺服电动机，功率步进电动机等)带动机床执行部件运动。数控机床的伺服驱动系统与一般机床的伺服驱动系统有本质上的差别，它能根据指令信号精确地控制执行部件的运动速度与位置，以及几个执行部件按一定规律运动所合成的运动轨迹。

4. 辅助控制装置

数控辅助装置主要由 PLC 和强电控制回路构成。辅助控制装置的主要作用是接收数控装置输出的开关量信号，经过必要的编译、逻辑判别运算，再经功率放大后驱动相应的执行元件，带动机床的机械、液压、气动等辅助装置完成指令规定的开关量动作。辅助控制的内容主要包括主轴的变速、换向和启停，刀具的选择和交换，工件和机床部件的松开、夹紧，冷却、润滑装置的启动与停止，分度工作台转位分度，检测开关状态等开关辅助动作。

5. 测量反馈装置

测量反馈装置由测量部件(传感器)和测量电路组成。测量反馈装置的作用是检测机床移动部件的位移和速度，并反馈至数控装置和伺服驱动装置。数控装置将反馈回来的实际位移量值与设定值进行比较，控制驱动装置按照指令设定值运动，从而构成(半)闭环控制系统。

6. 机床本体

机床本体是数控机床的主体，与传统机床相似，包括机床的主运动部件(主轴)、进给运动部件(工作台、拖板)、基础部件(底座、立柱、滑鞍、导轨)、润滑系统、冷却装置、换刀装置、排屑装置、防护装置等。但为了满足数控机床的要求和充分发挥数控机床的特点，数控机床在整体布局、外观造型、传动系统、刀具系统的结构以及操作机构等方面都已发生了很大的变化。

1.3 数控机床的特点及适用范围
(Characteristics and Applied Fields of Numerical
Control Machine Tools)

1.3.1 数控机床的特点

数控机床的出现，较好地解决了复杂、精密、小批量、多品种的零件加工问题，代表了现代机床控制技术的发展方向，是一种典型的机电一体化产品。与普通机床相比，数控机床具有以下明显特点。

1. 适应性强

适应性，又称柔性，是指数控机床随生产对象变化而变化的适应能力。在数控机床上改变加工零件时，只需重新编制程序，输入新的程序后就能实现对新的零件的加工，而不需改变机械部分和控制部分的硬件，且生产过程是自动完成的，生产周期短。这就为复杂结构零件的单件、小批量生产以及试制新产品提供了极大的方便。在机械产品中，单件与小批量产品占到70%～80%。这类产品的生产不仅对机床提出了高效率、高精度和高自动化要求，而且还要求机床应具有较强的适应产品变化的能力。适应性强是数控机床最突出的优点，也是数控机床得以生产和迅速发展的主要原因。在数控机床的基础上，可以组成具有更高柔性的自动化制造系统——FMS。

2. 适于加工形状复杂的零件

对于形状复杂的工件，如直升机的螺旋桨、汽轮机叶片等，其轮廓为形状复杂的空间曲面，其加工在普通机床上难以实现或无法实现，而数控机床则可实现几乎是任意轨迹的运动和加工任何形状的空间曲面，可以完成普通机床难以完成或根本不能完成的复杂零件的加工，因此在航天、造船、模具等加工工业中得到广泛应用。

3. 加工精度高、质量稳定可靠

数控机床加工的精度高，这与数控机床机械机构部分的制造精度和各种补偿措施有着很大的关系。在设计与制造数控机床时，采取了很多措施使数控机床的机械部件达到了很高的精度和刚度，使数控机床工作台的脉冲当量普遍达到了 0.01～0.0001mm，而丝杠螺距误差与进给传动链的反向间隙等均可由数控装置进行补偿，对于高档数控机床则可采用光栅尺进行工作台移动的闭环控制，这些技术的应用使数控机床可获得比本身精度更高的加工精度。另一方面，数控机床是在程序指令控制下进行加工的，一般情况下不需要人工干预，因此消除了操作者人为产生的加工误差，提高了同一批零件生产的一致性，产品合格率高，加工质量稳定可靠。

4. 生产效率高

生产效率是衡量设备机械加工性能主要性能参数之一。零件的加工效率主要取决于切削加工时间和辅助加工时间。一般来讲，影响数控机床的生产效率的因素主要有以下几个方面。

1）切削用量的选择

数控机床主传动系统一般采用无级变速方式，其转速变化范围比普通机床大；其次，其进给量选取范围也比较大，并且均可以在其变化范围内任意选择，因此数控机床每一道工序都可选用最合理的切削速度和进给速度。此外，由于数控机床结构刚性好，因此可以选取较大的背吃刀量进行强力切削，从而提高了数控机床的切削效率。

2）空行程运动速度

数控机床加工过程中，移动部件的空行程速度一般采用机床最大快移速度，其速度一般在 15m/min 以上，在高速加工数控机床上快进速度甚至可以达到 200m/min 左右，因此其空行程运动速度远远大于普通机床，从而可以获得较高的加工效率。

3）工件装夹及换刀时间

在数控机床加工，当更换被加工零件时，几乎不需要重新调整机床，节省了零件安装调整时间，工件装夹时间短，且刀具可自动更换，自动换刀最快可以在 0.9s 完成，辅助时间比一般机床大为减少。

4）检验时间

数控机床加工质量稳定，当批量加工零件时，一般只作首件检验和工序间关键尺寸的抽样检验，因此节省了停机检验时间。在加工中心机床上加工时，一台机床实现了多道工序的连续加工，生产效率的提高更为显著。

由上述内容可以看出，数控机床生产率很高，一般为普通机床的 3～5 倍，对某些复杂零件的加工，生产效率可以提高十几倍甚至几十倍。

5．劳动强度低

数控机床自动化程度高，其加工的全部过程都是在数控系统的控制下完成的，不像传统加工时那样烦琐，操作者在数控机床工作时，只需要监视设备的运行状态，所以大大减小了劳动强度，改善了劳动条件。

6．良好的经济效益

数控机床虽然设备昂贵，加工时分摊到每个零件上的设备折旧费较高。但在单件、小批量生产的情况下，使用数控机床加工可节省划线工时，减少调整、加工和检验时间，节省直接生产费用。数控机床加工零件一般不需制作专用夹具，节省了工艺装备费用。数控机床加工精度稳定，降低了废品率，使生产成本进一步下降。此外，数控机床可实现一机多用，节省厂房面积和建厂投资。因此使用数控机床可获得良好的经济效益。

7．有利于生产管理的现代化

数控机床使用数字信息与标准代码处理、传递信息，特别是在数控机床上使用计算机控制，易于与计算机辅助设计系统连接，形成 CAD/CAM 一体化系统，有利于生产管理的现代化。

1.3.2 数控机床适用的范围

数控机床是一种可编程的通用加工设备，但是因设备投资费用较高，还不能用数控机床完全替代其他类型的设备，因此，数控机床的选用有其一定的适用范围。图 1.3 可粗略地表示数控机床的适用范围。从图 1.3(a)可看出，通用机床多适用于零件结构不太复杂、生产批量较小的场合，专用机床适用于生产批量很大的零件，数控机床对于形状复杂的零件尽管批量小也同样适用。随着数控机床的普及，数控机床的适用范围也越来越广，对一些形状不太复杂而重复工作量很大的零件，如印制电路板的钻孔加工等，由于数控机床生产率高，也已大量使用。因而，数控机床的适用范围已扩展到图 1.3(a)中阴影所示的范围。

图 1.3(b)表示当采用通用机床、专用机床及数控机床加工时，零件生产批量与零件总加工费用之间的关系。据有关资料统计，当生产批量在 100 件以下，用数控机床加工具有一定复杂程度零件时，加工费用最低，能获得较高的经济效益。

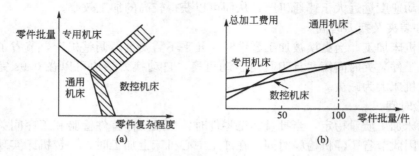

图 1.3　数控机床的适用范围

由此可见，数控机床最适宜加工以下类型的零件：

(1) 生产批量小的零件(100 件以下)。

(2) 需要进行多次改型设计的零件。

(3) 加工精度要求高、结构形状复杂的零件，如箱体类，曲线、曲面类零件。

(4) 需要精确复制和尺寸一致性要求高的零件。

(5) 价值昂贵的零件，这种零件虽然生产量不大，但是如果加工中因出现差错而报废，将产生巨大的经济损失。

1.4　数控机床的分类
(Classification of Numerical Control Machine Tools)

数控机床规格、品种繁多，其分类方法较多，一般可根据其工艺方法、运动方式、控制原理和功能水平，从不同角度进行分类。

1.4.1　按加工工艺分类

1. 金属切削类数控机床

1) 普通数控机床

普通数控机床是指加工用途、加工工艺相对单一的数控机床。与传统的车、铣、钻、磨、齿轮加工相对应，普通数控机床可以分为数控车床、数控铣床、数控钻床、数控磨床、数控镗床、数控齿轮加工机床等。尽管这些数控机床在加工工艺方法上存在差别，具体的控制方式也各不一样，但机床的动作和运动都是在数字化信息的控制下进行的，与传统机床相比，具有较好的精度保持性、较高的生产率和自动化程度。

2）加工中心

加工中心是带有刀库和自动换刀装置的一种高度自动化的多功能数控机床。第一台加工中心是 1959 年由美国克耐·杜列克公司(Keaney & Trecker)首次成功开发的。它在数控卧式镗铣床的基础上增加了自动换刀装置，从而实现了工件一次装夹后即可进行铣削、钻削、镗削、铰削和攻螺纹等多种工序的集中加工，可以有效地避免由于工件多次安装造成的定位误差，特别适合箱体类零件的加工。加工中心减少了机床的台数和占地面积，缩短了辅助时间，进一步提高了普通数控机床的加工质量、自动化程度和生产效率。

加工中心按其加工工序分为镗铣加工中心、车削加工中心和万能加工中心，按控制轴数可分为三轴、四轴和五轴加工中心。

2. 金属成型类数控机床

常见的金属成型类数控机床有数控压力机、数控剪板机、数控折弯机和数控组合冲床等。

3. 特种加工类数控机床

除了金属切削加工数控机床和金属成型类数控机床以外，数控技术也大量用于数控电火花线切割机床、数控电火花成型机床、数控等离子弧切割机床、数控火焰切割机床、数控激光加工机床及专用组合数控机床等。

1.4.2 按运动轨迹控制方式分类

按运动轨迹控制方式，数控机床可分为点位控制数控机床、点位直线控制数控机床和轮廓控制数控机床。

1. 点位控制数控机床

点位控制数控机床的特点是机床的移动部件只能实现从一个位置点到另一个位置点的精确移动，而在移动、定位的过程中，不进行任何切削运动，且对运动轨迹没有要求。如图 1.4 所示，在数控钻床上加工孔 3 时，只需要精确控制孔 3 中心的位置即可，至于走 a 路径还是 b 路径并没有要求。为了减小机床移动和定位时间，一般是先以快速移动接近定位终点坐标，然后以低速准确移动到达定位终点坐标，这样不仅定位时间短，而且定位精度高。

常见的点位控制数控机床主要有数控钻床、数控坐标镗床、数控冲床、数控点焊机、数控弯管机等。

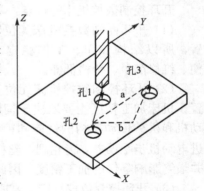

图 1.4　点位控制数控机床

2. 直线控制数控机床

直线控制数控机床的特点是机床的移动部件能以适当的进给速度实现平行于坐标轴的直线运动和切削加工运动。进给速度根据切削条件可在一定范围内调节。早期，简易两坐标轴数控车床可用于加工台阶轴。简易的三坐标轴数控铣床可用于平面的铣削加工。现代组合机床采用数控进给伺服系统，驱动动力头带着多轴箱轴向进给进行钻镗加工，它也可以算作一种直线控制的数控机床。直线控制数控机床缺点是只能作单坐标切削运动，因此不能加工复杂轮廓。

需要指出的是现在仅仅具有直线控制功能的数控机床已不多见。

3. 轮廓控制数控机床

轮廓控制数控机床又称连续控制数控机床、多坐标联动数控机床，其特点是能够实现同时对两个或两个以上的坐标轴进行协调运动，使刀具相对于工件按程序规定的轨迹和速度运动，在运动过程中进行连续切削加工的功能。

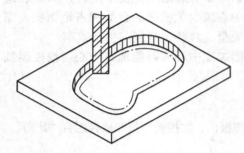

由此可见，轮廓控制数控机床不仅能控制机床运动部件的起点与终点坐标位置，而且能控制整个加工过程每一点的速度和位移量，即可以控制其运动轨迹，从而可以加工出轮廓形状比较复杂的零件，如图1.5所示。可实现两轴及以上联动加工是这类数控机床的本质特征。此类数控机床用于加工曲线和曲面等形状复杂的零件。

图 1.5 轮廓控制数控机床

数控车床、数控铣床、加工中心等现代的数控机床基本上都是这种类型。若根据其联动轴数，轮廓控制数控机床还可细分为两轴联动数控机床、三轴联动数控机床、四轴联动数控机床、五轴联动数控机床。

1.4.3 按进给伺服系统的控制原理分类

按进给伺服系统控制原理不同，数控机床可分为开环控制数控机床、半闭环控制数控机床和全闭环控制数控机床。

1. 开环控制数控机床

开环数控机床是指没有位置反馈装置的数控机床，一般以功率步进电动机作为伺服驱动元件，其信号流是单向的，如图1.6所示。

开环控制数控机床的特点：

（1）开环控制数控机床无位置反馈装置，所以结构简单、工作稳定、调试方便、维修简单、价格低廉。

（2）开环控制数控机床无位置反馈装置，机床加工精度主要取决于伺服驱动电动机和机械传动机构的性能和精度，如步

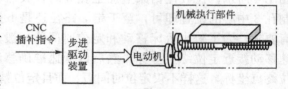

图 1.6 开环控制数控机床

进电动机步距误差，齿轮副、丝杠螺母副的传动误差，都会影响机床工作台的运动精度，并最终影响零件的加工精度，因此加工精度不高。

（3）开环控制数控机床主要适用于负载较轻且变化不大的场合。

2. 半闭环控制数控机床

半闭环数控机床采用半闭环伺服系统，系统的位置采样点是从伺服电动机或丝杠的端部引出，通过检测伺服电动机或者丝杠的转角，从而间接检测移动部件的位移，并与输入

的指令值进行比较，用差值控制运动部件向减小误差的方向运动，如图 1.7 所示。

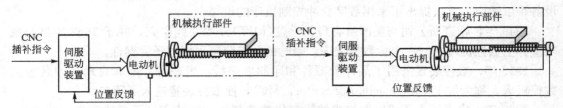

图 1.7 半闭环控制数控机床

半闭环数控机床的特点：

（1）半闭环环路内不包括或只包括少量机械传动环节，因此可获得稳定的控制性能，其系统的稳定性较好。

（2）半闭环环系统能够消除电动机或丝杠的转角误差，因此，其加工精度较开环好，但比全闭环差。

（3）半闭环环系统难以消除由于丝杠的螺距误差和齿轮间隙引起的运动误差，但可对这类误差进行补偿，因此加工精度进一步提高。

（4）半闭环伺服系统设计方便、传动系统简单、结构紧凑、性价比较高且调试方便，因此在现代 CNC 机床中得到了广泛应用。

3. 全闭环控制数控机床

全闭环数控机床采用闭环伺服控制，其位置反馈信号的采样点从工作台直接引出，可直接对最终运动部件的实际位置进行检测，利用工作台的实际位置与指令位置差值进行控制，使运动部件严格按实际需要的位移量运动，因此能获得更高的加工精度，如图 1.8 所示。

全闭环控制数控机床的特点：

（1）从理论上讲，全闭环控制可以消除整个驱动和传动环节的误差、间隙和磨损对加工精度的影响，即机床加工精度只取决于检测装置的精度，而与传动链误差等因素无关。但实际对传动链和机床结构仍有严格要求。

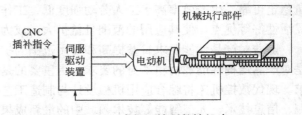

图 1.8 全闭环控制数控机床

（2）由于全闭环控制环内的许多机械传动环节的摩擦特性、刚性和间隙都是非线性的，很容易造成系统的不稳定，使得全闭环系统的设计、安装和调试都相当困难。因此全闭环系统主要用于精度要求很高的镗铣床、超精车床、超精磨床以及较大型的数控机床等。

1.5 数控技术的发展
(Development of Numerical Control Technology)

1. 数控机床的发展历程

1947 年，美国帕森斯公司（PARSONS）接受美国空军的委托，开始研制直升机螺旋桨

叶片轮廓检验用样板的加工设备。由于轮廓检验样板的形状复杂，精度要求高，一般加工设备难以适应，首次提出了采用数字脉冲控制机床的设想。

1949 年，帕森斯公司与美国麻省理工学院（MIT）开始共同研究，并于 1952 年试制成功世界上数控机床——三坐标数控铣床，当时的数控装置采用电子管器件。

1959 年，数控装置采用了晶体管器件和印制电路板，出现带刀库和自动换刀装置的数控机床，称为加工中心（machining center，MC），使数控装置进入了第二代。

1965 年，出现了由集成电路构成的第三代数控装置，其特点是不仅体积小、功耗少，而且可靠性提高，价格进一步下降，促进了数控机床品种和产量的发展。

20 世纪 60 年代末，先后出现了由一台计算机直接控制多台机床的直接数控系统（DNC）和采用小型计算机控制的计算机数控系统（CNC），使数控装置进入了以小型计算机化为特征的第四代。

1974 年，研制成功由微处理器和半导体存储器构成的微型计算机数控装置（MNC），这是第五代数控系统。第五代与第三代相比，数控装置的功能扩大了一倍，而体积则缩小为原来的 1/20，价格降低了 3/4，可靠性也得到极大的提高。

20 世纪 80 年代初，随着计算机技术的进一步发展，出现了能进行人机对话式自动编制程序的数控装置，数控装置越趋小型化，可以直接安装在机床上；数控机床的自动化程度进一步提高，具有自动监控刀具破损和自动检测工件等功能。

2. 数控机床的发展趋势

数控机床是利用数字化信息对机床动作进行控制的一种高效能自动化机床，是集机、电、液（气）于一体的高科技产品。由于数控机床在机械加工领域中表现出加工精度高、质量稳定可靠、生产效率高、工人劳动强度低、工作条件好，并且对零件加工的适应性强和灵活性好等优点，使其应用的范围日益扩大，成为机床工业的主要发展方向。

随着对产品性能要求日益提高和使用范围的扩大以及新材料和新工艺的出现，这不仅是对产品结构性能和材料本身的要求，更重要的是它也对数控机床的性能提出了更高的要求。现代数控机床将综合应用机械设计与制造工艺、计算机自动控制技术、精密测量与检测、信息技术、人工智能等技术领域中的最新成果，使其朝着精密化、高速化、工序集约化、智能化、柔性化和开放性、极端化、网络化、绿色化、高可靠性的趋势发展。

1）精密化

近十年来，普通数控机床的加工精度已由 $10\mu m$ 提高到 $5\mu m$，精密级加工中心则从 $3\sim5\mu m$ 提高到 $1\sim1.5\mu m$，而超精密加工精度已开始进入纳米级（$0.01\mu m$）。目前，精密数控机床的重复定位精度可以达到 $1\mu m$。

为了提高普通机电产品的性能、质量和可靠性，减少其装配时的工作量从而提高装配效率的需要，也是为了适应高新技术（如纳米技术）发展的需要，可以通过机床结构优化、制造和装配的精化，数控系统和伺服控制的精密化，高精度功能部件的采用和温度、振动误差补偿技术的应用等，提高机床加工的几何精度、运动精度，减少形位误差、表面粗糙度，从而进一步提高数控机床的加工精度。

2）高速化

要提高数控机床加工效率，首先就必须提高数控机床高切削速度、进给速度和减少换刀时间。目前，高速主轴单元转速已达 100 000r/min，有的主轴最高转速达 200 000r/min。

在进给速度方面，当分辨率为 $0.1\sim0.01\mu m$ 时，进给速度已经可以达 240m/min 以上。在换刀时间方面，国内外先进加工中心的刀具交换时间普遍已在 1s 以内，有的则已经减少到 0.5s。例如，德国 Chiron 公司将刀库设计成篮子样式，以主轴为轴心，刀具在圆周布置，其换刀时间仅需要 0.9s。

提高数控机床高切削速度、进给速度和减少换刀时间，以充分发挥现代刀具材料的性能，不仅可以达到大幅度提高加工效率、降低加工成本目的，同时还可以提高零件的表面加工质量和精度。超高速加工技术对制造业实现高效、优质、低成本生产有广泛的适用性。因此，今后对数控机床加工的高速化要求越来越高。

3）工序集约化

工序集约化是指在一台数控机床上尽可能加工完一个零件的全部工序，同时又保持机床的通用性，能够迅速适应加工对象的改变。五面体镗铣加工中心就是其中典型的例子。

工序集约化，通常也称为复合加工。具备复合加工功能的数控机床也称为复合加工机床。比如在中国数控机床展览会（CCMT 2006）上，国内 3 家企业展出的车铣复合加工中心，其可借助不同结构的刀具转塔进行车削、铣削等加工工序。很显然，工序集约化的结果直接导致了机床向模块化、多轴化发展。例如，德国 Index 公司最新推出的车削加工中心就是采用模块化结构，用其能够完成车削、铣削、钻削、滚齿、磨削、激光热处理等许多工序，完成复杂零件的全部加工。

由于一个零件的加工全部在一台机床上完成，大大减少了工件装卸、更换和调整刀具的辅助时间以及中间过程中产生的误差，提高了零件加工精度，缩短了产品制造周期，提高了生产效率和制造商的市场反应能力，相对于传统的工序分散的生产方法具有明显的优势。由于工序集约化是数控机床技术最活跃的发展趋势之一，因此必然会出现复合机床多样性的创新结构。

4）智能化

随着计算机控制技术、信息技术和人工智能技术的发展成熟和其在数控机床领域的广泛应用，新一代的数控机床不仅要完成必要的"体力劳动"，而且要像人一样具备"头脑"，能够独立自主地管理自己，并与企业的管理系统和人通信，从而使企业管理人员和操作者、供应商和用户能够随时知道机床的状态和加工能力。简言之，新一代数控机床是具备一定"智能"的机器。目前，数控机床智能化发展趋势主要体现在：工件装卡定位自动找正、自动定心；刀具直径和长度误差测量；刀具磨损和破损诊断及刀具自动补偿、调整和更换；刀具寿命及刀具收存情况管理；自动优化加工过程参数；负载监控；数据管理；根据加工时的热变化，对滚珠丝杠等主要部件的伸缩进行实时补偿功能；故障的自动诊断、报警、故障显示、直至停机处理等方面。除此之外，有些国家正在研究根据人的语言声音来控制机床的技术，以及由机床自己辨识图样并进行自动加工的技术等，使数控机床朝着具有更加智能化的方向发展。

5）柔性化和开放性

随着数控机床的发展和应用，人们逐渐发现不同的专用计算机数控系统之间不兼容所带来的很多弊病。因此，迫切需要配置灵活、功能扩展简便、便于统一管理的数控系统的出现。另外，产品更新换代快和人们对产品多样化的需求，使得市场对具有良好柔性和具有多种加工功能的制造系统的需求超过了对大型单一制造系统的需求，这些趋势促使机床的数控系统朝着模块化、可重构、可扩充的柔性化、开放性的方向发展。开放性的数控系

统已经成为数控技术发展的潮流。

开放性的数控系统的软硬件接口都遵循公认的标准协议，因此，不仅能够根据用户特殊要求更新产品、扩充功能，而且促进了数控系统多档次、多品种的开发和广泛应用，使得开发周期大大缩短。

6）极端化

极端化是指数控机床有朝着极小化和极大化方向发展的趋势。

超精密加工技术和微纳米技术是 21 世纪的战略技术。超精密加工技术和微纳米技术发展需要有能适应微小型尺寸和微纳米加工精度的新型制造工艺和装备，所以数控机床必然会朝着极小化（即微型机床）方向发展。

在国防、航空、航天、能源等基础产业中大型化装备的制造方面，需要有大型且性能良好的数控机床的支撑，这是数控机床极大化（即巨型机床）发展方向。

7）网络化

随着网络技术日趋成熟和在各行各业中的广泛应用，使得网络技术在企业整个运行过程中的地位越来越重要，网络化已经成为新一代数控系统的重要特征。数控机床的网络化既可以实现网络资源共享，又能实现基于 Internet 各种远程服务功能对数控机床的远程监视和控制、远程故障诊断及维护、远程培训及教学管理等，支持制造设备的网络共享和异地调度，实现加工过程的网络化。

8）绿色化

随着能源危机的加剧和日趋严格的环境保护政策的出台，对数控机床的设计、制造、使用和回收等方面提出了更高的要求。数控机床在设计时要考虑：绿色材料设计、可拆卸性设计、节能性设计、可回收性设计、模块化设计、绿色包装设计等。绿色制造是一个综合考虑环境影响和资源消耗的现代制造模式，通过绿色生产过程生产出绿色产品。数控机床在制造时要考虑：节约资源的工艺设计、节约能源的工艺设计、环保型工艺设计等。近年来，已经出现了不用或少用冷却液、实现干切削、半干切削节能环保型的机床，并且使用市场在不断扩大。在 21 世纪，为占领更多的世界市场，各种节能环保机床必将加速发展，绿色化的时代即将到来。

9）高可靠性

与传统机床相比，在数控机床中应用了大量的电气、液压和机电装置，增加了数控系统和相应的监控装置等，使得机床出现失效的概率增大。为了减少因故障停机造成机器闲置、提高机床利用率，这就要求数控机床具有较高的可靠性。

1.6 常见数控系统介绍(Introduction of CNC System Widely Used)

数控系统是数控机床的核心，它的性能在很大程度上决定了数控机床的品质。目前，在我国应用较广泛的数控系统主要有华中数控系统、西门子数控系统、FANUC 数控系统等。

1.6.1 华中数控系统

1. 华中数控系统简介

华中数控系统是基于通用 PC 的数控装置，是武汉华中数控股份有限公司在国家八五、九五科技攻关的重大科技成果。华中数控系统具有开放性好、结构紧凑、集成度高、可靠性好、性价比高、操作维护方便的特点。

2. 华中数控系统主要技术规格

1）华中Ⅰ型（HNC-1）高性能数控系统

华中Ⅰ型（HNC-1）高性能数控系统主要特点：

（1）以通用工控机为核心的开放式体系结构。系统采用基于通用32位工业控制机和DOS平台的开放式体系结构，可充分利用PC的软硬件资源，二次开发容易，易于系统维护和更新换代，可靠性好。

（2）独创的曲面直接插补算法和先进的数控软件技术。处于国际领先水平的曲面直接插补技术将目前CNC上的简单直线，圆弧差补功能提高到曲面轮廓的直接控制，可实现高速、高效和高精度的复杂曲面加工。采用汉字用户界面，提供完善的在线帮助功能，具有三维仿真校验和加工过程图形动态跟踪功能，图形显示形象直观。

（3）系统配套能力强，具备了全套数控系统配套能力。系统可选配本公司生产的HSV-11D交流永磁同步伺服驱动与伺服电动机、HC5801/5802系列步进电动机驱动单元与电动机、HG.BQ3-5B三相正弦波混合式驱动器与步进电动机和国内外各类模拟式、数字式伺服驱动单元。

2）华中-2000型高性能数控系统

华中-2000型高性能数控系统是面向21世纪的新一代数控系统。华中-2000型数控系统（HNC-2000）是在国家八五科技攻关重大科技成果——华中Ⅰ型（HNC-1）高性能数控系统的基础上开发的高档数控系统。该系统采用通用工业PC、TFT真彩色液晶显示器，具有多轴多通道控制能力和内装式PLC，可与多种伺服驱动单元配套使用，具有开放性好、结构紧凑、集成度高、可靠性好、性价比高、操作维护方便的优点，是适合中国国情的新一代高性能、高档数控系统。

3）华中"世纪星"数控系统

华中"世纪星"数控系统是在华中Ⅰ型、华中2000系列数控系统的基础上，满足用户对低价格、高性能、简单、可靠的要求而开发的数控系统。华中"世纪星"系列数控单元（HNC-21T、HNC-21/22M）采用先进的开放式体系结构，内置嵌入式工业PC，配置7.5″或9.4″彩色液晶显示屏和通用工程面板，集进给轴接口、主轴接口、手持单元接口、内嵌式PLC接口于一体，支持硬盘、电子盘等程序存储方式以及软驱、DNC、以太网等程序交换功能，具有低价格、高性能、配置灵活、结构紧凑、易于使用、可靠性高的特点，主要应用于车、铣、加工中心等各种机床控制。

HNC-21/22M铣削系统功能介绍如下：

（1）最大联动铀数为4轴。

（2）可选配各种类型的脉冲式、模拟式交流伺服驱动单元或步进电动机驱动单元以及H5v系列串口式伺服驱动单元。

（3）除标准机床控制面板外，配置40路光电隔离开关量输入和32路开关量输出接口、手持单元接口、主轴控制与编码器接口。还可扩展远程128路输入/128路输出端子板。

（4）采用7.5″彩色液晶显示器（分辨率为640×480），全中文操作界面、故障诊断与报警、多种形式的图形加工轨迹显示和仿真，操作简便，易于掌握和使用。

（5）采用国际标准 G 代码编程，与各种流行的 CAD/CAM 自动编程系统兼容具有直线、圆弧、螺旋线、固定循环、旋转、缩放、镜像、刀具补偿、宏程序等功能。

（6）小线段连续加工功能，特别适合于 CAD/CA M 设计的复杂模具零件加工。

（7）加工断点保存/恢复功能，方便用户使用。

（8）反向间隙和申、双向螺距误差补偿功能。

（9）超大程序加工能力，不需 DNC，配置硬盘可直接加工单个局达 2GB 的 G 代码程序。

（10）内置 RS-232 通信接口，轻松实现机床数据通信。

4）HNC-210 系列数控装置

HNC-210 系列数控装置（HNC-210A、HNC-210B、HNC-210C）采用先进的开放式体系结构，内置嵌入式工业 PC、高性能 32 位中央处理器，配置 8.4″（HNC-210A）/10.4″（HNC-210B）/15″（HNC-210C）彩色液晶显示屏和标准机床工程面板，集成进给轴接口、主轴接口、手持单元接口、内嵌式 PLC 接口，支持工业以太网总线扩展，采用电子盘程序存储方式，支持 USB、DNC、以太网等程序交换功能，主要适用于数控车、铣床和加工中心的控制，具有高性能、配置灵活、结构紧凑、易于使用、可靠性高的特点。

（1）最大联动轴数为 8 轴（HNC-210A 为 4 轴）。

（2）可选配各种类型的脉冲指令式交流伺服驱动器或步进电动机驱动器。

（3）配置标准机床工程面板，不占用 PLC 的输入/输出接口。操作面板颜色、按键名称可按用户要求定制。

（4）配置 40 路（可扩至 60 路）输入接口和 32 路（可扩至 48 路）功率放大光电隔离开关量输出接口、手持单元接口、模拟主轴控制接口与编码器接口。

（5）支持工业以太网总线扩展 PLC 输入/输出，最多可分别扩展 512 路。

（6）采用 8.4″640×480（HNC-210A）/10.4″640×480（HNC-210B）/15″1024×768（HNC-210C）彩色液晶显示器，全中文操作界面，具有故障诊断与报警设置，多种图形加工轨迹显示和仿真功能，操作简便，易于掌握和使用。

（7）采用国际标准 G 代码编程，与各种流行的 CAD/CAM 自动编程系统兼容，具有直线、圆弧、螺旋线插补，固定循环、旋转、缩放、镜像、刀具补偿、宏程序等功能。

（8）小线段连续加工功能，特别适合于复杂模具零件加工。

（9）加工断点保存/恢复功能，为用户安全、方便使用提供保证。

（10）反向间隙和单、双向螺距误差补偿功能，有效提高加工精度。

（11）巨量程序加工能力，可直接加工高达 2GB 的 G 代码程序。

（12）内置以太网、RS-232 接口，易于实现机床联网。

（13）8MB Flash RAM（不需电池的存储器）中的 5MB，可用作用户程序存储区，支持 CF 卡扩展，最大到 2GB；256MB RAM 可用作加工程序缓冲区。

1.6.2 西门子数控系统

1. 西门子数控系统产品种类

西门子（SIEMENS）数控系统是西门子集团旗下自动化与驱动集团的产品，西门子数控系统 SINUMERIK 发展了很多代。目前在广泛使用的主要有 802、810、840 等几种类型。

2. 西门子数控系统特点

西门子公司的数控装置采用模块化结构设计，经济性好，在一种标准硬件上配置多种软件，使它具有多种工艺类型，满足各种机床的需要，并成为系列产品。随着微电子技术的发展，越来越多地采用大规模集成电路（LSI），表面安装器件（SMC）及应用先进加工工艺，所以新的系统结构更为紧凑，性能更强，价格更低。采用 SIMATICS 系列可编程控制器或集成式可编程控制器，用 SYEP 编程语言，具有丰富的人机对话功能，具有多种语言的显示。图 1.9 为西门子各系统的定位描述。

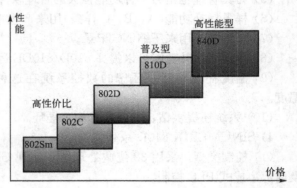

图 1.9 西门子各系统的定位

3. 西门子数控系统系列

西门子公司 CNC 装置主要有 SINUMERIK3/8/810/820/850/880/805/802/840 系列。

1) SINUMERIK 802S、802C 系列

SINUMERIK 802 系列数控系统的共同特点是结构简单、体积小、可靠性高，此外系统软件功能也比较完善。

SINUMERIK 802S、802C 系列是西门子公司专为简易数控机床开发的经济型数控系统，两种系统的区别是：802S/Se/Sbase line 系列采用步进电动机驱动，802C/Ce/Cbase line 系列采用数字式交流伺服驱动系统。

2) SINUMERIK 802D 系列

具有免维护性能的 SINUMERIK 802D，其核心部件 PCU（面板控制单元）将 CNC、PLC、人机界面和通信等功能集成于一体，可靠性高、易于安装。

SINUMERIK 802D 可控制 4 个进给轴和 1 个数字或模拟主轴。通过生产现场总线 PROFIBUS 将驱动器、输入输出模块连接起来。

模块化的驱动装置 SIMODRIVE611Ue 配套 1FK6 系列伺服电动机，为机床提供了全数字化的动力。

通过视窗化的调试工具软件，可以便捷地设置驱动参数，并对驱动器的控制参数进行动态优化。

SINUMERIK 802D 集成了内置 PLC 系统，对机床进行逻辑控制。采用标准的 PLC 的编程语言 Micro/WIN 进行控制逻辑设计，并且随机提供标准的 PLC 子程序库和实例程序，简化了制造厂设计过程，缩短了设计周期。

3) SINUMERIK 810D 系列

在数字化控制的领域中，SINUMERIK 810D 第一次将 CNC 和驱动控制集成在一块板子上。快速的循环处理能力，使其在模块加工中独显威力。

SINUMERIK 810D NC 软件选件的一系列突出优势可以在竞争中脱颖而出。

（1）提前预测功能，可以在集成控制系统上实现快速控制。

（2）坐标变换功能。

（3）固定点停止可以用来卡紧工件或定义简单参考点。

（4）模拟量控制控制模拟信号输出。

（5）刀具管理也是另一种功能强大的管理软件选件。

（6）样条插补功能（A，B，C 样条）用来产生平滑过渡。

（7）压缩功能用来压缩 NC 记录。

（8）多项式插补功能可以提高 810D/810DE 运行速度。

（9）温度补偿功能保证您的数控系统在这种高技术、高速度运行状态下保持正常温度。

（10）系统还提供钻、铣、车等加工循环。

4）SINUMERIK 840D 系列

（1）控制类型。采用 32 位微处理器，实现 CNC 控制，可完成 CNC 连续轨迹控制以及内部集成式 PLC 控制。

（2）机床配置。最多可控制 31 个轴（最多 31 个主轴）。插补功能有样条插补、三阶多项式插补、控制值互联和曲线表插补，为加工各类曲线曲面类零件提供了便利条件。此外，还具备进给轴和主轴同步操作的功能。

（3）操作方式。操作方式主要有 AUTOMATIC（自动）、JOG（手动）、TEACH IN（交互式程序编制）、MDA（手动过程数据输入）。

（4）轮廓和补偿。840D 可根据用户程序进行轮廓的冲突检测、刀具半径补偿的接近和退出及交点计算、刀具长度补偿、螺距误差补偿和测量系统误差补偿、反向间隙补偿、过象限误差补偿等。

（5）安全保护功能。数控系统可通过预先设置软极限开关的方法，进行工作区域的限制，超程时可触发程序进行减速，对主轴的运行可以进行监控。

1.6.3　FANUC 系统

1. FANUC 公司简介

日本 FANUC 公司创建于 1956 年，1959 年首先推出了电液步进电动机，在后来的若干年中逐步发展并完善了以硬件为主的开环数控系统。

1976 年 FANUC 公司研制成功数控系统 5，随后又与西门子公司联合研制了具有先进水平的数控系统 7，从这时起，FANUC 公司逐步发展成为世界上最大的专业数控系统生产厂家，产品日新月异，年年翻新。

1979 年研制出数控系统 6，它是具备一般功能和部分高级功能的中档 CNC 系统，6M 适合于铣床和加工中心；6T 适合于车床。

1980 年在系统 6 的基础上同时向低档和高档两个方向发展，研制了系统 3 和系统 9。系统 3 是在系统 6 的基础上简化而形成的，体积小，成本低，容易组成机电一体化系统，适用于小型、廉价的机床。系统 9 是在系统 6 的基础上强化而形成的具有高级性能的可变软件型 CNC 系统。

1984 年 FANUC 公司又推出新型系列产品数控 10 系统、11 系统和 12 系统。

1985 年 FANUC 公司又推出了数控系统 0，它的目标是体积小、价格低，适用于机电一体化的小型机床，因此它与适用于中、大型的系统 10、11、12 一起组成了这一时期的全新系列产品。

1987 年 FANUC 公司又成功研制出数控系统 15，被称之为划时代的人工智能型数控系统，它应用了 MMC(Man Machine Control)、CNC、PMC 的新概念。系统 15 采用了高速度、高精度、高效率加工的数字伺服单元，数字主轴单元和纯电子式绝对位置检出器，还增加了 MAP(Manufacturing Automatic Protocol)、窗口功能等。

FANUC 公司是生产数控系统和工业机器人的著名厂家，该公司自 20 世纪 60 年代生产数控系统以来，已经开发出 40 多种的系列产品。

FANUC 公司目前生产的数控装置有 F0、F10/F11/F12、F15、F16、F18 系列。F00/F100/F110/F120/F150 系列是在 F0/F10/F12/F15 的基础上加了 MMC 功能，即 CNC、PMC、MMC 三位一体的 CNC。

2. 主要特点

日本 FANUC 公司的数控系统具有高质量、高性能、全功能，适用于各种机床和生产机械的特点，在市场的占有率远远超过其他的数控系统，主要体现在以下几个方面：

（1）系统在设计中大量采用模块化结构。这种结构易于拆装，各个控制板高度集成，使可靠性有很大提高，而且便于维修、更换。

（2）具有很强的抵抗恶劣环境影响的能力，工作环境温度为 0~45℃，相对湿度为 75%。

（3）有较完善的保护措施。FANUC 对自身的系统采用比较好的保护电路。

（4）FANUC 系统所配置的系统软件具有比较齐全的基本功能和选项功能。对于一般的机床来说，基本功能完全能满足使用要求。

（5）提供大量丰富的 PMC 信号和 PMC 功能指令。这些丰富的信号和编程指令便于用户编制机床侧 PMC 控制程序，而且增加了编程的灵活性。

（6）具有很强的 DNC 功能。系统提供串行 RS-232C 传输接口，使通用计算机 PC 和机床之间的数据传输能方便、可靠地进行，从而实现高速的 DNC 操作。

（7）提供丰富的维修报警和诊断功能。FANUC 维修手册为用户提供了大量的报警信息，并且以不同的类别进行分类。

3. 主要系列

（1）高可靠性的 PowerMate 0 系列：用于控制 2 轴的小型车床，取代步进电动机的伺服系统；可配画面清晰、操作方便，中文显示的 CRT/MDI，也可配性价比高的 DPL/MDI。

（2）普及型 CNC 0-D 系列：0-TD 用于车床，0-MD 用于铣床及小型加工中心，0-GCD 用于圆柱磨床，0-GSD 用于平面磨床，0-PD 用于冲床。

（3）全功能型的 0-C 系列：0-TC 用于通用车床、自动车床，0-MC 用于铣床、钻床、加工中心，0-GCC 用于内、外圆磨床，0-GSC 用于平面磨床，0-TTC 用于双刀架 4 轴车床。

（4）高性价比的 0i 系列：整体软件功能包，高速、高精度加工，并具有网络功能。0i-MB/MA 用于加工中心和铣床，4 轴 4 联动；0i-TB/TA 用于车床，4 轴 2 联动，0i-mate MA 用于铣床，3 轴 3 联动；0i-mateTA 用于车床，2 轴 2 联动。

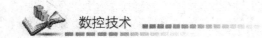

(5) 具有网络功能的超小型、超薄型 CNC 16i/18i/21i 系列：控制单元与 LCD 集成于一体，具有网络功能，超高速串行数据通信。其中 F16i－MB 的插补、位置检测和伺服控制以纳米为单位。16i 最大可控 8 轴，6 轴联动；18i 最大可控 6 轴，4 轴联动；21i 最大可控 4 轴，4 轴联动。

(6) 还有实现机床个性化的 CNC 16/18/160/180 系列。

除上述数控系统外，国内常见的数控系统还有 GSK(广州数控)、HEIDENHAIN(德国海德汉)、KND(北京凯恩帝)、FAGOR(西班牙发哥) 和 MAZAK(日本马扎克)等。

 阅读材料

数控人才市场需求和数控人才的知识结构需求

1. 数控人才的市场需求

在发达国家中，数控机床已经大量普遍使用。我国制造业与国际先进工业国家相比存在着很大的差距，机床数控化率还不到 2%，对于目前我国现有的有限数量的数控机床(大部分为进口产品)也未能充分利用。原因是多方面的，数控人才的匮乏无疑是主要原因之一。由于数控技术是最典型的、应用最广泛的机电光一体化综合技术，我国迫切需要大量的从研究开发到使用维修的各个层次的技术人才。

数控人才的需求主要集中在以下的企业和地区：

(1) 国有大中型企业，特别是目前经济效益较好的军工企业和国家重大装备制造企业。军工制造业是我国数控技术的主要应用对象。

(2) 随着民营经济的飞速发展，我国沿海经济发达地区(如广东、浙江、江苏、山东)，数控人才更是供不应求，主要集中在模具制造企业和汽车零部件制造企业。

2. 数控人才的知识结构需求

现在处于生产一线的各种数控人才主要有两个来源：

(1) 大学、高职和中职的机电一体化或数控技术应用等专业的毕业生，他们都很年轻，具有不同程度的英语、计算机应用、机械和电气基础理论知识和一定的动手能力，容易接受新工作岗位的挑战。他们最大的缺陷就是学校难以提供的工艺经验，同时，由于学校教育的专业课程分工过窄，仍然难以满足某些企业对加工和维修一体化的复合型人才的要求。

(2) 从企业现有员工中挑选人员参加不同层次的数控技术中、短期培训，以适应企业对数控人才的急需。这些人员一般具有企业所需的工艺背景、比较丰富的实践经验，但是他们大部分是传统的机类或电类专业的各级毕业生，知识面较窄，特别是对计算机应用技术和计算机数控系统不太了解。

对于数控人才，有以下三个需求层次，所需掌握的知识结构也各不同：

(1) 蓝领层——数控操作技工。精通机械加工和数控加工工艺知识，熟练掌握数控机床的操作和手工编程，了解自动编程和数控机床的简单维护维修。适合中职学校组织培养。此类人员市场需求量大，适合作为车间的数控机床操作技工。但由于其知识较单一，其工资待遇不会太高。

(2) 灰领层——数控编程员和数控机床维护、维修人员。数控编程员要掌握数控加工工艺知识和数控机床的操作和复杂模具的设计和制造专业知识；熟练掌握三维 CAD/CAM

软件，如 NXUG、ProE 等；熟练掌握数控手工和自动编程技术；适合高职、本科学校组织培养。适合作为工厂设计处和工艺处的数控编程员。此类人员需求量大，尤其在模具行业非常受欢迎；待遇也较高。

数控机床维护、维修人员需要掌握数控机床的机械结构和机电联调，掌握数控机床的操作与编程，熟悉各种数控系统的特点、软硬件结构、PLC 和参数设置，精通数控机床的机械和电气的调试和维修。适合作为工厂设备处工程技术人员。此类人员需求量相对少一些，但培养此类人员非常不易，知识结构要求很广，需要大量实际经验的积累。目前非常缺乏，其待遇也较高。

（3）金领层——数控通才。数控通才需具备并精通数控操作技工、数控编程员和数控维护、维修人员所需掌握的综合知识，并在实际工作中积累了大量的实践经验。目前非常缺乏，其待遇较高。

本 章 小 结(Summary)

本章主要对数控技术基本知识进行了总体概述。

（1）介绍了数控技术相关的基本概念、数控机床的工作过程、数控机床的组成、数控机床的特点和适用范围以及数控机床的分类。

（2）介绍了数控技术发展的主要历程及发展趋势。

（3）简单介绍了国内外常见的几种数控系统品牌。

推荐阅读资料(Recommended Readings)

1. 本刊编辑部. 发展数控机床列为国家振兴目标. 四川工程职业技术学院学报，2008(3).

2. 张兴全. 适于高速高精密机床的测量和数控系统的最新发展. 世界制造技术与装备市场，2009(5).

3. 曹伟. 我国数控机床的发展现状与对策. 现代经济信息，2008(4).

思考与练习(Exercises)

一、填空题

1. CNC 三个字符代表的英文单词为_____、_____、_____。

2. 数控机床由_____、_____、_____、_____和_____组成，其中_____是数控机床的核心。

3. 数控技术就是利用_____对数控机床的_____进行控制的一种方式。

4. 数字控制简称_____，它是利用数字化的信息对_____及_____进行控制的一种方法。

5. 数控机床主要适用于_____、_____、小批、多变的零件的加工。

二、简答题

1. 什么是数字控制、数控技术和数控机床？
2. 什么是点位控制、直线控制和轮廓控制？
3. 简述数控机床的分类。
4. 试分析利用数控机床是如何保证加工出零件轮廓的。
5. 试比较数控车床和普通车床的主要区别。

第 2 章
数控机床的典型机械结构
(Chapter Two Typical Mechanical Structures of CNC Machine Tools)

 本章教学要点

能力目标	知识要点
掌握数控机床机械机构的组成和要求	数控机床机械结构要求
了解数控机床的总体布局及特点	数控机床的总体布局
会分析数控机床主传动系统的机械结构	主传动系统的组成，主轴准停
会分析数控机床进给传动系统的机械结构	数控机床进给传动系统

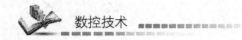

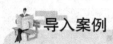

逆铣和顺铣的选用

在铣床上加工工件时，根据铣刀旋转方向与工件进给方向的相对关系，可以把铣削加工方式分为顺铣和逆铣，如图2.1所示。逆铣时刀齿由内往外切削，切削由薄变厚，刀齿从已加工表面切入，对铣刀的使用有利，当铣刀刀齿接触工件后不能马上切入金属层，而是在工件表面滑过一小段距离。在滑动过程中，由于强烈的摩擦，就会产生大量的热量，同时在待加工表面易形成硬化层，降低了刀具的耐用度，影响工件表面光洁度，给切削带来不利。顺铣时刀齿开始和工件接触时切削厚度最大，且从表面硬质层开始切入，刀齿受很大的冲击负荷，尤其工件待加工表面是毛坯或者有硬皮时，铣刀变钝较快，但刀齿切入过程中没有滑移现象。同时，顺铣也更加有利于排屑。采用顺铣时，首先要求机床具有间隙消除机构，能可靠地消除工作台进给丝杆与螺母间的间隙，以防止铣削过程中产生振动。如果工作台由液压驱动则最为理想。其次，要求工件毛坯表面没有硬皮，工艺系统要有足够的刚性。如果以上条件能够满足时，应尽量采用顺铣。

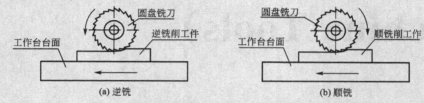

图2.1 顺铣和逆铣加工示意图

普通铣床的螺母和丝杠间总会有或大或小的间隙，一般采用逆铣，但当工作台丝杠和螺母的间隙调整到小于0.03mm时或铣削薄而长的工件时宜采用顺铣。数控机床进给传动采用的是滚珠丝杠结构，几乎没有反向间隙，所以精加工时一般采用顺铣。因此，对数控机床的机械结构了解是很有必要的。数控机床的机械结构是指数控机床的本体，主要包括主传动系统、进给传动系统、自动换刀装置、润滑系统和排屑装置等，在数控系统的控制下，实现切削必需的主运动和进给运动以及各种必要的辅助动作。

2.1 数控机床的机械结构要求
(Mechanical Structural Requirements for CNC Machine Tools)

1. 数控机床机械结构的组成

近年来，随着主轴驱动、进给驱动和CNC的发展，为适应高生产率的需要，数控机床已逐步形成了独特的机械结构。数控机床的机械结构主要由以下几个部分组成：

（1）基础支承件，它是指床身、立柱、导轨、滑座、工作台等，它支承机床的各主要部件，并使它们在静止或运动中保持相对正确的位置。

（2）主传动系统，它包括动力源、传动件及主运动执行件（主轴）等，其功用是将驱动装置的运动及动力传给执行件，以实现主切削运动。

（3）进给传动系统，它包括动力源、传动件及进给运动执行件（工作台或刀架）等，其功用是将伺服驱动装置的运动与动力传给执行件，以实现进给切削运动。

（4）实现某些部件动作和辅助功能的系统和装置，如液压、气动、润滑、冷却、排屑、防护、照明等系统。

（5）自动换刀装置和自动托盘交换装置，实现刀具或工件的自动更换。

（6）特殊功能装置，如监控装置、精度检测装置、刀具破损监控装置、对刀装置。

2. 数控机床对机械结构的要求

数控机床高精度、高效率、高自动化程度和高适应性的工艺特点，对其机械结构提出更高的要求。

（1）高刚度。机床的刚度是指机床抵抗由切削力和其他力引起变形的能力。有标准规定，数控机床的刚度应比类似的普通机床高 50%。因为数控机床要在高速和重切削条件下工作，因此机床的床身、工作台、主轴、立柱、刀架等主要部件，均需有很高的刚度，工作中应无变形和振动。

（2）高灵敏度。数控机床在数控程序控制下自动完成加工工作，精度要求比普通机床高，因此数控机床的运动部件应具很有高的灵敏度。例如，导轨部件通常用滚动导轨、塑料导轨、静压导轨等来减少摩擦力，防止出现运动部件低速运动爬行现象。数控机床的工作台、刀架等部件的移动，由步进、直流或交流伺服电动机驱动，经滚珠丝杠或静压丝杠传动。主轴既要在高刚度、高速下回转，又要有高灵敏度，因而多数采用滚动轴承和静压轴承。

（3）高抗振性。数控机床的振动会在被加工工件表面留下振纹，影响工件的表面质量，严重时则使加工过程难以进行下去。强迫振动和自激振动是数控机床工作时可能产生的两种形态的振动。数控机床的抗振性是指抵抗这两种振动的能力。提高数控机床的抗振性，可以从提高静刚度、固有频率和增加阻尼几个方面考虑。

（4）热变形小。数控机床在工作时，电动机、滚动轴承、切屑及刀具与工件的切削部位、液压系统等许多部件和部位会产生大量热量，产生的热量通过传导、对流、辐射传递给机床的各个部件，引起温升，产生热变形。当机床各部位热变形不一致时，会破坏刀具与工件的正确相对位置，影响加工精度。减小热变形及其对精度影响的方法有改进机床布局和结构设计、控制温升和热变形补偿等。例如，立柱一般采取双壁框式结构，在提高刚度的同时使零件结构对称，防止因热变形而产生倾斜偏移；采用恒温冷却装置，使主轴轴承在运转中产生的热量易于消散；在电动机上安装有散热装置和热管消热装置等。

（5）高精度保持性。为了加快数控机床投资的回收，必须让机床保持很高的开动比，因此必须提高机床的寿命和精度保持性，在保证尽可能地减少电气与机械故障的同时，要求机床在长期使用过程中不丧失精度。

（6）高可靠性。数控机床一次性投资比较大，为提高设备利用率和生产效益，一般数控机床都处于连续不间断工作状态，为减少故障停机对生产造成的损失，因此要求数控机床机械结构具有较高的可靠性。比如要保证运动部件、频繁动作的刀库、换刀机构、托盘、工件交换装置等部件能长期而可靠地工作。

（7）模块化。模块化设计的思想是把各种部件的基本单元作为基础，按不同功能、规格和价格设计成多种模块，用户可以按需要选择最合理的功能模块配置成整机，不仅能降低数控机床的设计和制造成本，而且能缩短设计和制造周期，便于维护维修。目前，模块化的概念已开始从功能模块向全模块化方向发展，它已不局限于功能的模块化，而是扩展到零件和原材料的模块化。

（8）机电一体化。数控机床的机电一体化是对总体设计和结构设计提出的重要要求，它是指在整个数控机床设计中必须要综合考虑机械和电气两方面的有机结合。例如，先进的数控机床的主轴系统已不再是单纯的齿轮和带传动的机械传动，而更多的是由交流伺服电动机为基础的电主轴。

（9）具有良好的操作性和安全防护性能。

2.2 数控机床的总体布局（Overall Layouts of CNC Machine Tools）

2.2.1 数控车床的布局形式

典型数控车床的机械结构系统组成，包括主轴传动机构、进给传动机构、刀架、床身和辅助装置（刀具自动交换机构、润滑与切削液装置、排屑、过载限位）等部分。

数控车床床身按照导轨与水平面的相对位置有四种布局形式，如图2.2所示。

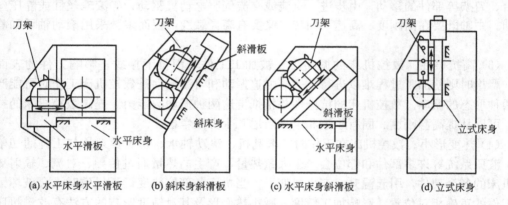

(a) 水平床身水平滑板　(b) 斜床身斜滑板　(c) 水平床身斜滑板　(d) 立式床身

图2.2　床身和导轨的布局形式

1. 水平床身配置水平滑板

如图2.2(a)所示，水平床身的工艺性好，便于导轨面的加工。水平床身配上水平放置的刀架可提高刀架的运动精度，但是水平床身由于下部空间小，故排屑困难。从结构尺寸来看，刀架水平放置使得滑板横向尺寸较大，从而加大了机床宽度方向的结构尺寸。一般用于大型数控车床或小型精密数控车床的布局。

2. 斜床身配置斜滑板

如图2.2(b)所示，这种结构的导轨倾斜角度分别为30°、45°、60°、75°和90°，其中90°的滑板结构称为立式床身，如图2.2(d)所示。倾斜角度小，排屑不便；倾斜角度大，导轨的导向性及受力情况差。导轨倾斜角度的大小还直接影响机床外形尺寸高度和宽度的比例。综合考虑上面的诸因素，中小规格的数控车床，其床身的倾斜度以 60°为宜。

3. 水平床身配置斜滑板

这种结构通常配置有倾斜式的导轨防护罩，如图 2.2(c)所示。这种布局形式一方面具有水平床身工艺性好的特点，另一方面机床宽度方向的尺寸较水平配置滑板的要小，且排屑方便。

2.2.2 数控铣床的布局形式

用于铣削加工的铣床，根据工件的重量和尺寸的不同，数控铣床可以有四种不同的布局，如图 2.3 所示。

图 2.3(a)是加工工件较轻的升降台铣床，由工件完成的三个方向的进给运动，分别由工作台、滑鞍和升降台来实现。

当加工件较重或者尺寸较高时，则不宜由升降台带着工件做垂直方向的进给运动，而是改由铣头带着刀具来完成垂直进给运动，如图 2.3(b)所示。这种布局方案，机床的尺寸参数即加工尺寸范围可以取得大一些。

图 2.3(c)所示的龙门式数控铣床，工作台载着工件做一个方向的进给运动，其他两个方向的进给运动由多个刀架即铣头部件在立柱与横梁上移动来完成。这样的布局不仅适用于重量大的工件加工，而且由于增多了铣头，使机床的生产效率得到很大的提高。

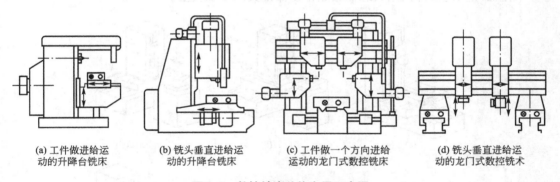

(a) 工件做进给运动的升降台铣床　(b) 铣头垂直进给运动的升降台铣床　(c) 工件做一个方向进给运动的龙门式数控铣床　(d) 铣头垂直进给运动的龙门式数控铣术

图 2.3　数控铣床总体布局示意图

加工更大更重的工件时，由工件做进给运动，在结构上是难于实现的，因此采用如图 2.4(d)所示的布局方案，全部进给运动均由铣头运动来完成，这种布局形式可以减小机床的结构尺寸和重量。

2.2.3 加工中心布局形式

加工中心是一种配有刀库并能自动更换刀具、对工件进行多工序加工的数控机床，可分为卧式加工中心、立式加工中心、五面加工中心和并联(虚拟轴)加工中心。加工中心主机由床身、底座、立柱、横梁、滑座、工作台、主轴箱、进给机构和刀具交换装置和其他辅助装置等基本部件组成，它们各自承担着不同的任务，以实现加工中心的切削以及辅助功能。加工中心总体布局的任务就是使这些基本部件在静止和运动状态下始终保持相对正确的位置，并使机床整机具有较高的刚性。

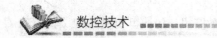

1. 立式加工中心

如图 2.4 所示，立式加工中心通常采用固定立柱式，主轴箱吊在立柱一侧，其平衡重锤放置在立柱中，工作台为十字滑台，可以实现 X、Y 两个坐标轴的移动，主轴箱沿立柱导轨运动实现 Z 坐标移动。

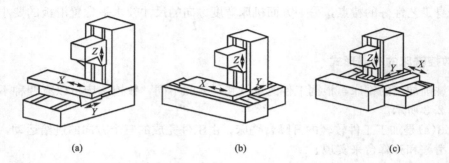

图 2.4　立式加工中心总体布局示意图

2. 卧式加工中心

如图 2.5 所示，卧式加工中心通常采用立柱移动式，T 形床身。一体式 T 形床身的刚度和精度保持性较好，但其铸造和加工工艺性差。分离式 T 形床身的铸造和加工工艺性较好，但是必须在连接部位用大螺栓紧固，以保证其刚度和精度。

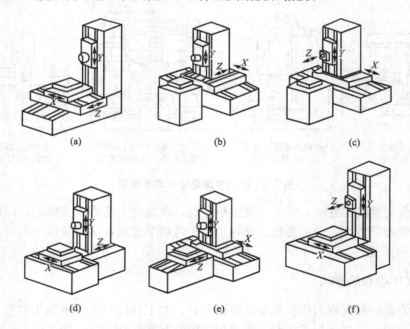

图 2.5　卧式加工中心布局形式

3. 五面加工中心

五面加工中心兼有立式和卧式加工中心的功能，工件一次装夹后能完成除安装面外的所有侧面和顶面等五个面的加工。常见的五面加工中心有如图 2.6 所示的两种结构形式。

图 2.6（a）所示主轴可以 90°旋转，可以按照立式和卧式加工中心两种方式进行切削加工；图 2.6(b)所示的工作台可以带着工件做 90°旋转来完成装夹面外的五面切削加工。

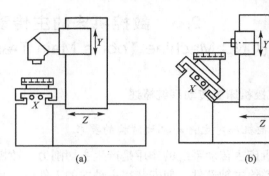

图 2.6　五面加工中心

4．并联加工中心

图 2.7 所示为并联加工中心示意图。图示并联加工中心由六自由空间并联机构组成，即由六根可伸缩杆通过球铰或虎克铰将固定平台与动平台相连，当改变六根可伸缩杆的杆长时，动平台就可以得到不同的位置和姿态，动平台上装有电主轴，六根可伸缩杆由滚珠丝杠副和滚珠花键副构成，由六个伺服电动机驱动来控制各杆的杆长；在工作台上置放一数控转台，从而实现空间任意复杂形状的曲面加工。这种并联机构组成了刚度很高的框架结构，布局合理，减少了机床的占地面积。

图 2.8 所示为哈尔滨量具刃具集团有限责任公司生产的并联加工中心 LINKS - EXE700。该机床具有以下特点：

（1）主轴无论处于加工范围的任何位置，其动态特性都保持高度一致，为最佳切削参数的选择提供了保证。

（2）加工范围大，其范围形状近似一球冠，直径达 3m，球冠高度为 0.6m，突破了传统并联机构工作空间小的局限性。

（3）建立工件坐标系方便、在有效工作空间内可实现 5～6 面及全部复合角度的位置加工，适合用于敏捷加工、需一次装夹即可完成 5～6 面的复杂异型件及复合角度孔和曲面的加工等。

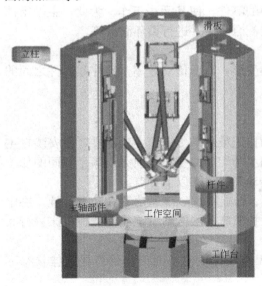

图 2.7　并联加工中心示意图

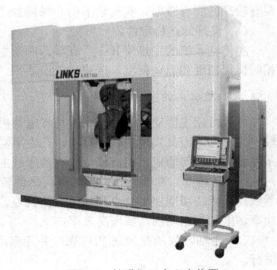

图 2.8　并联加工中心实物图

2.3 数控机床的主传动机械结构
(CNC Machine Tool's Main Transmission System)

2.3.1 数控机床主传动系统概述

1. 数控机床对主传动机械结构的要求

数控机床主传动系统的作用是产生主切削力。数控机床的主传动系统将电动机的转矩和功率传递给主轴部件，使安装在主轴内的工件或刀具实现主运动。由于数控机床的高自动化及高精度，对主传动提出了更高的要求。

（1）具有较大的调速范围，并能实现无级调速。

为保证加工时能选用合理的切削用量，从而获得最高的生产率、加工精度和表面质量，数控机床必须具有较大的调速范围。粗加工时，为保证较高的切削效率，一般采用低速和较大的切削用量；精加工时，为获得较高的精度，一般采用高速切削。对于自动换刀的数控机床，为了适应各种工序和各种加工材料的需要，主运动的调速范围还应进一步扩大。

（2）有较高的精度和刚度，传动平稳，噪声低。

数控机床加工精度的提高，与主传动系统具有较高的精度密切相关。为此，要提高传动件的制造精度与刚度，齿轮齿面应高频感应加热淬火以增加耐磨性；主传动链尽可能短；最后一级采用斜齿轮传动，使传动平稳；采用精度高的轴承及合理的支承跨距等，以提高主轴组件的刚性。

（3）良好的抗振性。

数控机床在加工时，可能由于断续切削、加工余量不均匀、运动部件不平衡以及切削过程中的自振等原因引起的冲击力或交变力的干扰，使主轴产生振动，影响加工精度和表面粗糙度，严重时可能破坏刀具或主传动系统中的零件，使其无法工作。为此，主轴组件要有较高的固有频率，实现动平衡，保持合适的配合间隙并进行循环润滑等。

（4）良好的热稳定性。

主传动系统的发热使其中所有零部件产生热变形，降低传动效率，破坏零部件之间的相对位置精度和运动精度，造成加工误差。

2. 数控机床的主传动的特点

数控机床主传动系统的作用就是将电动机的扭矩或功率传递给主轴部件，使安装在主轴内的工件或刀具实现主切削运动，产生不同的主轴切削速度和切削力以满足不同的加工条件要求，与普通机床相比较，数控机床的主传动系统具有以下特点：

（1）转速高，功率大，主轴的最高最低转速、转速范围、传递功率和动力特性，决定了数控机床的切削加工效率和加工工艺能力。数控机床的主传动系统能使数控机床进行大功率切削和高速切削，实现高效率加工。

（2）主轴转数的变换迅速可靠，并能自动无级变速，使切削工作始终在最佳状态下进行。

（3）为实现刀具的快速或自动装卸，主轴上还必须设计有刀具自动装卸、主轴定向停止和主轴孔内的切屑清除装置。

2.3.2 数控机床的主传动系统的机械结构

数控机床的传动系统包括主传动系统和进给传动系统。图 2.9 所示为某数控车床的传动系统结构示意图。主传动系统的机械结构主要包括主传动装置、主轴组件、主轴定向准停装置、主轴润滑装置与密封件等。

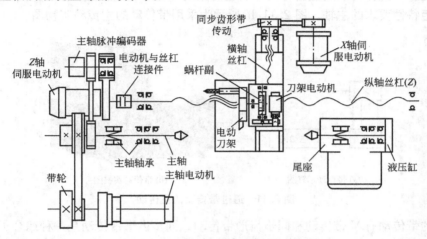

图 2.9 某数控车床的结构示意图

1. 主传动装置

数控机床主传动装置的功能是将主轴电动机产生的动力(转矩和速度)传递给主轴部件,其形式主要有以下几种:

1) 采用变速齿轮的主传动

图 2.10(a) 所示为大中型数控机床通常采用的一种变速齿轮主传动的配置方式。它通过少数几对齿轮降速,使之成为分段无级变速,确保低速时的转矩,以满足输出转矩特性要求。一部分小型数控机床也采用此种传动方式,以获得强力切削时所需要的转矩。滑移

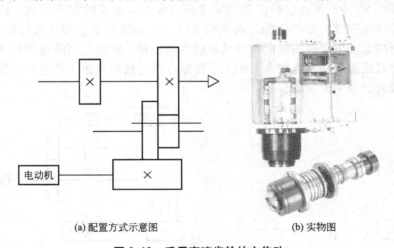

(a) 配置方式示意图   (b) 实物图

图 2.10 采用变速齿轮的主传动

齿轮的移位大多都采用液压拨叉或直接液压缸带动齿轮来实现。图 2.10(b)为采用变速齿轮的主传动实物。

2）通过带传动的主传动

图 2.11(a)所示为通过带传动的主传动的配置示意图。通过带传动的主传动主要应用在转速较高、变速范围不大的小型数控机床上，电动机本身的调速就能够满足要求，不需再用齿轮变速，这样可以避免齿轮传动引起的振动和噪声。这种主传动方式只能适用于高速、低转矩特性要求的主轴。图 2.11(b)所示为采用带传动的主传动实物图。

(a) 带传动示意图　　　　(b) 带传动实物图

图 2.11　通过带传动的主传动

常用的带传动有 V 带传动和同步齿形带传动。同步齿形带传动是一种综合了带、链传动优点的新型传动：带的工作面以及带轮外圆上均制成齿形，通过带轮与轮齿相嵌合传动；带内部采用承载后无弹性伸长的材料作为强力层，以保持带的节距不变，可使得主、从动带轮做无相对滑动的同步传动。与一般的带传动相比，同步齿型带传动具有传动比准确、传动效率高、传动平稳、适用范围广等优点。但同步齿型带传动在其安装时，对中心距要求严格，且带与带轮制造工艺复杂、成本高。

3）经联轴器驱动主轴的主传动

图 2.12 所示为经联轴器驱动主轴的主传动方式示意图。这种主传动方式结构紧凑、传动效率高，但主轴的转速和转矩与电动机完全一致，低速性能的改善是其广泛应用的关键。

4）用两个电动机分别驱动主轴的主传动

图 2.13 所示主传动是由齿轮传动和带传动两种方式组成的混合传动，因此这种传动方式兼有齿轮传动和带传动的性能。高速时下部的电动机可通过带轮直接驱动主轴旋转；低速时，上部的电动机通过两级齿轮传动驱动主轴旋转，齿轮起到降速和扩大变速范围的作用。这种方式使恒定功率区增大，扩大了变速范围，从而克服了低速时转矩不够和电动机功率不能被充分利用的缺陷。

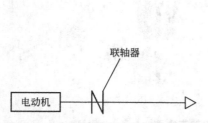

图 2.12　经联轴器驱动主轴的主传动

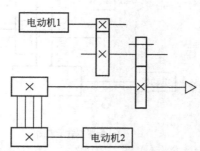

图 2.13　两个电动机分别驱动主轴的主传动

5）采用电主轴结构（一体化主轴）

图 2.14(a)所示为电主轴主传动示意图。采用电主轴结构的主传动方式可以大大简化主轴箱与主轴的结构，有效提高主轴部件的刚度，缺点是主轴输出转矩小，电动机发热对主轴的精度影响较大。使用这种调速电动机可实现纯电气定向，而且主轴的控制功能可以很容易与数控系统相连接并实现修调输入、速度和负载测量输出等。

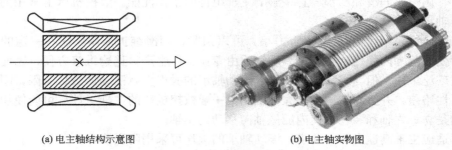

(a) 电主轴结构示意图   (b) 电主轴实物图

图 2.14　采用电主轴的主传动

2. **主轴组件**

主轴组件由主轴、主轴支承、装在主轴上的传动件和密封件等组成。机床的主轴组件是机床重要部件之一，它带动工件或刀具执行机床的切削运动，因此数控机床主轴部件的精度、抗振性和热变形对加工质量有直接的影响，由于数控机床在加工过程中不进行人工调整，这些影响就更为严重。

1）主轴组件的要求

（1）旋转精度。主轴组件的旋转精度是指机床处于空载手动或机床低速旋转情况下，在主轴前端安装工件或刀具的基准面上所测得的径向跳动、端面跳动和轴向窜动的大小。旋转精度取决于各主要件如主轴、轴承、壳体孔等的制造、装配和调整精度。工作转速下旋转的精度还取决于主轴的转速、轴承的设计和性能，润滑剂和主轴的平衡。

（2）刚度。主轴组件的刚度是指受外力作用时，主轴组件抵抗变形的能力。主轴组件的刚度越大，主轴受力后的变形越小。影响主轴组件刚度的因素很多，如主轴的尺寸和形状，滚动轴承的型号、数量、预紧和配置形式，前后支承的距离和主轴前端的悬伸量，传动件的布置方式，主轴组件的制造和装配质量等。

（3）抗振性。主轴组件的振动会影响工件的表面质量，刀具的耐用度和主轴轴承的寿命，还会产生噪声，影响工作环境。如果产生切削自激振动，将严重影响加工质量，甚至使切削无法进行。

（4）温升和热变形。主轴组件温升和热变形，使机床各部件间相对位置精度遭到破坏，影响工件的加工精度，高精度机床尤为严重；热变形造成主轴弯曲，使传动齿轮和轴承的工作状态变坏；热变形还使主轴和轴承，轴承与轴承座之间已经调整好的间隙和配合发生变化，影响轴承的正常工作，间隙过小将加速齿轮和轴承等零件的磨损，严重时甚至发生轴承抱轴现象。

2）主轴

主轴是主轴组件的重要组成部分。它的结构尺寸和形状、制造精度、材料及其热处理等，对主轴组件的工作性能都有很大的影响。主轴结构随主轴系统设计要求的不同而有多

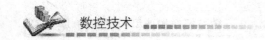

种形式。

主轴的主要尺寸参数包括：主轴直径、内孔直径、悬伸长度和支承跨度。评价和考虑主轴主要尺寸参数的依据是主轴的刚度、结构工艺性和主轴组件的工艺适用范围。

3）主轴支承

（1）主轴轴承。主轴轴承也是主轴组件的重要组成部分，它的类型、结构、配置、精度、安装、调整、润滑和冷却等直接影响主轴组件的工作性能。数控机床上常用的主轴轴承有滚动轴承和滑动轴承。

① 滚动轴承。滚动轴承摩擦阻力小，可以预紧，润滑维护简单，能在一定的转速范围和载荷变动范围内稳定地工作。滚动轴承由专业工厂生产，选购维修方便，因而在数控机床上被广泛采用。但与滑动轴承相比，滚动轴承的噪声大，滚动体数目有限，刚度变化大，抗振性略差，并且对转速有很大的限制。一般数控机床的主轴组件尽可能使用滚动轴承，特别是立式主轴和装在套筒内能做轴向移动的主轴。

为了适应主轴高速发展的要求，滚动轴承的滚珠可采用陶瓷滚珠。

② 滑动轴承。数控机床上常用的滑动轴承是静压滑动轴承。静压滑动轴承的油膜压强由液压缸从外界供给，与主轴转速的高低无关（忽略旋转时的动压效应）。它的承载能力不随转速而变化，而且无磨损，启动和运转时摩擦力矩相同。所以静压轴承的刚度大，回转精度高。但静压轴承需要一套液压装置，成本较高，污染较大。

（2）主轴轴承的配置。主轴轴承的配置型式应根据精度、刚度、转速、承载能力、抗振性和噪声等要求来选择。数控机床常用的主轴轴承配置形式有三种，如图2.15所示。

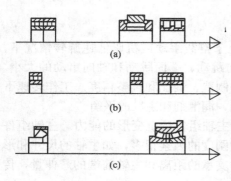

图 2.15 主轴轴承配置示意图

图2.15(a)所示结构的前支承采用双列短圆柱滚子轴承和60°角接触双列向心推力球轴承组合，后支承采用成对向心推力球轴承。这种结构的综合刚度高，可以满足强力切削要求。目前各类数控机床普遍采用这种配置形式。

图2.15(b)所示结构的前支承采用多列（图中为三列）高精度向心推力球轴承，后支承采用单列（或者双列）向心推力球轴承。这种配置的高速性能好，主轴转速可达4000r/min，但这种配置形式承载能力较小，所以只适用于高速、轻载和精密数控机床。

图2.15(c)所示结构为前支承采用双列圆锥滚子轴承，后支承为单列圆锥滚子轴承。这种配置的径向和轴向刚度很高，可承受重载荷，尤其能承受较大的动载荷，但这种配置形式限制了主轴最高转速和精度，因而仅适用于中等精度、低速与重载的数控机床主轴。

4）主轴组件的润滑与密封

主轴组件的润滑与密封是使用和维护过程中非常重要的内容。良好的润滑效果可以降低轴承的工作温度，延长其使用寿命。密封的作用是防止灰尘、屑末和切削液进入，还要防止润滑油的泄漏。

（1）主轴润滑。数控机床主轴的转速高，为减少主轴发热，防止烧粘，延长疲劳寿命，排除摩擦热冰冷却，必须对轴承进行有效的润滑。润滑的作用是在摩擦副表面形成一层薄油膜，以减少摩擦发热。常用的润滑方式有油脂、油雾、油气、喷射等润滑方式。

$d_m n < 10^6$ 的低速主轴一般采用油脂润滑（d_m 为轴承内外径的平均值，单位 mm；n 为转速，单位 r/min），$d_m n > 10^6$ 高速主轴一般多采用油雾、油气、喷射方式。

（2）主轴的密封。主轴的密封有接触式和非接触式两种。图 2.16 所示为三种非接触式密封的结构形式。图 2.16(a) 是利用轴承盖与轴的间隙密封，在轴承盖的孔内开槽是为了提高密封效果。这种密封用于工作环境比较清洁的油脂润滑处。图 2.16(b) 是在螺母的外圆上开锯齿形环槽，当油向外流时，靠主轴转动的离心力把油沿斜面甩到端盖的空腔内，油液再流回箱内。图 2.16(c) 是迷宫式密封的结构，在切屑多、灰尘大的工作环境下可获得可靠的密封效果；这种结构适用于油脂或油液润滑的密封。

接触式密封主要有油毡圈和耐油橡胶密封圈密封两种，如图 2.17 所示。

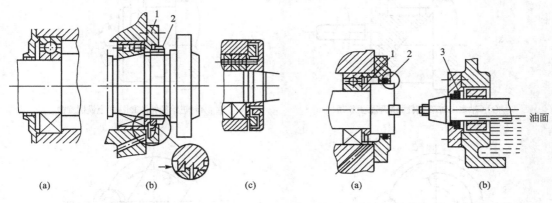

图 2.16　非接触式密封
1—端盖；2—螺母

图 2.17　接触式密封
1—甩油环；2—油毡圈；
3—耐油橡胶密封圈

3. 主轴准停装置

在数控钻床、数控铣床以及镗铣为主的加工中心上，由于特殊加工或自动换刀，要求主轴每次停在一个固定的准确的位置上，所以在主轴上必须设有准停装置。准停装置分机械式和电气式两种，如图 2.18 所示。主轴准停控制原理将在第 6 章中介绍。

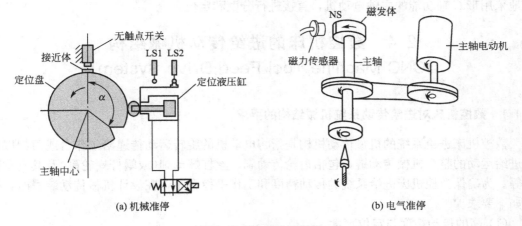

(a) 机械准停　　　　　　　　　　(b) 电气准停

图 2.18　主轴准停装置

数控技术

4. 主轴的进给功能

在车削中心的主传动系统中，主轴除需具备数控车床主传动的功能外，还增加了主轴的进给功能。主轴的进给功能即为主轴的 C 轴坐标功能，以实现主轴的定向停车和圆周进给，并在数控装置的控制下实现 C 轴、Z 轴插补或 C 轴、X 轴插补，以配合动力刀具进行圆柱面或端面上任意部位的钻削、铣削、攻螺纹及曲面铣加工。图 2.19 所示为主轴 C 轴功能的示意图。

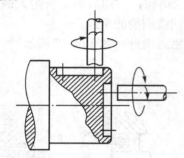 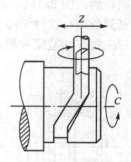

(a) C 轴定向时,在圆柱面或端面上铣槽　　(b) C 轴、Z 轴进给插补,在圆柱面上铣螺旋槽

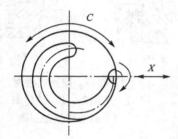 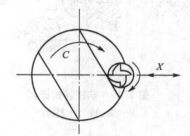

(c) C 轴、X 轴进给插补,在端面上铣螺旋槽　　(d) C 轴、X 轴进给插补,铣直线和平面

图 2.19　主轴 C 轴功能示意图

随着主轴驱动技术的发展，C 轴坐标除了通过伺服电动机用机械结构实现外，目前更多地采用带 C 轴功能的主轴电动机，直接进行分度和定位。

2.4　数控机床的进给传动机械结构
(CNC Machine Tool Feed Drive System)

2.4.1　数控机床对进给传动系统机械结构的要求

数控机床进给系统的机械传动机构是指将电动机的旋转运动传递给工作台或刀架以实现进给运动的整个机械传动链，包括齿轮传动副、丝杠螺母副（或蜗杆蜗轮副）及其支承部件等。为确保数控机床进给系统的传动精度和工作平稳性等，在设计机械传动装置时，提出如下要求。

（1）高的传动精度与定位精度。

数控机床进给传动装置的传动精度和定位精度对零件的加工精度起着关键性的作用。设计中，通过在进给传动链中增加减速齿轮、减小脉冲当量、预紧传动滚珠丝杠、消除齿轮及蜗轮等传动件的间隙等措施来提高传动刚度，从而可达到提高传动精度和定位精度的目的。

（2）宽的进给调速范围。

进给系统在承担全部工作负载的条件下，应具有很宽的调速范围，以适应各种工件材料、尺寸和刀具等变化的需要，工作进给速度范围可达 3～6000mm/min。为了完成精密定位，伺服系统的低速趋近速度达 0.1mm/min；为了缩短辅助时间，提高加工效率，快速移动速度应高达 24m/min。在多坐标联动的数控机床上，合成速度维持常数，是保证表面粗糙度要求的重要条件；为保证较高的轮廓精度，各坐标方向的运动速度也要配合适当；这是对数控系统和伺服进给系统提出的共同要求。

（3）运动惯量要小，响应速度要快。

进给系统响应速度的大小不仅影响机床的加工效率，而且影响加工精度。所谓快速响应特性是指进给系统对指令输入信号的响应速度及瞬态过程结束的迅速程度，即跟踪指令信号的响应要快。进给系统需要经常进行启动、停止、变速和反向，同时数控机床切削速度高，高速运行的零部件对其惯性影响更大。大的运动惯量会使系统的动态性能变差。所以，在满足部件强度和刚度的前提下，设计时应尽量减少运动部件的质量和各传动元件的直径，减少运动件的摩擦阻力，以提高进给系统的快速响应特性。

（4）消除传动间隙。

传动间隙的存在是造成进给系统反向死区的另一个主要原因，所以必须对传动链的各个环节均采用消除间隙的结构措施。设计中可采用消除间隙的联轴器及有消除间隙措施的传动副等方法。

（5）稳定性好、使用维护方便。

数控机床属高精度自动控制机床，主要用于单件、中小批量、高精度及复杂件的生产加工，机床的开机率相应就高。稳定性是伺服进给系统能够正常工作的最基本的条件，特别是在低速进给情况下不产生爬行，并能适应外加负载的变化而不发生共振，使数控机床能够保持较高的传动精度和定位精度。因此，进给系统的结构设计应便于维护和保养，最大限度地减小维修工作量，以提高机床的利用率。

2.4.2　数控机床的进给传动机械机构的组成

数控机床的进给传动系统主要由传动机构、运动变换机构、导向机构、执行件组成，它是实现成形加工运动所需的运动及动力的执行机构。数控机床进给驱动对位置精度、快速响应特性、调速范围等有较高的要求。图 2.20 所示为数控机床进给传动系统的典型结构图，典型部件有进给电动机(图中元件 1)、进给电动机与丝杠之间的连接装置(图中元件 2)、滚动导轨副(图中元件 3)、润滑系统(图中元件 4)和滚珠丝杠螺母副(图中元件丝杠 5、螺母 6 以及滚珠)。

1．进给电动机与丝杠之间的联接

实现进给驱动的电动机主要有三种：步进电动机、直流伺服电动机和交流伺服电动机。目前，步进电动机只适应用于经济型数控机床，直流伺服电动机有逐步被淘汰的趋势，交流伺服电动机作为比较理想的驱动元件已成为发展趋势。数控机床的进给系统当采用不同的驱动元件时，其进给机构可能会有所不同。进给电动机与丝杠之间的联接主要有以下三种形式。

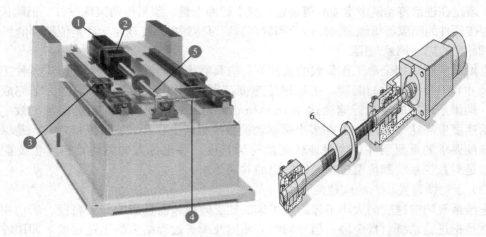

图 2.20　数控机床进给传动系统的典型结构图

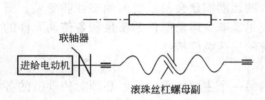

图 2.21　电动机通过联轴器
直接与丝杠联接

（1）电机通过联轴器直接与丝杠联接。

图 2.21 所示为电动机通过联轴器直接与丝杠联接示意图。此结构通常是电动机轴与丝杠之间采用锥环无键联接或高精度十字联轴器联接，从而使进给传动系统具有较高的传动精度和传动刚度，并大大简化了机械结构。在加工中心和精度较高的数控机床的进给运动中，普遍采用这种联接形式。

（2）带有齿轮传动的进给传动。

数控机床在机械进给装置中一般采用齿轮传动副来达到一定的降速比要求，如图 2.22 所示。由于齿轮在制造中不可能达到理想齿面要求，总存在着一定的齿侧间隙才能正常工作，但齿侧间隙会造成进给系统的反向失动量，对闭环系统来说，齿侧间隙会影响系统的稳定性。因此，齿轮传动副常采用措施来尽量减小齿轮侧隙。这种联接形式的机械结构比较复杂。

（3）同步齿形带传动。

同步齿形带传动是一种新型的带传动，如图 2.23 所示。它利用齿形带的齿形与带轮的轮齿依次相啮合传递运动和动力，因而兼有带传动、齿轮传动及链传动的优点，无相对滑动，平均传动比准确，传动精度高，且齿形带的强度高、厚度小、质量小，故可用于高速传动。齿形带无需特别张紧，故作用在轴和轴承等部件上的载荷小，传动效率高。

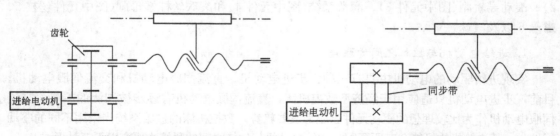

图 2.22　带有齿轮传动的进给传动　　　　　图 2.23　同步齿形带传动

2. 滚珠丝杠螺母副

滚珠丝杠螺母副是将回转运动转换为直线运动的传动装置，在数控机床的直线进给系统中得到广泛的应用。图2.24为滚珠丝杠螺母副实物图。

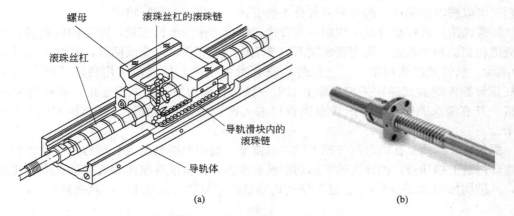

螺母　滚珠丝杠的滚珠链

滚珠丝杠

导轨滑块内的滚珠链

导轨体

(a)　　　　　　　　(b)

图 2.24　滚珠丝杠螺母副实物图

1）滚珠丝杠螺母副的工作原理与特点

滚珠丝杠螺母副是一种螺旋传动机构，其结构如图2.25所示。滚珠丝杠螺母副的工作原理为：在丝杠和螺母上加工出弧形螺旋槽，两者套装在一起时之间形成螺旋滚道，并且滚道内填满滚珠。当丝杠相对于螺母旋转时，两者发生轴向位移，滚珠既可以自转还可以沿着滚道循环流动。滚珠丝杠螺母副的这种结构把传统丝杠与螺母之间的滑动摩擦转变为了滚动摩擦。

滚珠丝杠螺母副具有以下特点：

（1）传动效率高。滚珠丝杠螺母副摩擦损失小，传动效率高达92%～98%，是普通丝杠螺母副的3～4倍，而驱动转矩仅为滑动丝杠的螺母机构的25%。

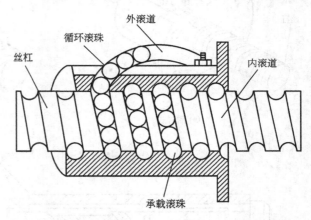

外滚道

循环滚珠

丝杠

内滚道

承载滚珠

图 2.25　滚珠丝杠螺母副的结构图

（2）运动平稳无爬行。由于滚珠丝杠螺母副摩擦主要是滚动摩擦，动、静摩擦因数小且数值接近，因而启动转矩小动作灵敏，运动平稳，即使在低速下也不会出现爬行现象。

（3）使用寿命长。由于是滚动摩擦，之间摩擦力小，磨损就小，精度保持性好，寿命长，其使用寿命是普通丝杠的4～10倍。

（4）滚珠丝杠螺母副预紧后可以有效地消除轴向间隙，故无反向死区，同时也提高了传动刚度。

（5）传动具有可逆性、不能自锁。摩擦因数小使之不能自锁，所以将旋转运动转换为直线运动的同时，也可以将直线运动转换为旋转运动。当它采用垂直布置时，自重和惯性

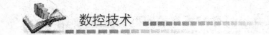

会造成部件的下滑，必须增加制动装置。

2）滚珠循环方式

滚珠丝杠螺母副的循环方式有外循环和内循环两种。

（1）外循环。滚珠在返回过程中与丝杠脱离接触的循环为外循环。外循环滚珠丝杠螺母副又可以按滚珠循环时的返回方式分为插管式、端盖式和螺旋槽式。

插管式滚珠丝杠螺母副结构用一弯管代替螺旋槽作为返回管道，弯管的两端插在与螺纹滚道相切的两个孔内，用弯管的端部引导滚珠进入弯管，以完成循环，其结构如图 2.26（a）所示。插管式结构简单、工艺性好，适合批量生产，是目前应用最广泛的一类滚珠丝杠螺母副。端盖式结构是在螺母上加工一纵向孔作为滚珠的回程通道，在螺母两端的盖板上开有滚珠的回程口，滚珠由回程口进入回程管，形成循环，其结构如图 2.26（b）所示。

螺旋槽式结构是在螺母的外圆上铣出螺旋槽，槽的两端钻出通孔与螺纹滚道相切，并在螺母内装上挡珠器，挡珠器的舌部切断螺旋滚道，使得滚珠流向螺旋槽的孔中以完成循环，其结构如图 2.26（c）所示。这种结构比插管式结构径向尺寸小，但制造复杂。

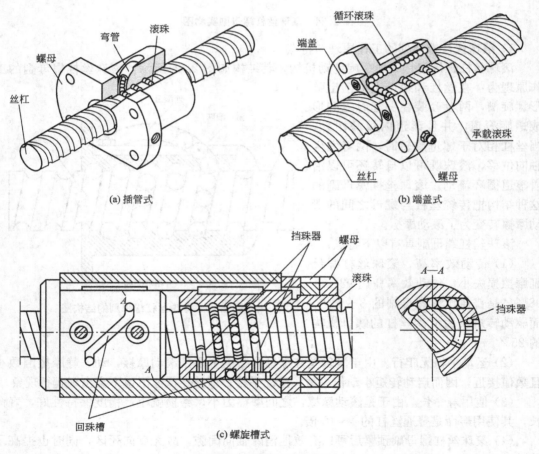

图 2.26　外循环滚珠丝杠

（2）内循环。滚珠在循环过程中与丝杠始终接触的循环为内循环。

图 2.27 所示为一种内循环滚珠丝杠螺母副结构。在螺母的返向器上铣有 S 形的回珠槽，从而将相邻两螺纹滚道联结起来。滚珠从螺纹滚道进入返向器，借助返向器迫使滚珠越过丝杠牙顶进入相邻的螺纹滚道，实现循环。内循环结构的优点是径向尺寸紧凑，刚性好，因其返回滚道短，所以摩擦损失小；缺点是返向器加工困难。

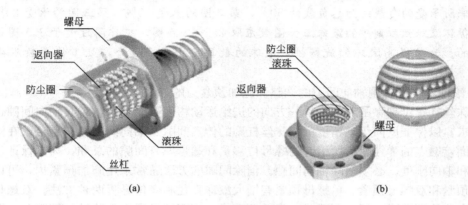

图 2.27　内循环滚珠丝杠

3）滚珠丝杠副的参数、精度等级及标注方法

如图 2.28 所示，滚珠丝杠副的主要参数有：

（1）公称直径 d_0。螺纹滚道与滚珠在理论接触角状态时所包络滚珠球心的圆柱直径，它是滚珠丝杠副的特征尺寸。公称直径 d_0 与承载能力直接有关，有关资料认为滚珠丝杠副的公称直径 d_0 应大于丝杠工作长度的 1/30。数控机床常用的进给丝杠的公称直径 $d_0 = 20 \sim 80mm$。

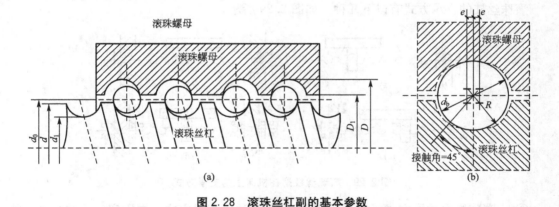

图 2.28　滚珠丝杠副的基本参数

（2）基本导程 L_0。当丝杠相对于螺母旋转 $2\pi rad$ 时，螺母上的基准点的轴向位移。

（3）接触角 β。指滚道与滚珠在接触点处的公法线与螺纹轴线的垂直线间的夹角，理想接触角 $\beta = 45°$。

其他参数还有丝杠螺纹大径 d、丝杠螺纹小径 d_1、螺纹全长 L、滚珠直径 d_b、螺母螺纹大径 D、螺母螺纹小径 D_1、滚道圆弧半径 R 等，如图 2.28 所示。

导程的大小可以根据机床的加工精度的要求确定。当精度要求高时，导程的取值小些，可以减小丝杠的摩擦阻力，但导程小，势必会导致滚珠直径 d_b 取小值，则使滚珠丝杠副的承载能力降低；若滚珠丝杠的公称直径 d_0 不变，导程小，则螺旋升角也变小，传动效率也降低。所以在满足机床加工精度的条件下，导程的数值应该尽可能取得大些。

小知识：实验验证得出，滚珠丝杠各工作圈的滚珠所承受的轴向负载是不相等的，第一圈滚珠所承受的负载约为总负载的 50%，第二圈约承受 30%，第三圈约承受 20%。所以，外循环滚珠丝杠副中的滚珠工作圈数应取 2.5～3.5 圈，工作圈数大于 3.5 圈是无实际意义的。为了提高滚珠的流畅性，滚珠的数目应小于 150 个，且工作圈数不得超过 3.5 圈。

4) 滚珠丝杠螺母副轴向间隙的调整和施加预紧力的方法

滚珠丝杠螺母副除了对本身单一方向的进给运动精度有要求外，对其轴向间隙也有严格的要求，以保证反向传动精度。滚珠丝杠副的传动间隙是轴向间隙，它是负载在滚珠与滚道型面接触点的弹性变形所引起的螺母位移量和螺母原有间隙的总和。为了保证反向传动精度和轴向刚度，必须消除轴向间隙。消除间隙的方法通常采用施加预紧力，可以采用单螺母预紧和双螺母预紧。单螺母预紧有增大滚珠直径和变位导程两种方法。双螺母预紧的方法有垫片调隙式、螺纹调隙式、齿差调隙式。用双螺母预紧消除轴向间隙时，预紧力不能过大，因为预紧力过大会使空载力矩增加，从而降低传动效率，缩短使用寿命。此外还要消除丝杠安装部分和驱动部分的间隙。

5) 滚珠丝杠螺母副的安装支承与制动方式

(1) 滚珠丝杠安装支承方式。数控机床的进给系统要获得较高的传动刚度，除了加强滚珠丝杠螺母副本身的刚度外，滚珠丝杠的正确安装及支承结构的刚度也是不可忽视的因素。如为了减少受力后的变形，螺母座应有加强肋筋，以增大螺母座与机床的接触面积，并且还要连接可靠；采用高刚度的推力轴承以提高滚珠丝杠的轴向承载能力。

滚珠丝杠的支承方式有以下几种，如图 2.29 所示。

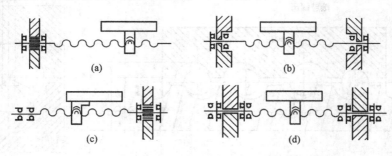

图 2.29　滚珠丝杠副在机床上的支承方式

① 一端装推力轴承方式。如图 2.29(a)所示，这种支撑方式一端固定，一端自由。特点是结构简单，丝杠的轴向刚度低，因此设计时尽量使丝杠受拉，仅适用于行程小的短丝杠。一般用在数控机床的调节环节或升降台式铣床的垂直坐标进给传动结构上。

② 两端装推力轴承方式。如图 2.29(b)所示，这种支撑方式将推力轴承安装在滚珠丝杠的两端，并施加预紧力，这样可以提高轴向刚度，但这种方式对热变形较为敏感。

③ 一端装推力轴承，另一端装向心球轴承方式。如图 2.29(c)所示，这种安装方式一端固定，一端游动。这种支撑形式的特点是安装时要保证螺母与两端支撑同轴，工艺较为复杂。适用于丝杠较长的情况，当热变形造成丝杠伸长时，其一端固定，另一端能做微量

的轴向浮动。

④ 两端装推力轴承及向心球轴承方式。如图 2.29(d)所示，在这种安装方式中两端均采用双重支承并施加预紧力，使丝杠具有较大的刚度，还可以使丝杠的温度变形转化为推力轴承的预紧力，但设计时要求提高推力轴承的承载能力和支架刚度。安装时要保证螺母于两端支撑同轴，结构复杂，工艺较困难。这种支撑方式适用于对位移精度和刚度要求比较高的场合。

（2）滚珠丝杠螺母副的制动方式。由于滚珠丝杠螺母副传动效率高，无自锁作用（尤其是滚珠丝杠处于垂直传动时），所以必须安装制动装置。

图 2.30 所示为数控铣镗床主轴箱进给丝杠的制动装置示意图。当数控机床工作时，电磁铁线圈通电吸住压簧，打开摩擦离合器。此时进给电动机经减速齿轮传动，带动滚珠丝杠螺母副转换主轴箱的垂直移动。当电动机停止转动时，电磁铁线圈也同时断电，在弹簧的作用下摩擦离合器压紧，使得滚珠丝杠不能自由转动，因此主轴箱就不会因为自重的作用而自由下行，从而实现了制动作用。

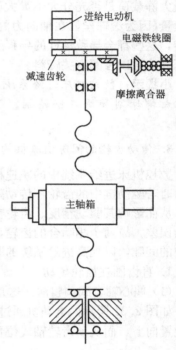

图 2.30 滚珠丝杠制动示意图

6）滚珠丝杠螺母副的密封与润滑

为了防止灰尘及杂质进入滚珠丝杠螺母副，滚珠丝杠副须用防尘密封圈和防护罩密封。密封圈装在滚珠螺母的两端。使用的密封圈有接触式和非接触式两种：非接触式密封圈由聚氯乙烯等塑料材料制成，其内孔螺纹表面与丝杠螺母之间略有间隙，故又称为迷宫式密封圈；接触式密封圈用具有弹性的耐油橡胶和尼龙等材料制成，因为有接触压力，会使摩擦力矩略有增加，但防尘效果好。防护罩能防止尘土及硬性杂质等进入滚珠丝杠。防护罩的形式有锥形套管、伸缩套管、也有折叠式（手风琴式）的塑料或人造革防护罩，也有用螺旋式弹簧钢带制成的防护罩连接在滚珠丝杠的支承座及滚珠螺母的端部。防护罩的材料必须具有防腐蚀及耐油的性能。

为了维持滚珠丝杠副的传动精度，延长使用寿命，使用润滑剂来提高耐磨性。常用的润滑剂有润滑油和润滑脂两类。润滑油为一般机油或 90～180 号透平油或 140 号主轴油。润滑脂可采用锂基油脂。润滑脂加在螺纹滚道和安装螺母的壳体空间内，而润滑油则经过壳体上的油孔注入螺母的空间内。

7）滚珠丝杠螺母副的选择

（1）滚珠丝杠螺母副结构的选择。可根据防尘防护条件以及对调隙和预紧的要求来选择适当的结构形式。例如，当允许有间隙存在（如垂直运动）可选用具有单圆弧形螺纹滚道的单螺母滚珠丝杠副；当必须要预紧且在使用过程中因磨损而需要定期调整时，应选用双螺母螺纹预紧和齿差预紧式结构；当具备良好的防尘防护条件，并且只需在装配时调整间隙和预紧力时，可选用结构简单的双螺母垫片调整预紧式结构。

（2）滚珠丝杠螺母副结构尺寸的选择。选用滚珠丝杠螺母副主要是选择丝杠的公称直径和基本导程。公称直径必须根据轴向的最大载荷按照滚珠丝杠副尺寸系列进行选用，螺纹长度在允许的情况下尽可能的短；基本导程(或螺距)应根据承载能力、传动精度及传动速度选取，基本导程大则承载能力大，基本导程小则传动精度高，在传动速度要求快时，可选用大导程的滚珠丝杠副。

（3）滚珠丝杠螺母副的选择步骤。选用滚珠丝杠副，必须根据实际的工作条件进行。实际工作条件包括：最大的工作载荷(或平均工作载荷)、最大载荷作用下的使用寿命、丝杠的工作长度(或螺母的有效行程)、丝杠的转速(或平均转速)、丝杠的工况以及滚道的硬度等。在确定这些实际工作条件后，可按照下述步骤进行选择：首先是承载能力的选择；然后核算压杆的稳定性；接着计算最大动载荷值(对于低速运转的滚珠丝杠，只需要考虑其最大静载荷是否充分大于最大工作载荷即可)；再进行刚度验算；最后验算满载荷时的预紧量(因为滚珠丝杠在轴向力的作用下，将产生伸长或缩短，在转矩的作用下，将产生扭转，这些都会导致丝杠的导程变化，从而影响传动精度以及定位精度)。以上步骤中的计算公式可以参阅有关资料。

小提示： 数控机床进给系统中除了使用滚珠丝杠螺母副以外，在有些场合还使用静压丝杠螺母副和蜗杆蜗轮副。静压丝杠螺母副和蜗杆蜗轮副结构和原理可参阅有关资料。

3. 传动齿轮的间隙消除机构

数控机床进给系统中的减速机构主要采用齿轮，而进给系统经常处于自动变向状态，反向时若驱动链中的齿轮等传动副存在间隙，就会造成进给运动的反向运动滞后于指令信号，从而影响其驱动精度。齿轮在制造时不可能完全达到理想的齿面要求，总会存在着一定的误差，故两个相啮合的齿轮，总有微量的齿侧隙。所以，必须采取措施来调整齿轮传动中的间隙，以提高进给系统的驱动精度。

1）直齿圆柱齿轮传动

（1）偏心轴套式调整法。这是最简单的调整方式，常用于电动机与丝杠之间的齿轮传动，如图 2.31 所示。电动机通过偏心套安装在壳体上，转动偏心套可使电动机中心轴线的位置向上，而从动齿轮轴线位置固定不变，所以两啮合齿轮的中心距减小，从而消除齿侧间隙。

（2）轴向垫片调整法。轴向垫片调整法是用带有锥度的齿轮来消除间隙的机构，如图 2.32 所示。在加工两齿轮时，将假想的分度圆柱面改变成带有小锥度的圆锥面，使其齿厚在齿轮的轴向稍有变化(其外形类似于插齿刀)。装配时，两齿轮按齿厚相反变化走向啮合，通过修磨垫片的厚度使两齿轮在轴向上相对移动，从而消除齿侧间隙。

偏心套式和轴向垫片调整方法结构简单，能传递较大的动力，但齿轮磨损后不能自动消除齿侧间隙。

（3）双片薄齿轮错齿调整法。如图 2.33

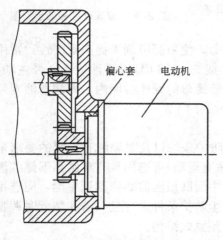

图 2.31　偏心套调整法

电动机　偏心套

(a)所示是双片齿轮周向可调弹簧错齿消隙结构。两个相同齿数的薄片齿轮3和4与另一个宽齿轮啮合，两薄片齿轮可相对回转。在两个薄片齿轮3和4的端面均匀分布着四个螺孔，分别装上凸耳1和2。齿轮3的端面还有另外四个通孔，凸耳可以在其中穿过，弹簧8的两端分别钩在凸耳2和调节螺钉5上。通过螺母6调节弹簧8的拉力，调节完后用螺母7锁紧。弹簧的拉力使薄片齿轮错位，即两个薄齿轮的左右齿面分别贴在宽齿轮齿槽的左右齿面上，从而消除了齿侧间隙。

图2.33(b)是一种双片齿轮周向弹簧错齿消隙结构，两片薄齿轮11和12套装一起，每片齿轮各开有两条周向通槽，在齿轮的端面上装有短柱9，用来安装弹簧10。装配时使弹簧10具有足够的拉力，使两个薄齿轮的左右面分别与宽齿轮的左右面贴紧，以消除齿侧间隙。这种消隙结构的特点是输出转矩小，适用于读数装置而不适用于驱动装置。

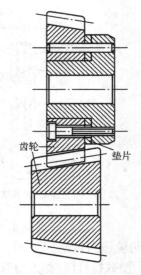

图2.32　轴向垫片调整法

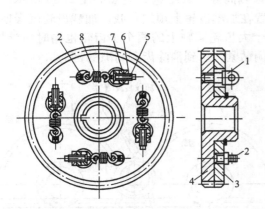

(a) 双片齿轮周向可调弹簧错齿消隙结构

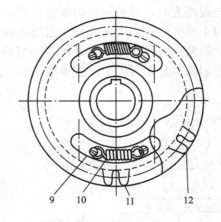

(b) 双片齿轮周向弹簧错齿消隙结构

图2.33　双片薄齿轮错齿调整法

1、2—凸耳；3、4、11、12—薄片齿轮；5—调节螺钉；
6、7—螺母；8—调节弹簧；9—短柱；10—弹簧

2）斜齿圆柱齿轮传动

斜齿轮垫片调整法其原理与错齿调整法相同，如图2.34(a)所示。两个斜齿轮的齿形是拼装在一起进行加工的，装配时在两薄片斜齿轮间装入厚度为t的垫片，然后修磨垫片，这样它们的螺旋线便错开，使得它们分别与宽齿轮的左、右齿面贴紧，从而消除齿轮副的侧隙。垫片厚度t与齿侧间隙Δ的关系：$t = \Delta\cot\beta$，其中β为螺旋角。

斜齿轮轴向压簧错齿调整法如图2.34(b)所示，其特点是齿侧间隙可以自动补偿，但轴向尺寸较大，结构不紧凑。

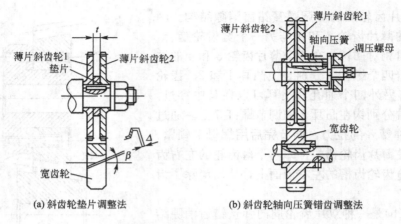

(a) 斜齿轮垫片调整法   (b) 斜齿轮轴向压簧错齿调整法

图 2.34　斜齿轮垫片调整法

3) 齿轮齿条传动

在大型数控机床(如大型数控龙门铣床)上,由于工作台的行程很长,不宜采用滚珠丝杠螺母副传动作为它的进给运动传动机构,而通常采用齿轮齿条传动。

当载荷小时,通常采用双齿轮错齿调整法,分别与齿条齿槽左、右侧贴紧,以消除齿侧间隙,如图 2.35 所示。

当载荷大时,可采用径向加载法消除齿侧间隙,其结构原理图如图 2.36 所示。工作时,两个小齿轮分别齿条啮合,当加载装置在加载齿轮上预加负载,加载齿轮就会使与之相啮合的两个大齿轮向外撑开,这样与两个大齿轮同轴上的两个小齿轮也同时向外撑开,这样它们就能分别与齿条上的齿槽左、右侧贴紧,达到消除齿侧间隙的目的。

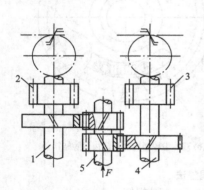

图 2.35　双齿轮错齿调整法
1，4，5—轴；2，3—齿轮；
F—弹簧预紧力

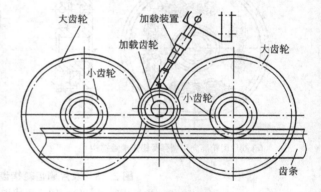

图 2.36　径向加载法

2.4.3　数控机床的导轨

1. 数控机床对导轨的要求

数控机床运行时,用导轨来支撑和引导运动部件沿着直线或圆周方向准确运动。导轨的制造精度及精度保持性对零件的加工精度有着重要的影响。数控机床对导轨的要求主要有:

（1）导向精度高。导向精度是指机床的运动部件沿导轨移动时的直线度与圆度。它保证部件运动的准确。影响导向精度的因素有导轨的结构形状、几何精度、刚度、制造精度和导轨间隙的调整等。数控机床对于导轨本身的精度都有具体的规定或标准，以保证导轨高的导向精度。

（2）耐磨性好。耐磨性好的导轨能使导轨在长期的使用中保持较高的导向精度，以满足加工精度的要求。耐磨性受到导轨副的材料、硬度、润滑和载荷等的影响。数控机床导轨的摩擦因数要小，力求小的磨损量，且磨损后要易于调整或能自动补偿。

（3）良好的精度保持性。精度保持性是指导轨能否长期保持原始精度。影响精度保持性的因素主要是导轨的磨损，另外，还与导轨的结构形式以及支承件的材料有关。数控机床的精度保持性比普通机床要求高，所以，数控机床应采用摩擦因数小的滚动导轨、塑料导轨或静压导轨。

（4）好的结构工艺性。数控机床的导轨要便于制造和装配，便于检验、调整和维修，而且要有合理的导轨防护和润滑措施等。

（5）足够的刚度。导轨受力变形会导致刀具与工件之间相对位置的变化。如若导轨受力变形过大，就破坏了导向精度，同时恶化了导轨的工作条件。因此要求导轨要有足够的刚度。影响导轨刚度的因素主要有导轨的类型、结构形式和尺寸大小、导轨的材料和表面加工质量等。

（6）低速运动的平稳性。要保证运动部件在导轨上低速移动时，不发生爬行现象。数控机床的导轨的摩擦因数要小，而且动、静摩擦因数应尽量接近，要保证良好的润滑和传动系统的刚度，使运动平稳轻便，低速且无爬行。

2. 数控机床导轨的分类和特点

1）按运动部件的运动轨迹分

按运动部件的运动轨迹可分为直线运动导轨和圆周运动导轨。前者如车床和龙门刨床床身导轨等，后者如立式车床和滚齿机的工作台导轨等。

2）按导轨接合面的摩擦性质分

按导轨接合面的摩擦性质可以分为滑动导轨、滚动导轨和静压导轨三类。

（1）滑动导轨。两导轨面间的摩擦性质是滑动摩擦，大多处于边界摩擦或混合摩擦的状态。滑动导轨结构简单，接触刚度高，阻尼大和抗振性好，但启动摩擦力大，低速运动时易爬行，摩擦表面易磨损。为提高导轨的耐磨性，可采用耐磨铸铁，或把铸铁导轨表层淬硬，或采用镶装的淬硬钢导轨。塑料贴面导轨基本上能克服铸铁滑动导轨的上述缺点，使滑动导轨的应用得到了新的发展。

（2）滚动导轨。相配的两导轨面间有滚珠、滚柱、滚针或滚动导轨块的导轨。这种导轨摩擦因数小，不易出现爬行，而且耐磨性好，缺点是结构较复杂和抗振性差。滚动导轨常用于高精度机床、数字控制机床和要求实现微量进给的机床中。

（3）静压导轨。静压导轨是在两个相对滑动面之间开有油腔，将有一定压力的油通过节流输入油腔，形成压力油膜，使运动件浮起。在工作过程中，导轨面上油腔中的油压能随外加负载的变化自动调节，以平衡外加负载，保证导轨面间始终处于纯液体摩擦状态。所以静压导轨的摩擦因数极小（约为 0.0005）、功率消耗小、导轨不会磨损，因而导轨的精度保持性好，寿命长。此外，油膜厚度几乎不受速度的影响，油膜承载能力大、刚性好，油膜还有吸振作用，所以抗振性也好。静压导轨运动平稳，无爬行，也不会产生振动。静压导轨的缺点是结构复杂，并需要有一套良好过滤效果的液压装置，制造成本高。静压导轨较多应用在大型、重型的数控机床上。静压导轨按导轨形式，可以分为开式和闭式两种，数控机床用的是闭式静压导轨。按供油方式又可以分为恒压（即定压）供油和恒流（即定量）供油两种。静压导轨横截面的几何形状有矩形和V形两种。采用矩形便于制成闭式静压导轨；采用V形便于导向和回油。此外，油腔的结构对静压导轨性能也有很大影响。

在基本导轨的基础上进行改进和复合又形成了卸荷导轨和复合导轨。卸荷导轨是利用机械或液压的方式减小导轨面间的压力，但不使运动部件浮起，因而既能保持滑动导轨的优点，又能减小摩擦力和磨损。复合导轨是导轨的主要支承面采用滚动导轨，而主要导向面采用滑动导轨。

3) 按照导轨的截面形状分

按照导轨的截面形状可以分为三角形、矩形、燕尾形和圆形，如图 2.37 所示。

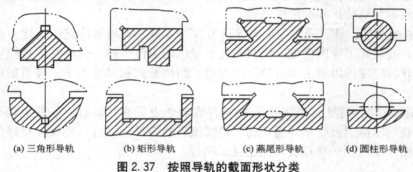

(a) 三角形导轨　　(b) 矩形导轨　　(c) 燕尾形导轨　　(d) 圆柱形导轨

图 2.37　按照导轨的截面形状分类

三角形导轨的导向性好，矩形导轨刚度高，燕尾形导轨结构紧凑，圆形导轨制造方便，但磨损后不易调整。当导轨的防护条件较好，切屑不易堆积其上时，下导轨面常设计成凹形，以便于储油，改善润滑条件；反之则宜设计成凸形。

4) 按受力情况分

按受力情况分为开式导轨和闭式导轨，在部件自重和外载的条件下如图 2.38(a)所示，导轨面 a 和 b 在导轨全长上可始终贴合的称为开式导轨。当部件上所受的颠覆力矩 M 较大时，必须增加压板 1 以形成辅助导轨面 e，如图 2.38(b)所示，才能使主导轨面 c 和 d 良好接触。这种靠增加压板将导轨 2 用主、辅导轨面封闭起来的称为闭式导轨。

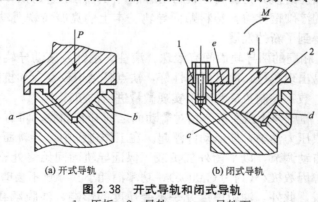

(a) 开式导轨　　　　　　(b) 闭式导轨

图 2.38　开式导轨和闭式导轨
1—压板；2—导轨；a～e—导轨面

2.4.4 数控机床的工作台

数控机床的进给运动一般为 X、Y、Z 三个坐标轴的直线进给运动，此时工作台只需做直线进给运动。为了扩大数控机床加工性能，以适应于不同零件的加工需要，有时还需要绕 X、Y、Z 三个基本坐标轴做回转圆周运动，这三个轴向通常称为 A、B、C 轴。为了实现数控机床的圆周运动，需采用数控回转工作台。数控机床的圆周运动包括分度运动与连续圆周进给运动两种。为了能够区别，通常将只能实现分度运动的回转工作台称为分度工作台，而将能够实现连续圆周进给运动的回转工作台称为数控回转工作台。分度工作台和数控回转工作台在外形上差别不大，但在结构上则具有各自的特点。

1. 直线进给运动工作台

直线进给运动工作台是数控机床的重要部件，是数控机床伺服进给系统的执行部件。机床的直线进给运动工作台通常是长方形的，如图 2.39 所示。

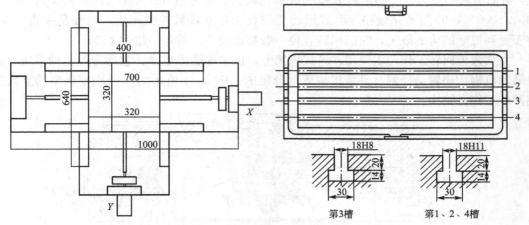

图 2.39 长方形直线进给运动工作台

2. 分度工作台

数控机床上的分度工作台只能实现分度运动。需要分度时，分度工作台根据数控系统发出的指令，将工作台连同工件一起回转一定的角度并定位。当分度工作台采用伺服电动机驱动时又称为数控分度工作台。数控分度工作台能够分度的最小角度一般都较小，如 0.5°、1°等，通常采用鼠牙盘式定位。有的数控机床还采用液压或手动分度工作台，这类的分度工作台一般只能回转规定的角度，如可以每隔 45°、60°或 90°进行分度，可以采用鼠牙盘式定位或定位销式定位。

鼠牙盘式分度工作台也称为齿盘式分度工作台，它是用得较广泛的一种高精度的分度定位机构。在卧式数控机床上，它通常作为数控机床的基本部件被提供；在立式数控机床上则作为附件被选用。

3. 数控回转工作台

数控回转工作台不仅能完成分度运动，而且还能进行连续圆周进给运动。数控回转工作台可按照数控系统的指令进行连续回转，且回转的速度是无级、连续可调的；同时，它也能实现任意角度的分度定位。所以，它同直线运动轴在控制上是相同的，也需要采用伺服电动机驱动。图 2.40 所示为数控回转工作台实物图。

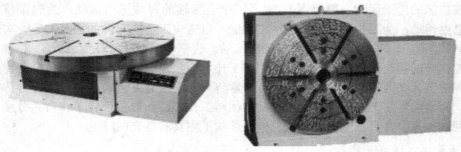

图 2.40　TK13 系列数控回转工作台

回转工作台从安装形式上分为立式和卧式两类。立式回转工作台用在卧式数控机床上，台面为水平安装，它的回转直径一般都比较大，通常有 500×500、630×630、800×800、1000×1000 等常用规格。卧式回转工作台用在立式数控机床上，台面是垂直安装，由于受到机床结构的限制，它的回转直径一般都比较小，通常不超过 $\phi500$。

立式数控回转工作台主要用在卧式机床上，以实现圆周运动。它通常由传动系统、消除间隙机构、蜗轮蜗杆副、夹紧机构等部分组成。图 2.41 所示为一种比较典型的立式数控回转工作台结构。

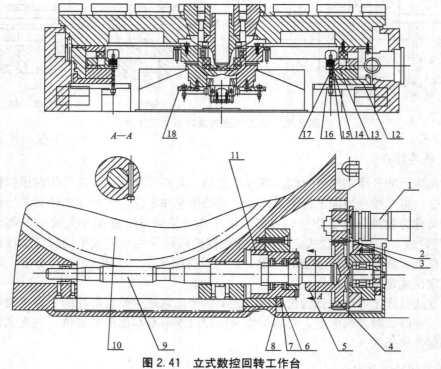

图 2.41　立式数控回转工作台

1—驱动电动机；2，4—齿轮；3—偏心套；5—楔形拉紧销；
6—压块；7—锁紧螺钉；8—螺母；9—蜗杆；10—蜗轮；11—调整套；
12，13—夹紧瓦；14—夹紧油缸；15—活塞；16—弹簧；17—钢球；18—位置检测卧式数控回转工作台主要用在立式数控机床上，以实现圆周运动，它通常由传动系统、夹紧机构和蜗轮蜗杆副等部件组成。图 2.42 所示为一种常用在数控机床上的立式数控回转工作台，这种回转工作台可以采用气动或液压夹紧。

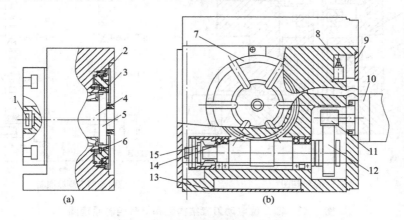

图 2.42　卧式数控回转工作台

1—堵头；2—活塞；3—夹紧座；4—主轴；5—夹紧体；6—钢球；7—工作台；8—发信开关；
9，10—伺服电动机；11，12—齿轮；13—盖板；14—蜗轮；15—蜗杆

2.5　自动换刀装置(Automatic Tool Changer)

2.5.1　自动换刀装置的分类

自动换刀装置根据其组成结构可分为回转刀架式、转塔式、无机械手式和有机械手式自动换刀装置。

1. 回转刀架式自动换刀装置

回转刀架换刀是一种简单的自动换刀装置，常用于数控车床。在回转刀架各刀座安装或夹持各种不同用途的刀具，通过回转刀架的转位实现换刀。根据加工要求可设计成四工位刀架、六工位刀架、八工位刀架或圆盘式刀架。图 2.43 所示为四工位电动刀架结构图和电气控制原理图。

当数控系统发出换刀信号时，首先继电器 KA4 动作，接触器 KM1 吸合，换刀电动机在正转驱动蜗轮蜗杆机构使上刀体 1 上升。当上刀体 1 上升到一定的高度时，离合转盘 8 起作用，带动上刀体 1 旋转进行选刀。刀架上方的发信盘中对应的每个刀位都安装有一个传感器(霍尔开关 9)，当上刀体 1 旋转到某刀位时，该刀位的传感器向数控系统输出信号，数控系统将刀位信号与指令刀位信号进行比较，当两信号相同时，说明上刀体已旋转到所选刀位。此时数控系统控制继电器 KA4 释放，继电器 KA5 动作，接触器 KM2 吸合，换刀电动机反转。活动销 2 反靠在反靠盘 3 上初定位。在活动销反靠的作用下，螺杆带动上刀体下降，直至齿牙盘咬合，完成精定位，并通过蜗轮 5 和蜗杆 7 锁紧螺母，使刀架紧固。此时，数控系统控制接触器 KM2 释放，换刀电动机停转，从而完成换刀动作。

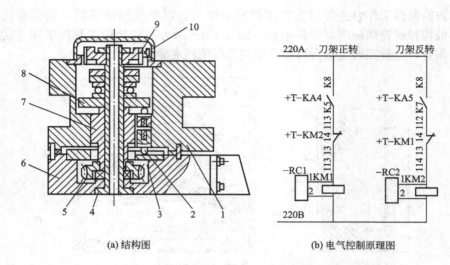

(a) 结构图   (b) 电气控制原理图

图 2.43　四工位电动刀架结构图和电气控制原理图
1—上刀体；2—活动销；3—反靠盘；4—定轴；5—蜗轮；6—下刀体；
7—蜗杆；8—离合转盘；9—霍尔元件；10—磁钢

2. 转塔式自动换刀装置

转塔式自动换刀装置结构比较简单，机床的主轴头就是转塔头，转塔转动时更换主轴

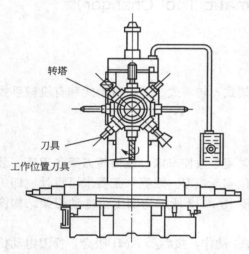

图 2.44　TK-5525 型数控转塔式镗铣床

头，以实现自动换刀。如图 2.44 所示是 TK-5525 型数控转塔式镗铣床的外观图，八方形转塔头上装有八根主轴。转塔头的转位由槽轮机构来实现，待该工步加工完毕时，转塔按照指令转过一个或几个位置，完成自动换刀，再进入下一步的加工。

这种换刀装置的优点在于省去了自动松、夹、卸刀、装刀以及刀具搬运等一系列的复杂操作，结构简单、换刀的可靠性高、换刀时间短。但由于空间位置的限制，为了保证主轴的刚度，必须限制主轴数目，否则将使结构尺寸大大增加。由于这些结构上的原因，因此转塔主轴头通常只适用于工序较少，精度要求不太高的数控镗铣床。

3. 带刀库的自动换刀装置

带刀库的自动换刀装置是目前多工序数控机床上应用最广泛的换刀装置，主要由刀库和刀具交换机构组成。刀库用来储存刀具，刀库可装在主轴箱上或工作台上或装在机床的其他部件上。这种换刀方式的数控机床只需要一根夹持刀具的主轴，主轴刚度高，有利于提高加工精度和加工效率，而且刀具的存储容量增多，有利于加工复杂零件。在具有刀库的加工中心上，其换刀方式又可分为无机械手换刀和有机械手换刀两类。

1）无机械手换刀装置

图 2.45 所示为固定立柱立式加工中心无机械手换刀系统实物和结构图。其换刀过程如下：①主轴准停；②主轴箱上升到换刀位；③刀盘旋转到主轴刀具刀位（点）；④刀库移动到换刀位换刀；⑤刀具自动夹紧装置松刀（主轴松刀）；⑥主轴上升到参考点；⑦刀盘旋转到换刀刀具刀位；⑧主轴下降到换刀位（点）；⑨刀具自动夹紧装置夹紧（主轴抓刀）；⑩刀库移动到原始位（刀库移动使主轴退出刀），换刀过程完成。

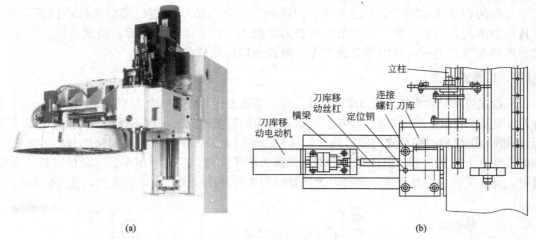

(a)　　　　　　　　　　　　　　　(b)

图 2.45　固定立柱立式加工中心无机械手换刀系统

另外，在有的加工中心上采用刀库固定（只做选刀动作），主轴移动的方式换刀，其特点类似。

无机械手换刀系统优点：结构简单，成本低，换刀可靠。缺点：一是在换刀时必须首先将用过的刀具送回刀库，然后再从刀库中取出新刀具，这两个动作不可能同时进行，因此换刀时间较长；二是刀库容量不大。因此该换刀装置适合中小型加工中心。

2）有机械手换刀装置

有机械手的换刀装置一般由机械手和刀库组成。采用机械手进行刀具交换的方式应用的最为广泛，这是因为机械手换刀有很大的灵活性，而且可以减少换刀时间，其换刀时间可缩短到几秒甚至零点几秒。由于刀库位置和机械手的动作不同，其结构形式也各不相同。

图 2.46 所示为机械手换刀过程示意图。其换刀主要过程：当数控系统发出主轴准停指令时，刀库和主轴到达换刀位置——机械手从刀库和主轴同时取刀——机械手回转——机械手将旧刀放回刀库和将新刀装到主轴上——刀库和机械手移动到原始位，换刀过程完成。

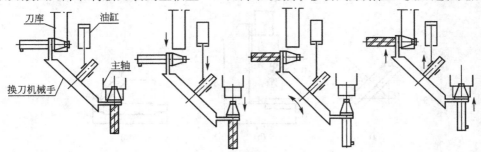

图 2.46　双臂回转式机械手换刀过程示意图

2.5.2 刀库

刀库主要是提供储刀位置，并能依程序的控制，正确选择刀具加以定位来进行刀具交换，是自动换刀装置中主要的部件之一。换刀机构则是执行刀具交换的动作。刀库必须与换刀机构同时存在，若无刀库则加工所需刀具无法事先储备；若无换刀机构，则加工所需刀具无法自刀库依序更换，而失去降低非切削时间的目的。此二者在功能及运用上相辅相成，缺一不可。

刀库的容量从几把到上百把不等；刀库的布局和具体结构随机床结构的不同而不同，并且差别很大。目前，加工中心最常见的刀库型式主要有圆盘式刀库、链式刀库、格子箱式刀库和斗笠式刀库，其中圆盘式刀库、链式刀库应用较多。

1. 圆盘式刀库

圆盘式刀库又称为鼓轮式刀库、盘式刀库，需搭配自动换刀机构 ATC（auto tools change）进行刀具交换。特点是结构紧凑、简单。圆盘式刀库的容量不大，一般不超过 24 把。图 2.47 为刀具轴线与圆盘轴线平行式刀库布局。刀具轴线与圆盘轴线平行式刀库因简单紧凑，在中小型加工中心上应用较多。但这种刀库中，刀具为单环排列，空间利用率低，而且刀具长度较长时，易和工件、夹具干涉。此外，大容量的刀库外径比较大，转动惯量大，选刀时间长。

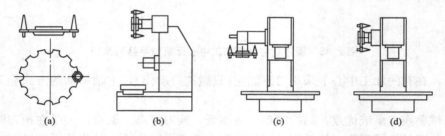

图 2.47　刀具轴线与圆盘轴线平行式刀库布局示意图

刀具轴线与鼓轮轴线成一定角度的刀库布局形式如图 2.48 所示。图 2.48(b)为这种结构在立式机床上的应用；一般都是以机床的 Z 轴作为动力，通过机械联动结构，由主轴箱的上下运动来完成刀库的摆入、摆出动作，从而实现自动换刀，所以，换刀速度极快。但这种型式可以安装的刀具数量较少，刀具尺寸不能过大，刀具安装也不方便，在小型高速钻削中心上使用得较多。图 2.48(c)为这种结构采用卧式布局的情况，刀具交换动作与数控车床回转刀架动作类似，通过刀库的抬起、回转、落下、夹紧来进行换刀。由于布局的限制，刀具数量不宜过多，所以常被做成通用部件的形式，多用于数控组合机床上。

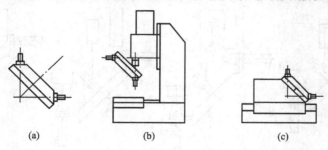

图 2.48　刀具轴线与鼓轮轴线倾斜式刀库布局示意图

2. 链式刀库

链式刀库结构紧凑、布局灵活、刀库容量大，能够实现刀具的预选，并且换刀时间短，图 2.49 所示为链式刀库常见布局示意图。

链式刀库一般都需要独立安装在机床的顶面(图 2.49(b))或侧面(图 2.49(c))，它占地面积大。在通常情况下，刀具轴线与主轴的轴线垂直，所以，必须通过机械手换刀，机械结构要比圆盘式刀库复杂。

在刀库容量较大时，一般采用 U 形布局(图 2.49(d)和(e))或多环链式刀库布置，使刀库外形更紧凑，占用空间更小。这种刀库型式，在增加刀库容量时，可通过增加链条的长度来实现，因为它并不增加链轮直径，故链轮的圆周速度不变，因此，在刀库容量加大时，刀库的运动惯量不会增加得太多。

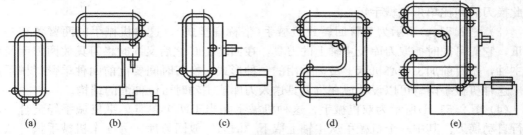

|(a)|(b)|(c)|(d)|(e)|

图 2.49　链式刀库常见布局示意图

3. 格子箱式刀库

格子箱式刀库具有纵横排列十分整齐的很多格子；每个格子可存储一把刀具。格子箱式刀库可以分为单面格子箱式刀库和多面格子箱式刀库，如图 2.50 所示。该种形式的刀库结构紧凑，刀库空间利用率高。但换刀时间较长，布局不灵活。通常刀库安置在工作台上，小直径刀具为轴向取刀，大直径刀具为径向取刀。格子箱式刀库应用较少。

4. 斗笠式刀库

一般只能存 16～24 把刀具，斗笠式刀库在换刀时不需要单独换刀机构，而是依靠整个刀库向主轴移动来完成换刀，这也是斗笠式刀库与圆盘式刀库的区别之处。当主轴上的刀具进入刀库的卡槽时，主轴向上移动脱离刀具，这时刀库转动。当要换的刀具对正主轴正下方时主轴下移，使刀具进入主轴锥孔内，夹紧刀具后，刀库退回原来的位置。

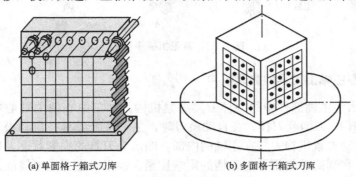

(a) 单面格子箱式刀库　　(b) 多面格子箱式刀库

图 2.50　格子箱式刀库

2.5.3 机械手

因为机械手换刀有很大的灵活性，可以减少换刀时间，所以采用机械手进行刀具交换的应用最为广泛。但由于加工中心机床的刀库和主轴，其相对位置距离不同，相应的换刀机械手的运动过程也不尽相同，它们由各种形式的机械手来完成。常见的机械手形式如图 2.51 所示。

(1) 图 2.51(a) 所示为单臂单爪回转式机械手。这种机械手的手臂可回转不同角度来进行自动换刀，由于手臂上只有一个夹爪要执行刀库或主轴上的装卸刀，因此更换刀具所花时间较长。

(2) 图 2.51(b) 所示为单臂双爪回转式机械手。在它的手臂上有两个夹爪，其中一个夹爪执行从主轴取下"旧刀"送回刀库，另一夹爪则执行由刀库取出"新刀"送到主轴，因此换刀时间比单爪机械手短。

(3) 图 2.51(c) 所示为双臂回转式机械手(俗称扁担式)。这种机械手的两臂各有一个夹爪，它们可同时抓取刀库及主轴上的刀具，在回转 180° 之后又同时将刀具放回刀库及装入主轴，是目前加工中心机床上最为常用的一种形式，换刀时间要比前两种单臂机械手都短。这种机械手两臂可以设计成在将刀具送入刀库或主轴时可以伸缩的结构。

(4) 图 2.51(d) 所示为双机械手。这种机械手相当于两个单臂单爪机械手经配合一起执行自动换刀。其中一个机械手从主轴上取下"旧刀"放回刀库，另一个机械手执行从刀库取"新刀"装在机床主轴上。

(5) 图 2.51(e) 所示为双臂往复交叉式机械手。这种机械手两臂可往复运动并交成一定角度，两个手臂分别称作装刀手和卸刀手。卸刀手完成从主轴上取下"旧刀"放回刀库，装刀手执行从刀库中取出"新刀"装入主轴。整个机械手可沿某导轨直线移动或绕某个转轴回转，以实现刀库与主轴之间的运送刀具工作。

(6) 图 2.51(f) 所示为双臂端面夹紧式机械手。这种机械手仅在夹紧部位上和前述几种不同，上述几种机械手均靠夹紧刀柄的外圆表面来抓住刀具，而此种机械手则是夹紧刀柄的两个端面。

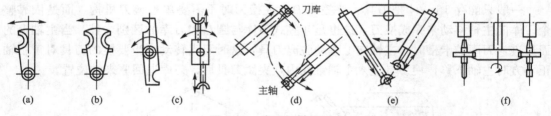

图 2.51 常见机械手形式

2.5.4 加工中心主轴上刀具的夹紧机构

图 2.52 所示为主轴部件中的一种刀具夹紧机构。加工中心的主轴前端有 7:24 的锥孔，用于装夹 BT40 刀柄或刀杆。在自动换刀时，主轴系统应具备自动松开和夹紧刀具的功能。刀具的自动夹紧机构安装在主轴的内部，图示为刀具的夹紧状态。蝶形弹簧通过拉杆和双瓣卡爪，在套筒的作用下将刀柄的尾端拉紧。换刀时在主轴上端油缸的上腔 A 通入大压力油，活塞的端部即推动拉杆向下移动，同时压缩蝶形弹簧。当拉杆下移到使卡爪的

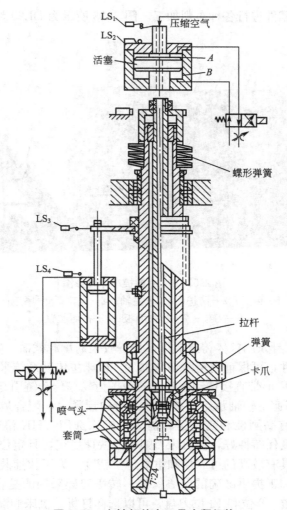

LS₁ 压缩空气

LS₂

活塞 *A*

B

蝶形弹簧

LS₃

LS₄

拉杆

弹簧

卡爪

喷气头

套筒

7:24

图 2.52 主轴部件中刀具夹紧机构

下端移出套筒时，在弹簧的作用下卡爪张开，喷气头将刀柄顶松，刀具即可由机械手拔出。待机械手将新刀装入后，油缸的下腔通入压力油，活塞向上移动，蝶形弹簧伸长，将拉杆和卡爪向上拉，卡爪重新进入套筒，将刀柄拉紧。活塞移动的两个极限位置处都有相应的行程开关(LS_1，LS_2)，作为刀具松开和夹紧的到位信号。

　　需要指出，活塞对蝶形弹簧的压力如果作用在主轴上，并传至主轴的支承，则使主轴及其支承承受附加的载荷，不利于主轴和支承的工作。因此要采用卸荷措施，使对蝶形弹簧的压力转化为内力，而不传递到主轴的支承上。

2.6　数控机床的典型结构(typical Structures of CNC Machine Tools)

2.6.1　数控车床

　　DL 系列全机能数控车床是大连机床集团公司生产的两轴联动、半闭环控制的数控车

床，可对轴类及盘类零件进行各种车削加工。图 2.53 所示为 DL20 数控车床外形图。

图 2.53　DL20 数控车床外形图
1—床身；2—防护门；3—主轴；4—导轨；5—尾座；
6—刀架；7—操作面板；8—排屑装置

　　DL20 数控车床床身采用整体铸造成形，具备较大的承载截面，导轨倾斜布局，因此，有良好的刚性和吸震性，可保证高精度切削加工。机床主传动系统采用交流伺服广域电动机，配合高效率并联 V 形带直接传动主轴。避免了齿轮箱传动链引起的噪声问题。主轴前后端采用 NSK 精密高速主轴轴承组，并施加适当的预紧力，配合最佳的跨距支撑以及箱式主轴箱，使主轴具有高刚性和高速运转能力。机床选用 THK 滚珠丝杠和直线滚动导轨，传动效率高，精度保持性好，使机床刀架移动快速稳定，且定位精度高。机床配置台湾高刚性液压刀台，具有较高的可靠性和重复定位精度。为了快速装卡工件，采用高精度的液压尾座，为车削加工提供准确的定心保证。转塔刀架采用的是台湾高性能液压刀架，其刀盘有三种，即 6 位、8 位和 12 位刀盘，可以选样订货。机床润滑采用自动集中润滑系统，可保证持续有效的导轨及滚珠丝杠润滑。机床配备有闭式防护罩、独立的大流量的冷却泵和链式排屑装置，为车削加工提供强制冷却和自动排屑。

2.6.2　数控铣床

　　XK713 数控床身铣床既可以进行铣削，也可以进行钻、镗、扩、铰孔加工，适用于机械、汽车、轻工、电子、纺织等行业的各种中小型复杂零件的加工。机床具有占地面积小，行程范围宽（500×300）等优点。图 2.54 所示为华中数控有限公司生产的 XK713 铣床外形图，该数控铣床的主要特点有：

　　（1）铣床采用手动换刀，气动松开、夹紧，操作方便。

　　（2）采用全封闭防护设计、使机床导轨、丝杠等防护充分，润滑采用集中润滑方式，延长其使用寿命。

　　（3）机床 XYZ 坐标导轨采用铸铁贴塑矩形滑动导轨、摩擦因数小、机床运动灵活、承载能力强。

　　（4）主轴采用变频调速电动机驱动，主轴转速范围可达 60～6000r/min。

（5）加工精度高，进行伺服系统采用交流伺服电动机，精密滚珠丝杠，再加上数控系统的补偿功能，使本铣床加工具有较高的精度。进给速度范围为 3～3000mm/min，快移速度可达 8000mm/min。

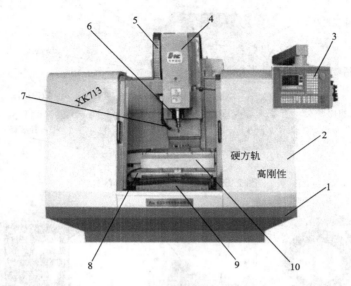

图 2.54　XK713 数控铣床外形
1—床身；2—防护罩；3—操作面板；4—主轴箱；5—护线架；
6—主轴；7—冷却液管；8—纵向滑板；9—横向滑板；10—工作台

2.6.3　加工中心

1. XH713A 加工中心

图 2.55 所示为 XH713A 型加工中心。该机床采用 BEIJING‑FANUC‑0i 数控系统，能够控制的主要有 X、Y、Z 三坐标轴的联动（包括移动量及移动速度的控制，能进行直线、圆弧的插补加工控制）；一些电器开关的通断（包括主轴正反转及停转、进给随意暂停和重启、急停及超程保护控制、刀库及其驱动）；主轴采用变频器实现无级调速；具有 16 把刀具的斗笠式刀库、采用气动换刀方式。该机床可用于轮廓铣削、挖槽、钻镗孔、刚性攻螺纹及其各类复杂曲面轮廓的粗、精加工等。可实现刀具半径补偿和刀长补偿。

2. F200 TC‑CNC 加工中心

F200 TC‑CNC 是扬州欧普兄弟机械工具有限公司生产的一种立式加工中心，如图 2.56 所示。其中 11 是床身，上有横向导轨，滑座 7 在上面运动，为 Y 轴。10 为纵向工作台，为 X 轴。6 是主轴箱，沿立柱导轨上下移动（Z 轴）。9 是 X 轴伺服电动机，7 为刀库，8 是换刀机械手，位于刀库和主轴之间。1 是数控柜，5 是驱动电源柜，它们位于机床立柜左右两侧，4 是操作台。

在本机床上工件一次装夹后，可自动连续地进行铣、钻、镗、铰、扩、攻螺纹等多种工序。适于小型板件、盘类、壳体及模具等零件的小批量多品种加工。

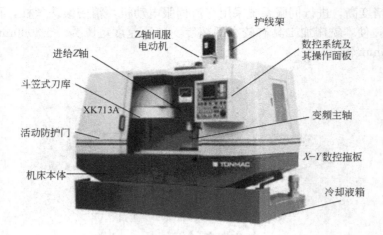

图 2.55　XH713A 型加工中心

图 2.56　F200 TC - CNC 立式加工中心

1—数控柜；2—电动机润滑泵；3—铣削头；4—操作台；5—护线架；
6—主轴箱；7—刀库；8—换刀机械手；9—防护门；10—纵向工作台；11—床身

本 章 小 结(Summary)

　　数控机床的机械结构是构成数控机床的重要组成部分，通过本章的学习，主要了解和掌握以下内容：

(1) 数控机床的机械结构的基本要求和数控机床的布局特点。

(2) 数控机床主传动系统的作用、要求及变速方式、主轴部件的构成及润滑和冷却方法。

(3) 数控机床进给传动系统的作用、要求及主要传动部件。

(4) 数控机床换刀装置的作用、刀具交换装置及刀库种类。

(5) 数控车床、数控铣床、加工中心的典型结构组成。

推荐阅读资料(Recommended Readings)

1. 盛强，李锐. 数控机床机械改造两例. 设备管理与维修，2008(5).
2. 易刚. 数控机床机械结构设计分析. 金属加工(冷加工)，2011(3).

思考与练习(Exercises)

一、填空题

1. 数控机床齿轮传动间隙的存在会造成_____，并产生_____，因而必须消除。

2. 为了提高滚珠丝杠螺母副的反向传动精度和轴向刚度，必须消除_____，通常采用_____方法。

3. 进给伺服系统的传动元件在调整时均需预紧，其主要目的有_____和_____。

4. 数控机床常用导轨类型有_____、_____和_____。

5. 内装电机主轴(电主轴)的主要缺点是_____。

6. 数控机床常用丝杠螺母副是_____。

二、简答题

1. 数控机床对机械结构的基本要求是什么？

2. 数控机床的主轴变速方式有哪几种？试述其特点和应用场合。

3. 数控机床对进给系统的机械传动部分的要求是什么？如何实现这些要求？

4. 数控机床为什么要采用滚珠丝杠副作为传动元件？它的特点是什么？

5. 滚珠丝杠副中的滚珠循环方式可分为哪两类？

6. 滚珠丝杠副轴向间隙调整和预紧的基本原理是什么？常用哪几种结构形式？

7. 机床上的回转刀架换刀时需要完成哪些动作？如何实现？

8. 刀具交换方式有哪两类？试比较它们的特点及应用场合。

三、思考题

1. 数控机床与普通机床在机械结构方面有哪些不同？

2. 对普通机床的数控化改造，机械结构需要做哪些改造？

第 **3** 章
插补原理与刀具补偿技术
(Chapter Three Interpolation Theory and Tool Compensation)

 本章教学要点

能力目标	知识要点
掌握插补基本概念 掌握插补基本要求和分类	插补
掌握逐点比较法直线插补计算 掌握逐点比较法圆弧插补计算	逐点比较法
掌握数字积分法直线插补计算 掌握数字积分法圆弧插补计算	数字积分法
了解数据采样插补原理和计算方法	数据采样法
掌握刀具半径补偿的基本概念 掌握刀具补偿的分类和工作过程	刀具补偿概念
掌握轮廓转接判别条件 掌握轮廓刀具半径补偿的画法	刀具半径补偿转接判别

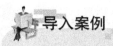

导入案例

刀具运动轨迹的控制

在数控编程时，对于直线轮廓通常只需要给出直线起点和终点坐标，对于圆弧轮廓也只需要给出圆弧的起点坐标、终点坐标和半径（或者圆心坐标），如图3.1所示，数控机床利用这些有限的坐标信息和给定的工艺数据便可以完成加工任务。那么，数控机床是如何控制刀具沿给定工件的轮廓运动而加工出工件的呢？通过本章的学习你将会了解其中的奥秘。

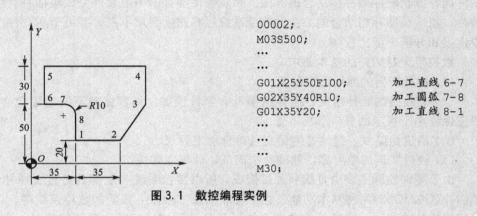

```
00002;
M03S500;
…
…
G01X25Y50F100;      加工直线6-7
G02X35Y40R10;       加工圆弧7-8
G01X35Y20;          加工直线8-1
…
…
…
M30;
```

图3.1　数控编程实例

3.1　插补原理（Interpolation Theory）

3.1.1　插补的基本原理

编程人员编制的数控加工程序，经过输入数控装置处理后，将得到刀具移动轨迹的直线的起点和终点坐标、圆弧的起点和终点坐标、圆弧的方向以及圆心相对于圆弧起点(I，K)或圆弧半径(R)，数控系统按照进给速度的要求、刀具参数和进给方向的要求，按照一定的算法计算出轮廓线上的若干中间点的坐标值，然后控制刀具从直线或圆弧的起点依次经过这些中间点运动至终点。在相邻两点之间刀具做直线运动，因此，在利用数控机床加工工件时，刀具并不能严格按照所加工的零件轮廓运动，而只是用一段段微小折线逼近所需加工的零件轮廓线型。

数控装置根据输入的零件程序的信息，在直线或圆弧的起点、终点之间，按照一定的算法计算出中间点的过程就称为"插补"。插补的实质是根据有限的轮廓信息完成"数据点的密化"工作。由于插补中间点的计算时间直接影响数控装置的控制速度，中间点的计算精度影响到整个数控系统的精度，所以插补算法对整个数控系统性能至关重要，也就是说数控装置控制软件的核心是插补。

数控机床加工的各种零件的轮廓大部分都是由直线和圆弧构成，而对于非直线、非圆

弧组成的零件轮廓，也可以用微小的直线段或圆弧逼近。

3.1.2　插补功能的基本要求

　　插补运算具有实时性，其运算速度和精度直接影响数控系统的性能指标，中间点的计算速度越快越好，插补的拟合误差越小越好。数控系统中完成插补运算工作的装置或程序称为插补器，插补器可分为硬件插补器、软件插补器及软、硬件结合插补器三种类型。早期的 NC 系统采用硬件插补器；CNC 系统多采用软件插补器，特点是结构简单，灵活易变，但速度较慢；随着微处理器运算速度和存储容量的不断提高，现代数控系统大多采用软件插补或软硬件插补相结合的方法。在软硬件插补器中由软件完成粗插补、硬件完成精插补，粗、精插补相结合的方法对数控系统运算速度要求不高，并可节省存储空间，且相应速度和分辨率都比较高。

　　数控机床对插补的基本要求有：

　　（1）插补所需的原始数据较少。

　　（2）有较高的插补精度，插补结果没有累计误差，局部偏差不能超过允许的误差（一般应保证小于规定的分辨率）。

　　（3）沿进给路线，进给速度恒定且符合加工要求。

　　（4）硬件实现简单可靠，软件算法简洁，计算速度快。

　　由于零件轮廓主要由直线和圆弧构成，所以数控系统一般都具备直线插补（G01）和圆弧插补（G02/G03）两种基本功能。在三轴联动及三轴以上联动的数控系统中，一般还具备螺旋线插补功能，一些高档的数控系统还具备了抛物线插补、渐开线插补、正弦线插补、样条曲线插补和球面螺旋线插补等功能。

3.1.3　插补方法的分类

　　根据数控装置数据处理后输出到伺服驱动装置的信号不同，插补方法可以分为脉冲增量插补和数据采样插补。

　　脉冲增量插补又可分为逐点比较法、数字积分法和比较积分法等，其中应用较多的是逐点比较法和数字积分法。

1. 脉冲增量插补

　　脉冲增量插补又称为基准脉冲插补或行程标量插补，主要为各坐标轴进行脉冲分配计算。其特点是每次插补结束仅产生一个行程增量，以一个个脉冲的形式输出给各进给轴的伺服电动机，伺服电动机通过齿轮副和丝杠副带动机床工作台或刀架做相应的移动，从而实现机床的切削加工。数控系统每发出一个脉冲，对应进给轴所产生的移动量称为脉冲当量，用 δ 表示。脉冲当量是脉冲分配计算的基本单位，对于普通机床一般取 $\delta=0.01\mathrm{mm}$，较为精密的机床取 $\delta=1\mu\mathrm{m}$ 或 $0.1\mu\mathrm{m}$。脉冲增量插补的插补误差不大于一个脉冲当量。

　　脉冲增量插补运算简单，运算速度比较快，容易用硬件电路实现，但是这种插补方法控制精度和进给速度较低。早期的 NC 系统都是采用这种方法，在目前的 CNC 系统中也可用软件实现，但是仅用于一些步进电动机驱动的中等精度或中等速度要求的开环数控系统中，也有个别数控系统将其用于数据采样插补中的精插补。

2. 数据采样插补

数据采样插补又称为时间标量插补或数字增量插补，这种插补方法的特点是数控装置产生的不是单个脉冲，而是标准的二进制数字量。插补运算分两步完成。第一步为粗插补，采用时间分割法。把加工一段直线或圆弧的整段时间细分成相等的时间间隔，称为插补周期 T。在每个插补周期内，根据插补周期 T 和编程的进给速度 F 计算轮廓的步长 $\Delta L = FT$，用长度均为 ΔL 的若干个微小线段来逼近给定轮廓；第二步为精插补，它是在粗插补算出的每一微小直线段的基础上再做"数据点的密化"工作。这一步相当于直线的脉冲增量插补。一般粗插补运算由软件完成，精插补可由硬件也可由软件实现。

数控采样插补适用于闭环和半闭环的直流或交流伺服电动机为驱动装置的位置采样控制系统。粗插补在每个插补周期内计算出坐标位置的增量，而精插补则在每个采样周期内采样闭环或半闭环反馈位置增量值及插补输出的指令位置的增量值，然后算出各坐标轴相应的插补指令位置和实际反馈位置，并将两者相比较，求得跟随误差。根据所求得的跟随误差计算出相应轴的进给速度指令，并输出给驱动装置。在插补计算中，插补周期与采样周期可以相等也可以不等，插补周期通常是采样周期的整数倍。

数据采样方法很多，有直线插补函数法、扩展数字积分法、二阶递归扩展数字积分法等，其中应用较多的是直线函数法、扩展数字积分法。

3.1.4 逐点比较法

逐点比较法又称为代数运算法或醉步法，是早期的数控机床开环系统中广泛采用的一种插补方法。逐点比较法可实现直线插补、圆弧插补，也可用于其他非圆二次曲线（如椭圆、抛物线和双曲线等）的插补，特点是运算直观，最大插补误差不大于一个脉冲当量，脉冲输出均匀，速度变化小，调节方便，但不易实现两坐标以上的联动，因此在两坐标数控机床中应用较为普遍。

逐点比较法的原理每次仅向一个坐标轴输出一个进给脉冲，每插补一次都要将实际加工点的坐标与理论加工轨迹进行比较，判断实际加工点与理论轨迹的相对位置，通过偏差函数计算两者的差值，由偏差函数计算结果来决定下一步的刀具移动方向，使刀具向误差减少的方向移动，且只有一个方向移动。每进给一步都要完成偏差判别、坐标进给、偏差计算和终点判别四个工作节拍，如图 3.2 所示。

第一节拍：偏差判别。

判别刀具当前位置相对于给定轮廓的偏离情况，以此来决定刀具下一步的移动方向。

第二节拍：坐标进给。

根据偏差判别的结果，控制刀具向工件轮廓进给一步，在进给时首先必须与实际进给方向保持一致，其次要向轮廓靠拢，即向给定的轮廓靠拢，减少偏差。

第三节拍：偏差计算。

由于刀具进给已经改变了相对于轮廓的位置，因此要计算出刀具当前位置的新的偏差，为下一次判别做

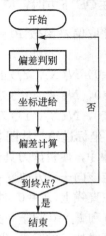

图 3.2 直线插补工作流程

准备。

第四节拍：终点判别。

判别刀具是否已经到达被加工轮廓线的终点，若已经到达终点，则停止插补；若未到达终点，则继续进行插补计算，进入下一次插补循环，直到到达终点，加工出人们所需要的轮廓。

逐点比较法既可作直线插补，又可作圆弧插补。

1. 直线插补

1）第一象限直线插补计算

（1）偏差判别。设被加工直线 OE 位于 XOY 平面的第一象限内，起点为坐标原点 O，终点为 $E(X_e，Y_e)$，如图 3.3 所示，其中各坐标值均以脉冲当量为单位。

由图可得直线方程为

$$\frac{Y}{X}=\frac{Y_e}{X_e} \tag{3.1}$$

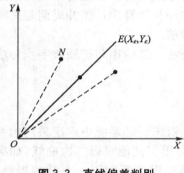

图 3.3 直线偏差判别

公式变换，即

$$X_e Y-Y_e X=0 \tag{3.2}$$

设刀具位于任一动点 N，坐标为 $(X_i，Y_i)$，其直线 ON 的斜率为 $K_{ON}=\frac{Y_i}{X_i}$，刀具所在 N 点与待加工直线的相对位置有三种情况：位于直线上方、在直线上和位于直线下方。若直线 OE 的斜率记为 $K_{OE}=\frac{Y_e}{X_e}$，则

当 N 在 OE 上方时，$K_{ON}>K_{OE}$，即 $\frac{Y_i}{X_i}>\frac{Y_e}{X_e}$ 或 $X_e Y_i-X_i Y_e>0$；

N 在 OE 上，$\frac{Y_i}{X_i}=\frac{Y_e}{X_e}$，即 $X_e Y_i-X_i Y_e=0$；

N 在 OE 下方时，$K_{ON}<K_{OE}$，即 $\frac{Y_i}{X_i}<\frac{Y_e}{X_e}$ 或 $X_e Y_i-X_i Y_e<0$。

因此取偏差函数 $F_i=X_e Y_i-X_i Y_e$，用该公式来判别刀具与理论轮廓的相对位置，则有

$F_i=0$，$N(X_i，Y_i)$ 正好处在直线 OE 上；

$F_i>0$，$N(X_i，Y_i)$ 刀具处于直线 OE 上方；

$F_i<0$，$N(X_i，Y_i)$ 刀具处于直线 OE 下方。

（2）坐标进给。从图 3.3 可以看出，当点 N 在直线上方（$F_i>0$）时，应该向 $+X$ 方向发一个脉冲，使机床刀具向 $+X$ 方向前进一步，以接近该直线；当点 N 在直线下方（$F_i<0$）时，应该向 $+Y$ 方向发一个脉冲，使机床刀具向 $+Y$ 方向前进一步，趋向该直线；当点 P 正好在直线上（$F_i=0$）时，既可向 $+X$ 方向发一脉冲，也可向 $+Y$ 方向发一脉冲。通常将 $F_i>0$ 和 $F_i=0$ 归于一类，即当 $F_i \geqslant 0$ 时，约定刀具统一向 $+X$ 方向发一脉冲。这样从刀具从直线加工的起点（坐标原点）开始，判别一次，走一步，算一次，反复进行，直至加工至直线的终点。

（3）偏差计算。分析第一象限刀具与理论轮廓的位置关系，进给方向不仅应该与第一象限的实际进给方向保持一致，而且要向轮廓靠拢，如图 3.4 所示。

当 $F_i \geqslant 0$ 时，在进给原则的条件下，刀具向 $+X$ 方向进给一个脉冲当量，则刀具新的位置的坐标为

$$X_{i+1} = X_i + 1$$
$$Y_{i+1} = Y_i$$

将新的动点坐标值带入偏差判别公式，则有

$$F_{i+1} = X_e Y_{i+1} - X_{i+1} Y_e = X_e Y_i - X_i Y_e - Y_e = F_i - Y_e$$

$$(3.3)$$

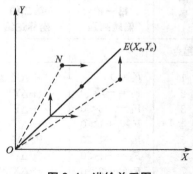

图 3.4　进给关系图

当 $F_i < 0$ 时，在进给原则的条件下，刀具向 $+Y$ 方向进给一个脉冲当量，则刀具新的位置的坐标为

$$X_{i+1} = X_i$$
$$Y_{i+1} = Y_i + 1$$

将新的动点坐标值带入偏差判别公式，则有

$$F_{i+1} = X_e Y_{i+1} - X_{i+1} Y_e = X_e Y_i + X_e - X_i Y_e = F_i + X_e \qquad (3.4)$$

即

当 $F_i \geqslant 0$ 时，向 $+X$ 方向移动，$F_{i+1} = F_i - Y_e$；

当 $F_i < 0$ 时，向 $+Y$ 方向移动，$F_{i+1} = F_i + X_e$。

说明：采用递推公式计算偏差 F_i，计算公式中不涉及动点坐标与乘法运算，易于实现。如果起点不在坐标原点，通过坐标平移可使直线起点处在坐标原点上，开始加工时，已经将刀具移至直线起点，因此初始偏差为 $F_0 = 0$。

（4）终点判别。刀具每进给一步，都要进行一次终点判别，判别刀具是否到达终点，若到达终点则说明加工结束。一般可采用如下三种方法判别：

① 总步数法。设置一个终点减法计数器，存入各坐标轴插补进给的总步数，插补过程中每进给一步，就从总步数中减去 1，直到计数器中的存数被减为零，表示到达终点。这种方法应用较多。

② 终点坐标法。各坐标轴分别设置一个进给步数的减法计数器，即 $\sum_x = |X_e|$，$\sum_y = |Y_e|$，当某一坐标方向有进给时，就从相应的计数器中减去 1，直至各计数器中的存数均被减为零，表示到达终点。

③ 最大坐标法。设置一个终点减法计数器，存入进给步数最多的坐标轴的进给步数，即 $\sum = \max\{|X_e|, |Y_e|\}$。在插补的过程中每当该坐标轴方向有进给时，就从计数器中减去 1，直到计数器中的存数被减为零，表示到达终点。

例 3.1　设加工第一象限直线 OA，起点坐标原点 $O(0, 0)$，终点为 $A(3, 5)$，试用逐点比较法对其进行插补，并画出插补轨迹。

解：由题意可知 $X_e = 3$，$Y_e = 5$，插补从直线的起点开始，所以 $F_0 = 0$；终点判别采用总步数法，终点寄存器 $\sum$ 中存入 X 和 Y 两个坐标方向的总步数，即 $\sum = X_e + Y_e = 3 + 5 = 8$，每进给一步 $\sum$ 减 1，直到 $\sum = 0$ 时停止插补。插补运算过程见表 3-1，插补轨迹如图 3.5 所示。

表3-1 逐点比较法直线插补运算过程

序号	工作节拍			
	第一拍 偏差判别	第二拍 坐标进给	第三拍 偏差计算	第四拍 终点判别
起点			$F_0=0$	$\Sigma_0=8$
1	$F_0=0$	$+\Delta X$	$F_1=F_0-Y_e=0-5=-5$	$\Sigma_1=\Sigma_0-1=8-1=7$
2	$F_1=-5<0$	$+\Delta Y$	$F_2=F_1+X_e=-5+3=-2$	$\Sigma_2=\Sigma_1-1=7-1=6$
3	$F_2=-2<0$	$+\Delta Y$	$F_3=F_2+X_e=-2+3=+1$	$\Sigma_3=\Sigma_2-1=6-1=5$
4	$F_3=+1>0$	$+\Delta X$	$F_4=F_3-Y_e=1-5=-4$	$\Sigma_4=\Sigma_3-1=5-1=4$
5	$F_4=-4<0$	$+\Delta Y$	$F_5=F_4+X_e=-4+3=-1$	$\Sigma_5=\Sigma_4-1=4-1=3$
6	$F_5=-1<0$	$+\Delta Y$	$F_6=F_5+X_e=-1+3=+2$	$\Sigma_6=\Sigma_5-1=3-1=2$
7	$F_6=+2>0$	$+\Delta X$	$F_7=F_6-Y_e=2-5=-3$	$\Sigma_7=\Sigma_6-1=2-1=1$
8	$F_7=-3<0$	$+\Delta Y$	$F_8=F_7+X_e=-3+3=0$	$\Sigma_8=\Sigma_7-1=1-1=0$

小提示：对于逐点比较法，起点和终点偏差值均为零，即 $F_0=0$、$F_\Sigma=0$，若 $F_\Sigma\neq 0$，则说明计算出错。

2）第一象限直线插补计算流程图

根据图3.2所示的过程，逐点比较法第一象限直线插补软件流程如图3.6所示。

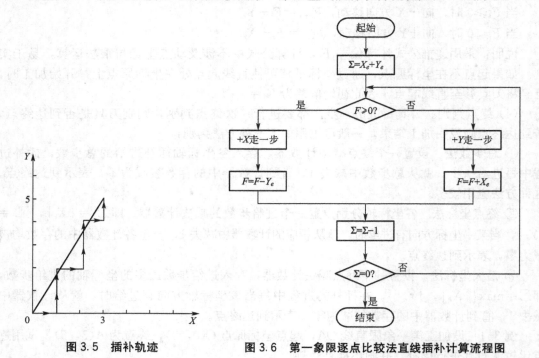

图3.5 插补轨迹　　　　图3.6 第一象限逐点比较法直线插补计算流程图

3）象限处理

前面介绍的插补运算只适用于第一象限的直线，若不采取措施不能适用其他象限的直线插补。

（1）数学推理。假设第二象限直线 OE，直线起点 $O(0，0)$，终点 $E(X_e，Y_e)$，如图3.7

68

所示。当进行第二象限直线插补时，由于刀具运动轨迹的 X 轴向所有坐标均小于 0，因此在进行偏差计算时，所有 X 坐标均采用绝对值，这样就可利用第一象限的偏差函数进行判断和计算。

由图 3.7 可以看出，当 $F_i \geq 0$，刀具应向 $-X$ 向进给一个脉冲当量，刀具新的位置的坐标为

$$X_{i+1} = X_i - 1$$
$$Y_{i+1} = Y_i$$

则新的偏差函数为

$$F_{i+1} = |X_e| Y_{i+1} - |X_{i+1}| Y_e = |X_e| Y_i - |X_i| Y_e - Y_e = F_i - Y_e \quad (3.5)$$

当 $F_i < 0$，刀具向 $+Y$ 向进给一个脉冲当量，刀具新的位置的坐标为

$$X_{i+1} = X_i$$
$$Y_{i+1} = Y_i + 1$$

则新的偏差函数为

$$F_{i+1} = |X_e| Y_{i+1} - |X_{i+1}| Y_e = |X_e| Y_i + |X_e| - |X_i| Y_e = F_i + |X_e| \quad (3.6)$$

因此，第二象限的直线插补计算与第一象限的直线插补计算的偏差函数的计算公式一致，只是 X 轴进给方向不同。

（2）结论。仿照第二象限直线插补推理过程，同样可推导出其他两个象限的直线插补规律。四个象限的进给方向与偏差关系如图 3.8、表 3－2 所示。表 3－2 中 L 的下标表示直线所在的象限。

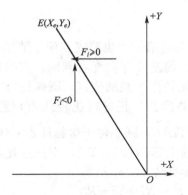

图 3.7　第二象限直线进给与偏差情况

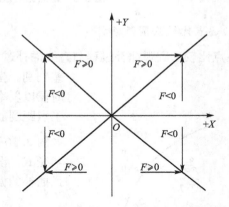

图 3.8　四个象限的进给方向与偏差关系

表 3－2　四个象限直线插补偏差计算与进给方向表

线型	$F \geq 0$		$F < 0$	
	偏差计算	坐标进给	偏差计算	坐标进给
L_1		$+\Delta X$		$+\Delta Y$
L_2	$F - |Y_e| \to F$	$-\Delta X$	$F + |X_e| \to F$	$+\Delta Y$
L_3		$-\Delta X$		$-\Delta Y$
L_4		$+\Delta X$		$-\Delta Y$

（3）四象限直线插补流程如图 3.9 所示。

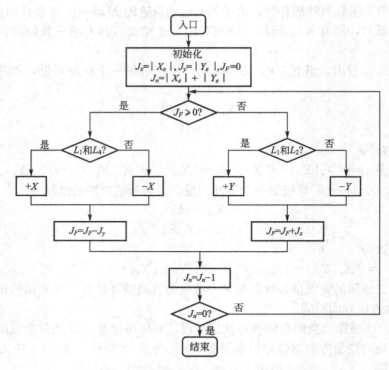

图 3.9　逐点比较法四象限直线插补流程图

2. 逐点比较法圆弧插补

逐点比较法圆弧插补过程与直线插补过程类似，每进给一步也要完成四个节拍，即偏差判别、坐标进给、偏差计算和终点判别。直线插补的时候以斜率来进行比较作为判别依据，圆弧插补时以加工点距圆心的距离与圆弧半径进行比较作为判别依据。

如图 3.10 所示，圆弧 $\overparen{AB}$，圆心位于坐标原点 $O(0，0)$，半径 R，设加工点的坐标 $N(X_i，Y_i)$，则逐点比较法圆弧插补的偏差判别函数为

$$F_i = X_i^2 + Y_i^2 - R^2$$

1）第一象限的逆圆弧

下面以第一象限的逆圆弧为例来介绍圆弧插补的偏差计算和坐标进给情况。若要加工零件的轮廓为第一象限逆走向圆弧 $\overparen{SE}$，圆心在 $O(0，0)$，半径为 R，起点为 $S(X_s，Y_s)$，终点为 $E(X_e，Y_e)$，设描述刀具加工点的动点为 $N(X_i，Y_i)$，如图 3.11 所示。

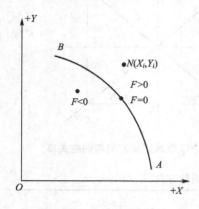

图 3.10　圆弧插补原理

（1）偏差判别。根据偏差函数的含义，显然可知：当 $F_i > 0$，说明动点 N 在圆弧外；当 $F_i < 0$ 说明动点 N 在圆弧内；当 $F_i = 0$，说明动点 N 在圆弧上。

（2）坐标进给。分析图 3.11 可知，加工第一象限逆时针圆弧时，刀具的实际进给方向为 $-X$ 方向和 $+Y$ 方向。

当动点 N 在圆弧外时，即 $F_i > 0$，为减小加工误差，下一步刀具应该向圆弧内部走，即向 $-X$ 进给一步；

当 N 在圆弧内时，即 $F_i < 0$ 为减小加工误差，下一步刀具应该向圆弧外部走，即向 $+Y$ 进给一步；

当 N 在圆弧上时，即 $F_i = 0$，此时刀具可以朝 $-X$ 或 $+Y$ 方向走，通常约定向 $-X$ 方向进给一步。

（3）偏差计算。当 $F_i \geqslant 0$，刀具向 $-X$ 方向进给一步，进给后刀具动点 N 的坐标为

$$X_{i+1} = X_i - 1$$
$$Y_{i+1} = Y_i$$

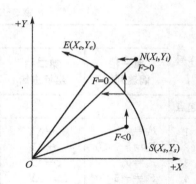

图 3.11 第一象限逆圆弧插补

则新的偏差函数

$$
\begin{aligned}
F_{i+1} &= X_{i+1}^2 + Y_{i+1}^2 - R^2 \\
&= (X_i - 1)^2 + Y_i^2 - R^2 \\
&= X_i^2 - 2X_i + 1 + Y_i^2 - R^2 \\
&= F_i - 2X_i + 1
\end{aligned} \tag{3.7}
$$

当 $F_i < 0$，刀具向 $+Y$ 方向进给一步，进给后刀具动点 N 的坐标为

$$
\begin{aligned}
X_{i+1} &= X_i \\
Y_{i+1} &= Y_i + 1 \\
F_{i+1} &= X_{i+1}^2 + Y_{i+1}^2 - R^2 \\
&= X_i^2 + (Y_i + 1)^2 - R^2 \\
&= X_i^2 + Y_i^2 + 2Y_i + 1 - R^2 \\
&= F_i + 2Y_i + 1
\end{aligned} \tag{3.8}
$$

（4）终点判别。与直线插补一样，除了偏差计算外，还要进行终点判别。圆弧插补的终点可采用与直线插补类似的方法，一般采用总步长法进行判别。插补计算前，先设置总步长计数器，即 $\Sigma = |X_e - X_s| + |Y_e - Y_s|$，每插补一次，计数器减 1，直至 "0"。

第一象限逆圆弧的插补流程如图 3.12 所示。

例 3.2 设 $\overset{\frown}{SE}$ 为第一象限逆圆弧，起点坐标为 $S(4, 3)$，终点坐标为 $E(0, 5)$，试用逐点比较法进行插补，并画出插补轨迹。

解：插补总步数为

$$
\begin{aligned}
\Sigma &= |X_e - X_s| + |Y_e - Y_s| \\
&= |4 - 0| + |3 - 5| = 6
\end{aligned}
$$

开始加工时刀具在起点，即在圆弧上，$F_0 = 0$，加工运算过程见表 3-3，插补轨迹如图 3.13 所示。

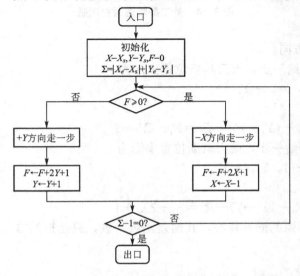

图 3.12 逐点比较法第一象限逆圆弧的插补流程图

表 3-3　逐点比较法圆弧插补运算过程

序号	工作节拍				
	第一拍 偏差判别	第二拍 坐标进给	第三拍		第四拍 终点判别
			偏差计算	坐标修正	
起点			$F_0=0$	$X_0=4,Y_0=3$	$\sum_0=6$
1	$F_0=0$	$-\Delta X$	$F_1=0-2\times4+1=-7$	$X_1=3,Y_1=3$	$\sum_1=\sum_0-1=5$
2	$F_1=-7<0$	$+\Delta Y$	$F_2=-7+2\times3+1=0$	$X_2=3,Y_2=4$	$\sum_2=\sum_1-1=4$
3	$F_2=0$	$-\Delta X$	$F_3=0-2\times3+1=-5$	$X_3=2,Y_3=4$	$\sum_3=\sum_2-1=3$
4	$F_3=-5<0$	$+\Delta Y$	$F_4=-5+2\times4+1=4$	$X_4=2,Y_4=5$	$\sum_4=\sum_3-1=2$
5	$F_4=4>0$	$-\Delta X$	$F_5=4-2\times2+1=1$	$X_5=1,Y_5=5$	$\sum_5=\sum_4-1=1$
6	$F_5=1>0$	$-\Delta X$	$F_6=1-2\times1+1=0$	$X_6=0,Y_6=5$	$\sum_6=\sum_5-1=0$

2）逆圆弧插补象限处理

假设第二象限逆圆弧 $\overset{\frown}{SE}$ 如图 3.14 所示，起点为 $S(-X_s，+Y_s)$，终点为 $E(-X_e，+Y_e)$。

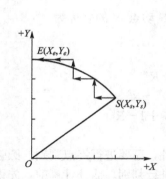

图 3.13　逐点比较法逆时针圆弧插补轨迹

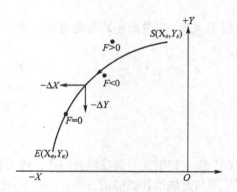

图 3.14　第二象限逆时针圆弧

插补第二象限逆圆弧 $\overset{\frown}{SE}$ 的算法及进给方向：

（1）当 $F_i\geqslant0$ 时，刀具应向 $-Y$ 方向进给一步，则刀具新位置坐标为

$$X_{i+1}=X_i，Y_{i+1}=Y_i-1$$

则新的偏差值

$$F_{i+1}=X_{i+1}^2+Y_{i+1}^2-R^2=X_i^2+(Y_i-1)^2-R^2=F_i-2Y_i+1$$

（2）当 $F_i<0$ 时，刀具应向 $-X$ 方向进给一步，则刀具新位置坐标为

$$X_{i+1}=X_i-1，Y_{i+1}=Y_i$$

则新的偏差值

$$F_{i+1}=X_{i+1}^2+Y_{i+1}^2-R^2=(X_i-1)^2+Y_i^2-R^2=F_i-2X_i+1$$

同理，可推导第三象限、第四象限逆圆弧的插补算法，其偏差函数一致，只是进给方向要根据象限的不同作调整即可。

3）顺圆弧插补及象限处理

第一象限顺圆弧与第一象限逆圆弧的偏差计算公式相同，只是进给方向不同；当 $F_i\geqslant0$

时，刀具应向一Y方向进给一步；当 $F_i<0$ 时，刀具应向＋X方向进给一步。其他象限顺圆弧的推导类似。

4）四象限顺、逆圆弧的插补算法及插补流程图

插补四个象限的顺、逆圆弧时，进给方向如图 3.15 所示。

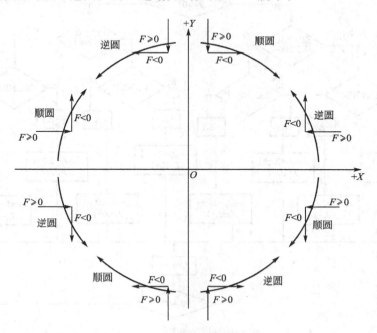

图 3.15　圆弧四象限进给方向

四象限顺、逆圆弧的插补算法见表 3－4。

表 3－4　四个象限圆弧插补偏差计算与进给方向

线型	$F\geqslant0$		线型	$F<0$	
	偏差计算	坐标进给		偏差计算	坐标进给
SR_1 NR_2	$F-2Y+1\to F$ $Y-1\to Y$	$-\Delta Y$	SR_1 NR_4	$F+2X+1\to F$ $X+1\to X$	$+\Delta X$
SR_3 NR_4	$F+2Y+1\to F$ $Y+1\to Y$	$+\Delta Y$	NR_2 SR_3	$F-2X+1\to F$ $X-1\to X$	$-\Delta X$
NR_1 SR_4	$F-2X+1\to F$ $X-1\to X$	$-\Delta X$	NR_1 SR_2	$F+2Y+1\to F$ $Y+1\to Y$	$+\Delta Y$
SR_2 NR_3	$F+2X+1\to F$ $X+1\to X$	$+\Delta X$	NR_3 SR_4	$F-2Y+1\to F$ $Y-1\to Y$	$-\Delta Y$

四个象限的插补流程如图 3.16 所示。

例 3.3　设 $\overset{\frown}{SE}$ 为第一象限顺圆弧，起点坐标为 $S(0，6)$，终点坐标为 $E(6，0)$，试用逐点比较法进行插补，并画出插补轨迹。

解：插补总步数为

$$\sum=|X_e-X_s|+|Y_e-Y_s|=|0-6|+|6-0|=12$$

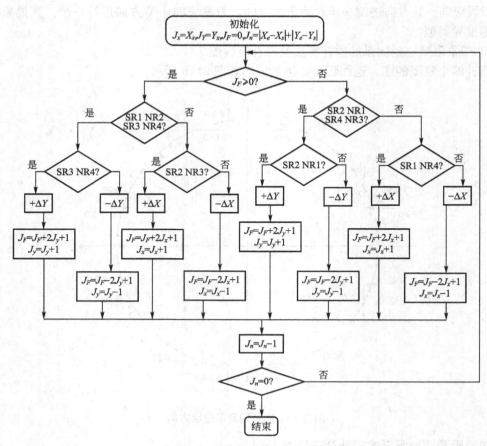

图 3.16　四象限圆弧插补流程图

开始加工时刀具在起点 S，即在圆弧上，$F_0=0$，加工运算过程见表 3-5，插补轨迹如图 3.17 所示。

表 3-5　逐点比较法顺圆弧插补运算过程

序号	工作节拍				
	第一拍 偏差判别	第二拍 坐标进给	第三拍		第四拍 终点判别
			偏差计算	坐标修正	
起点			$F_0=0$	$X_0=0,\ Y_0=6$	$\sum=12$
1	$F_0=0$	$-\Delta Y$	$F_1=0-2\times6+1=-11$	$X_1=0,\ Y_1=5$	$\sum=\sum-1=11$
2	$F_1=-11<0$	$+\Delta X$	$F_2=-11+2\times0+1=-10$	$X_2=1,\ Y_2=5$	$\sum=\sum-1=10$
3	$F_2=-10<0$	$+\Delta X$	$F_3=-10+2\times1+1=-7$	$X_3=2,\ Y_3=5$	$\sum=\sum-1=9$
4	$F_3=-7<0$	$+\Delta X$	$F_4=-7+2\times2+1=-2$	$X_4=3,\ Y_4=5$	$\sum=\sum-1=8$
5	$F_4=-2<0$	$+\Delta X$	$F_5=-2+2\times3+1=5$	$X_5=4,\ Y_5=5$	$\sum=\sum-1=7$
6	$F_5=5>0$	$-\Delta Y$	$F_6=5-2\times5+1=-4$	$X_6=4,\ Y_6=4$	$\sum=\sum-1=6$
7	$F_6=-4<0$	$+\Delta X$	$F_7=-4+2\times4+1=5$	$X_7=5,\ Y_7=4$	$\sum=\sum-1=5$
8	$F_7=5>0$	$-\Delta Y$	$F_8=5-2\times4+1=-2$	$X_8=5,\ Y_8=3$	$\sum=\sum-1=4$
9	$F_8=-2<0$	$+\Delta X$	$F_9=-2+2\times5+1=9$	$X_9=10,\ Y_9=3$	$\sum=\sum-1=3$
10	$F_9=9>0$	$-\Delta Y$	$F_{10}=9-2\times3+1=4$	$X_{10}=6,\ Y_{10}=2$	$\sum=\sum-1=2$
11	$F_{10}=4>0$	$-\Delta Y$	$F_{11}=4-2\times2+1=1$	$X_{11}=6,\ Y_{11}=1$	$\sum=\sum-1=1$
12	$F_{11}=1>0$	$-\Delta Y$	$F_{12}=1-2\times1+1=0$	$X_{12}=6,\ Y_{12}=0$	$\sum=\sum-1=0$

5）圆弧过象限

圆弧过象限前后动点坐标值的符号会改变，但走向不变，逆圆过象限的转换顺序是 $NR_1 \rightarrow NR_2 \rightarrow NR_3 \rightarrow NR_4 \rightarrow NR_1 \rightarrow \cdots$；顺圆过象限的转换顺序是 $SR_1 \rightarrow SR_4 \rightarrow SR_3 \rightarrow SR_2 \rightarrow SR_1 \rightarrow \cdots$。过象限圆弧与坐标轴必有交点，动点处在坐标轴上时必有一坐标为零，因此判断是否过象限只要检查是否有坐标值为零即可。

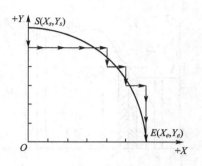

图 3.17 例 3.3 插补轨迹图

3. 逐点比较法合成速度

逐点比较法插补的特点是脉冲源每发送一个脉冲，就进行一次插补计算，产生一步进给，并且脉冲不是发向 X 轴，就是发向 Y 轴。设 f_{MF} 为控制脉冲源频率，f_x、f_y 分别为 X 和 Y 坐标进给脉冲的频率，v_x、v_y 分别表示 X 轴和 Y 轴的进给速度，δ 表示脉冲当量，因此有

$$f_{MF} = f_x + f_y$$
$$v_x = 60\delta f_x$$
$$v_y = 60\delta f_y$$

则合成进给速度为

$$v = \sqrt{v_x^2 + v_y^2} = 60\delta\sqrt{f_x^2 + f_y^2} \tag{3.9}$$

脉冲源频率 f_{MF} 由程编进给速度决定，因此当程编进给速度确定以后，影响合成进给速度的因素为 X 和 Y 坐标进给脉冲的频率的分配。显然当 $f_x = 0$ 或 $f_y = 0$，即刀具沿着某一坐标轴切削，此时速度最大，称为脉冲源速度，则有

$$v_{MF} = 60\delta f_{MF} = 60\delta(f_x + f_y) = v_x + v_y$$

因此，合成速度与脉冲源速度之比为

$$\frac{v}{v_{MF}} = \frac{\sqrt{v_x^2 + v_y^2}}{v_x + v_y} = \frac{1}{\cos\alpha + \sin\alpha} \tag{3.10}$$

当进行直线插补时，式（3.10）中 α 表示直线与 X 轴的夹角。当 $\alpha = 0°$ 或 90°时，$(v/v_{MF})_{max} = 1$，此时合成进给速度最大；当 $\alpha = 45°$ 时，$(v/v_{MF})_{min} = 0.707$，此时合成进给速度最小。因此逐点比较法直线插补合成速度随着被插补直线与 X 轴的夹角 α 的变化而变化，变化范围为 $v = (0.707 \sim 1.0)v_{MF}$。逐点比较法直线插补的最大合成进给速度与最小合成进给速度的比值（v_{max}/v_{min}）= 1.414。因此，逐点比较法直线插补的进给速度还是比较平稳的。

逐点比较法圆弧插补的合成速度结论与直线插补相同，只是 α 角为动点到圆心的连线与 X 轴之间的夹角。

3.1.5 数字积分法

数字积分法又称为数字微分分析法（digital differential analyzer，DDA），是利用数字积分的原理计算刀具沿坐标轴的位移，使刀具沿着所加工的轨迹运动。数字积分法插补的优点是运算速度快、脉冲分配均匀、容易实现多轴联动插补，可以插补空间直线及平面函数曲线等，其缺点是速度调节不方便，插补精度需要采用一定措施才能满足要求。不过由于计算机有较强的功能和灵活性，采用软件插补可以很容易克服上述缺点。

如图 3.18 所示，函数 $y = f(t)$ 在 $t_0 \sim t_n$ 区间的积分，就是该函数曲线与横坐标在区间

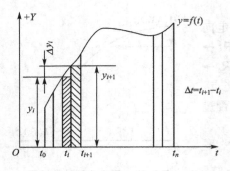

图 3.18　函数的积分

$t_0 \sim t_n$ 所围成的面积。现将区间 $t_0 \sim t_n$ 分成间隔为 Δt 的子区间，当 Δt 足够小时，则此面积可以看成许多小面积之和，即积分运算可以用这若干小面积的累加求和来近似。因此有

$$S = \int_{t_0}^{t_n} y \mathrm{d}t = \int_{t_0}^{t_n} f(t)\,\mathrm{d}t \approx \int \sum_{i=0}^{n-1} y_i \Delta t$$

在数学运算时，若 Δt 取为最小的基本单位"1"，则上式简化为

$$S = \sum_{i=0}^{n-1} y_i$$

1. DDA 法直线插补

在 XY 平面上对第一象限直线 OE 进行插补，如图 3.19 所示，直线的起点在原点 $O(0,0)$，终点为 $E(X_e, Y_e)$，设进给速度 v 是均匀的，直线 OE 的长度为 L，则有

$$\frac{v}{L} = \frac{v_x}{X_e} = \frac{v_y}{Y_e} = K \qquad (3.11)$$

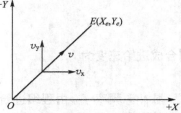

图 3.19　DDA 法直线插补原理

式中，v_x、v_y 分别表示动点在 X 和 Y 方向的移动速度；K 为比例系数。

在 Δt 时间内，X 和 Y 方向的移动距离微小增量 ΔX、ΔY 应为

$$\begin{cases} \Delta X = v_x \Delta t = K X_e \Delta t \\ \Delta Y = v_y \Delta t = K Y_e \Delta t \end{cases} \qquad (3.12)$$

因此，动点从起点走向终点的过程，可以看作是各坐标每经过一个单位时间间隔 Δt 分别以增量 $K X_e$、$K Y_e$ 同时累加的结果。设经过 n 次累加后，X 和 Y 方向分别都到达终点 $E(X_e, Y_e)$，则

$$\begin{cases} X_e = \sum_{i=1}^{n} \Delta X_i = \sum_{i=1}^{n} K X_e \Delta t_i \\ Y_e = \sum_{i=1}^{n} \Delta Y_i = \sum_{i=1}^{n} K Y_e \Delta t_i \end{cases} \xrightarrow[\text{单位时间}]{\Delta t_i = 1} \begin{cases} X_e = K X_e \sum_{i=1}^{n} \Delta t_i = n K X_e \\ Y_e = K Y_e \sum_{i=1}^{n} \Delta t_i = n K Y_e \end{cases}$$

因此得

$$nK = 1, \quad \text{即 } n = 1/K$$

插补时为保证每次分配给各坐标轴进给位移量不超过一个脉冲当量，因此必须满足

$$\begin{cases} \Delta X = K X_e < 1 \\ \Delta Y = K Y_e < 1 \end{cases} \qquad (3.13)$$

另外，X_e、Y_e 的最大容许值受寄存器的位数 N 的限制，最大值为 $2^N - 1$，所以由式(3.13)得

$$K(2^N - 1) < 1, \quad \text{即 } K < 1/(2^N - 1)$$

一般取 $K = 1/2^N$，则

$$n = 2^N \qquad (3.14)$$

式(3.14)说明 DDA 法直线插补的整个过程要经过 $n = 2^N$ 次累加，动点(刀具)才到达终点 E。因为 $K = 1/2^N$，对于一个二进制数来说，使 $KX_e (KY_e)$ 等于 X_e 乘以 $1/2^N$ 是很容易实现的，即 X_e (或 Y_e)数字本身不变，只要将小数点左移 N 位即可，所以一个 N 位的寄存器存放 X_e (或 Y_e)和存放 KX_e (或 KY_e)的数字是相同的，为简化计算、提高计算速度，因此把对 KX_e (或 KY_e)的累加转换为对 X_e (或 Y_e)的累加。

DDA 法插补器的关键部件是累加器和被积函数寄存器，每一坐标方向都需要一个插补器和一个被积函数寄存器。以插补 XY 平面的直线为例，一般情况下，插补开始前，累加器都被清零，被积函数寄存器 J_{Vx}、J_{Vy} 分别存放 X_e、Y_e；插补开始后，数控系统每发出一个累加控制脉冲 Δt，被积函数寄存器 J_{Vx}、J_{Vy} 里的坐标值在相应的累加器 J_{Rx}、J_{Ry} 中累加一次，累加后的溢出作为驱动相应坐标轴的进给脉冲，而余数仍寄存在累加器 J_{Rx}、J_{Ry} 中；当脉冲源发出的累加脉冲数 n 恰好等于被积函数寄存器的容量 2^N 时，各坐标轴溢出的脉冲数等于以脉冲当量为最小单位的终点坐标值，说明刀具运行到终点。XY 平面的 DDA 法直线插补器如图 3.20 所示。

DDA 法直线插补的终点判别比较简单，由以上的分析可知，采用 DDA 法插补一直线段时只需完成 $n = 2^N$ 次累加运算，就可以到达终点。因此，可以将累加次数 n 是否等于 2^N 作为终点判别的依据。

图 3.21 为 DDA 法第一象限直线插补软件流程图，其中 J_{Vx}、J_{Vy} 为被积分函数寄存器，J_{Rx}、J_{Ry} 为余数寄存器，J_E 为终点寄存器。

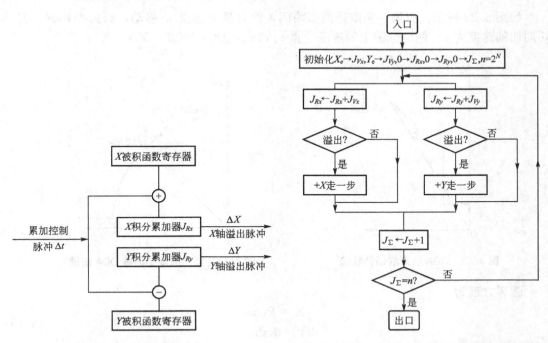

图 3.20 DDA 法直线插补器   图 3.21 DDA 第一象限法直线插补流程图

例 3.4 设插补第一象限直线 OE，起点在坐标原点 O，终点坐标为 $E(3，5)$，如图 3.22 所示，坐标单位为脉冲当量。画出 DDA 法直线插补轨迹。

解：根据待插补直线终点坐标选取寄存器位数 $N = 3$，则累加次数 $n = 2^N = 8$。

余数寄存器的清零 $J_{Rx}=J_{Ry}=0$，被积函数寄存器存放终点坐标，$J_{Vx}=X_e=3$，$J_{Vy}=Y_e=5$，终点判别寄存器存放累加次数 $J_{\Sigma}=8$。

插补运算过程见表 3-6，插补轨迹如图 3.22 所示。

表 3-6　DDA 法直线插补运算过程

累加次数 n	X 积分器		Y 积分器		终点判别 J_{Σ}
	$J_{Rx}=J_{Rx}+J_{Vx}$	$+\Delta X$	$J_{Ry}=J_{Ry}+J_{Vy}$	$+\Delta Y$	
开始	0	0	0	0	8
1	$J_{Rx}=0+3=3$	0	$J_{Ry}=0+5=5$	0	$J_{\Sigma}=8-1=7$
2	$J_{Rx}=3+3=6$	0	$J_{Ry}=5+5=8+2$	1	$J_{\Sigma}=7-1=6$
3	$J_{Rx}=6+3=8+1$	1	$J_{Ry}=2+5=7$	0	$J_{\Sigma}=6-1=5$
4	$J_{Rx}=1+3=4$	0	$J_{Ry}=7+5=8+4$	1	$J_{\Sigma}=5-1=4$
5	$J_{Rx}=4+3=7$	0	$J_{Ry}=4+5=8+1$	1	$J_{\Sigma}=4-1=3$
6	$J_{Rx}=7+3=8+2$	1	$J_{Ry}=1+5=6$	0	$J_{\Sigma}=3-1=2$
7	$J_{Rx}=2+3=5$	0	$J_{Ry}=6+5=8+3$	1	$J_{\Sigma}=2-1=1$
8	$J_{Rx}=5+3=8+0$	1	$J_{Ry}=3+5=8+0$	1	$J_{\Sigma}=1-1=0$

2. DDA 法圆弧插补

如图 3.23 所示，以第一象限逆圆弧为例，设刀具沿圆弧 $\overset{\frown}{SE}$ 移动，圆弧半径 R，刀具切向切削速度为 v，两坐标轴上的速度分量 v_x 和 v_y，动点 $N(X_i，Y_i)$。

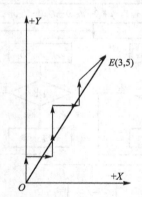

图 3.22　DDA 法直线插补轨迹

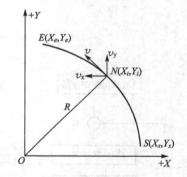

图 3.23　第一象限逆圆弧 DDA 法插补

圆弧方程为

$$\begin{cases} X_i=R\cos\alpha \\ Y_i=R\sin\alpha \end{cases} \tag{3.15}$$

动点 N 的分速度为

$$\begin{cases} v_x=\dfrac{\mathrm{d}X_i}{\mathrm{d}t}=-v\sin\alpha=-v\dfrac{Y_i}{R}=-\left(\dfrac{v}{R}\right)Y_i \\ v_y=\dfrac{\mathrm{d}Y_i}{\mathrm{d}t}=-v\cos\alpha=v\dfrac{X_i}{R}=\left(\dfrac{v}{R}\right)X_i \end{cases} \tag{3.16}$$

在单位时间 Δt 内，X、Y 位移增量方程为

$$
\begin{cases}
\Delta X_i = v_x \Delta t = -\left(\dfrac{v}{R}\right) Y_i \Delta t \\[2mm]
\Delta Y_i = v_y \Delta t = \left(\dfrac{v}{R}\right) X_i \Delta t
\end{cases}
\tag{3.17}
$$

令 $\dfrac{v}{R} = \dfrac{v_x}{Y_i} = \dfrac{v_y}{X_i} = K$，因此有 $v = KR$，$v_x = KY_i$，$v_y = KX_i$。

R 为常数，若 v 恒定，则 K 为常数。速度分量将随坐标的变化而变化，与 DDA 法直线插补一样，取累加器容量为 2^N，$K = 1/2^N$，N 为累加器、寄存器的位数，则各坐标的位移量为

$$
\begin{cases}
X = \displaystyle\sum_{i=1}^{n} \Delta X_i = -\frac{1}{2^N} \sum_{i=1}^{n} Y_i \Delta t_i \\[3mm]
Y = \displaystyle\sum_{i=1}^{n} \Delta Y_i = \frac{1}{2^N} \sum_{i=1}^{n} X_i \Delta t_i
\end{cases}
\tag{3.18}
$$

图 3.24 所示为 DDA 法圆弧插补器框图。

总结：DDA 法圆弧插补和直线插补算法的主要区别有三点。

（1）坐标值 X、Y 存入被积函数寄存器 J_{VX}、J_{VY} 的对应关系与直线插补不同，圆弧插补时 X 存入 J_{VY}，Y 存入 J_{VX} 中。

（2）直线插补时，J_{VX}、J_{VY} 寄存器中寄存的是终点坐标值 X_e、Y_e，是常数，而圆弧插补寄存的是动点坐标 Y_i、X_i，是个变量。因此在插补计算过程中，必须根据动点位置的变化来改变 J_{VX}、J_{VY} 寄存器中的值。在开始

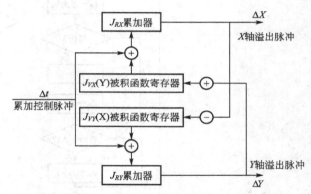

图 3.24　DDA 法圆弧插补器框图

插补时，J_{VX}、J_{VY} 中寄存的是起点坐标 Y_s、X_s。在插补的过程中，J_{RY} 每溢出一个 ΔY 脉冲，J_{VX} 应该加 1；J_{RX} 每溢出一个 ΔX 脉冲，J_{VY} 应该减 1。余数寄存中加 1 还是减 1 跟圆弧的方向和圆弧所在的象限有关。

（3）终点判别方法不同。DDA 法直线插补时，由于各个坐标轴分速度保持固定的比例关系，因此刀具在两坐标轴方向同时到达终点。而 DDA 法圆弧插补时，各个坐标轴分速度的比例关系时刻在变化，因此无法保证刀具在 X 和 Y 方向同时到达终点，需对各个坐标轴分别进行终点判别。对两坐标轴各设一个终点判别计数器 J_{EX} 和 J_{EY}，把 X、Y 坐标所需输出的脉冲数 $|X_e - X_s|$、$|Y_e - Y_s|$ 分别存入这两个计数器中。插补时，每进给一步，相应的轴终点判别计数器减 1，当某轴的终点判别计数器减为 0 时，该轴停止进给。当各轴的终点判别计数器都减为 0 时，表明到达终点，停止插补。另外也可利用终点坐标法来判别刀具是否到达终点。

第一象限 DDA 逆法圆弧插补流程如图 3.25 所示。

圆弧插补的终点判别与直线插补不同，需两个终点计数器 $J_{\Sigma X} = |X_e - X_s|$ 和 $J_{\Sigma Y} =$

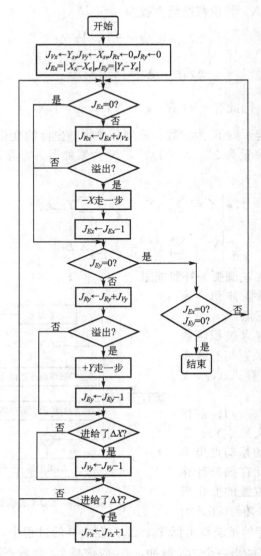

图 3.25　第一象限 DDA 逆法圆弧插补流程图

$|Y_e-Y_s|$，分别对 X、Y 轴终点监控；当 X 或 Y 产生溢出脉冲时，相应终点计数器减"1"，直到为零，表明该轴已到达终点，从而停止坐标累加；当两坐标轴均到达终点时，插补才结束。

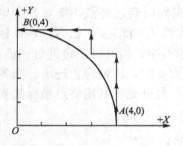

图 3.26　DDA 法圆弧插补轨迹

例 3.5　设有第一象限逆圆弧 $\overset{\frown}{AB}$，如图 3.26 所示，起点为 $A(4，0)$，终点为 $B(0，4)$，且寄存器位数 $N=3$。试用 DDA 法对该圆弧进行插补，并画出插补轨迹。

解： 被积函数寄存器初值 $J_{VX}=Y_s=0$，$J_{VX}=X_s=4$

终点判别寄存器初值 $J_{\Sigma X}=|X_e-X_s|=4$，$J_{\Sigma Y}=|Y_e-Y_s|=4$

运算过程见表 3-7，插补轨迹如图 3.26 所示。

表 3－7　DDA 法圆弧插补运算过程

累加次数 n	X 积分器					Y 积分器			
	J_{VX}	$J_{RX} = J_{RX} + J_{VX}$	ΔX	$J_{\Sigma X}$	J_{VY}	$J_{RY} = J_{RY} + J_{VY}$	ΔY	$J_{\Sigma Y}$
开始	0	0	0	4	4	0	0	4
1	0＋0＝0	0＋0＝0	0	4－0＝4	4＋0＝4	0＋4＝4	0	4－0＝4
2	0＋0＝0	0＋0＝0	0	4－0＝4	4＋0＝4	4＋4＝8＋0	＋1	4－1＝3
3	0＋1＝1	0＋1＝1	0	4－0＝4	4＋0＝4	0＋4＝4	0	3－0＝3
4	1＋0＝1	1＋1＝2	0	4－0＝4	4＋0＝4	4＋4＝8＋0	＋1	3－1＝2
5	1＋1＝2	2＋2＝4	0	4－0＝4	4＋0＝4	0＋4＝4	0	2－0＝2
6	2＋0＝2	4＋2＝6	0	4－0＝4	4＋0＝4	4＋4＝8＋0	＋1	2－1＝1
7	2＋1＝3	6＋3＝8＋1	－1	4－1＝3	4＋0＝4	0＋4＝4	0	1－0＝1
8	3＋0＝3	1＋3＝4	0	3－0＝3	4－1＝3	4＋3＝7	0	1－0＝1
9	3＋0＝3	4＋3＝7	0	3－0＝3	3＋0＝3	7＋3＝8＋2	＋1	1－1＝0
10	3＋1＝4	7＋4＝8＋3	－1	3－1＝2	3＋0＝3	停止累加		
11	4＋0＝4	3＋4＝7	0	2－0＝2	3－1＝2			
12	4＋0＝4	7＋4＝8＋3	－1	2－1＝1	2＋0＝2			
13	4＋0＝4	3＋4＝7	0	1－0＝1	2－1＝1			
14	4＋0＝4	7＋4＝8＋3	－1	1－1＝0	1＋0＝1			
15	4＋0＝4	停止累加	0	0－0＝0	1－1＝0			

3. DDA 法插补的象限处理

DDA 法插补不同象限的直线和圆弧时，其处理方法不同。如果参与积分运算的寄存器均采用绝对值数据，则积分累加过程完全相同，即 $J_R + J_V \rightarrow J_R$ 相同，只是进给脉冲的分配方向和圆弧插补时对动点坐标 X_i、Y_i 修正情况不同。现将 DDA 法插补各象限直线和圆弧的情况汇总在表 3－8 中。

表 3－8　DDA 法插补不同象限直线和圆弧情况

内容		L_1	L_2	L_3	L_4	NR_1	NR_2	NR_3	NR_4	SR_1	SR_2	SR_3	SR_4
动点修正	J_{VX}					＋1	－1	＋1	－1	－1	＋1	－1	＋1
	J_{VY}					－1	＋1	－1	＋1	＋1	－1	＋1	－1
进给方向	ΔX	＋	－	－	＋	－	－	＋	＋	＋	＋	－	－
	ΔY	＋	＋	－	－	－	＋	＋	－	－	＋	＋	－

表中 L_1、L_2、L_3、L_4 分别表示直线所在的四个象限，NR 和 SR 分别表示逆圆弧和顺圆弧，下标表示圆弧所在象限。

DDA 法插补圆弧过象限的处理方法与逐点比较法类似。

4. DDA 法插补的合成进给速度和稳速控制

1）合成进给速度

DDA 法插补的特点是：当控制脉冲源每发出一个脉冲时，进行一次累加运算，f_x、f_y 分别为 X 和 Y 坐标进给脉冲的频率，f_{MF} 为控制脉冲源的频率，累加器的容量为 2^N（N 为寄存器位数）。利用 DDA 法插补直线时，X 和 Y 方向的平均进给比率为 $X_e / 2^N$ 和 $Y_e / $

2^N，所以有

X 和 Y 方向的指令脉冲频率分别为

$$f_x = \frac{X_e}{2^N} f_{MF}$$

$$f_y = \frac{Y_e}{2^N} f_{MF} \tag{3.19}$$

X 和 Y 坐标轴方向的进给速度分别为

$$v_x = 60\delta \frac{X_e}{2^N} f_{MF}$$

$$v_y = 60\delta \frac{Y_e}{2^N} f_{MF} \tag{3.20}$$

合成进给速度为

$$v = \sqrt{v_x^2 + v_y^2} = 60\delta \frac{\sqrt{X_e^2 + Y_e^2}}{2^N} f_{MF} = 60\delta \frac{L}{2^N} f_{MF} \tag{3.21}$$

式中，频率的量纲为 $1/s$；δ 为脉冲当量，单位为 mm/脉冲；$L = \sqrt{X_e^2 + Y_e^2}$ 为直线的长度；v_x、v_y 和 v 的单位为 mm/min。

脉冲源速度为

$$v_{MF} = 60\delta f_{MF}$$

DDA 法直线插补合成进给速度与脉冲源速度的比值为

$$\frac{v}{v_{MF}} = \frac{L}{2^N} \tag{3.22}$$

分析：从式(3.22)可以看出，当 v_{MF} 不变时(该值由编程给定进给速度决定)，而合成进给速度 v 与直线长度 L 成正比。由于直线长度 L 的变化范围为 $0 \sim \sqrt{2}(2^N - 1)$，故 $v = (0 \sim \sqrt{2}) v_{MF}$。当 L 很小时，v 也很小，进给慢；当 L 较大时，v 也很大，进给快。这样就难以实现程编速度的准确稳定控制，特别是当直线长度较小时加工效率极低，进给速度随直线长度的变化还会使得整个零件的表面加工质量不一致，因此必须采用措施加以改善。

小思考：DDA 法圆弧插补时，其合成进给速度是否和直线插补一致呢？试推导说明。

2) 稳速控制

DDA 法插补实施稳速的方法有：左移规格化和按进给速率数(feed rate number, FRN)代码编程等。

(1) 左移规格化。下面分别介绍直线插补的左移规格化和圆弧插补的左移规格化。

① 直线插补的左移规格化。直线插补时，若寄存器中所存数的最高位为"1"，称为规格化数。对于规格化数，累加两次运算必有一次溢出；而对于非规格化的数，必须作两次甚至更多次累加运算才有溢出，因此规格化数据可以提高累加溢出的频率，从而提高进给速度。将被积函数寄存器 J_{VX}、J_{VY} 中的非规格化数 X_e、Y_e 等同时左移，并在最低位补零，直到 J_{VX}、J_{VY} 中至少有一个数是规格化数为止，并记下左移次数。左移一位相当于乘以 2，左移二位相当于乘以 2^2，依次类推，这意味着把 X、Y 两个方向的脉冲分配速度扩

大同样的倍数，两者数值之比不变，所以直线斜率也不变，因此，保留了原有直线的特性。

对于同一零件轮廓段而言，左移规格化的前后，X 和 Y 坐标轴分配脉冲数都应为 X_e 和 Y_e。被积函数左移 i 位后，其数值将扩大 2^i 倍，为保持总脉冲数不变，就必须相应地减少累加次数。因此，被积函数寄存器每左移一位，坐标值就扩大一倍，比例常数必须修改为 $K=(1/2^{N-1})$，累加次数也相应修改为 $n=2^{N-1}$。依次类推，当被积函数寄存器左移 i 位后，被积函数扩大 i 倍，累加次数就应减少 i 倍，终点计数器 J_E 中的数值同样右移 i 位（高位补 0）。

② 圆弧插补的左移规格化。与直线插补不同，圆弧插补的左移规格化是使坐标值最大的被积函数寄存器的次高位为 1（即保留前一位为零）。在圆弧插补过程中，J_{VX}、J_{VY} 存放动点坐标 Y_i 和 X_i，需不断进行 +1 或 -1 修正。使被积函数寄存器的次高位为 "1" 的目的是防止在修正时的溢出。当 J_{VX} 和 J_{VY} 中的数据同时左移 i 位，数值扩大 2^i 倍，数据变为 $2^i Y_i$、$2^i X_i$，因此 J_{RY} 每产生一个溢出脉冲，J_{VX} 的数据应被修正为 $2^i Y_i \rightarrow 2^i (Y_i \pm 1) = 2^i Y_i \pm 2^i$，同理，$J_{RX}$ 每产生一个溢出脉冲，J_{VY} 的数据也应作 "$\pm 2^i$" 修正。

综上所述，直线插补和圆弧插补的左移规格化数虽然不同，但都能提高脉冲溢出的速率，使溢出脉冲均匀化，从而改善 DDA 法插补加工的工艺性。

(2) 按 FRN 代码编程。所谓 FRN 代码编程就是编制数控加工程序时，考虑到直线长度或圆弧半径等几何参数对速度的影响，直接将进给速度与参数之比编入程序，从而进一步达到稳定 DDA 法插补速度目的的一种编程方法。

因此定义进给速率数

$$FRN = \frac{v_0}{L} (直线) \text{ 或 } FRN = \frac{v_0}{R} (圆弧)$$

式中，L 为直线长度（mm）；R 为圆弧半径（mm）；v_0 为进给速度（mm/min）。

编程时，可按 FRN 代码编制进给速度，即 $F = FRN$，则合成进给速度

直线：
$$v = \frac{L}{2^N} v_{MF} = \frac{L}{2^N} 60 \delta f_{MF} \tag{3.23}$$

圆弧：
$$v = \frac{R}{2^N} v_{MF} = \frac{R}{2^N} 60 \delta f_{MF} \tag{3.24}$$

式中，v_{MF} 为脉冲源速度（mm/min）；f_{MF} 为脉冲源频率（Hz）；δ 为脉冲当量（mm）。

由 $f_{MF} = \frac{2^N}{60 \delta} F = \frac{2^N}{60 \delta} FRN$，可得

$$v = LF = L \frac{v_0}{L} = v_0 (直线) \text{ 或 } v = RF = R \frac{v_0}{R} = v_0 (圆弧) \tag{3.25}$$

由式 (3.25) 可见，v 与 L 或 R 无关，因此稳定了进给速度。故加工不同长度的轮廓段时，选择不同的 F 代码值可实现相同进给速度 v_0。

3.1.6 数据采样法

1. 概述

在以直流伺服电动机或交流伺服电动机为驱动器件的数控系统中，一般不再采用脉冲增量法进行插补，而是采用结合了计算机采样思想的数据采样法进行插补。

数据采样法的原理是利用一系列首尾相连的微小直线段来逼近给定的待插补曲线。由于这些线段是按加工时间来分割的，因此数据采样法又称为"时间分割法"。一般来说，分割后的微小线段相对于系统精度而言仍然很大，需要在微小线段的基础上进一步密化数据点。获得微小线段的过程称为粗插补，一般由软件来实现。将微小线段进一步密化的过程称为精插补，精插补大多采用脉冲增量插补，可以采用硬件实现，也可由软件实现，当采用软件实现时，大多采用汇编语言完成。通过粗、精插补的紧密配合即可实现高性能零件的轮廓插补。

1）插补周期与位置控制周期

通常把相邻两个微小直线段之间的插补时间间隔称为插补周期 T_S，把数控系统中伺服位置环的采样控制时间间隔称为位置控制周期 T_C。对于给定的数控系统而言，插补周期和位置控制周期是两个固定不变的时间参数。

为了便于系统内部控制软件的处理，通常取 $T_S \geqslant T_C$，当 T_S 与 T_C 不相等时，通常插补周期 T_S 是位置控制周期 T_C 的整数倍。由于数据采样插补运算较复杂，处理时间比较长，而位置环的数字控制算法比较简单，处理时间较短，所以每次插补运算的结果可供位置环重复使用。假设程编进给速度为 F，数据采样插补周期为 T_S，由此可得粗插补微小线段的长度 $\Delta L = FT_S$。

插补周期 T_S 对数控系统的稳定性没有任何影响，但是对加工轮廓的轨迹误差有影响。一般来讲，插补周期 T_S 越长，插补计算的轨迹误差就越大，因此，从精度角度考虑插补周期越小越好。另一方面周期 T_S 也不能太小，因为 T_S 也不仅是指 CPU 完成插补计算所需要的时间，还必须留出一部分时间来处理其他数控任务，所以插补周期 T_S 不能太小，必须大于插补运算所用的时间和处理其他任务所用的时间总和，数据采样插补周期一般不大于 20ms，使用较多的在 10ms 左右。位置控制周期 T_C 对系统的稳定性和轮廓轨迹误差均有影响，所以位置控制周期 T_C 的选择需从伺服系统的稳定性和动态跟踪误差两方面来考虑。

2）插补周期与精度、速度之间的关系

数据采样法直线插补不存在插补误差问题，因为当插补时的轮廓为直线时，插补分割后的小线段与给定理论轮廓直线是重合的。但是在进行圆弧插补计算时，一般采用切线、内接弦线和割线来逼近圆弧，这些微小线段是不可能与插补圆弧完全重合的，因此就存在圆弧轮廓的插补误差。如图 3.27 所示，以用弦线逼近圆弧为例，由图示关系可知最大的径向误差即为圆弧的插补误差，最大径向误差 e_r 为

$$e_r = R\left[1 - \cos\left(\frac{\theta}{2}\right)\right] \qquad (3.26)$$

式中，R 为被插补圆弧的半径（mm）；θ 为步距角，即每个插补周期所走过的弦线对应的圆心角大小，其值为

$$\theta \approx \Delta L / R = FT_S / R$$

由于 θ 很小，因此可将式（3.26）中的 $\cos(\theta/2)$ 用泰勒级数展开得

$$\cos\frac{\theta}{2} = 1 - \frac{\left(\frac{\theta}{2}\right)^2}{2!} + \frac{\left(\frac{\theta}{2}\right)^4}{4!} - \cdots$$

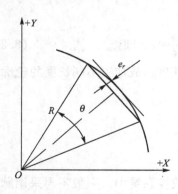

图 3.27　内接弦线逼近圆弧

若取上式前两项代入式(3.26)，可得

$$e_r \approx R\left\{1 - \left[1 - \frac{\left(\frac{\theta}{2}\right)^2}{2!}\right]\right\} = \frac{\theta^2}{8}R = \frac{(T_sF)^2}{8}\frac{1}{R} \tag{3.27}$$

由式(3.27)可知：在利用数据采样法插补圆弧时，插补误差与被插补圆弧半径 R 成反比，与插补周期 T_s 及程编速度 F 的平方成正比。即 T_s 越长、F 越大、R 越小，圆弧插补的误差 e_r 就越大；反之误差就越小。对于给定的圆弧半径 R 以及插补误差 e_r 的前提下，为了提高加工效率，获得较高的进给速度 F，尽量选用较小的插补周期 T_s。对于插补周期 T_s 和插补误差 e_r 不变的情况，被加工轮廓的半径越大，所允许的切削速度就越高。

若在给定所允许的最大径向误差 e_r 的前提下，也可以求出最大步距角

$$\theta_{\max} = 2\arccos\left(1 - \frac{e_r}{R}\right) \tag{3.28}$$

2. 数据采样法直线插补

假设加工 XY 平面内直线 OE，起点坐标为 $O(0，0)$，终点坐标为 $E(X_e，Y_e)$，动点 $N_{i-1}(X_{i-1}，Y_{i-1})$，进给速度 F，插补周期为 T_s，如图 3.28 所示。

在一个插补周期内，进给直线的长度为 $\Delta L = FT_s$，由三角函数关系求出该插补周期内各坐标轴对应的位置增量为

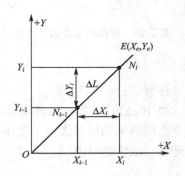

$$\Delta X_i = \frac{\Delta L}{L}X_e = KX_e \tag{3.29}$$

$$\Delta Y_i = \frac{\Delta L}{L}Y_e = KY_e \tag{3.30}$$

式中，L 为被插补直线的长度，其计算公式为 $L = \sqrt{X_e^2 + Y_e^2}$ (mm)；K 为每个插补周期内的进给速率数，其计算公式为 $K = \frac{\Delta L}{L} = \frac{FT_s}{L}$。

图 3.28　数据采样法直线插补

因此下一个动点 N_i 的坐标值为

$$X_i = X_{i-1} + \Delta X_i = X_{i-1} + \frac{\Delta L}{L}X_e \tag{3.31}$$

$$Y_i = Y_{i-1} + \Delta Y_i = Y_{i-1} + \frac{\Delta L}{L}Y_e \tag{3.32}$$

3. 数据采样法圆弧插补

数据采样法圆弧插补的思路是在满足加工精度要求的前提下，用弦线或割线来代替弧线实现进给，即用直线段逼近圆弧。下面以内接弦线法逼近待插补圆弧为例进行分析。所谓内接弦线法，就是利用圆弧上相邻两个采样点之间的弦线来逼近插补圆弧的计算方法，又称为直接函数法。为了计算方便，通常可把位置增量较大的轴称为长轴，增量小的轴称为短轴，也可把 N_{i-1} 点坐标绝对值较小的坐标轴称为长轴，绝对值较大的轴称为短轴。通常先计算长轴，再计算短轴。

1）基本原理

如图 3.29 所示，以第一象限顺圆弧为例，设圆弧上有两个已知点 $A(X_{i-1}$，$Y_{i-1})$、$B(X_i$，$Y_i)$，是两个相邻的插补点，$\overset{\frown}{AB}$对应的弦长为 ΔL，M 为弦长的中点，$OM \perp AB$。若插补周期为 T_s，程编进给速度为 F，则 $\Delta L = FT_s$，即每个插补周期的进给步长。插补时，刀具由 A 点移动到 B 点，其 X 的坐标增量为 $|\Delta X_i|$，Y 的坐标增量为 $|\Delta Y_i|$，A、B 两点都在圆弧上，所以满足圆弧方程，即

$$X_i^2 + Y_i^2 = (X_{i-1} + \Delta X_i)^2 + (Y_{i-1} + \Delta Y_i)^2 = R^2 \tag{3.33}$$

因为是第一象限顺圆弧，所以式(3.33)中 $\Delta X_i > 0$，$\Delta Y_i < 0$，由 A 移动到 B 点，当 A 点的 $|Y_{i-1}| > |X_{i-1}|$，则 X 轴为长轴，Y 为短轴。由图 3.29 几何关系可得

$$\alpha = \beta + \frac{1}{2}\theta \tag{3.34}$$

$$\cos\alpha = \frac{OD}{OM} = \frac{Y_{i-1} - \dfrac{|\Delta Y_i|}{2}}{R} \tag{3.35}$$

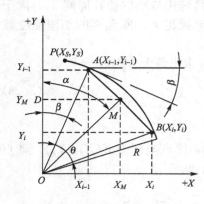

图 3.29 直接函数法圆弧插补

式(3.34)中 θ 为 $\overset{\frown}{AB}$ 所对应的圆心角，即步距角，β 为 OA 与 Y 轴之间的夹角。

$$|\Delta X_i| = \Delta L \cos\alpha = \Delta L \frac{Y_{i-1} - \dfrac{|\Delta Y_i|}{2}}{R} \tag{3.36}$$

注意：α 见式(3.34)。

由于 $|\Delta Y_i|$ 未知，只有通过近似的方法求得。由于在圆弧插补的过程中，两个相邻插补点之间的未知增量值相差很小，尤其是短轴，这样可以利用 $|\Delta Y_{i-1}|$ 近似代替 $|\Delta Y_i|$ 进行计算。取消绝对值后，式(3.36)可改写为

$$\Delta X_i = \frac{\Delta L}{R}\left(Y_{i-1} + \frac{1}{2}\Delta Y_{i-1}\right) \tag{3.37a}$$

由式(3.33)，可计算 ΔY_i。

$$\Delta Y_i = -Y_{i-1} \pm \sqrt{R^2 - (X_{i-1} + \Delta X_i)^2} \tag{3.37b}$$

通常，θ 很小，ΔX_i 和 ΔY_i 的初值如下，(X_S, Y_S) 为圆弧起点 P

$$\Delta X_0 = \Delta L \cos\left(\beta_0 + \frac{1}{2}\theta\right) \approx \Delta L \cos(\beta_0) = \Delta L \frac{Y_S}{R} \tag{3.38a}$$

$$\Delta Y_0 = \Delta L \sin\left(\beta_0 + \frac{1}{2}\theta\right) \approx \Delta L \sin(\beta_0) = \Delta L \frac{X_S}{R} \tag{3.38b}$$

其中 β_0 为 OP 与 Y 轴之间的夹角，ΔX_0 为圆弧起点 X_S 到弦线数据采样插补第一点 X 方向的位置增量，ΔY_0 为圆弧起点 Y_S 到弦线数据采样插补第一点 Y 方向的位置增量。

同理，当 $|X_{i-1}| > |Y_{i-1}|$ 时，应取 Y 轴作为长轴，得

$$\Delta Y_i = \frac{\Delta L}{R}\left(X_{i-1} + \frac{1}{2}\Delta X_{i-1}\right) \tag{3.39a}$$

$$\Delta X_i = -X_{i-1} \pm \sqrt{R^2 - (Y_{i-1} + \Delta Y_i)^2} \tag{3.39b}$$

动点坐标
$$\begin{cases} X_i = X_{i-1} + \Delta X_i \\ Y_i = Y_{i-1} + \Delta Y_i \end{cases} \tag{3.40}$$

2）象限处理

在进行数据采样插补计算分析时，发现直线 $Y=X$、$Y=-X$ 是确定长轴、短轴的分界线，即两条直线将 XOY 坐标系分成了四个区域（图 3.30）：Ⅰ区、Ⅱ区、Ⅲ区、Ⅳ区。其中Ⅰ区、Ⅲ区适合式（3.37），Ⅱ区、Ⅳ区适合式（3.39）。

对于Ⅰ区而言，因为 $Y_i \geqslant 0$，所以 $Y_{i-1} + \Delta Y_i \geqslant 0$，即 $Y_{i-1} + \Delta Y_i = \sqrt{R^2 - (X_{i-1} + \Delta X_i)^2} \geqslant 0$，所以

$$\Delta Y_i = -Y_{i-1} + \sqrt{R^2 - (X_{i-1} + \Delta X_i)^2} \tag{3.41}$$

对Ⅲ区而言，因为 $Y_i \leqslant 0$，所以 $Y_{i-1} + \Delta Y_i \leqslant 0$，即 $Y_{i-1} + \Delta Y_i = -\sqrt{R^2 - (X_{i-1} + \Delta X_i)^2} \leqslant 0$，所以

$$\Delta Y_i = -Y_{i-1} - \sqrt{R^2 - (X_{i-1} + \Delta X_i)^2} \tag{3.42}$$

对Ⅱ区而言，因为 $X_i \geqslant 0$，所以 $X_{i-1} + \Delta X_i = \sqrt{R^2 - (Y_{i-1} + \Delta Y_i)^2} \geqslant 0$，所以

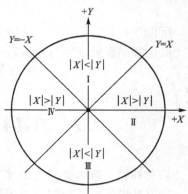

图 3.30　数据采样插补区域划分

$$\Delta X_i = -X_{i-1} + \sqrt{R^2 - (Y_{i-1} + \Delta Y_i)^2} \tag{3.43}$$

对Ⅳ区而言，因为 $Y_i \leqslant 0$，所以 $X_{i-1} + \Delta X_i = \sqrt{R^2 - (Y_{i-1} + \Delta Y_i)^2} \leqslant 0$，所以

$$\Delta X_i = -X_{i-1} - \sqrt{R^2 - (Y_{i-1} + \Delta Y_i)^2} \tag{3.44}$$

将第一象限的顺圆弧直接函数法插补的计算公式汇总在表 3-9 中。

表 3-9　直接函数法圆弧插补计算公式

动点属性	长轴	区域	位置增量	动点坐标
当 $|Y_{i-1}| > |X_{i-1}|$ 时	X 轴	Ⅰ	$\Delta X_i = \dfrac{\Delta L}{R}\left(Y_{i-1} + \dfrac{1}{2}\Delta Y_{i-1}\right)$ $\Delta Y_i = -Y_{i-1} + \sqrt{R^2 - (X_{i-1} + \Delta X_i)^2}$	$X_i = X_{i-1} + \Delta X_i$ $Y_i = Y_{i-1} + \Delta Y_i$
		Ⅲ	$\Delta X_i = \dfrac{\Delta L}{R}\left(Y_{i-1} + \dfrac{1}{2}\Delta Y_{i-1}\right)$ $\Delta Y_i = -Y_{i-1} - \sqrt{R^2 - (X_{i-1} + \Delta X_i)^2}$	
当 $|X_{i-1}| \geqslant |Y_{i-1}|$ 时	Y 轴	Ⅱ	$\Delta Y_i = \dfrac{\Delta L}{R}\left(X_{i-1} + \dfrac{1}{2}\Delta X_{i-1}\right)$ $\Delta X_i = -X_{i-1} + \sqrt{R^2 - (Y_{i-1} + \Delta Y_i)^2}$	
		Ⅳ	$\Delta Y_i = \dfrac{\Delta L}{R}\left(X_{i-1} + \dfrac{1}{2}\Delta X_{i-1}\right)$ $\Delta X_i = -X_{i-1} - \sqrt{R^2 - (Y_{i-1} + \Delta Y_i)^2}$	

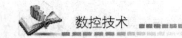

从表 3.9 中可以发现，当根号前引入 S_i 时，在 Ⅰ 区和 Ⅱ 区的公式基础上，$S_1 = -1$ 变换成 Ⅲ 区和 Ⅳ 区的公式。若进一步考虑逆圆插补情况，则需引入圆弧走向符号 S_2 来实现转换，顺圆 $S_2 = 1$，逆圆 $S_2 = -1$。

3）误差分析

根据图 3.27 和图 3.29 所示的几何关系，可推得

$$(\Delta L/2)^2 = R^2 - (R - e_r)^2$$

所以

$$\Delta L = FT_S = 2\sqrt{2Re_r - e_r^2} \leqslant \sqrt{8Re_r} \tag{3.45}$$

假设径向误差 $e_r \leqslant 1\mu m$，$T_S = 8ms$，进给速度单位为 mm/min，则

$$-F \leqslant \sqrt{4.5 \times 10^3 R} \,(\text{mm/min}) \tag{3.46}$$

3.2 刀具补偿技术 (Tool Compensation)

刀具补偿一般可分为刀具半径补偿和刀具长度补偿。对于不同类型的数控机床和刀具，其刀补形式也不相同。对于数控车床在使用圆弧刀和圆弧加工精度要求较高的时候才考虑刀具半径补偿，对于数控铣床和加工中心而言，除了要考虑刀具半径补偿以外，还要考虑刀具长度补偿。

3.2.1 刀具的长度补偿

为了简化数控编程，使数控程序与刀具的形状尺寸尽可能无直接关系，数控机床一般都具有长度补偿功能。刀具长度补偿就是在刀具的长度方向偏移一个刀具长度值进行修正，数控编程时，一般不需要考虑刀具长度。这样就避免了加工过程中因换刀刀具长度不同而造成的欠切或过切现象。刀具长度补偿对立式加工中心而言，一般用于刀具轴向（Z 轴）的补偿，编程时将某一把刀具的长度作为基准刀（视其长度为零），其余刀具与基准刀比较所得的刀具长度之差设定于刀具偏置存储器中，地址字为 H，如图 3.31 所示。

工具补正				O1058 N00040
番号	形状(H)	摩耗(H)	形状(D)	摩耗(D)
001	−312.039	0.000	5.000	0.000
002	−309.658	0.000	6.000	0.000
003	−298.561	0.000	7.000	0.000
004	−335.175	0.000	8.000	0.000
005	−327.693	0.000	9.000	0.000
006	−297.658	0.000	3.000	0.000
007	−333.621	0.000	3.500	0.000
008	−339.987	0.000	10.000	0.000

现在位置(相对座标)

    X   359.389   Y   −201.026

    Z   −362.039

> _   OS100% L   0%

HND   ····   ····   10:58:36

[补正] [SETTNG] [座标系] [ ] [操作)]

图 3.31　刀具补偿存储器界面

加工时通过程序中的相关准备功能(G43 或 G44)指令或由系统自动建立刀具长度补偿值，由数控系统自动计算刀具在长度方向的位置，使刀具在长度方向偏移一个设定长度，从而正确的加工出要求的零件。采用 G43 和 G44 指令进行长度补偿如图 3.32 所示。

当刀具发生磨损、更换或安装有误差时，不需要重新修改或编制新的加工程序，也不需要重新对刀或重新调整刀具，可通过长度补偿功能来弥补刀具在长度方向的尺寸变化。

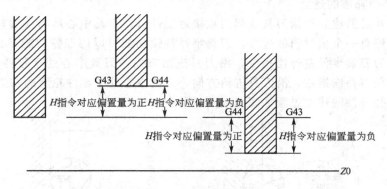

图 3.32　刀具长度补偿

3.2.2　刀具半径补偿

1. 刀具半径补偿的概念

数控机床在加工零件时，是通过控制刀具中心轨迹或刀架参考点来实现加工的，但编程时是按照零件的轮廓尺寸来编写程序的，如果刀具中心沿着给定轮廓走刀，将会使得加工零件的外轮廓偏小，内轮廓偏大，因此需要在给定轮廓的基础上偏移一个刀具半径值，使得刀具在加工时，正好与给定轮廓相切。如果刀具的偏移程序由编程人员完成，不但计算工作量较大，比较容易出错，而且当刀具半径发生变化时，程序也必须重新修改。因此，目前一般的数控系统都具备了刀具的补偿功能，数控系统根据零件的轮廓信息和刀具半径能够自动计算出刀具偏移后的中心轨迹，使其自动偏移零件轮廓一个刀具半径值，这种偏移计算就称为刀具半径补偿。

在零件的加工过程中，若采用刀具半径补偿功能，可以简化数控加工程序的编写工作，提高该程序的利用率。刀具半径补偿的优越性主要体现在以下几个方面：

(1) 在编程时，不需要计算刀具中心的运动轨迹，直接按零件轮廓编程，简化编程。

(2) 在加工过程中刀具磨损或刀具重磨以及中途换刀后，使刀具直径变化，这时用刀补功能只需改变刀具半径的补偿值，而无需再修改加工程序。

(3) 可以为下一道工序留下精确余量，且粗、细加工可引用同一零件加工程序及同一把刀具。

(4) 用同一加工程序进行阴阳模的切削加工。

对于有刀具半径补偿功能的数控系统而言，在编程过程中不必求出刀具中心的运动轨迹，只需按被加工工件理论轮廓编程，同时在程序中编入调用刀具半径补偿的指令(G41、G42)，数控系统便可自动完成计算并控制刀具偏置工件轮廓一定的距离(如刀具半径或其他设定值)后进行切削，这样就可加工出所需要的零件，从而使编程工作大大简化。而且当刀具发生磨损或换刀时，只需要修改刀具半径存储地址 D 里的数据（如图 3.31 中形状 D 存储刀具半径），而不需要修改程序。

2. 刀具半径补偿的工作过程

刀具半径补偿的工作过程如下所述。

1）刀具半径补偿的建立

刀具半径补偿的建立是指刀具从起刀点接近工件时，刀具中心从与编程轨迹重合过渡到与编程轨迹偏离一个偏置值的过程。刀具半径补偿功能可以用准备功能 G41、G42 来进行建立。G41 为刀具半径左补偿指令，沿刀具进给方向，刀具中心处于零件轮廓的左侧；G42 为刀具半径右补偿指令，沿刀具进给方向，刀具中心处于零件轮廓的右侧，如图 3.33 所示。刀具半径补偿的建立过程如图 3.34(a)所示。

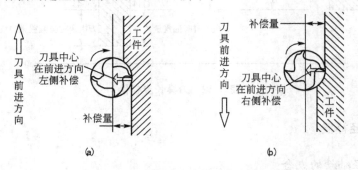

图 3.33　刀具半径补偿方向的判别

2）刀具半径补偿的进行

刀具半径补偿的进行是指在从零件轮廓的加工起点一直移动到零件轮廓的加工终点加工中始终控制刀具偏离工件轮廓一个偏置值的过程，如图 3.34(b)所示。

3）刀具半径补偿的撤销

刀具半径补偿的撤销是指刀具离开工件时，刀具中心轨迹过渡到与编程轨迹重合的过程，如图 3.34(c)所示。刀具半径补偿的撤销用 G40 指令进行。刀具半径补偿撤销后，刀具（中心）的运动轨迹与编程轨迹重合。

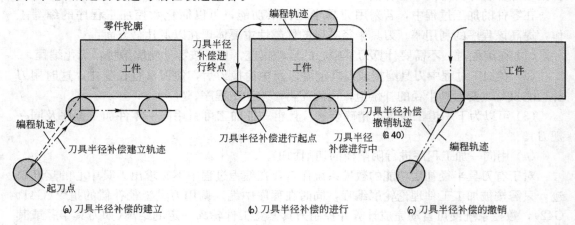

(a) 刀具半径补偿的建立　　(b) 刀具半径补偿的进行　　(c) 刀具半径补偿的撤销

图 3.34　刀具半径补偿的工作过程

在使用刀具半径补偿指令时应注意以下几点：

（1）从没有刀具半径补偿状态进入刀具半径补偿方式时，或在撤销刀具半径补偿时，刀具必须在与刀具半径有关的坐标方向移动一段距离，否则刀具会沿运动的法向直接偏移一个半径量，很容易出意外，特别在加工全切削的型腔时，刀具无回转空间，会造成刀具崩断；在与半径无关的坐标方向移动来建立刀具半径补偿，则刀具半径补偿建立或取消无效。

（2）在执行 G41、G42 及 G40 指令时，其移动指令只能用 G01 或 G00，而不能用 G02 或 G03。

（3）为了保证切削轮廓的完整性、平滑性，特别在分层切削时，注意不要造成欠切或过切的现象。

刀具半径补偿在零件轮廓段的交接处需要作适当的过渡处理，如果在尖角过渡处采用插入过渡圆弧的方法进行轮廓转接，这种方法称为 B 功能刀具半径补偿；如果在尖角处采用过渡直线的方法进行轮廓转接，这种方法称为 C 功能刀具半径补偿。

3. B功能刀具半径补偿和C功能刀具半径补偿

在早期的硬件数控系统中，由于其内存容量和计算处理能力都相当有限，不能完成很复杂的大量计算，相应的刀具半径补偿功能较为简单，一般采用 B 功能刀具半径补偿方法。B 功能刀具半径补偿方法在确定刀具中心轨迹时，都采用了读一段，算一段，再走一段的控制方法。这样，就无法预计到由于刀具半径所造成的下一段加工轨迹对本段加工轨迹的影响。这种方法仅根据本段程序的轮廓尺寸进行刀具半径补偿，不能解决程序段之间的过渡问题。对于只有 B 刀具半径补偿的 CNC 系统，编程人员必须事先估计出在进行刀具补偿后可能出现的间断点和交叉点的情况，并进行人为的处理，将工件轮廓转接处处理成圆弧过渡形式。如图 3.35(a)所示，在 G42 刀补后出现间断点时，可以在两个间断点之间增加一个半径为刀具半径的圆弧 $A'B'$ 进行过渡；在 G41 刀补后出现交叉点 C'' 时，也必须事先在两个程序段之间增加一个过渡圆弧 AB（该圆弧的半径必须大于所使用的刀具的半径），否则会出现过切现象。显然。这种 B 功能刀具半径补偿对于编程员来讲是很不方便的。

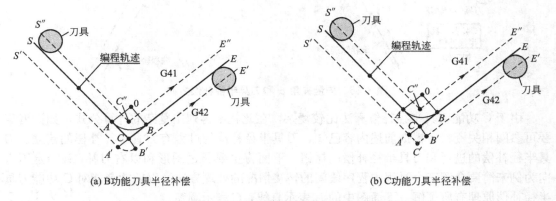

(a) B功能刀具半径补偿　　　　　　　　(b) C功能刀具半径补偿

图 3.35　B 功能刀具半径补偿和 C 功能刀具半径补偿示意图

随着 CNC 技术的发展，系统工作方式、运算速度及存储容量都有了很大的改进和提高，根据相邻程序段信息直接求出刀具中心轨迹交点的刀具半径补偿方法已经能够实现了，这种方法被称为 C 功能刀具半径补偿(简称 C 刀补)。C 功能刀具半径补偿方法能够根据相邻轮廓段的信息自动处理两个程序段刀具中心轨迹的转换，并自动在转接点处插入过渡圆弧或过渡直线，从而避免了刀具干涉现象的发生。进一步分析可知如果采用圆弧过渡，则当刀具加工到这些圆弧段时，虽然刀具中心在运动，但其切削边缘相对零件来讲是没有运动的，而这种停顿现象会造成工艺性变差，特别在加工尖角轮廓零件时显得尤其突出，所以更理想的应是直线过渡形式，如图 3.35(b)所示。

4. 程序段间转接情况分析

现在数控系统均采用 C 功能刀具半径补偿。C 功能刀具半径补偿方法为了解决下一段加工轨迹对本段加工轨迹的影响，在计算完本段轨迹后，提前将下一段程序读入，然后根据它们之间转接的具体情况，再对本段的轨迹作适当的修正，得到正确的本段加工轨迹。在 CNC 系统中，所能控制的最基本的轮廓线型是直线段和圆弧段。根据前后两段编程轨迹的连接方式不同，相应的转接方式有直线与直线的转接、直线与圆弧、圆弧与直线、圆弧与圆弧的转接四种类型。

对于两程序段的转接过渡处理与两段程序轨迹的矢量夹角 α 和刀具半径补偿方向有关。矢量夹角 α 是指两编程轨迹在交点处非加工侧的夹角，其变化范围为 $0°<\alpha<360°$，如图 3.36 所示。根据两段编程轨迹的矢量夹角 α 和刀具半径补偿方向的不同，刀具中心轨迹从一编程段到另一个编程段的段间转接方式即过渡方式有以下几种：

(1) 缩短型转接：矢量夹角 $180°<\alpha<360°$，即刀具中心轨迹短于编程轨迹的过渡方式。

(2) 伸长型转接：矢量夹角 $90°\leqslant\alpha<180°$，即刀具中心轨迹长于编程轨迹的过渡方式。

(3) 插入型转接：矢量夹角 $\alpha<90°$，即在两段刀具中心轨迹之间插入一段直线的过渡方式。

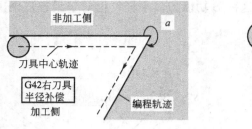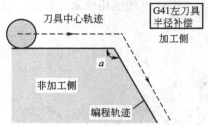

图 3.36 矢量夹角 α 和刀具半径补偿方向

由于 C 功能刀具半径补偿算法比较复杂，在此就不再列出复杂的计算公式，如读者需要可参阅相关资料。根据前述内容已知，刀具半径补偿的过程有刀具半径补偿的建立、刀具半径补偿的进行和刀具半径补偿的撤销。下面将主要通过图形和以右刀补(G42)走刀方向为例来简要介绍三个过程中程序段间的转接情况的处理方法，以期读者能对 C 功能刀具半径补偿原理有所了解。下面图中的 L 表示直线，C 表示圆弧。

1) 刀具半径补偿的建立的程序段间的转接情况

因为刀具半径补偿的建立的程序段只能用 G00 或 G01 指令建立，因此该程序段描述的为直线轨迹，因此它与下一程序段（直线或圆弧）间的转接情况为直线与直线的转接或直线与圆弧的转接两种类型。

（1）直线与直线之间的转接如下。

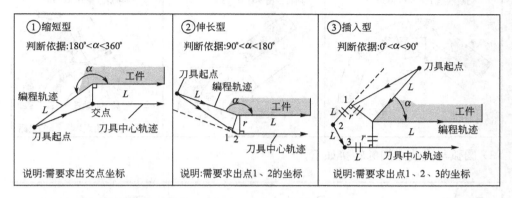

（2）直线与圆弧之间的转接如下。

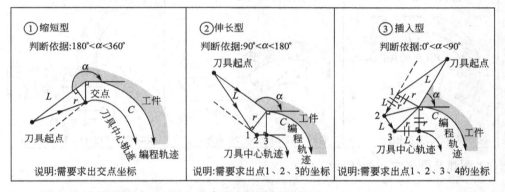

2）刀具半径补偿的进行过程的程序段间的转接情况

刀具半径补偿的进行过程的程序段间的转接情况主要有直线与直线的转接、直线与圆弧、圆弧与直线、圆弧与圆弧的转接四种类型。

（1）直线与直线之间的转接如下。

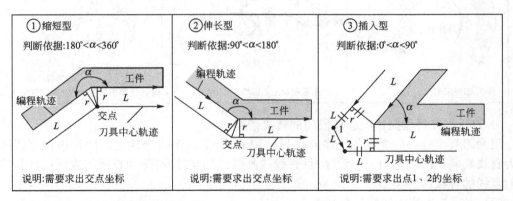

（2）直线与圆弧之间的转接如下。

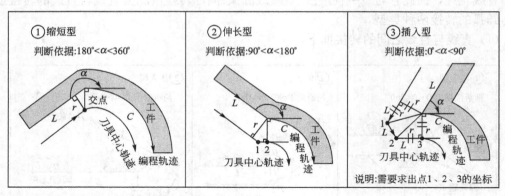

（3）圆弧与直线之间的转接如下。

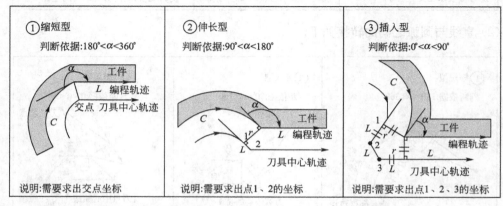

（4）圆弧与圆弧之间的转接如下。

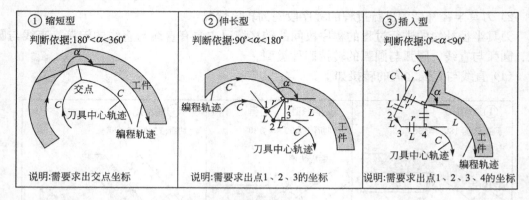

3）刀具半径补偿撤销的程序段间的转接情况

因为刀具半径补偿撤销的程序段也只能用 G00 或 G01 指令建立，同样该程序段描述的为直线轨迹，因此它与上一程序段（直线或圆弧）间的转接情况为直线与直线的转接或圆弧与直线的转接两种类型。

（1）直线与直线之间的转接如下。

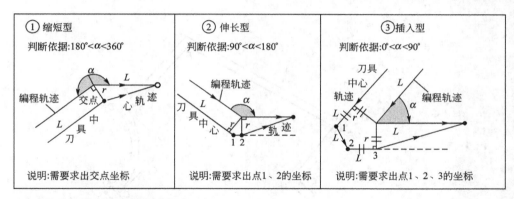

（2）圆弧与直线之间的转接如下。

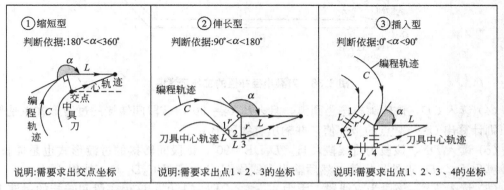

例 3.6 通过图 3.37 所示零件来说明加工零件时刀具半径补偿的建立、进行、撤销的完整的工作过程。要求沿 A—B—C—D—E—F—A 的走刀方向加工外轮廓。

分析：（1）根据题设要求，选用 G42 右刀具半径补偿指令建立刀具半径补偿。起刀点选择在 A 点附近的 O 点。（2）由于刀具不同，半径也可能不同。加工前需将编程所用的各刀具的半径值设定于数控系统内部的刀具偏置存储器中，建立刀具半径补偿时，调用对应的刀补寄存器 D。

解：根据零件图和前述程序段间的转接情况绘制刀具中心轨迹，如图 3.38 所示。

数控系统完成从 O 点到 E 点的编程轨迹的加工步骤如下：

（1）读入 OA，判断出是刀具半径补偿建立，继续读下一段。

（2）读入 AB，因为 $180°<\angle OAB<360°$，且又是右刀具半径补偿（G42），由前述内容可知，此时程序段间转接的过渡形式是缩短型，则计算出 A_1 点的坐标值，并输出直线段 OA_1 供插补程序运行。

（3）读入 BC，因为 $90°<\angle OAB<180°$，该程序段间转接的过渡形式是伸长型，则计算出 B_1 点的坐标值，并输出直线段 A_1B_1。

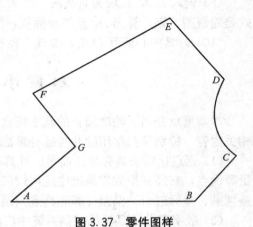

图 3.37 零件图样

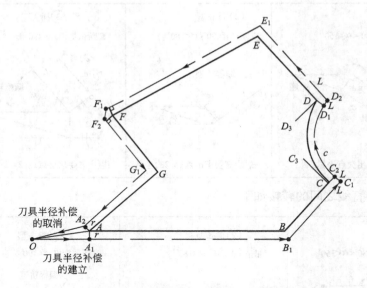

图 3.38　刀具半径补偿的工作示意图

（4）读入 CD，该轮廓轨迹为圆弧，且 $\angle BCC_3=90°$，该段间转接的过渡形式也是伸长型。则计算出 C_1、C_2 点的坐标值，并输出直线段 B_1C_1。

（5）读入 DE，该段为直线段，且 $\angle D_3DE=90°$，该段间转接的过渡形式也是伸长型。则计算出 D_1、D_2 点的坐标值，然后输出直线段 C_1C_2、圆弧 C_2D_1 和直线段 D_1D_2。

（6）读入 EF，该段为直线段，因为 $90°<\angle DEF<180°$，该程序段间转接的过渡形式是伸长型。则计算出 E_1 点的坐标值，然后输出直线段 D_2E_1。

（7）读入 FG，该段为直线段，因为 $\angle EFG<90°$，该程序段间转接的过渡形式是插入型。则计算出 F_1、F_2 点的坐标值，然后输出直线段 E_1F_1 和 F_1F_2。

（8）读入 GA，该段为直线段，因为 $180°<\angle FGA<360°$，该程序段间转接的过渡形式是缩短型。则计算出 G_1 点的坐标值，然后输出直线段 F_1G_1。

（9）读入 AO，该段为直线段，因为 $180°<\angle GAO<360°$，该程序段间转接的过渡形式是缩短型。则计算出 A_2 点的坐标值，然后输出直线段 G_1A_2 和 A_2O。

（10）刀具中心回到 O 点，刀具半径补偿处理结束。

本 章 小 结（Summary）

本章重点介绍了轮廓插补的基本概念、基本理论和基本计算方法以及刀具补偿技术的相关内容，特别是对常用的几种插补算法和刀具半径补偿过程进行了详细阐述。

（1）逐点比较法具有算法简单、计算速度快、速度稳以及插补误差不大于一个脉冲当量等优点，在经济型数控系统中应用较广。逐点比较法的工作过程可以分为四个节拍：偏差判别、坐标进给、偏差计算和终点判别。

（2）数字积分法是轮廓控制系统中广泛应用的插补方法之一。数字积分法可以实现两轴联动，可进行空间直线和曲面的插补等。

（3）数据采样法又称为"时间分割法"，是典型的二级插补计算方法。其插补计算主要是指粗插补，使用一系列的首尾相接的微小直线段逼近给定轮廓，基本计算过程分为插补准备与插补计算共两步。精插补是在粗插补的基础上进一步用微小线段逼近，进行数据密化。

（4）刀具补偿分为刀具长度补偿和刀具半径补偿两大类。补偿的目的在于简化数控加工程序的编制。计算的基本原理是根据被加工零件的几何形状及刀具参数，在刀具长度方向或半径方向计算其补偿量，并在轮廓转接处作相应的过渡处理，从而避免了加工过程中的刀具干涉，改善尖角加工的工艺性。

推荐阅读资料（Recommended Readings）

1. 张莹. 数控编程中有关刀具补偿类 G 指令的应用. 组合机床与自动化加工技术，2008(6).
2. 潘卫彬. 关于数控铣削加工中刀具半径补偿问题的探讨. 河南机电高等专科学校学报，2007(5).
3. 姜广美. 刀具补偿在数控加工中的应用. 农业装配技术，2008(3).
4. 南建平. 数控加工中的补偿研究. 鄂州大学学报，2008(5).

思考与练习（Exercises）

一、填空题

1. 插补主要分为_____和_____两大类。

2. 插补的目的是_____，使刀具相对于工件作出符合零件轨迹的_____。

3. 逐点比较法又称为_____或_____。它的基本原理是：数控装置在控制刀具按要求的轨迹移动过程中，不断比较刀具与给定轮廓的误差，由此误差决定下一步刀具移动方向。使刀具向减少_____的方向移动，取只有一个方向移动。

4. 逐点比较法插补有_____、_____、_____、_____四个工作节拍。

5. 目前采用的插补算法有_____和_____。_____又称时间标量插补或数字增量插补。

6. 刀具补偿的作用是把_____转换成_____加工出所要求的零件轮廓。刀具补偿包括_____和_____。

7. 刀具半径自动补偿指令有 G40、G41、G42。G41 表示刀具_____，G42 表示刀具_____。G40 表示_____左右偏置指令。

8. 刀具的半径补偿过程分为_____、_____和_____。

9. 刀具长度自动补偿指令一般用于刀具_____的补偿，它可以使刀具在 Z 方向上的实际位移大于或小于程序给定值，有 G40、G43、G44。G43 表示刀具的实际位移_____程序给定值，G44 表示刀具的实际位移_____程序给定值。G40 也表示_____补偿指令。

10. 刀具补偿的作用是把_____转换成_____加工出所要求的零件轮廓。刀

具补偿包括_____和_____。

二、简答题

1. 什么是插补? 在数控加工中, 刀具能不能严格按照零件轮廓轨迹运动? 为什么?

2. 什么是脉冲当量? 脉冲当量与数控加工的进给速度、零件加工精度有什么关系?

3. 常用的插补方法有哪几类? 各自有何特点?

4. 逐点比较法插补有哪四个工作节拍? 终点判别方法有哪几种?

5. 逐点比较法圆弧插补是如何进行过象限的? 试述基本原理。

6. 逐点比较法如何实现四个 XY 平面内所有象限的直线插补和圆弧插补?

7. 简述 DDA 法插补的基本思路, 并比较与逐点比较法之间的区别。

8. 利用 DDA 法插补直线和圆弧, 如何判别插补终点?

9. 简述 DDA 法稳速控制的方法及其原理。

10. 数据采样法是如何实现的?

11. 什么是刀具补偿? 什么是刀具长度补偿、刀具半径补偿?

12. 简述刀具补偿的工作过程及刀具半径补偿的意义。

三、计算题

1. 试用逐点比较法插补下列直线, 并画出插补轨迹图。已知要插补的直线起点的坐标为 $O(0, 0)$, 终点 E 的坐标分别为: ①$E(4, 4)$; ②$E(-3, 5)$; ③$E(-4, -5)$; ④$E(-7, -5)$。

2. 用逐点比较法插补下列圆弧并画出插补轨迹图。已知顺圆的圆心为 $O(0, 0)$, 起点 S 和终点 E 分别如下: ①$S(6, 8)$、$E(10, 0)$; ②$S(-6, 0)$、$E(0, 6)$。

3. 用逐点比较法插补下列圆弧并画出插补轨迹图。已知逆圆的圆心为 $O(0, 0)$, 起点 S 和终点 E 分别如下: ①$S(8, 6)$、$E(0, 10)$; ②$S(0, 6)$、$E(-6, 0)$。

4. 设有一直线 OE, 起点坐标为 $O(0, 0)$, 终点坐标为 $E(3, 7)$, 用 DDA 法插补该直线并画出插补轨迹图。

5. 欲加工第一象限的逆圆弧 $\overgroup{SE}$, 起点 $S(6, 0)$, 终点为 $E(0, 6)$, 设寄存器位数为 4, 用 DDA 法插补该圆弧并画出插补轨迹图。

四、综合题

图 3.39 所示为被加工零件理论轮廓, 铣刀直径为 6mm, 刀具走刀路线为 O—A—B—D—E—A, O 为起刀点。要求画出刀具半径补偿后的刀具中心轨迹, 并计算出各转接点的坐标(包括刀具半径补偿的建立、刀具半径补偿的进行和刀具半径补偿的撤销三种情况)。

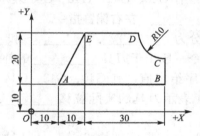

图 3.39 刀具半径补偿

第4章

数控程序的编制

（Chapter Four NC Program Preparation）

 本章教学要点

能力目标	知识要点
掌握坐标系和坐标轴的建立条件 掌握数控编程内容、步骤和基本格式	数控编程基础
掌握数控车床编程基础和相关工艺 掌握 FANUC 0i 系统的车削指令应用	数控车床编程
掌握数控铣床编程基础和相关工艺 掌握数控铣床、加工中心的编程与应用	数控铣床和加工中心编程
掌握宏程序对非规则曲线和曲面的编程与应用	宏程序的加工编程
掌握常用的自动编程软件的操作与应用	自动编程技术

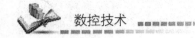

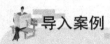导入案例

数控机床的应用

数控机床利用数字化信息对机床的运动与加工进行控制，从而实现对零件的切削加工。对于较简单的由直线和圆弧构成的零件轮廓可以采用手工编程来完成，对于常见的椭圆、抛物线、双曲线等规则曲线或曲面可采用宏程序进行编写加工，对于形状较复杂的具有非规则曲线曲面的零件一般采用自动编程。通常数控车床加工轴类（圆盘）类零件和螺纹（图4.1）；数控铣床和加工中心加工用来加工零件的平面、内外轮廓、孔、螺纹等，通过两轴联动加工零件的平面轮廓（图4.2），通过二轴半、三轴或多轴联动自动编程来加工零件的空间曲面（图4.3）。

利用数控机床加工零件的种类是千变万化的，当零件形状发生变化，程序就需要重新编写。那么，如何编写出适合某一特定零件的程序呢？程序的格式如何？编写的方法有哪些？按哪些步骤来编写？通过本章的学习可以了解和掌握一般零件的程序的格式、编写方法和步骤。

图 4.1　轴类零件

图 4.2　平面轮廓零件

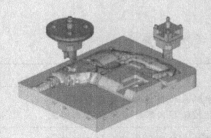

图 4.3　自动编程加工的曲面零件

4.1　数控编程基础(CNC Programming Fundamentals)

4.1.1　数控编程的概念及分类

1. 数控编程的概念

数控加工是指在数控机床上进行零件加工的一种工艺方法。原来在普通机床加工时，操作者按工艺卡片规定的过程加工零件；在自动机床上加工零件时，通常利用凸轮、靠模，机床自动地按凸轮或靠模规定的"程序"加工零件；在数控机床上加工零件时，根据零件的加工图样把待加工零件的全部工艺过程、工艺参数、位移数据和方向以及操作步骤等内容以数字化信息的形式记录在控制介质上，用控制介质上的信息来控制机床的运动从

而实现零件的全部加工过程。

通常将从零件图样到制作成控制介质的全部过程称为数控加工程序的编制，简称数控编程。

2. 数控编程方法

数控编程方法可以分为手动编程和自动编程。

1）手动编程

手动编程是指零件数控加工程序编制的各个步骤，即从零件图样的分析、工艺的决策、加工路线的确定和工艺参数的选择、刀位轨迹坐标数据的计算、零件的数控加工程序单的编写直至程序的检验，均由人工来完成。对于点位加工或几何形状不太复杂的轮廓加工，由于几何计算较简单，程序段不多，采用手动编程即可实现。如简单阶梯轴的车削加工，一般不需要复杂的坐标计算，往往可以由技术人员根据工序图样数据，直接编写数控加工程序。但对轮廓形状不是由简单的直线、圆弧组成的复杂零件，特别是空间复杂曲面零件（如图 4.3 所示的零件），数值计算相当烦琐，工作量大，且容易出错和不易校验，采用手动编程是难以完成的，这时就采用自动编程的方法。

2）自动编程

自动编程也称计算机辅助编程，是借助计算机和相应的软件来完成数控程序的编制的全部或者部分工作。自动编程大大减轻了编程人员的劳动强度，能解决手动编程无法解决的复杂零件的编程难题，且工件表面形状越复杂，工艺过程越烦琐，自动编程优势越明显。

4.1.2 数控编程的内容及步骤

数控编程的内容主要包括有分析零件图样、确定相应的加工工艺过程、数值计算、编写零件的加工程序、制作控制介质、程序校验和首件试切削等。

数控编程的步骤如图 4.4 所示。

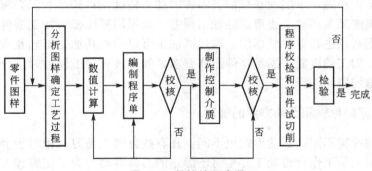

图 4.4 数控编程步骤

1. 确定工艺过程

确定数控加工工艺过程时，编程人员首先要对零件图样进行分析，明确加工的内容及要求，选择加工方案、确定加工顺序、走刀路线、选择合适的数控机床、选择或设计夹具、选择刀具、确定合理的切削用量和确定编程坐标系等。在这个过程中除要求考虑通用的一般工艺原则外，还要求考虑充分发挥数控机床的指令功能和效能。

2. 数值计算

按照已确定的加工路线和允许的零件加工误差，计算出需要输入数控装置的数据，称为数值计算。数值计算的主要内容是在规定的编程坐标系中计算零件轮廓和刀具运动轨迹的坐标值。对直线应计算起点、终点坐标；对圆弧要计算起点、终点、圆心坐标、半径值；对于不具有刀具半径补偿功能的机床还要计算刀具中心运动轨迹坐标；在加工非圆曲线（如在不具备抛物线加工功能的机床上加工抛物线）时，需要用微小直线段或圆弧段逼近，还要按精度要求计算出其交点（节点）坐标值。对于自由曲线、曲面及组合曲面的数学处理更为复杂，需利用计算机进行辅助设计计算。

3. 编写零件加工程序单

根据由加工路线计算出的刀具运动轨迹的坐标值和已确定的切削用量以及相关的辅助动作，并依据机床所用数控系统规定的指令代码和程序段格式，逐段编写零件的加工程序清单。编程人员在编程之前一定要看操作机床说明书，机床系统不一样，不同的生产厂家，程序的循环指令和程序格式也不一样，只有了解数控机床的性能和程序指令的前提下，才能编写出正确的程序。此外还应填写有关的工艺文件如数控加工工序卡片、数控刀具卡片、数控刀具明细表等。对于形状复杂（如空间自由曲线、曲面）或者工序很长、计算烦琐的零件采用计算机辅助数控编程。

4. 制作控制介质及程序检验

将程序单的内容记录在控制介质上。目前常用的控制介质有 CF 卡、移动硬盘等，也可以直接将程序通过键盘输入到数控装置的程序存储器中。将生成的加工程序单简单校验后制作成控制介质，以方便程序的传输和存档。

5. 程序检验和首件试切削

通过数控机床的模拟功能、空运行或借助仿真软件进行校验，但是这些方式只能检验程序运动轨迹是否正确，不能检查被加工零件的加工精度是否满足加工要求，不能检查因编程计算不准确或刀具调整不当造成的加工误差。如果需要检查被加工零件的加工精度和表面粗糙度，则必须进行首件试切削。通过试加工可以检验其加工工艺及有关切削参数被定得是否合理，加工精度能否满足零件图样要求，如发现有加工误差时应分析误差产生的原因并采取措施加以纠正。

4.1.3 数控机床坐标轴和运动方向的确定

数控机床的种类不同，运动形式也不同，在有些方向上是刀具相对于静止的工件在运动，在有些方向上是工作台带动工件相对于静止的刀具运动，为了使编程人员在不知道刀具与工件之间相对运动的情况下，方便编程，并能使编出来的程序在同类数控机床中具有通用性，国际上先后制定了数控机床坐标轴和运动方向的命名标准。目前我国采用的标准是 NF ISO 841—2004《数控机床用坐标轴与运动方向》。下面介绍该标准中的一些规定。

1. 标准坐标系的规定

标准坐标系采用右手直角笛卡儿坐标系，如图 4.5(a)所示，右手的拇指、食指和中指分别代表 X、Y、Z 三根直角坐标轴的方向，三指的指向为坐标轴的正方向；旋转方向按右手螺旋法则规定，如图 4.5(b)所示，四指顺着轴的旋转方向，拇指与坐标轴同方向为轴的正旋转，反之为轴的反旋转；图中 A、B、C 分别代表围绕 X、Y、Z 三根坐标轴的旋转方向，如图 4.5(c)所示。

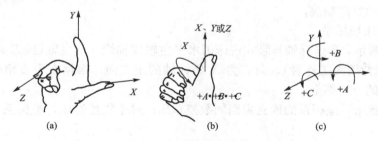

图 4.5　坐标轴及运动方向

2. 机床坐标轴的确定方法

在确定机床坐标轴时，一般先确定 Z 轴，然后确定 X 轴和 Y 轴，最后确定其他轴。JB 3051—1999 标准中规定，确定机床坐标系的方向时一律假定刀具运动，工件静止，且定义刀具移动时，增大工件和刀具之间距离的方向为坐标轴的正方向。Z 轴由传递切削动力的主轴决定，因此 Z 轴与主轴轴线平行。X 轴平行于工件的装夹平面，一般取水平位置，根据右手直角坐标系的规定，确定了 X 和 Z 坐标轴的方向，自然能确定 Y 轴的方向。

1）数控车床坐标系

根据标准规定，Z 坐标轴与数控车床的主轴同轴线，向右为 Z 正方向（刀具向右运动增大了刀具与工件之间的距离），旋转方向 C 表示主轴的正转。X 轴一般在水平面内，且垂直于 Z 轴，并平行于工件的装夹平面。由于数控车床的刀架有两种形式：前置刀架和后置刀架，因此 X 坐标轴正方向有所不同，如图 4.6 所示。

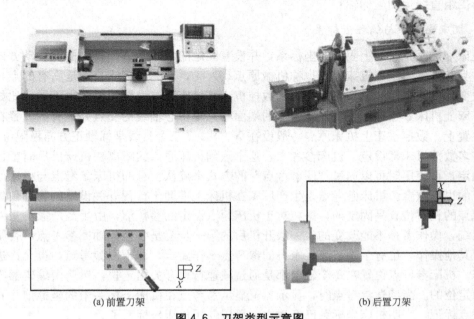

图 4.6　刀架类型示意图

2) 立式铣床坐标系

如图 4.7 所示，Z 坐标轴与立式铣床的直立主轴同轴线，向上为 Z 正方向。人站在工作台前，从刀具主轴向立柱看，向右为 X 坐标轴的正方向，根据右手直角坐标系的规定确定 Y 坐标轴的方向朝前。

3) 卧式铣床坐标系

如图 4.8 所示，Z 坐标轴与卧式铣床的水平主轴同轴线。从主轴（或刀具）的后端向工件看（即从机床背面向工件看），向右为 X 坐标轴的正方向，根据右手直角坐标系的规定确定 Y 坐标轴的方向朝上。

对于数控磨床，坐标系的确立规则同数控车床；对于数控镗床，坐标系的确立规则同数控铣床。

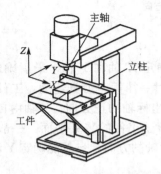

图 4.7　立式数控铣床坐标系

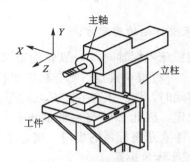

图 4.8　卧式数控铣床坐标系

3. 附加坐标

当数控机床的直线运动多于三个坐标轴时，则用 U、V、W 分别表示平行于 X、Y、Z 轴的第二组直线运动坐标轴。

4. 机床坐标系与编程坐标系

机床坐标系是机床上固有的坐标系，并设有固定的坐标原点，其坐标和运动方向视机床的种类和结构而定。机床原点也称机械原点（$X=0$，$Y=0$，$Z=0$），是固有的点，不能随便改变，机床出厂时已设定好。不同数控机床其机床原点设置的位置也不同。比如有的数控车床上机床零点设在主轴安装卡盘的端面与主轴中心轴线的交点处，有的设置在右前方的位置上。数控铣床上机床原点一般设在 X、Y、Z 三个直线坐标轴正方向极限位置上。

许多数控机床都设定了机床参考点，这个点到机床原点的距离在机床出厂时就已经能准确确定，在使用时可以通过"回参考点"的方式来确认。有的机床参考点与机床原点重合，有的也不重合。机床参考点是生产厂家在机床上借助于行程开关设定的物理位置，与机床原点的相对位置是固定的，是相对于机床原点设定的参数值，由生产厂家测量并输入数控系统，操作者是不能改变的。一般开机后的第一步就是各坐标轴回参考点，否则就不能进行其他操作，也有个别机床厂家对回参考点不作要求，即不回参考点，也允许进行其他操作。机床参考点位置在每个轴上都是通过减速行程开关粗定位，然后由编码器零位电脉冲精定位的。当到达参考点时，显示器就显示参考点在机床坐标系中的坐标值，并出现回参考点标记，表明机床坐标系已经建立，可以使用机床坐标系了。

小思考：有的数控机床是不需要回参考点的，这是为什么呢？

编程坐标系也称工件坐标系，是编程人员编程使用的，由编程人员以工件图样上的某一点为原点建立的坐标系，这一点称为编程原点（工件原点），编程坐标系的各坐标轴与机床坐标系相应的坐标轴平行。编程坐标系的零点，可在程序中设置。根据编程的需要，一个零件的加工程序中可一次或多次设定或改变工件原点。在加工中，因工件的装夹位置相对机床是固定的，所以工件坐标系在机床坐标系中的位置也就确定了。编程坐标系的原点一般建在设计基准或工艺基准上，尽量满足编程简单、尺寸换算少、引起的加工误差小等条件。

编程坐标系是编程人员为了简化编程而采用的坐标系，而机床控制的是机床坐标系，因此在加工时还需要将编程坐标系下的坐标值转化成机床坐标系的坐标值。一般通过对刀操作来建立机床坐标系与编程坐标系之间的联系。

应用技巧：编程坐标系设定的依据：一是要符合零件图样尺寸的标注习惯；二是要便于编程时运动轨迹的计算；一般可以零件图样上的设计基准点为编程原点建立编程坐标系。

例如，车削加工零件时，工件原点可选择在工件右端面中心点、工件左端面中心点或卡盘前端面中心点；铣削加工时，工件原点可选择在工件上表面中心点。

5. 起刀点、对刀点、刀位点和换刀点

起刀点是数控加工中刀具相对于工件运动的起点，是零件程序加工的起始点，起刀点可以设在工件上并与工件原点重合，也可以设在工件外，但是这个点必须与工件原点之间有确定的坐标关系。

刀位点是程序编制中用于表示刀具特征的点，也是对刀和加工时的刀具基准点。不同类型的刀具，刀位点也不同。如图4.9所示，外圆车刀、螺纹刀、尖头刀、镗刀的刀位点是刀尖；钻头的刀位点是钻尖；立铣刀、端铣刀和面铣刀的刀位点是刀头底面中心；球头铣刀的底部顶点或球心是刀位点；割刀有左右两个刀位点（对刀参考的刀位点不同，编程的坐标相差一个刀宽）。

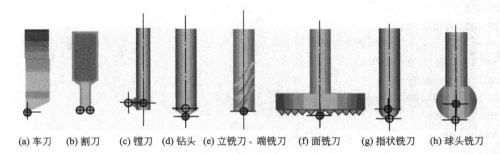

(a)车刀　(b)割刀　(c)镗刀　(d)钻头　(e)立铣刀、端铣刀　(f)面铣刀　(g)指状铣刀　(h)球头铣刀

图4.9　刀具刀位点

一般情况下，对刀点与起刀点重合，所以把对刀点也称"程序起点"。设定工件坐标系原点的过程称"对刀"或建立工件坐标系，对刀的目的就是确定工件原点在机床坐标系中的位置，即通过对刀来建立工件坐标系与机床坐标系的关系。

换刀点是指刀具转位更换时所在的位置，要保证足够的安全距离，使得换刀时不会与工件或夹具相撞，通常也可以与刀具起始点重合。

数控技术

6. 绝对坐标与增量坐标

绝对坐标是指点的坐标值相对于编程原点而言的，而增量坐标是相对于前一加工点坐标而言的。一个程序段中用的坐标值可以是绝对坐标值，也可以是增量坐标值，甚至可以混合（绝对和增量都有）。编程时，一定要根据图样上的给定尺寸的方法，以方便编程、简化计算为前提，采用合适的坐标方式编程。在不同的数控系统和不同的机床类型中，绝对编程和增量编程的指令也不一样（如 FANUC 系统的铣、加工中心绝对坐标编程采用 G90，增量坐标编程采用 G91；FANUC 系统车床绝对坐标编程直接用 X、Z 坐标，而相对坐标编程用 U、W 坐标），因此编写程序前一定要阅读相应机床的操作说明。

4.1.4 数控加工程序段格式

1. 零件加工程序的结构

一个完整的零件加工程序由一个个程序段组成，每个程序段由代码字（或称指令字）组成，每个代码字又是由地址符和地址符后带符号的数字组成的。一般来讲，一个完整的数控加工程序包含程序名、程序主体和程序结束标志三个部分。

程序名是区别不同程序的一个标识，不同数控系统对程序名的命名都有自己的规则，编程时需要仔细阅读操作说明书。例如，FANUC 系统规定以字符 O 开头，后加数字构成，如 O0020，而华中数控系统采用符号"％"及其后 4 位十进制数表示程序名。

程序主体规定了零件加工的具体过程和数控机床要完成的全部动作，是整个程序的核心。

程序结束标志是一个程序结束的标志。程序结束是以程序结束指令 M02、M30、M99（子程序结束）或 RET（子程序结束），作为程序结束的标志，用来结束零件加工。

下面是字地址的可变程序段格式的一段加工程序：

```
O0010;                    程序名
N0010    M03S800F0.2;
N0020       T0101;
N0030    G00X35Z1;
……                       程序主体
N0140    G01X30Z－60;
N0150    G00X35;
N0160    G00X100Z100;
N0170    M05;
N0180    M02;             程序结束标志
```

2. 主程序和子程序

数控加工程序总体结构上可分为主程序和子程序。子程序是单独抽出来按一定的格式编写，可被主程序或其他子程序连续调用的程序内容。合适地使用子程序，可简化编程。

3. 程序段格式

程序段格式是指一个程序段中字、字符和数据的书写规则。目前国内外广泛采用字-

地址可变程序段格式。

　　所谓字-地址可变程序段格式是指在一个程序段内数据字的数目以及字的长度（位数）都是可以变化的格式。不需要的字以及与上一程序段相同的续效字可以不写。这种编程格式简单、直观、易检查和修改，所以应用广泛。

　　字-地址可变程序段格式见表 4-1，书写的顺序一般按表 4-1 所示从左往右进行书写，对其中不用的功能应省略。

表 4-1　程序段书写顺序格式

1	2	3	4	5	6	7	8	9	10	11
N-	G-	X- U- P- A- D-	Y- V- Q- B- E-	Z- W- R- C-	I-J-K- R-	F-	S-	T-	M-	LF 或 CR 或；
程序段序号	准备功能	坐标字				进给功能	主轴功能	刀具功能	辅助功能	程序段结束符号

　　例如，一个按字-地址可变程序段格式书写的程序段：

　　　　N50 G01 X15 Z-26 F100 S500 T01 M03;

　　1）程序段序号

　　用以识别程序段的编号。用地址码 N 和后面的若干位数字来表示。例如，N50 表示该语句的语句号为 50。

　　2）准备功能 G

　　G 为准备功能字，也称 G 功能、G 指令或 G 代码，它是使数控机床建立起某种加工方式的指令。G 功能的代号已标准化，一般由地址符 G 加两位数字组成，从 G00～G99 共100 种。

　　需要指出，数控系统不一样，各代码对应的功能也不一样，具体操作之前一定要看机床说明书，表 4-2 是 FANUC 数控系统的 G 代码。

表 4-2　FANUC 数控系统的准备功能 G 代码

G代码	组别	数车功能	数铣功能	备注	G代码	组别	数车功能	数铣功能	备注
G00	01	快速定位	相同	模态	G17	16	XY 平面	相同	模态
G01		直线插补	相同	模态	G18		ZX 平面	相同	模态
G02		顺时针圆弧插补	相同	模态	G19		YZ 平面	相同	模态
G03		逆时针圆弧插补	相同	模态	G20	06	英制(in)	相同	模态
G04	00	暂停	相同	非模	G21		米制(mm)	相同	模态
G10		数据设置	相同	非模	G22	09	行程检查功能打开	相同	模态
G11		数据设置取消	相同	非模	G23		行程检查功能关闭	相同	模态

（续）

G代码	组别	数车功能	数铣功能	备注	G代码	组别	数车功能	数铣功能	备注
G25	08	主轴速度波动检查关闭	相同	模态	G70		精车循环	×	非模
G26		主轴速度波动检查打开	相同	非模态	G71		外圆、内孔粗车循环	×	非模
G27		参考点返回检查	相同	非模	G72		端面粗车循环	×	非模
G28	00	参考点返回	相同	非模	G73	00	复合式成形车削循环	高速深孔钻循环	非模
G30		第二参考点返回	×	非模	G74		端面啄式钻孔循环	左旋攻螺纹循环	非模
G31		跳步功能	相同	非模	G75		外内径啄式钻孔循环	精镗循环	非模
G32	01	螺纹切削	×	模态	G76		螺纹车削多次循环	×	非模
G36	00	X向自动刀具补偿	×	非模	G80	10	钻孔固定循环取消	相同	模态
G37		Z向自动刀具补偿	×	非模	G81		×	钻孔循环	模态
G40		半径补偿取消	相同	模态	G82		×	钻孔循环	模态
G41	07	刀具半径左刀补	相同	模态	G83		端面钻孔循环	×	模态
G42		刀具半径右刀补	相同	模态	G84		端面攻螺纹循环	攻螺纹循环	模态
G43		×	长度正补偿	模态	G85			镗孔循环	模态
G44	01	×	长度负补偿	模态	G86		端面镗孔循环	镗孔循环	模态
G49		×	取消长度补偿	模态	G87		侧面钻孔循环	背镗循环	模态
G50		工件坐标系原点设置	×	非模	G88		侧面攻螺纹循环	×	模态
G52	00	局部坐标系设置	相同	非模	G89		侧面镗孔循环	镗孔循环	模态
G53		机床坐标系设置	相同	非模	G90		外内车削循环	绝对坐标编程	模态
G54		第一工件坐标系设置	相同	模态	G91	01	×	增量坐标编程	模态
G55		第二工件坐标系设置	相同	模态	G92		单次螺纹车削循环	工件坐标原点设计	模态
G56	14	第三工件坐标系设置	相同	模态	G94		端面车削循环	×	模态
G57		第四工件坐标系设置	相同	模态					
G58		第五工件坐标系设置	相同	模态	G96	02	恒表面速度设置	×	模态
G59		第六工件坐标系设置	相同	模态					
G65	00	宏程序调用	相同	非模	G97		恒表面速度设置取消	×	模态
G66	12	宏程序模态调用	相同	模态	G98	05	每分进给	返回初始点	模态
G67		宏程序模态调用取消	相同	模态					
G68	04	双刀架镜像打开	×	模态	G99		每转进给	返回R点	模态
G69		双刀架镜像打开	×	模态					

（续）

G 代码	组别	数车功能	数铣功能	备注	G 代码	组别	数车功能	数铣功能	备注
G107		圆柱插补	×	模态	G250		多棱柱车削取消	×	模态
G112		极坐标插补	×	模态	G251		多棱柱车削	×	模态
G113		极坐标插补取消	×	模态					

注：
1. 当机床电源打开或按复位键时，标有　　　的 G 代码被激活，即默认状态。
2. 由于电源打开或复位，使系统被初始化，已指定的 G20 或 G21 代码保持有效。
3. 由于电源打开使系统被初始化，G22 代码被激活；由于复位使机床被初始化时，已指定的 G22 或 G23 代码保持有效。
4. 数控车床 A 系列的 G 代码用于钻孔固定循环时，刀具返回钻孔初始平面。
5. 表中"×"符号表示该 G 代码不适合这种机床。
6. 00 组的 G 指令为非模态，其他组的均为模态，标有非模字样的即为非模态。

G 代码可分为模态代码（续效代码）和非模态代码（非续效代码）两种。按属性进行分类，属性相同的分在同一组。模态代码一经使用一直有效，直到被同组的代码替代为止。同一组的模态代码属性相同，不能在同一程序段中出现，否则只有最后的代码有效；非同组的模态代码可以在同一程序段里面出现。非模态代码，只在该代码出现的程序段中有效。G 代码通常位于程序段中的尺寸字之前。

3）坐标字

数控编程在加工时，通过数控指令代码实现对机床的运动与加工进行控制，其移动量和移动方向主要用坐标字加数字来体现，来表示移动到的目标点的位置和方向，常见的有 X、Y、Z、I、J、K、R、A、B、C 等，坐标字后的数字有正负之分。R 后的正负表示优劣弧，其余坐标字后的＋表示正方向，－表示向坐标负方向。

4）辅助功能 M

M 为辅助功能代码，是使机床做一些辅助动作的代码，主要用作机床加工的工艺性指令，可控制机床的开、关功能（辅助动作）。其特点是靠继电器的通、断或 PLC 输入输出点的通、断实现控制过程，如主轴的旋转、切削液的开关、换刀、主轴的夹紧与松开等。ISO 标准中从 M00～M99 共 100 种，不同的数控系统 M 代码含义也不一样，表 4-3 是 FANUC 数控系统的 M 代码。

表 4-3　FANUC 数控系统的辅助功能 M 代码

M 代码	数车功能	数铣功能	备注	M 代码	数车功能	数铣功能	备注
M00	程序停止	相同	非模态	M06	×	换刀	非模态
M01	程序选择停止	相同	非模态	M08	切削液打开	相同	模态
M02	程序结束	相同	非模态	M09	切削液关闭	相同	模态
M03	主轴顺时针旋转	相同	模态	M10	接料器前进	×	模态
M04	主轴逆时针旋转	相同	模态	M11	接料器退回	×	模态
M05	主轴停止旋转	相同	模态	M13	1号压缩空气吹管打开	×	模态

（续）

M 代码	数车功能	数铣功能	备注	M 代码	数车功能	数铣功能	备注
M14	2 号压缩空气吹管打开	×	模态	M58	左中心架夹紧	×	模态
M15	压缩空气吹管关闭	×	模态	M59	左中心架松开	×	模态
M17	刀夹正转	×	模态	M68	液压卡盘夹紧	×	模态
M18	刀夹反转	×	模态	M69	液压卡盘松开	×	模态
M19	主轴定向	×	模态	M74	错误检测功能打开	相同	模态
M20	自动上料器工作	×	模态	M75	错误检测功能关闭	相同	模态
M30	程序结束并返回	相同	非模态	M78	尾座套筒送进	×	模态
M31	旁路互锁	相同	非模态	M79	尾座套筒退回	×	模态
M38	右中心架夹紧	×	模态	M80	机内对刀仪送进	×	模态
M39	右中心架松开	×	模态	M81	机内对刀仪退回	×	模态
M50	棒料送料器夹紧并送进	×	模态	M88	主轴低压夹紧	×	模态
M51	棒料送料器松开并退回	×	模态	M89	主轴高压夹紧	×	模态
M52	自动门打开	相同	模态	M90	主轴松开	×	模态
M53	自动门关闭	相同	模态	M98	子程序调用	相同	模态
				M99	子程序调用返回	相同	模态

注："×"符号表示该 M 代码不适合这种机床。

M 辅助功能代码也可分为模态和非模态，按逻辑功能可分成四组，如 M03、M04、M05 为同一组。不同组的 M 代码，在同一程序段中可以同时出现。由于 M 代表控制机床的辅助动作，通常与程序段中的运动指令一起配合使用。

下面简要介绍几种常用的 M 功能指令。

（1）程序控制指令 M00、M02 和 M30。

程序暂停指令 M00：当 CNC 执行到 M00 指令时，将暂停执行当前程序以方便操作者进行刀具和工件的尺寸测量、工件调头、手动变速等操作。暂停时，机床的主轴进给及切削液停止而全部现存的模态信息保持不变，欲继续执行后续程序，只要重按操作面板上的循环启动键即可。M00 为非模态指令。

程序结束指令 M02：M02 编在主程序的最后一个程序段中，当 CNC 执行到 M02 指令时机床的主轴、进给、切削液等全部停止，表示加工程序已经结束。使用 M02 的程序结束后若要重新执行该程序就得重新调用该程序。

程序结束指令 M30：M30 和 M02 功能基本相同，不过 M30 指令还兼有控制返回到零件程序头的作用。使用 M30 的程序结束后，若要重新执行该程序只需再次按操作面板上的循环启动键即可。

（2）主轴控制指令 M03、M04 和 M05。

M03 启动主轴以程序中编制的主轴速度顺时针旋转，M04 启动主轴以程序中编制的主轴速度逆时针方向旋转，M05 使主轴停止旋转。

（3）切削液开关指令 M07、M08 和 M09。

M07 和 M08 指令表示打开切削液，M09 指令表示关闭切削液。

5）进给功能字 F

F 指令用于指定进给速度，是续效指令。F 的单位与所用数控系统和场合有关。

在 FANUC 0iT 系统（数控车）中，若已执行了 G98 指令，则 F 指令的进给速度单位为 mm/min；若已执行了 G99 指令，则 F 指令的进给速度单位为 mm/r 。当 F 指令用在螺纹加工指令中时，F 指令后跟的数值表示螺纹的导程的大小，与 G98 、G99 的使用无关。

在 FANUC 0iM 系统（数控铣）中，若已执行了 G94 指令，则 F 指令的进给速度单位为 mm/min；若已执行了 G95 指令，则 F 指令的进给速度单位为 mm/r。

小提示：在操作面板上有一个进给倍率旋钮（倍率开关）可以调整 F 的大小，通常在 0～120％ 范围内，如果把刻度调整在 100％ 时，便按程序所设定的速度进给，否则应该用 F 值乘以旋钮选择的倍率。但对螺纹加工中的 F 指令无效。倍率开关通常在试切削时使用，目的是选取最佳的进给速度。

6）转速功能字 S

数控机床可以实现无级调速，轴转速功能字 S 用来指定主轴的转速，一般单位是 r/min，是续效指令（模态代码）。

通常主轴转速大小也可以通过操作面板上的主轴倍率旋钮在 50％～200％ 之间进行调整。编程时总是假定倍率开关在 100％。

7）刀具功能字 T

刀具功能字用于指令加工中所有刀具号及自动补偿编组号的地址字，地址字规定为 T，自动补偿内容主要指刀具的刀位偏差或刀具长度补偿及刀具半径补偿。机床系统不同，表示方法也不同。

地址符 T 后面的数字通常有 2 位或 4 位。

FANUC 0iT 系统使用 T 后跟 4 位数字刀具功能，其使用格式为

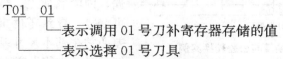

T01　01
└────表示调用 01 号刀补寄存器存储的值
└────表示选择 01 号刀具

刀补号中存储了编程坐标系与机床坐标系的关联信息，必须正确调用。例如，刀补号可以在规定的范围内任意使用，如使用 01 号刀调用 02 号寄存器 T0102，但是一旦 1 号刀占用了 2 号刀补，别的刀具就不能使用 2 号刀补位，否则数据会被覆盖掉。一般来讲，为避免出错，使用的刀具号和刀补号最好对应。

在使用 T 后跟 2 位数字刀具功能时，必须使用另外的指令来调用刀补信息，如西门子 802D 采用 D 指令，其使用格式为

T01　D1
└────表示调用 D1 号刀补寄存器存储的值
└────表示选择 01 号刀具

8）结尾符

有的数控系统需要结尾符，有的系统不需要，系统不一样，如 FANUC 系统以 ";" 结尾，西门子系统就不需要结尾符，系统不一样，表示方法也不一样，在编写程序之前先

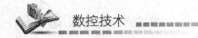

提前参考说明书。

小提示：由于数控机床的厂家很多，每个厂家使用的 G 功能、M 功能与 ISO 标准也不完全相同，因此对于某一台数控机床，必须根据机床说明书的规定进行编程。

4.1.5 数控编程中的数值计算

数控编程中的数值计算是指根据工件图样要求，按照已经确定的加工路线和允许的编程误差，计算出数控系统所需要输入的数据。对于带有自动刀补功能的数控装置来说，通常要计算出零件轮廓上的一些点的坐标数字。数值计算主要包括：数值换算、坐标值计算、辅助计算三个方面。

1. 数值换算

数值换算主要包括标注尺寸换算和尺寸链的解算两大类，而标注尺寸换算又包括尺寸换算和公差转换两种。

1）尺寸换算与公差转换

图 4.10 所示为尺寸换算和公差转换的实例。图 4.10(a)为零件图，图 4.10(b)中的尺寸除 30mm 以外，其余均为按图 4.10(a)中标注的尺寸经换算后而得到的编程尺寸。其中 $\phi59.94$mm，$\phi20$mm 及 140.08mm 三个尺寸分别为各自尺寸的两极限尺寸平均值后得到的编程尺寸，也即公差转换。

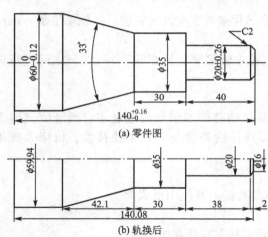

图 4.10　尺寸换算与公差转换实例

零件图的工作表面或配合表面一般都有偏差，公差带的位置也不相同。一般来说，对于外轮廓的加工，当尺寸偏小的时候会导致零件报废，为降低废品率，外轮廓偏差通常在基本尺寸的基础上向负方向偏；内轮廓加工，当尺寸偏大的时候就不可修复，导致零件报废，一般内轮廓的偏差通常在基本尺寸基础上向正方向偏。在编程时通常将公差尺寸进行转换，使公差带成对称偏置，再以中值尺寸作为公差尺寸进行编程，从而最大限度地减少不合格品的产生、提高数控加工效率和经济效益。对普通数控机床而言，当进行公差转换求中值尺寸遇到小数点值时，对第三位小数点值采用四舍五入，保留小数点后两位即可。例如，孔的尺寸为 $\phi20_0^{+0.025}$mm 时，尺寸值取 $\phi20.01$；孔的尺寸为 $\phi16_0^{+0.07}$mm 时，尺寸值取 $\phi16.04$；轴尺寸为 $\phi16_{-0.07}^{0}$mm 时，尺寸值取 $\phi15.97$。

2）尺寸链解算

例 4.1　如图 4.11(a)所示，求编写切断程序时的 L 尺寸。

解：画出解算尺寸链的解图 4.11(b)，分析得出 L 为封闭环 L_0，尺寸 $L_2=80$mm 为增环，尺寸 $L_1=50$mm 为减环，因此封闭环 $L_0=80-50=30$(mm)。

$$L_{0max}=L_{2max}-L_{1min}=80-49.95=30.05(\text{mm})$$

$$L_{0min}=L_{2min}-L_{1max}=79.7-50.05=29.65(\text{mm})$$

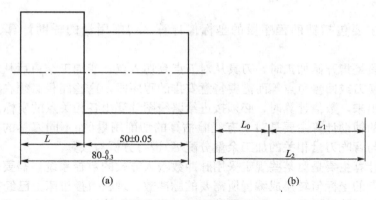

图 4.11　尺寸链解算图

$$L(\text{中值})=(L_{0\max}+L_{0\min})/2=29.85(\text{mm})$$

所以编程时的 L 尺寸为 29.85mm，加工时需要控制 L 的变化范围为 29.65～30.05mm。

2. 坐标值计算

坐标值计算主要有对零件基点和节点的计算、刀位点轨迹的计算和辅助计算。

1）基点和节点的计算

零件轮廓主要由直线、圆弧、二次曲线等组成，编程时主要就是找各个交点的坐标，这些点可以分成基点和节点两大类。基点是指几何元素的连接点，如两相邻直线的交点，直线与圆弧、圆弧与圆弧的交点或切点，圆弧或直线与二次曲线的交点或切点等。当零件的形状是由直线或圆弧段之外的其他非圆曲线构成（非圆曲线是指除直线和圆弧以外的能用数学方程描述的曲线，如渐开线、双曲线、列表曲线等），而数控系统又不具备这些曲线的插补功能时，此时一般用若干微小直线段或圆弧段来逼近给定的曲线，微小直线或圆弧段的交点或切点称为节点。

直线或圆弧组成的零件轮廓的基点坐标通常可以通过画图、代数计算、平面几何计算、三角函数计算等方法来获得。数据计算的精度应与图样加工精度的要求相适应。

当用直线或圆弧逼近非圆曲线轮廓时，曲线的节点数与逼近线段的形状（直线还是圆弧）、曲线方程的特性以及允许的逼近误差有关。节点计算，就是利用这三者之间的数学关系，求解出各节点的坐标。节点坐标计算的方法很多。用直线段逼近非圆曲线时常用的节点计算方法有等间距法、等步长法和等误差法等。用圆弧段逼近零件轮廓时常见的圆弧逼近插补有圆弧分割法和三点作圆法。

应用技巧：节点坐标计算的方法很多，可以根据轮廓曲线的特性及加工精度要求等选择。当轮廓曲线的曲率变化不大时，可以采用等步长计算插补节点；当曲线曲率变化比较大时，采用等误差法计算节点；当加工精度要求比较高时，可以采用逼近程度较高的圆弧逼近插补法计算插补节点，容差值越小，节点数越多。

2）刀位点轨迹的计算

对于具有刀具半径补偿的数控机床而言，只要按照图形轮廓来计算基点或节点；而对于没有刀具半径补偿功能的数控机床，就要计算刀具中心轨迹的交点坐标，这种计算稍微复杂一些，必须根据刀具类型、零件轮廓、偏置方向等来进行计算。

3) 辅助计算

辅助计算主要包括辅助程序段的坐标值计算、切削用量的辅助计算、脉冲数计算三类。

辅助程序段是指开始加工时，刀具从对刀点到切入点，或加工结束后从切出点返回到对刀点，以及换刀或回参考点等而需要特意安排的程序段，这些路径必须在绘制进给路线时明确地表达出来，数值计算时，必须按进给路线图计算出各相关点的坐标。

切削用量的辅助计算主要是对于有经验估算的切削用量(如不同刀具的主轴转速、进给速度，以及与背吃刀量相关的加工余量分配等)进行分析与核算。

脉冲数的计算主要是对某些规定采用脉冲数输入方式的数控系统，需要将已经计算出来的基点或节点的坐标值转换成编程所需要的脉冲数。现在数控机床上已经很少使用了。

对于点位控制的数控机床加工的零件，一般不需要数值计算，只有当零件图样坐标系与编程坐标系不一致时，才需要对坐标进行转换；对于形状比较简单，轮廓由直线和圆弧组成的零件，数值计算比较简单，手工完成计算就行；对于形状比较复杂的零件，轮廓由非圆曲线、曲面组成的零件，需要用直线段或圆弧段逼近，根据要求的精度计算出各节点的坐标，这种情况的数值计算就要由计算机来完成。

4.2 数控车床编程(CNC Lathe Programming)

4.2.1 数控车床的编程特点

数控车床是目前使用最广泛的数控机床之一，数控车床主要用于加工轴类、盘类等回转体零件。通过数控加工程序的运行，可自动完成内外圆柱面、圆锥面、成形表面、螺纹和端面等工序的切削加工，并能进行车槽、钻孔、扩孔、铰孔等工作。

数控车床加工的主要是轴类零件，而轴类零件通常用两种尺寸来描述外形，即直径与长度，根据前述已知数控车床一般只有两个坐标轴：X 轴和 Z 轴。把平行于主轴轴线且刀具远离工件的方向定义为 $+Z$ 轴，用 Z 坐标来描述工件长度；把水平面内刀具远离工件且垂直 Z 轴的方向定义为 $+X$，用 X 坐标描述工件的直径。在数控车床上，机床原点一般取在卡盘端面与主轴中心线的交点，有的数控车床也将机床原点设定在 X、Z 坐标的正方向极限位置上。

数控车床的编程有如下特点：

(1) 数控车床编程时，可以用直径编程，也可以用半径编程，但是采用直径尺寸编程时可以与零件图样中的尺寸标注一致，这样可避免尺寸换算过程中可能造成的错误，减少编程计算量，所以一般采用直径编程，如图 4.12 中 A 点的坐标值应为(30，80)，B 点的坐标值应为(40，60)。

(2) 在一个程序段中，根据图样上标注的尺寸方式，可以采用绝对值编程、增量值编程或二者混合编程，具体采用哪种，从简化计算、提高编程效率的角度来选择。当编程采用增量编程时，在 X 方向的增量也必须是直径的增量值。

(3) 进刀和退刀方式。

进刀时采用快速走刀接近工件切削起点附近的某个点(该点为切削起点)，再改用切削进给，以减少空走刀的时间，提高加工效率。切削起点的确定与工件毛坯余量大小有关，应以刀具快速走到该点时刀尖不与工件发生碰撞为原则，如图4.13所示。

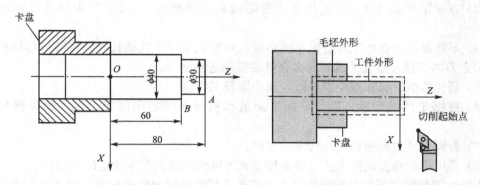

图 4.12　直径编程图例　　　　　　　图 4.13　切削起点图例

退刀时，沿轮廓延长线退出至工件附近，再快速退刀。一般先退 X 轴，后退 Z 轴。

（4）为提高工件的径向尺寸精度，X 向的脉冲当量一般为 Z 向的一半。

（5）由于车削加工常用棒料或锻料作为毛坯，加工余量较大，所以为了简化编程，数控装置通常具备不同形式的固定循环，可进行多次重复循环切削。

（6）编程时，常认为车刀刀尖是一个点，而实际上为了提高刀具寿命和工件表面质量，车刀刀尖常磨成一个半径不大的圆弧，因此为提高加工精度，当编制圆头刀程序时，需要对刀具半径进行补偿。数控车床一般都具有刀具半径自动补偿功能（G41，G42），这时可以直接按工件轮廓尺寸编程。对于不具备刀具半径自动补偿功能的数控车床，编程时需先计算补偿量。

4.2.2　数控车削加工工艺

理想的加工程序不仅应保证加工出符合图样的合格工件，同时应能使数控机床的功能得到合理的应用和充分的发挥。除必须熟练掌握其性能、特点和使用操作方法外，还必须在编程之前正确地确定加工工艺。

由于生产规模的差异，对于同一零件的车削加工方案是有所不同的，应根据具体条件，选择经济、合理的车削工艺方案。

1.　加工工序的划分

在数控机床上加工零件，工序可以比较集中，一次装夹应尽可能完成全部工序。常用的划分工序方法有：①以粗、精加工划分工序；②以一个完整数控程序连续加工内容为一道工序；③以一次安装所进行的加工内容划分工序；④以同一把刀具对工件的加工内容组合为一道工序；⑤按加工部位划分工序。

实际生产中，数控加工工序的划分要根据具体零件的结构特点、技术要求等情况综合考虑，其主要原则是保持精度和提高生产效率。

2.　进给加工路线的确定

1）进给加工路线的确定原则

确定进给加工路线的主要原则有：

（1）首先按已定工步顺序确定各表面进给加工路线的顺序。

（2）所定进给加工路线应能保证零件轮廓表面加工后的精度和粗糙度要求。

（3）寻求最短加工路线（包括空行程路线和切削路线），减少行走时间以提高加工效率。

（4）要选择零件在加工时变形小的路线，对横截面积小的细长零件或薄壁零件应采用分几次走刀加工到最后尺寸或对称去余量法安排进给路线。

（5）简化数值计算和减少程序段，减小编程工作量。

（6）根据工件的形状、刚度、加工余量和机床系统的刚度等情况，确定循环加工次数。

（7）合理设计刀具的切入与切出的方向。

（8）采用单向趋近定位方法，避免传动系统反向间隙而产生的定位误差。

因精加工切削过程的进给路线基本上都是沿零件轮廓顺序进行的，因此确定进给加工路线的工作重点在于确定粗加工及空行程的进给路线。

2）粗加工进给加工路线的确定

常用的粗加工进给路线有"矩形"循环进给路线、沿轮廓形状等距线循环进给路线和"三角形"循环进给路线三种，如图4.14所示。

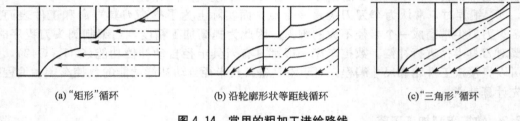

(a)"矩形"循环　　　　(b)沿轮廓形状等距线循环　　　　(c)"三角形"循环

图4.14　常用的粗加工进给路线

对以上三种切削进给路线，经分析和判断后可知矩形循环进给路线的进给长度总和最短。因此，在同等条件下，其切削所需时间（不含空行程）最短，刀具的损耗最少，为常用粗加工切削进给路线，但也有粗加工后的精车余量不够均匀的缺点，所以一般需安排半精加工。

3）空行程最短进给路线的确定

在保证加工质量的前提下，应尽量通过合理设置起刀点和合理设置换（转）刀点等措施使加工程序具有空行程最短的进给加工路线，这样不仅可以节省整个加工过程的执行时间，还能减少机床进给机构滑动部件的磨损等。

4）精加工进给路线的确定

在安排一刀或多刀进行的精加工进给路线时，其零件的最终轮廓应由最后一刀连续加工而成，并且加工刀具的进刀、退刀位置要考虑妥当，尽量不要在连续的轮廓中切入和切出或换刀及停顿，以免因切削力突然变化而造成弹性变形，致使光滑连接轮廓上产生表面划伤、形状突变或滞留刀痕等缺陷。在精加工中若要换刀，则换刀加工时的加工路线主要根据工步顺序要求决定各刀加工的先后顺序及各刀进给路线的衔接。另外，在精加工时还要注意切入、切出及接刀点位置的选择，应选在有空刀槽或表面间有拐点、转角的位置，而曲线要求相切或光滑连接的部位不能作为切入、切出及接刀点位置。

5）螺纹车削的进给路线

在车削螺纹时，有一些多次重复进给的动作，且每次进给的轨迹相差不大，这时进给路线的确定可采用系统固定循环功能。车螺纹时，刀具沿螺纹方向的进给应与工件主轴旋转保持严格的速比关系。如图 4.15 所示，加工时引入空刀导入量、空刀导出量，这样在切削螺纹时，能保证在升速完成后使刀具接触工件，刀具离开工件后再降速，从而保证螺纹的导程。

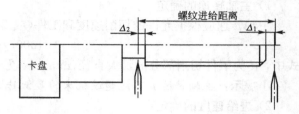

图 4.15　螺纹切削的空刀导入量和空刀导出量

6）特殊的进给路线

在数控车削加工中，一般情况下，Z 坐标轴方向的进给运动都是沿着负方向进给的，但有时按这种方式安排进给路线并不合理，甚至可能车坏零件。

3. 夹具的选择、工件装夹方法的确定

1）夹具的选择

数控加工时夹具主要有两大要求：一是夹具应具有足够的精度和刚度；二是夹具应有可靠的定位基准。选用夹具时，通常考虑以下几点：

（1）尽量选用可调整夹具、组合夹具及其他适用夹具，避免采用专用夹具，以缩短生产准备时间。

（2）在成批生产时才考虑采用专用夹具，并力求结构简单。

（3）装卸工件要迅速、方便，以减少机床的停机时间。

（4）夹具在机床上安装要准确可靠，以保证工件在正确的位置上加工。

2）夹具的类型

数控车床上的夹具主要有两类：一类用于盘类或短轴类零件，工件毛坯装夹在可调卡爪的卡盘（三爪、四爪）中，由卡盘带动工件旋转，如图 4.16 所示；另一类用于轴类零件，毛坯装在主轴顶尖和尾座顶尖间，工件由主轴上的拨动卡盘传动旋转。

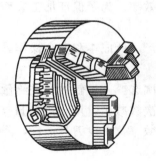

(a) 三爪自定心卡盘　　(b) 四爪单动卡盘

图 4.16　常用机床夹具

3）零件的安装

数控车床上零件的安装方法与普通车床一样，要合理选择定位基准和夹紧方案，主要注意以下两点：

（1）力求设计、工艺与编程计算的基准统一，这样有利于提高编程时数值计算的简便性和精确性。

（2）尽量减少装夹次数，尽可能在一次装夹，加工出全部待加工面，避免二次装夹的定位误差。

4. 切削用量的确定

数控编程时，编程人员必须根据工艺人员确定的每道工序的切削用量，以指令的形式

写入程序中。切削用量包括主轴转速、背吃刀量及进给速度等。合理选择切削用量的原则是：粗加工时，一般以提高生产率为主，但也要考虑经济性和加工成本；半精加工和精加工时，在保证加工质量的前提下，兼顾切削效率、经济性和加工成本。

1）主轴转速的确定

主轴转速应根据允许的切削速度和工件（或刀具）直径来选择。其计算公式为

$$n=1000v/\pi d$$

式中，d 为工件切削部分的最大直径（mm）；v 为切削速度（m/min）。

小提示：主轴转速 n 不能超过机床的最低转速和最高转速。

2）进给速度的确定

进给速度是数控机床切削用量中的重要参数，主要根据零件加工精度和表面粗糙度的要求，以及刀具、工件的材料性质选取。最大进给速度受机床刚度和进给系统的性能限制。

确定进给速度的原则是：

（1）当工件的质量要求能够得到保证时，为提高生产效率，可选择较高的进给速度。一般在 100～200mm/min 范围内选取。

（2）在切断、加工深孔或用高速钢刀具加工时，宜选择较低的进给速度，一般在 20～50mm/min 范围内选取。

（3）当加工精度、表面粗糙度要求较高时，进给速度应选小些，一般在 20～50mm/min 范围内选取。

（4）刀具空行程时，特别是远距离"回零"时，可以选用该机床数控系统设定的最高进给速度。

3）背吃刀量的确定

背吃刀量根据机床、工件和刀具的刚度来决定，在刚度允许的条件下，应尽可能使背吃刀量等于工件的加工余量，这样可以减少走刀次数，提高生产效率。为了保证加工表面质量，可留少许精加工余量，一般为 0.2～0.5mm。

以上切削用量（a_p、f、v）选择是否合理，对于实现优质、高产、低成本和安全操作具有很重要的作用。车削用量的选择原则是：

（1）粗车时，首先考虑选择一个尽可能大的背吃刀量 a_p，其次选择一个较大的进给量 f，最后确定一个合适的切削进度 v。增大背吃刀量 a_p 可使走刀次数减少，增大进给量 f 有利于断屑，因此根据以上原则选择粗车切削用量对于提高生产效率，减少刀具消耗，降低加工成本是有利的。

（2）精车时，加工精度和表面粗糙度要求较高，加工余量不大且均匀，因此选择较小（但不能太小）的背吃刀量 a_p 和进给量 f，并选用切削性能高的刀具材料和合理的几何参数，以尽可能提高切削速度 v。

（3）在安排粗、精车削用量时，应注意机床说明书给定的允许切削用量范围。对于主轴采用交流变频调速的数控车床，由于主轴在低转速时转矩降低，尤其应注意此时的切削用量选择。

总之，切削用量的具体数值应根据机床性能，相关的手册并结合实际经验确定。同时，使主轴转速、背吃刀量及进给速度三者能相互适应，以形成最佳切削用量。

5. 刀具的选择及对刀点、换刀点的确定

1）刀具的选择

与普通机床加工方法相比，数控加工对刀具提出了更高的要求，不仅需要刚性好、精度高，而且要求尺寸稳定、耐用度高、断屑和排屑性能好；同时要求安装调整方便，以满足数控机床高效率的要求。数控机床上所选用的刀具常采用适应高速切削性能的刀具材料（如高速钢、超细粒度硬质合金），并使用可转位刀片。常见车刀的种类和形状如图 4.17 所示。

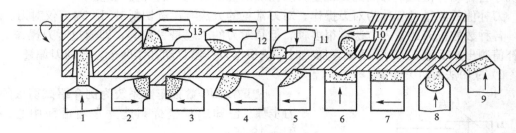

图 4.17　常用车刀的种类、形状和用途

1—切槽（断）刀；2—90°左偏刀；3—90°右偏刀；4—弯头车刀；5—直头车刀；
6—成形车刀；7—宽刃精车刀；8—外螺纹车刀；9—端面车刀；10—内螺纹车刀；
11—内切槽车刀；12—通孔车刀；13—不通孔车刀

2）对刀点、换刀点的确定

工件装夹方式在机床确定后，通过确定工件原点来确定工件坐标系，用加工程序中的各运动轴代码控制刀具作相对位移。

在程序执行的一开始，必须确定刀具在工件坐标系中开始运动的位置，这一位置即为程序执行时刀具相对于工件运动的起点，所以称为程序起始点或起刀点。通常把对刀点称为程序原点。在编制程序时，要正确选择对刀点的位置。对刀点设置的原则是：

（1）便于数值计算和简化程序编制。

（2）易于找正并在加工过程中便于检查。

（3）引起的加工误差小。

对刀点可以设置在被加工零件上，也可以设置在与工件定位基准有一定尺寸关系的夹具上或机床上。为了提高零件的加工精度，对刀点应尽量设置在零件的设计基准或工艺基准上。例如，以外圆或孔定位零件，可以取外圆或孔的中心与端面的交点作为对刀点。对刀时应使对刀点与刀位点（刀具的定位基准点，如车刀刀尖、钻头的钻尖）重合。

加工过程中需要换刀时，应规定换刀点。所谓"换刀点"，是指刀架转动换刀时的位置。换刀点应设在工件或夹具的外部，以换刀时不碰工件及其他部件为准。数控车床常见的刀架有立式刀架、水平刀架，换刀时，立式刀架要保证 X 方向的足够安全距离，水平刀架要保证 X、Z 两个方向的足够安全距离。

6. 数控车床对刀

数控车削编程中的各个点的坐标都是针对工件坐标系而言的，所以在编程之前应先对刀，建立工件坐标系。对刀主要是存储刀具刀位点在机床坐标系中的坐标值来建立工件坐标系，对刀是数控机床加工中极其重要的工作，对刀的精度直接影响零件的加工精度。

1）刀补

数控车床刀架上有一个刀具参考点。数控系统通过控制该点运动，间接地控制每把刀的刀位点运动。当不同的刀具装在刀架上后，由于刀具的几何形状及安装位置的不同，每把刀的刀位点在两个坐标方向上到刀架基准点的位置尺寸是不同的，这就需要测出各刀的刀位点相对刀具参考点的距离，即刀补值（X'，Z'），并将其输入 CNC 的刀具补偿寄存器中。当程序执行调用刀具时，FANUC 系统中程序也必须调用刀具对应的刀补，这样数控系统才会自动补偿两个方向的刀偏量，从而准确控制每把刀的刀尖轨迹。

刀补值的测量过程称为对刀操作。对刀常见的方法有：试切削对刀、对刀仪对刀。

各种数控机床的对刀方法有很多种，但是对刀的原理是一致的，即通过对刀操作，将刀补值测出来后输入 CNC 系统，加工时系统根据刀补值自动补偿两个方向的刀偏量。

2）试切法的对刀步骤

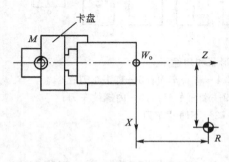

图 4.18　编程坐标系建立

以 FANUC 数控车削系统为例介绍试切法的对刀步骤。已知编程坐标系建立在右端面中心，如图 4.18 所示。

设 1 号刀为 90°的外圆车刀，作为基准刀；2 号刀为切槽刀；3 号刀为螺纹刀。

（1）每把刀对应 1 个不同的刀补号（寄存器），为了避免混乱出错，1 号刀的刀补信息存储在 1 号刀补寄存器中，2 号刀的刀补信息存储在 2 号刀补寄存器中，3 号刀的刀补信息存储在 3 号刀补寄存器中。图 4.19（a）所示为刀补参数输入界面。

（2）用 1 号刀车削工件右端面，车削时 Z 坐标不动，沿 X 轴向负方向切削，沿正方向退出，单击【OFSET SET】→【补正】→【形状】，把光标移动到 G001 对应的 Z 的位置，输入"Z0"，按【测量】，则 Z 向对刀完成，即当前切削点 Z 坐标的坐标为编程坐标系 Z＝0 的位置，如图 4.19（b）所示。

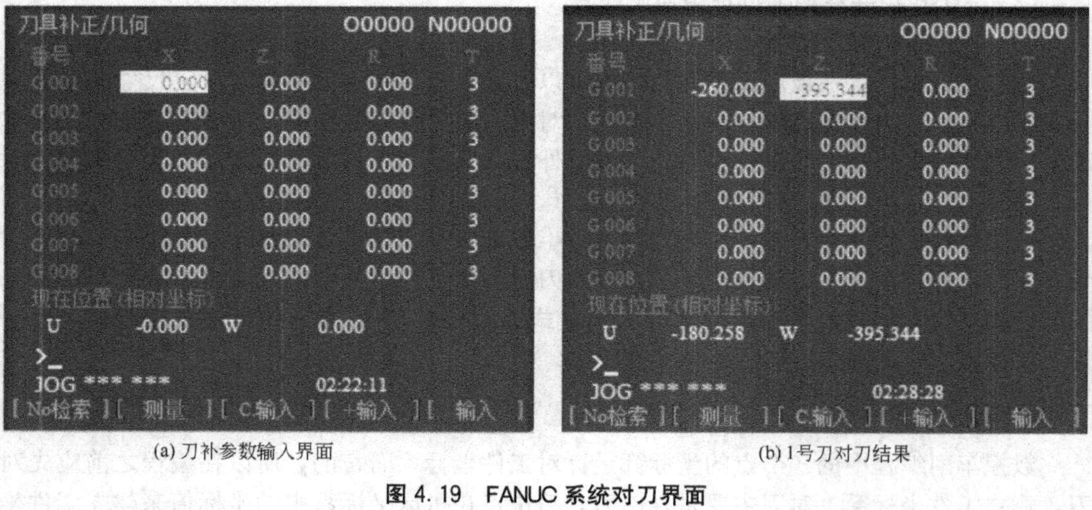

(a) 刀补参数输入界面　　　　　　　　　(b) 1号刀对刀结果

图 4.19　FANUC 系统对刀界面

（3）用 1 号刀车削工件外径，车削时，X 坐标不变，沿 Z 轴切削，Z 轴退刀，把主轴停下来，用外径千分尺测量一下加工圆柱面的直径值，单击【OFSET SET】→【补正】→【形状】，把光标移动到 G001 对应的 X 的位置，输入"外圆直径值"，单击【测量】，则 X 向对刀完成。如果测得直径 30mm，则输入"X30"，再单击【测量】，即当前切削点 X 的坐标为编程坐标系 $X = 30$ 的位置。

（4）1 号刀退刀到换刀点，换 2 号切槽刀。让切槽刀左刀尖与工件右端面对齐，光标移动到 G002 对应的 Z 的位置，输入"Z0"，单击【测量】，则 2 号刀的 Z 向对刀完成。

（5）移动刀具使切槽刀的主切削刃与工件外径对齐，把对刀界面中光标移动到 G002 对应的 X 的位置，输入"外圆直径值"，单击【测量】，则 2 号刀的 X 向对刀完成。

（6）2 号刀退刀到换刀点，换 3 号螺纹刀。让螺纹刀的刀尖与工件的右端面对齐，光标移动到 G003 对应的 Z 的位置，输入"Z0"，单击【测量】，则 3 号刀的 Z 向对刀完成。

（7）移动刀具使螺纹刀的刀尖与工件外径对齐，把对刀界面中光标移动到 G003 对应的 X 的位置，输入"外圆直径值"，单击【测量】，则 3 号刀的 X 向对刀完成。

应用技巧：在对完基准刀的基础上对 2、3 号刀具，刀具逼近端面或工件外径时，可以采用 INC 增量逼近，INC 增量值越小，刀具之间的误差值就越小，对刀精度就越高。

4.2.3 数控车床基本编程指令

不同数控系统编程指令格式不尽相同，在使用时请参阅所用机床数控系统的操作说明书。下面以 FANUC 0i Mate - TB 系统为例介绍数控编程的指令格式和使用方法。

1. 绝对值编程和增量值编程

数控编程时，把相对于编程原点而言的坐标编程方式称为绝对值编程，相对前一加工点的坐标编程方式称为增量值编程。在 FANUC 0i Mate - TB 系统中，绝对编程采用地址 X、Z 编程，增量编程采用地址 U、W 编程（分别对应 X、Z）。U、W 的正负由行程方向确定，行程方向与机床坐标方向相同时取正，反之取负。编程时采用绝对编程还是增量编程，要根据图样给定尺寸的方式来决定，以达到减小编程计算量的目的。两个坐标的编程方式也可以混合编写，如 X、W 或 U、Z。

2. 快速定位指令 G00

G00 指令是命令刀具以点定位控制方式从刀具所在点快速运动到目标位置，运行速度很快，运动过程中不进行切削，没有运动轨迹要求，主要用于快速定位。

指令格式：G00 X(U)__ Z(W)__；

使用要点：

（1）移动过程中不能与工件、夹具相干涉，防止发生撞刀现象。

（2）G00 是模态指令，与 G01、G02、G03 属于同一组。

（3）在执行 G00 时，刀具以每轴的快速移动速度定位，快速移动速度由系统参数设定而不由 F 指定。

3. 直线插补指令 G01

G01 指令命令刀具在两点之间按指定进给速度 F 值做直线移动，G01 指令是模态指令。

程序段格式：G01 X(U)__ Z(W)__ F __；

使用要点：

(1) 零件轮廓中的所有直线轮廓均用 G01 指令加工，刀具的进给速度用 F 指令给定。

(2) 由于工件安装在主轴孔中做旋转运动，因此图样中的水平线轮廓，加工出来的是圆柱面，编写程序时，X 坐标不变(坐标不变可省略)，Z 坐标改变；图样中的垂直线轮廓，加工出来的是端面，编写程序时，Z 坐标不变(坐标不变可省略)，X 坐标改变；图样中的斜线轮廓，加工出来的是倒角或锥面，X、Z 坐标同时变化。

例 4.2 试编写图 4.20(a)所示零件的精加工程序。

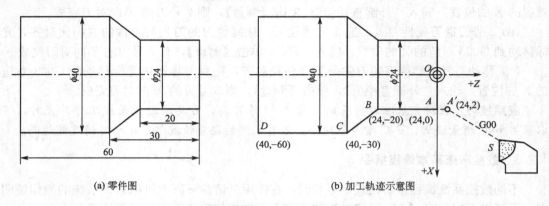

(a) 零件图   (b) 加工轨迹示意图

图 4.20 G00 和 G01 指令应用举例

编程要点分析：

(1) 分析该零件图可知，该零件是一个回转体零件，由三个部分组成：圆柱、圆锥和圆柱，因此选用数控车床和 G01 指令加工。题例要求精加工，说明余量很小，因此只需让刀具沿轮廓一次走刀。加工时刀具一般沿切线或延长线切入，因此选择 AB 延长线的 A' 作为切入点，其坐标为(24，2)，所以走刀轨迹为：A'—B—C—D。

(2) 编程坐标系建立在右端面中心，如图 4.20(b)所示。根据图中尺寸标注方式得知：Z 向尺寸均从右端面(Z＝0)作为尺寸起点，因此选择绝对值编程方式可以简化计算；X 向标注均为直径值，尺寸基准为回转体轴线(X＝0)，因此采用直径编程和绝对值编程。计算编程所需轮廓交点 A、B、C、D 四点坐标值，结果如图所示。

(3) 假设加工前刀具位于起刀点 S(100，100)，刀具从 S 点到 A' 点过程中不切削工件，为提高效率，一般采用快速定位方式，即采用 G00 快速定位。加工完成后刀具位于 D 点，此时要让刀具快速退回(G00 方式)到安全位置，此例中选择退回位置为(100，100)处。

(4) 根据加工要求选择合适的工艺参数。加工时采用试切削法建立工件坐标系。

根据以上分析结果，编写程序如下：

```
O0010;                        程序文件名；
N0002  G99  G21;              初始化,用 G99 指定每转进给,用 G21 指定米制单位；
N0004  M03  S1000  F0.1;      主轴正转,转速为 1000r/min；
N0006  T0101;                 调用 1 号刀 1 号刀补；
N0008  G00  X100  Z100;       快速移动到起刀点 S；
```

| N0010 | | X24 | Z2; | 绝对编程,快速移动到A'; |

N0010   X24   Z2;   绝对编程,快速移动到A';

N0012 G01 Z-20 F0.08;   绝对编程,A'→B,进给速度为0.08mm/r(或增量编程 N0012
                          G01 U0 W-22 F0.08);

N0014   X40 Z-30;   绝对编程,B→C(或增量编程 N0014 U16 W-10);

N0016 Z-60;   绝对编程 C→D(或增量编程 N0016 U0 W-30);

N0018 G00 X100 Z100; 退刀;

N0020 M05;   主轴停止;

N0022 M30;   程序结束;

4. 圆弧插补指令 G02/G03

1) 指令格式

格式一：终点＋半径　　G02/G03　X(U)＿　Z(W)＿　R＿　F＿;

格式二：终点＋圆心　　G02/G03　X(U)＿　Z(W)＿　I＿　K＿　F＿;

使用要点：

(1) G02、G03 分别用于顺圆弧和逆圆弧的加工，$X(U)$ 和 $Z(W)$ 为圆弧的终点坐标。

(2) R 为加工圆弧的半径。

(3) I、K 为描述圆弧圆心的参数，其值的大小为圆心相对于圆弧起点的增量坐标。

(4) 刀具的进给速度用 F 指令给定。

2) 圆弧方向的判别

圆弧为一平面图形，在数控车床中，一般认为圆弧所在平面为 XZ 平面，这个平面也是一个默认加工平面，不需要指定。圆弧顺逆判定采用右手直角坐标系法则：沿与圆弧所在平面垂直的第三坐标轴的正方向向负方向看，圆弧加工起点到加工终点之间的走向为顺时针，则为顺圆弧，用 G02 指令；否则为逆圆弧，用 G03 指令。数控车床刀架有前置式和后置式，其圆弧判别如图 4.21 所示，图中 A 为圆弧加工起点，B 为圆弧加工的终点，箭头表示加工方向。

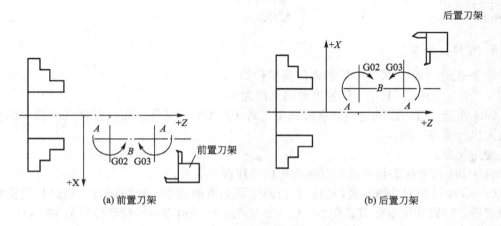

图 4.21　圆弧方向判别

例 4.3　试编写图 4.22(a)所示零件的精加工程序。

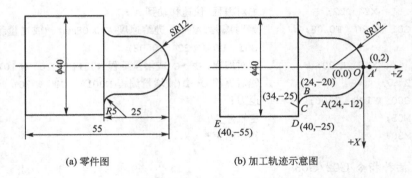

(a) 零件图　　　　　　　　　(b) 加工轨迹示意图

图 4.22　G02/G03 编程举例

编程要点分析:

(1) 分析过程同例 4.2。

(2) 加工轨迹 A'—O—A—B—C—D—E, 各基点坐标计算结果如图 4.22(b)所示。

根据以上分析结果, 编写程序如下:

```
O0040;
N0002  G99  G21;
N0004  M03  S1000  F0.1;
N0006  T0101;
N0008  G00  X0  Z2;              G00 快速移动到 A'
N0010  G01  Z0  F0.1;            直线插补 A'→O
N0012  G03  X24  Z-12  R12;      圆弧从里(+Y)向外(-Y)看是逆的, O→A
N0014  G01  Z-20;                直线插补 A→B
N0016  G02  X34  Z-25  R5;       圆弧从里(+Y)向外(-Y)看是顺的, B→C
N0018  G01  X40;                 直线插补 C→D
N0020       Z-55;                直线插补 D→E
N0022  G00  X100  Z100;          退刀
N0024  T0100;                    取消刀补
N0026  M30;                      程序结束
```

5. 暂停指令 G04

指令格式: G04　X＿　X 暂停时间单位为 s。

　　　　　 G04　P＿　P 暂停时间单位为 ms。

G04 在前一程序段的进给速度降到零之后才开始暂停动作, 在执行含 G04 指令的程序段时先执行暂停功能。

使用要点:

(1) G04 为非模态指令仅在其被规定的程序段中有效;

(2) G04 可使刀具作短暂停留以获得圆整而光滑的表面; 如割槽时, 当刀具进给到规定深度后, 用暂停指令使刀具作非进给光整切削, 然后退刀保证槽底完整的圆柱面。

6. 单行程螺纹切削指令 G32

指令格式: G32　X(U)＿　Z(W)＿　F＿;

G32 指令可以执行单行程螺纹切削，螺纹车刀进给运动根据输入的螺纹导程进行。但是，调用该指令加工螺纹时，螺纹车刀的切入、切出、返回等均需要另外编写程序，导致编写的程序段比较多，所以实际编程中一般很少使用 G32 指令。G32 指令加工示意图及参数说明见表 4 - 4。

表 4 - 4　G32 指令加工示意图及参数说明

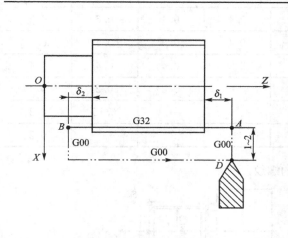

	X、Z 为螺纹的终点坐标值
	U、W 为螺纹终点相对于起点的增量值
	F 为螺纹导程
	起点 A 和终点 B 的 X 坐标值相同，直螺纹加工
	起点 A 和终点 B 的 X 坐标值不同，锥螺纹加工
	Z 省略时为端面螺纹切削

使用要点：

(1) 螺纹牙的高度（螺纹总切深）的确定。

螺纹牙高度是指螺纹牙型上，牙顶到牙底之间垂直于螺纹轴线的距离，是螺纹刀车削时总的切入深度。

对于普通的三角螺纹，牙型深度按下式进行计算：

$$h = 0.6495P$$

式中，P 为螺距（mm）。

(2) 螺纹起点与终点轴向尺寸。

由于车螺纹起始处有一个加速过程，螺纹结束前有一个减速过程。在这两段距离中，螺距不能保持均匀，因此在车削螺纹时，必须设置足够的升速进刀段（空刀导入量）δ_1 和减速退刀段（空刀导出量）δ_2，如果没有退刀槽，按 45°退刀收尾。δ_1、δ_2 的选取：

$$\delta_1 \geqslant 2 \times 导程 \quad \delta_2 \geqslant (1 \sim 1.5) \times 导程$$

单头螺纹时，导程＝P；多头螺纹时，导程＝nP（n 为螺纹头数）。

(3) 如果螺纹牙型较深，螺距较大，可分次进给。每次进给的背吃刀量用螺纹深度减精加工背吃刀量所得的差按递减规律分配。常用的螺纹切削的进给次数与背吃刀量（直径值）可参考表 4 - 5 选取。

表 4 - 5　常用螺纹切削的进给次数与背吃刀量（直径值）　　　（单位：mm）

米 制 螺 纹							
螺距	1.0	1.5	2.0	2.5	3.0	3.5	4.0
牙深	0.6495	0.974	1.299	1.624	1.949	2.273	2.598

米制螺纹							
背吃刀量及切削次数 1次	0.7	0.8	0.9	1.0	1.2	1.5	1.5
2次	0.4	0.6	0.6	0.7	0.7	0.7	0.8
3次	0.2	0.4	0.6	0.6	0.6	0.6	0.6
4次		0.16	0.4	0.4	0.4	0.6	0.6
5次			0.1	0.4	0.4	0.4	0.4
6次				0.15	0.4	0.4	0.4
7次					0.2	0.2	0.4
8次						0.15	0.3
9次							0.2

例 4.4 用 G32 指令编写图 4.23 所示的螺纹。

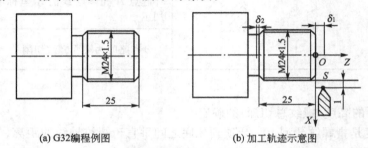

(a) G32编程例图　　　　　　(b) 加工轨迹示意图

图 4.23　螺纹加工实例

编程要点分析：

(1) 空刀导入量 δ_1、空刀导出量 δ_2 和 S 点的选择：$\delta_1 = 2$、$\delta_2 = 2$ 和 $X_S = 1$。

(2) 切削深度、切削次数及切削深度的分配，查表 4.5，分四次切削。

根据以上分析结果，编写程序如下：

```
O0050;
N0002  G99  G21;
N0004  M03  S600  F0.05;
N0006  T0303;                调用 3 号螺纹刀 3 号刀补
N0008  G00  X26  Z2;         快速到达螺纹起始点径向外侧
N0010  G01  X23.2  F0.05;    直线插补移动到螺纹第一次切削起始点
N0012  G32  Z-27  F1.5;      螺纹背吃刀量 0.8mm,切第一次
N0014  G01  X26  F0.05;      沿径向切出
N0016  G00  Z2;              快速返回到起刀点
N0018  G01  X22.6  F0.05;    直线插补移动到螺纹第二次切削起始点
N0020  G32  Z-27  F1.5;      螺纹背吃刀量 0.6mm,切第二次
N0022  G01  X26  F0.05;
N0024  G00  Z2;
N0026  G01  X22.2  F0.05;    直线插补移动到螺纹第三次切削起始点
```

```
N0028   G32   Z-27   F1.5;          螺纹背吃刀量 0.4mm,切第三次
N0030   G01   X26   F0.05;
N0032   G00   Z2;
N0034   G01   X22.04   F0.05;       直线插补移动到螺纹第四次切削起始点
N0036   G32   Z-27   F1.5;          螺纹背吃刀量 0.16mm,切第四次
N0038   G01   X26   F0.05;
N0040   G00   X100   Z100;
N0042   T0300;
N0044   M30;
```

7. 刀具补偿功能指令

刀具补偿功能是数控车床的主要功能之一，可以分为两类：刀具的偏移（即刀具轴向补偿）和刀尖圆弧半径补偿。

1）刀具的偏移

刀具的偏移是指刀具的当前位置与刀具初始位置（工件轮廓）存在差值时，可以通过刀具磨损值的设定，使刀具在 X、Z 轴方向加以补偿。操作者可以通过设定磨损值来控制工件尺寸。

刀具补偿就是根据实际需要分别或同时对刀具轴向和径向的磨损量实行修改。在程序中编入所对应的刀具号和刀补号，而刀具号中 X 方向磨损值或 Z 向磨损值根据实际需要有操作者提前设定。当程序执行调用刀具号刀补号的指令后，系统就开始调用补偿值，使刀尖从偏移位置恢复到编程轨迹上，从而实现刀具偏移量的修正。

2）刀具半径补偿

在数控车削加工中，由于车刀的刀尖通常是一段半径很小的圆弧，而假设的刀尖点并不是切削刃圆弧上的一点，在车削圆弧、锥面或倒角时，会造成切削加工不足（欠切）或切削过量（过切）的现象，如图 4.24 所示。为了保证工件轮廓的精度，加工时要求刀具的实际切削点与工件轮廓重合，即要补偿刀具刀尖半径变化造成的指令切削点与实际切削点的变化差值，这种补偿称为刀具半径补偿。

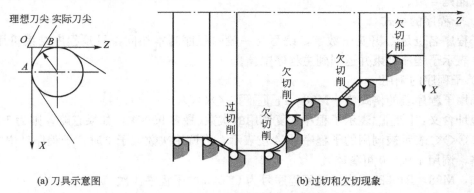

(a) 刀具示意图   (b) 过切和欠切现象

图 4.24　刀具示意图及欠切和过切现象

数控系统编程中，使用刀具半径补偿时，只需要按零件轮廓编程，不需要计算刀具刀尖圆弧中心运动轨迹。程序执行之前，在"刀具刀补设置"窗口中设置好刀具半径和刀尖号，数控系统在自动运行时能自动计算出刀具中心轨迹，即刀具自动偏移工件轮廓一个刀具半径值，使实际切削点与工件轮廓重合，从而加工出所要求的轮廓。

半径补偿的原则取决于刀尖圆弧中心的动向，补偿的基准点是刀尖中心。通常，刀具长度和刀尖半径的补偿是按一个假想的刀刃为基准，因此给测量造成了一些困难。把这个原则用于刀具补偿，应当分别以 X、Z 的基准点来测量刀具长度和刀尖半径 R，以及用于假想刀尖半径补偿所需的刀尖形式号（0～9）。图 4.25 所示为前置刀架刀具刀尖形式号。一般大多数车外表面车刀刀尖方位为 3 号方位，车内表面车刀刀尖方位为 2 号方位。刀尖圆弧半径 R 和刀尖形式号 T 的输入界面如图 4.26 所示。

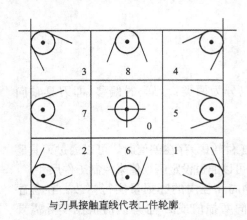

与刀具接触直线代表工件轮廓

图 4.25 前置刀架刀刀具刀尖形式号 　　图 4.26 刀尖圆弧半径 R 和刀尖形式号 T 的输入界面

8. 子程序调用指令 M98

在数控程序中，如果存在某些固定程序且重复出现的内容，则可以把重复的内容按一定的格式编成子程序，然后被主程序调用，这样就可以简化程序。主程序在执行过程中如果需要某一子程序时，可以调用子程序，子程序执行完又可返回主程序，继续执行后面的程序段。一个调用指令可以重复调用一个子程序 999 次，但是子程序中调用子程序的嵌套级别只能是 4 级。

1）子程序的格式

子程序名也是 O 开头＋数字，编写与一般的程序基本相同，只是程序结束符用 M99 指令，表示子程序结束并返回到主程序中。

2）子程序的调用

调用子程序段的格式为：M98 　P□□□ 　◇◇◇◇

地址含义：□□□表示子程序重复调用的次数（最多 999 次，如果省略，则为 1 次）；◇◇◇◇表示被调用的子程序号（4 位表示，当调用次数大于 1 时，子程序号中的 0 不能省略，调用 1 次，0 可省略）。

如：M98 　P40023；表示调用程序号为 O0023 的子程序 4 次；

　　 M98 　P23；表示调用程序号为 O0023 的子程序 1 次。

例 4.5 把例 4.4 中的程序改为采用子程序编程。

主程序：

```
O0050;
N0002  G99  G21;
```

```
N0004  M03  S600  F0.05;
N0006  T0303;                           调用 3 号螺纹刀 3 号刀补
N0008  G00  X26  Z2;                    快速到达螺纹起始点径向外侧
N0010  G01  X23.2  F0.05;               直线插补移动到螺纹第一次切削起始点
N0012  M98  P60;                        调用 O0060 子程序 1 次,切第一次
N0014  G01  X22.6  F0.05;               直线插补移动到螺纹第二次切削起始点
N0016  M98  P60;                        调用 O0060 子程序 1 次,切第二次
N0018  G01  X22.2  F0.05;               直线插补移动到螺纹第三次切削起始点
N0020  M98  P60;                        调用 O0060 子程序 1 次,切第三次
N0022  G01  X22.04  F0.05;              直线插补移动到螺纹第四次切削起始点
N0024  M98  P60;                        调用 O0060 子程序 1 次,切第四次
N0026  G00  X100  Z100;
N0028  M30;
```

子程序:

```
O0060;
N0002  G32  Z-27 F1.5;
N0004  G01  X26  F0.05;
N0006  G00  Z2;
N0008  M99;
```

4.2.4 数控车床固定循环指令

在数控车床上对外圆柱、内圆柱、端面、螺纹等进行粗加工时,刀具往往要多次反复地执行相同的动作,直至将工件切削到所要求的尺寸。于是在一个程序中可能会出现很多基本相同的程序段,造成程序冗长。为了简化编程工件,数控系统一般具有一些典型的固定循环切削功能指令。

固定循环指令又有单一固定循环和复合循环之分。

1. 单一形状固定循环

1) 内/外径车削固定循环指令 G90

G90 循环指令主要用于圆柱面和圆锥面的循环切削,其指令格式和参数说明见表 4-6。

表 4-6 G90 指令格式和参数说明

圆柱面切削指令格式	锥面切削循环指令格式
G90 X(U)__ Z(W)__ F__;	G90 X(U)__ Z(W)__ R__ F__;

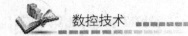

(续)

圆柱面切削指令格式	锥面切削循环指令格式
刀具从循环起点(刀具所在位置)开始按矩形循环,最后又回到循环起点,每执行一次,机床就有四个动作,操作完成如上图所示路径的四个循环动作	如上图所示,刀具从循环起点开始沿径向快速移动,然后按 F 指定的进给速度沿锥面运动,到锥面另一端后沿径向以进给速度退出,最后快速返回到循环起点

X、Z 为圆柱或圆锥面切削终点坐标值;U、W 为圆柱或圆锥面切削终点相对循环起点的增量值;R 为锥体起、终点的半径差,其值带有正负号,锥面起点半径减去锥面终点半径;F 为切削速度

2)端面车削固定循环指令 G94

G94 指令主要加工长度短而直径变化比较大的盘类零件,其车削特点是利用刀具的端面切削刃作为主切削刃。G94 是在工件的端面加工斜面,而 G90 是在工件的外圆上加工锥面。G94 指令格式、动作轨迹及参数说明见表 4-7。

表 4-7 G94 指令格式、动作轨迹及参数说明

平端面切削循环指令格式	锥面切削循环指令格式
G94 X(U)__ Z(W)__ F__;	G94 X(U)__ Z(W)__ R__ F__;

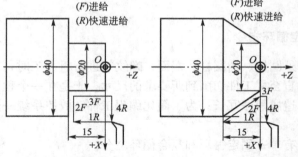

刀具从循环起点(刀具所在位置)开始按矩形循环,最后又回到循环起点,每执行一次,机床就有四个动作,操作完成如上图(左)所示路径的四个循环动作	如上图(右)所示,刀具从循环起点开始沿径向快速移动,然后按 F 指定的进给速度沿锥面运动,到锥面另一端后沿径向以进给速度退出,最后快速返回到循环起点

X、Z 为圆柱或圆锥面切削终点坐标值;U、W 为圆柱或圆锥面切削终点相对循环起点的增量值;R 表示锥面终点相对于锥面起点的 Z 增量坐标,即 $R=Z_{锥面终点}-Z_{锥面起点}$;F 为切削速度

例 4.6 用 G90 或 G94 指令编写图 4.27(a)所示零件的数控加工程序。

编程要点分析:

(1)加工指令的选择:图 4.27(a)所示零件加工长度较长而直径变化比较小,因此选用 G90 指令加工较适宜。

(2)编程坐标系的确定:以右端中心建立编程坐标系,循环起点选择在 S 点,如图 4.27(b)所示。

根据以上分析结果,编写程序如下:

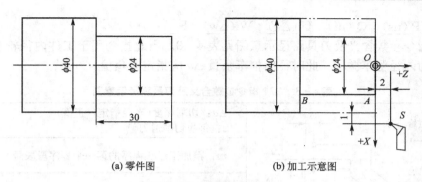

(a) 零件图   (b) 加工示意图

图 4.27　外圆车削例图

```
O0070;
N0002   G99  G21;
N0004   M03  S1000  F0.1;
N0006   T0101;
N0008   G00  X42  Z2;                绝对编程快速移动到起刀点 A'
N0010   G90  X37  Z-30  F0.1;         循环加工,背吃刀量为 3mm(直径值)
N0012   X34  Z-30;                    模态指令,继续循环加工,每次 Z 不变,省略
N0014   X31;
N0016   X29;
N0018   X26;
N0020   X24;
N0022   G00  X100  Z100;              退刀
N0024   T0100;                        取消刀补
N0026   M30;                          程序结束
```

2. 复合循环指令

1）精加工循环指令 G70

指令格式：G70　P(ns)　Q(nf)　F____;

其中，ns：精加工形状程序的第一个程序段段号。

　　　　nf：精加工形状程序的最后一个程序段段号。

　　　　F：指定精加工进给速度。

使用说明：

（1）G70 指令用于 G71、G72、G73 指令粗车工件后的精车循环，切削粗加工中留下的余量。

（2）G70 程序段中的 ns 和 nf 必须和粗加工循环指令中的 ns 和 nf 相一致，否则机床会报警，且 ns 到 nf 的程序段不能调用子程序。

（3）在 G70 状态下，ns 至 nf 程序中指定的 F、S、T 有效。

（4）可通过 F 指定精加工速度。

2）内/外径粗车复合循环指令 G71

指令格式：

G71　U(Δd)　R(e);

G71　P（ns）　Q（nf）　U（△u）　W（△w）　F＿；

G71 指令参数含义及刀具路径示意图见表 4-8。当此指令用于工件内径轮廓时，G71 就自动成为内径粗车循环，此时径向精车余量 △u 应指定为负值。

表 4-8　G71 指令参数含义及刀具路径示意图

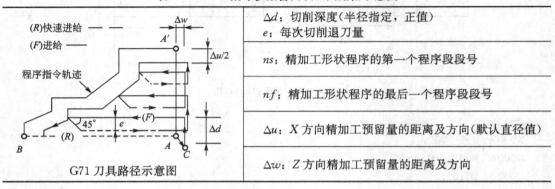

G71 刀具路径示意图	$\triangle d$：切削深度（半径指定，正值） e：每次切削退刀量
	ns：精加工形状程序的第一个程序段段号
	nf：精加工形状程序的最后一个程序段段号
	$\triangle u$：X 方向精加工预留量的距离及方向（默认直径值）
	$\triangle w$：Z 方向精加工预留量的距离及方向

使用说明：

（1）起刀点 A 和退刀点 B 必须平行，$ns \sim nf$ 程序段中恒线速功能无效。

（2）零件轮廓 $A \sim B$ 间必须符合 X 轴、Z 轴方向同时单向增加或单向减小。

（3）在 G70 状态下，ns 至 nf 程序中指定的 F、S、T 有效。

（4）ns 程序段中可含有 G00、G01 指令，不许含有 Z 向运动的指令。

（5）G71 程序段中没有指明 F、S、T，则前面程序段中指定的 F、S、T 对粗加工有效。

（6）G71 循环指令粗加工之前刀具要靠近毛坯，即循环起点应选择在接近工件处，以缩短刀具行程，避免空走刀。

（7）G71 可以用于内外轮廓的加工，加工 X、Z 方向的精加工余量 $\triangle u$ 和 $\triangle w$ 的符号如图 4.28 所示。

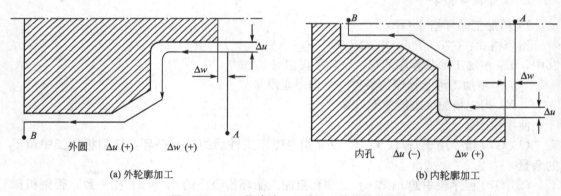

图 4.28　G71 指令中 $\triangle u$ 和 $\triangle w$ 符号的确定

例 4.7　用 G71、G70 指令编写加工如图 4.29(a)所示零件的加工程序，毛坯为外径 $\phi 30$mm 的圆棒料。

编程要点分析：

（1）分析该零件图可知，毛坯为圆棒料，且零件沿 $-Z$ 轴，X 方向尺寸单向递增，因此可选用外轮廓复合循环 G71 指令进行粗加工和 G70 指令进行精加工。粗精加工采用同

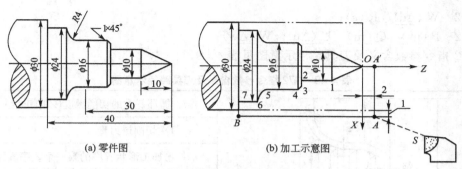

(a) 零件图　　　　　(b) 加工示意图

图 4.29　G71 和 G70 应用举例

一把刀,精加工轨迹从 O—1—2—3—4—5—6—7—B 退刀。

(2) 以右端面为中心建立如图 4.29(b)所示工件坐标系,计算点 O、1、2、3、4、5、6、7 的坐标值。

(3) 确定程序循环起点 A 的坐标值为(32,2),因此退刀点 B 坐标为(32,—40)。

(4) 假设加工前刀具位于点 S,刀具从 S 点到 A 点过程中不切削工件,采用 G00 快速定位。

(5) 根据加工要求选择合适的工艺参数,加工时采用试切削法对刀。

根据以上分析结果,编写程序如下:

O0100;	
N0002　G99　G21　M03　S800;	初始化,主轴转动
N0004　T0101;	选用 75°外圆车刀
N0006　G00　X32　Z1;	刀具靠近毛坯
N0008　G71　U1.5　R1;	调用 G71 粗车循环,每次半径切削深度 1.5mm
N0010　G71　P0012　Q0030　U0.2　W0　F0.2;	循环从形状程序的 N0012 执行到 N0030
N0012　G00　X0;	(X)径向定位到轮廓加工起点 O 点
N0014　G01　Z0　F0.1;	(Z)纵向定位到轮廓加工起点 O 点
N0016　X10　Z-10;	加工锥面 O→1
N0018　Z-20;	1→2 柱面
N0020　X14;	2→3
N0022　X16　Z-21;	3→4 倒角
N0024　Z-30;	4→5 柱面
N0026　G03　X24　Z-34　R4;	5→6 圆弧
N0028　G01　Z-40;	6→7 柱面
N0030　X32;	7→B,径向退刀
N0032　G70　P0012　Q0030;	精加工
N0034　G00　X100;	加工结束,退刀至安全位置
N0036　Z100;	
N0038　M05;	主轴停止
N0040　M30;	程序结束

2) 端面粗车循环指令 G72

指令格式:

G72　W(△d)　R(e)；

G72　P(ns)　Q(nf)　U(△u)　W(△w)；

G72 指令参数含义及刀具路径示意图见表 4-9。

表 4-9　G72 指令参数含义及刀具路径示意图

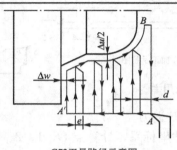

G72刀具路径示意图	△d：循环每次的切削深度(Z 向正值)
	e：每次切削退刀量
	ns：精加工形状程序的第一个程序段段号
	nf：精加工形状程序的最后一个程序段段号
	△u：X 方向精加工预留量的距离及方向
	△w：Z 方向精加工预留量的距离及方向

端面粗车循环指令的含义与 G71 类似，不同点在于 G72 循环加工，刀具先向 Z 向进刀，然后平行于 X 轴方向切削，它是从外径方向往轴心方向切削端面的粗车循环，G72 适用于长径比较小的盘类工件端面粗车。

使用说明：

(1) G72 不能用于加工端面的内凹形体，精加工第一次进刀必须是 Z 向动作，循环起点的选择应在接近工件处，以缩短刀具行程，避免空走刀。

(2) 除进给方向平行于 X 轴外，其余同 G71 指令。

3) 成形(仿形)加工粗车循环指令 G73

指令格式：

G73　U(△i)　W(△k)　R(△d)；

G73　P(ns)　Q(nf)　U(△u)　W(△w)；

该指令适用于毛坯轮廓形状与零件轮廓形状基本接近时的粗车。例如，一些锻件、铸件等的已具备基本形状的工件毛坯的加工。采用 G73 指令进行粗加工将大大节省工时，提高切削效率。其功能与 G71、G72 基本相同，所不同的是刀具路径按工件精加工轮廓进行循环，每次的轨迹都是与轮廓的相似形状，其走刀路线和参数含义见表 4-10。

表 4-10　G73 指令走刀路线和参数含义

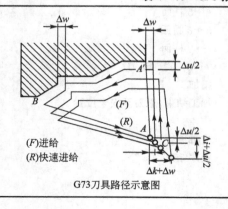

(F)进给 (R)快速进给	△i：X 方向毛坯总切除余量(半径值)
	△k：Z 方向毛坯切除余量(正值)
	△d：粗车循环的次数
G73刀具路径示意图	ns：精加工形状程序的第一个程序段段号
	nf：精加工形状程序的最后一个程序段段号
	△u：X 方向精加工预留量的距离及方向(直径)
	△w：Z 方向精加工预留量的距离及方向

使用说明：

(1) G73 指令的循环轨迹与图形是相似形状，当用于未切除余量的圆棒料切削时，会有较多的空刀行程，效率不是很高，所以应尽可能使用 G71、G72 切除余料。

(2) G73 指令描述精加工走刀路径时应封闭。

(3) G73 指令用于内孔加工时，如果采用 X、Z 双向进刀或 X 单向进刀方式，必须注意是否有足够的退刀空间，否则会发生刀具干涉。

(4) 当切削没有预加工的毛坯棒料时，一般取 $\Delta i = (D 毛坯 - d_{\min} 零件)/2 - 1$，$\Delta k = 0$，则刀具沿 X 向进刀；$\Delta k \neq 0$ 时，则每次的刀具轨迹 Z 方向相差一个 Δk 距离，刀具沿 X、Z 方向双向进刀。

(5) G73 执行循环加工时，不同的进刀方式，Δu、Δw 和 Δi、Δk 的符号也不同，如图 4.30 所示。

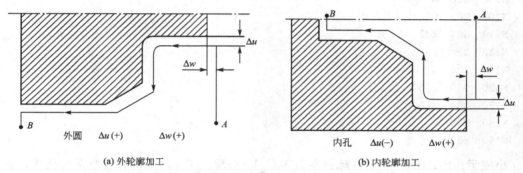

图 4.30　G73 指令中 Δu、Δw、Δk、Δi 的符号

例 4.8　试编写加工图 4.31 所示零件的粗精加工程序，毛坯外径 $\phi 36$mm。

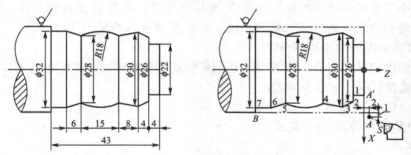

图 4.31　G73 和 G70 应用举例

编程要点分析：

(1) 分析该零件图可知，毛坯为圆棒料，零件沿轴线有凹凸结构，因此选用成形复合循环 G73 指令进行粗加工，然后利用 G70 指令进行精加工。粗精加工采用同一把刀，精加工轨迹从 A'—1—2—3—4—5—6—7—B。

(2) 以右端面为中心建立如图 4.31(b)所示工件坐标系，计算点 O、1、2、3、4、5、6、7 的坐标值。

(3) 确定程序循环起点 A 的坐标值为(38，2)。

(4) 假设加工前刀具位于点 S，刀具从 S 点到 A 点过程中不切削工件，采用 G00 快速定位。

(5) 根据加工要求选择合适的工艺参数，加工时采用试切削法对刀。

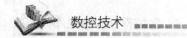

根据以上分析结果，编写程序如下：

```
O0120;
G99 G21 M03 S800;
N010  T0101;                         采用75°外圆车刀
N020  G00 X38 Z2;                    S→A刀具靠近毛坯
N030  G73 U6 W0 R4;                  调用G73,计算出U=(36-22)/2-1
N040  G73 P050 Q115 U0.2 W0 F0.2;    循环从形状程序的N050执行到N110
N050  G00 X22;                       A→A'
N060  G01 W-4 F0.1;                  A'→1,加工柱面
N070  X26;                           1→2
N080  X30 W-4;                       2→3
N090  X28 W-8;                       3→4圆弧
N100  G03 U0 W-15 R18;               4→5
N110  G01 X32 W-6;                   5→6
N112  Z-43;                          6→7
N115  X36;                           7→B
N120  G70 P050 Q115;
N130  G00 X100 Z100;
N140  M05;
N150  M30;
```

小提示： FANUC-0iT系统粗车循环G71、G72、G73均是两行指令同时使用，在应用时，紧接着循环指令的轨迹程序段第一行程序段X、Z坐标不要写在同一行，否则，机床会报警指令方法使用不正确，即把到达轨迹起点的程序段分成两个程序段。一般G71、G73循环指令下面的轨迹程序段，先写X坐标程序段，再写Z坐标程序段；G72循环指令下面的轨迹程序段，先写Z坐标程序段，再写X坐标程序段。

4）螺纹切削固定循环指令G92

螺纹切削固定循环指令G92可用于切削锥螺纹和圆柱螺纹，其指令格式如下：

（1）直螺纹切削循环指令格式：

G92 X(U)__ Z(W)__ F__;

（2）锥螺纹切削循环指令格式：

G92 X(U)__ Z(W)__ R__ F__;

该指令将"快速进刀—螺纹切削—快速退刀—返回起点"四个动作作为一个循环，循环路线与前述的单一形状固定循环G90基本相同，其走刀路线和参数含义见表4-11。

表4-11 G92指令走刀路线和参数含义

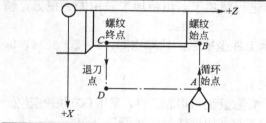	X、Z为螺纹终点的绝对坐标值
	U、W为螺纹终点坐标相对于螺纹起始点的增量坐标值
	R为锥螺纹考虑空刀导入量和空刀导出量后切削螺纹起点与切削螺纹终点的半径差
	F为螺纹导程

使用说明：

(1) G92 适合螺距≤2 的螺纹加工。

(2) 螺纹加工起点和终点的合理选择。

(3) 可以方便地控制螺纹每刀加工深度。

(4) 可进行左旋螺纹和右旋螺纹加工。

(5) 可用于双头螺纹加工。

(6) 其正负号规定与 G90 中的 R 相同。

例 4.9 用 G92 指令编写加工图 4.32 螺纹的程序。加工螺纹的圆柱面和宽 5×2 的槽已经预先加工好。

编程要点分析：

(1) 根据题目要求，只需要加工螺纹，经图样分析，该螺纹为圆柱普通右旋螺纹，导程为 1.5mm，因此采用 G92 锥螺纹切削循环，加工采用螺纹刀，安装在 3 号刀刀位。

(2) 以右端面为中心建立图 4.33 所示编程坐标系，确立螺纹加工起点 A 和终点 C 的坐标值：选择螺纹加工空导入量和空导出量均为 2mm，因此循环起点 A 的坐标值为(22，2)，螺纹加工终点 C 的 Z 坐标为－22，X 坐标由每刀背吃刀量决定。每刀背吃刀量决定根据螺纹导程从表 4.5 选择。本例要加工的螺纹导程为 1.5mm，对照表 4.5，切削共分 4 刀，每次切深依次为 0.8、0.6、0.4、0.16，因此螺纹终点 C 对应的 X 坐标值分别为 19.2、18.6、18.2、18.04。

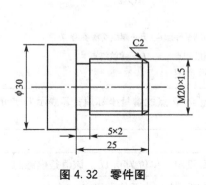

图 4.32 零件图　　　　　　　　　　　图 4.33 加工轨迹示意图

(3) 假设加工前刀具位于点 S，刀具从 S 点到 A 点过程中不切削工件，采用 G00 快速定位。

(4) 根据加工要求选择合适的工艺参数，加工时采用试切削法对刀。

根据以上分析结果，编写程序如下：

```
O0130;
N010  G99  G21;                 初始化
N020  M03  S400  F0.1;          主轴正转
N030  T0303;                    调用 3 号螺纹刀,对刀时,刀具信息存入 3 号刀补
N040  G00  X22  Z2;             靠近螺纹加工的圆柱面
N050  G92  X19.2  Z-22  F1.5;   调用螺纹循环,第 1 刀,切深 0.8,动作轨迹 A—B—C—D—A;
N060  X18.6;                    第 2 刀螺纹切削,切深 0.6
```

N070 X18.2;	第 3 刀,切深 0.4
N080 X18.04;	第 4 刀,切深 0.16,螺纹加工完毕,回到 A 点
N090 G00 X100 Z100;	退刀
N100M05;	
N110 M30;	程序结束

5) 螺纹切削复合循环指令 G76

指令格式:

G76 P(m)(r)(a) Q(Δdmin) R(d);

G76 X(U) Z(W) R(i) P(k) Q(Δd) F(L);

利用螺纹切削复合循环功能,只要编写出螺纹的底径值、螺纹 Z 向终点位置、牙深及第一次背吃刀量等加工参数,车床即可自动计算每次的背吃刀量进行循环切削,直到加工完为止。螺纹复合循环的刀具轨迹和参数含义见表 4-12。

表 4-12 螺纹复合循环的刀具轨迹和参数含义

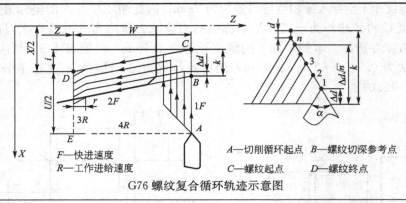

F—快进速度
R—工作进给速度

A—切削循环起点 B—螺纹切深参考点
C—螺纹起点 D—螺纹终点

G76 螺纹复合循环轨迹示意图

| X(U) Z(W):X 表示 D 点的 X 坐标值;U 表示由 A 点至 D 点的增量坐标值;Z 表示 D 点的 Z 坐标值;W 表示由 C 点至 D 点的增量坐标值 |
| m:精加工重复次数(1~99),一般用两位数表示 |
| r:螺纹尾部倒角量,当螺距由 L 表示时,可以从 0~9.9L 设定,单位为 0.1L。该值是模态的 |
| a:刀尖角度,可选择 80°、60°、55°、30°、29°和 0°六种中的一个,由两位数规定 |
| Δd_{min}:最小切削深度,用半径值表示,单位为 μm |
| d:精加工余量,单位为 mm |
| i:螺纹部分的半径差,含义与 G92 中的 R 相同,如果 $i=0$,可做一般直线螺纹切削 |
| k:螺纹高度,用半径值表示,$k=0.6495P_{螺距}$,R 为 0 时,是直螺纹切削,单位为 μm |
| Δd:第一次的切削深度(半径值),按表 4.5 中的第一次的背吃刀量进行选择,单位为 μm |
| L:螺纹导程,单位为 mm |

使用说明:

(1) G76 适合大螺距的、精度要求不高的螺纹加工。

(2) 切削深度递减公式计算 $dn = \Delta dn = \sqrt{n}\,\Delta d - \sqrt{n-1}\,\Delta d$。

（3）各参数的含义及单位。

例 4.10 如图 4.34(a)所示，运用螺纹切削复合循环 G76 指令编程螺纹加工程序，其余部位已经加工好。加工要求：精加工次数为 1 次，斜向退刀量为 4mm，刀尖为 60°，最小切深取 0.1mm，精加工余量取 0.1mm，第一次切深取 0.7mm。

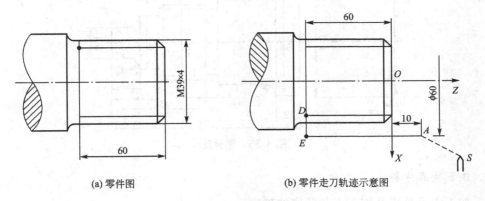

(a) 零件图　　　　　　　　　　　(b) 零件走刀轨迹示意图

图 4.34　G76 螺纹加工举例

编程要点分析：

（1）根据题目要求，只需要加工螺纹，经图样分析，该螺纹为圆柱普通右旋螺纹，导程为 4mm，因此采用 G76 指令编程，加工采用螺纹刀，安装在 3 号刀位。

（2）以右端面为中心建立图 4.34(b)所示工件坐标系，确立螺纹加工起点 A 和终点 D 的坐标值：循环起点 A 的坐标值为(60，10)，螺纹加工终点 D 的 Z 坐标为 -60，X 坐标需计算。

本例要加工的螺纹导程为 4mm，因此螺纹牙高为 $H=0.6495\times4\approx2.60$mm，因此 D 点 X_D 坐标为

$$X_D=39-2H=33.8。$$

（3）起刀点设于点 S，刀具从 S 点到 A 点过程中不切削工件，采用 G00 快速定位。

根据分析结果，编写程序如下：

```
O0150;
N010   G99 G21;
N020   M03 S400F 0.1;
N030   T0303;                       调用螺纹刀
N040   G00X60 Z10;                  快速靠近工件
N050   G76 P011060 Q100 R0.1;       调用螺纹循环指令
N060   G76 X33.8 Z-60 R0 P2600 Q700 F4;   F 为螺距
N070   G00 X100 Z100;
N080   M05;
N090   M30;
```

小思考： 不知道在学习螺纹加工指令时，你有没有考虑到以下问题呢？如果没有，那就开动脑筋想一想吧。(1)如何加工多头螺纹？(2)如何加工左旋螺纹？

4.2.5 数控车床的加工编程实例

编制图 4.35 所示零件的加工程序,毛坯为直径 50mm 的圆棒料,材料为 45 钢,倒角为 C2。

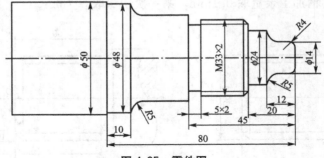

图 4.35 零件图

1. 编程要点分析

1) 加工内容分析及加工工艺顺序的确定

由题目要求知毛坯为直径 50mm 的圆棒料,经分析零件图可知要加工的内容有外轮廓、5×2 的槽(螺纹退刀槽)和 M33×2 的螺纹;加工工艺顺序为先加工外轮廓,再加工 5×2 的螺纹退刀槽,最后加工 M33×2 的螺纹。

2) 刀具的选用

(1) 外轮廓加工:选用 55°的机夹外圆车刀(硬质合金可转位刀片),安装在 1 号刀位置。

(2) 5×2 的螺纹退刀槽加工:选用宽 4mm 的硬质合金焊接切槽刀,安装在 2 号刀位置。

(3) M33×2 的螺纹加工:选用 60°的硬质合金机夹螺纹刀,安装在 3 号刀位置。

3) 加工指令的选用

(1) 外轮廓加工:经分析该轮廓沿-Z 方向单向递增,且无凹槽,要加工部分长径比大,从加工效率角度出发,优先选用 G71 循环指令进行粗加工,粗加工后用 G70 进行精加工。

(2) 5×2 的螺纹退刀槽加工:用 G01 指令沿 X 向切入,因切槽刀宽 4mm,需要切削两次。

(3) M33×2 螺纹循环加工:螺距≤2mm,因此选用 G92 指令加工(G76 适合大螺距,G32 编程效率低)。

4) 工件坐标系的确定

工件坐标系选择在毛坯右端面中心。

5) 相关计算

(1) 外轮廓精加工走刀轨迹为 1—2—3—4—5—6—7—8—9—10—11—B,如图 4.36 所示。图中各基点坐标的计算略。

(2) 螺纹单边总切削深度:$h=0.6495$,$P=0.6495×2≈1.299$mm,切削次数和切深见表 4.5。

2. 编写加工程序

根据分析结果,编写程序如下:

```
O0160;                          程序名
N010  G99  G21;                 初始化
```

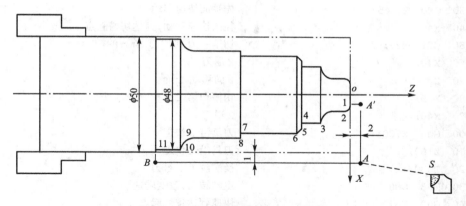

图 4.36   外轮廓粗精加工工序简图

N020	M03 S800 F0.2;	
N030	T0101;	调用刀具
N040	G00 X52 Z2;	快速靠近工件
N050	G71 U1.5 R1;	调用粗车循环
N060	G71 P070 Q200 U0.2 W0;	循环从形状程序的 N070 执行到 N170
N070	G01 X6;	
N080	G01 Z0;	直线插补移动到 R4 圆弧的起点
N090	G03 X14 Z-4 R4;	逆圆进给加工 R4 圆弧
N100	G01 Z-7;	直线插补加工到 R5 圆弧起点的一段柱面
N110	G02 X24 Z-12 R5;	顺圆加工 R5 圆弧
N120	G01 Z-20;	直线插补加工 φ24 的圆柱面
N130	X29;	车削端面,到达倒角起点
N140	X32.8 Z-22;	加工倒角
N150	Z-45;	车削螺纹部分的圆柱面
N160	X38;	车削槽处的台阶端面
N170	Z-65;	加工 φ38 的圆柱面,到达圆弧起点
N180	G02 X48 Z-70 R5;	圆加工圆弧
N190	G01 Z-80;	加工 φ48 的圆柱面
N200	X54;	径向退出毛坯
N210	G00 X100 Z100;	刀具快速退刀
N220	M05;	主轴停止
N230	M00;	程序暂停,对粗加工后的零件进行测量,补偿磨损
N240	M03 S1000 F0.05;	主轴重新启动
N250	T0101;	重新调用 1 号刀 1 号刀补,引入刀具偏移量或磨损
N260	G70 P070 Q200;	从 N070~N170 对轮廓进行精加工
N270	G00 X100;	刀具沿 X 快退
N280	Z100;	刀具沿轴向快退
N290	M05;	主轴停止
N300	M00;	暂停,精加工后的工件测量
N310	T0202;	换刀宽为 4mm 的割刀
N320	M03 S200 F0.05;	主轴重新启动

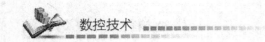

```
N330  G00  Z-45;                              先轴向快速移动
N340  X40;                                    径向快速移动,到达切槽起点
N350  G01  X29;                               切第一刀,加工了4mm的槽
N360  X40;                                    X退刀
N370  Z-44;                                   Z向移动1mm
N380  X29;                                    切槽切第二刀
N390  X40;                                    X退刀
N400  G00  X100;                              刀具沿X快退
N410  Z100;                                   刀具沿Z快退
N420  T0303;                                  换螺纹刀3号刀
N430  M03  S600  F0.1;                        主轴转动,改变转速
N440  G00  X34  Z-17;                         快速到达螺纹起点
N450  G92  X32.1Z-22  F2;                     调用螺纹循环,第1刀,切深0.9
N460  X31.5;                                  第2刀螺纹切削,切深0.6
N470  X30.9;                                  第3刀,切深0.6
N480  X30.5;                                  第4刀,切深0.4
N490  X30.4;                                  第5刀,切深0.1
N500  G00  X100;                              退刀
N510  Z100;
N520  M30;                                    程序结束
```

4.3 数控铣床(加工中心)编程
(Programming of CNC Milling Machine or Machine Center)

4.3.1 数控铣床(加工中心)的概述

1. 数控铣削加工特点

1) 零件加工的适应性强、灵活性好

数控铣床和加工中心适合多品种不同结构形状工件的加工,能完成钻孔、镗孔、铰孔、铣平面、铣斜面、铣槽、铣曲面(凸轮)、攻螺纹等加工。能加工普通铣床无法加工或很难加工的零件,如用数学模型描述的复杂曲线零件以及三维空间曲面类零件。

2) 加工精度高、加工质量稳定可靠

数控铣床和加工中心具有较高的加工精度,一般情况下都能保证工件精度。另外,数控加工还避免了操作人员的操作失误,同一批加工零件的尺寸同一性好,大大提高了产品质量。

3) 生产效率高

数控铣床和加工中心具有铣床、镗床和钻床的功能,能加工一次装夹定位后,需进行多道工序加工的零件,工序高度集中,大大提高了生产效率并减少了工件装夹误差。数控铣床和加工中心的主轴转速实现无级变速,有利于选择最佳切削用量。另外,数控铣床和加工中心具有快进、快退、快速定位功能,可大大减少机动时间。

4）减轻操作者劳动强度

数控铣床和加工中心对零件加工是按事先编好的加工程序自动完成的，操作者除了操作键盘、装卸刀具、工件和中间测量及观察机床运行外，不需要进行繁重的重复性手工操作，大大减轻了劳动强度。

2. 数控铣床（加工中心）编程时应注意的问题

（1）了解数控铣床的功能及规格。不同的数控系统在编写数控加工程序时，在格式及指令上是不完全相同的。

（2）熟悉零件的铣削加工工艺。

（3）合理选择铣刀刀具、夹具及切削用量、切削液。

（4）编程尽量使用子程序。

（5）编程坐标系原点的选择要使数据计算的简单。

4.3.2 数控铣床（加工中心）加工工艺

1. 数控铣床（加工中心）加工零件的工艺性分析

在选择并决定利用数控铣床（加工中心）加工零件后，应对零件加工工艺性进行全面、认真、仔细的分析，主要包括零件图工艺分析、零件结构工艺性分析与零件毛坯的工艺性分析等内容。

在进行工艺分析时，首先应熟悉零件在产品中的作用、位置、装配关系和工作条件，搞清楚各项技术要求对零件装配质量和使用性能的影响，找出主要的和关键的技术要求，然后对零件图样进行分析。零件图的工艺性分析主要包括：图样尺寸的标注是否方便编程、是否齐全；零件尺寸所要求的加工精度、尺寸公差是否都可以得到保证；零件上有无统一基准以保证两次装夹加工后其相对位置的正确性；分析零件的形状及原材料的热处理状态，会不会在加工过程中变形等。零件的结构工艺性是指所设计的零件在满足使用要求的前提下制造的可行性和经济性。良好的结构工艺性，可以使零件加工容易，节省工时和材料。而较差的零件结构工艺性，会使加工困难，浪费工时和材料，有时甚至无法加工。因此，零件各加工部位的结构工艺性应符合数控加工的特点。零件毛坯的工艺性分析主要包括分析毛坯是否有充分、稳定的加工余量，分析毛坯的装夹适应性，分析毛坯的变形、余量大小及均匀性等。

2. 加工路线的确定

加工路线指数控机床加工过程中刀具相对于工件运动的轨迹和方向。加工路线确定的一般原则主要有：①应能保证零件的加工精度和表面粗糙度的要求；②应尽量缩短加工线路，减少刀具空行程时间和其他辅助时间；③要方便数值计算，减少编程工作量，减少程序段数量；④一般先加工外轮廓，再加工内轮廓。

（1）切入和切出路线。铣削平面零件时，一般采用立铣刀侧刃进行切削。为保证切入过程平稳、减少接刀痕迹和保证零件表面质量，要合理选取起刀点、切入点和切入方式，精心设计切入和切出程序。在连续铣削平面内外轮廓时，应使铣刀的切入和切出点尽量沿轮廓曲线的延长线上切入、切出，而不应沿法向直接切入零件，以避免加工表面产生划痕，保证零件轮廓光滑，如图 4.37 所示。

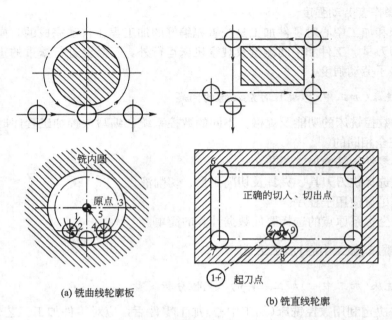

(a) 铣曲线轮廓板

(b) 铣直线轮廓

图 4.37 刀具的切入、切出路线

当铣削的内轮廓表面切入和切出无法外延时，铣刀可沿零件轮廓的法线方向切入和切出，并将其切入、切出点选在零件轮廓两几何元素的交点处。

（2）内凹槽的加工路线。加工内凹槽一律使用平底铣刀，刀具边缘部分的圆角半径应符合内槽的图样要求。内凹槽的切削分两步，第一步切内腔，第二步切轮廓。切轮廓通常又分为粗加工和精加工两步。粗加工时从内凹槽轮廓线向里平移铣刀半径 R 并且留出精加工余量。由此得出的粗加工刀位线形是计算内腔走刀路线的依据。切削内腔时，环切和行切在生产中都有应用，如图 4.38(a)和(b)所示。两种走刀路线的共同点是都要切净内腔中的全部面积，不留死角，不伤轮廓，同时尽量减少重复走刀的搭接量。环切法的刀位点计算稍复杂，需要一次一次向里收缩轮廓线，算法的应用局限性稍大。例如，当内凹槽中带有局部凸台时，对于环切法就难于设计通用的算法。从走刀路线的长短比较，行切法要略优于环切法。但在加工小面积内槽时，环切的程序量要比行切小。图 4.38(c)图方案结合了环切法和行切法的特点。

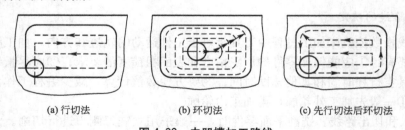

(a) 行切法   (b) 环切法   (c) 先行切法后环切法

图 4.38 内凹槽加工路线

（3）尽量缩短加工路线。钻削加工时，在满足零件精度的前提下，注意缩短加工线路，如图 4.39 所示。图 4.39(b)编程时一般习惯采用，图 4.39(c)编程时需要进行尺寸换算，但是走刀路线最短，减少了空行程距离。

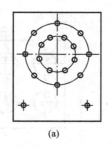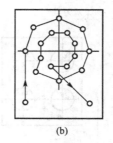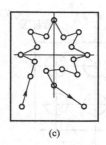

(a)   (b)   (c)

图 4.39 孔加工路线

（4）空间曲面加工走刀路线。对于边界敞开的直纹曲面，加工时常采用球头刀进行"行切法"加工，即刀具与零件轮廓的切点轨迹是一行一行的，行间距按零件加工精度要求而确定，图 4.40 所示的发动机大叶片，可采用两种加工路线。当采用图 4.40(a)所示的加工方案时，符合这类零件数据给出情况，便于加工后检验，叶形的准确度高，但程序较多。采用图 4.40(b)所示的加工方案时，每次沿直线加工，刀位点计算简单，程序少，加工过程符合直纹面的形成，可以准确保证母线的直线度。由于曲面零件的边界是敞开的，没有其他表面限制，所以曲面边界可以延伸，球头刀应由边界外开始加工。

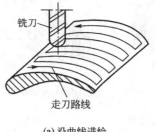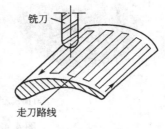

(a) 沿曲线进给   (b) 沿直线进给

图 4.40 直纹曲面的加工路线

立体曲面加工应根据曲面形状、刀具形状以及精度要求采用不同的铣削方法。

（5）镗削加工中，要精镗孔系时，要保证各孔定位方向一致，单向趋近定位点，避免传动系统误差对加工精度的影响，如图 4.41 所示。图 4.41(c)加工路线优于图 4.41(b)路线。

（6）轮廓铣削进给过程中工艺系统处于弹性变形状态下的平衡，应避免进给中途停顿。若进给中途停顿，会引起切削力的突然变化，会在停顿处轮廓表面留下刀痕。

（7）若零件的加工余量较大，可分多次进给，逐渐切削的方法，最后留少量精加工余量（0.2～0.5mm）。

3. 刀具选择

刀具的选择是数控加工工艺中重要内容之一，它不仅影响机床的加工效率，而且直接影响加工质量。与传统的加工方法相比，数控加工对刀具的要求更高。不仅要求精度高、刚度好、耐用度高，而且要求尺寸稳定、安装调整方便。这就要求采用新型优质材料制造数控加工刀具，并优选刀具参数。被加工零件的几何形状是选择刀具类型的主要

图 4.41 精镗孔系路线

依据。

1）平面加工

平面加工，尤其铣削较大平面时，为了提高生产效率和降低加工表面粗糙度，一般采用刀片镶嵌式盘形面铣刀，如图 4.42 所示。面铣刀（也称端铣刀）的圆周表面和端面上都有切削刃，端部切削刃为副切削刃。

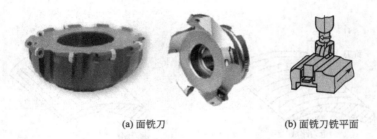

(a) 面铣刀   (b) 面铣刀铣平面

图 4.42 平面加工铣刀

面铣刀直径较大，一般直径在 $\phi 50 \sim \phi 500mm$ 之间。粗加工时，为提高生产率，一般选择较大的铣削用量，宜选较小的铣刀直径。精加工时为保证加工精度，要求加工表面粗糙度值要低，应避免在精加工面上的接刀痕迹，所以精加工时铣刀直径可选大些，最好铣刀直径面能包容精加工面的整个宽度，一次性平整加工完成。

2）铣小平面、台阶面或沟槽

铣小平面、台阶面或沟槽时一般采用通用的立铣刀，如图 4.43 所示。

立铣刀是数控机床上用得最多的一种铣刀。立铣刀的圆柱表面和端面上都有切削刃，通常由 3～6 个刀齿组成，每个刀齿和主切削刃均布在圆柱面上，呈螺旋线形，其螺旋角在 30°～45°之间，这样有利于提高切削过程的平稳性，提高加工精度，它们可同时进行切削，也可单独进行切削，刀齿的副切削刃分布在底端面上，用来加工与侧面垂直的底平面。结构有整体式和机夹式等，高速钢和硬质合金是铣刀工作部分的常用材料。

立铣刀根据其刀齿数目，分为粗齿立铣刀、中齿立铣刀和细齿立铣刀。粗齿立铣刀由于刀齿数少，强度高，容屑空间大，适于粗加工；中齿立铣刀介于粗齿和细齿之间，细齿立铣刀齿数多，工作平稳，适于精加工。

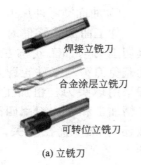

(a) 立铣刀   (b) 立铣刀铣垂直面   (c) 立铣刀铣沟槽

图4.43 通用立铣刀

3）铣键槽

铣键槽时，为了保证槽的尺寸精度，一般用两刃键槽铣刀，如图4.44所示。

4）孔加工

孔加工时，可采用钻头、镗刀、铰刀等孔加工刀具，如图4.45所示。

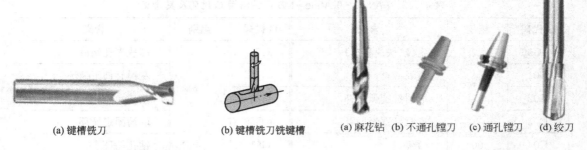

(a) 键槽铣刀   (b) 键槽铣刀铣键槽   (a) 麻花钻 (b) 不通孔镗刀 (c) 通孔镗刀 (d) 铰刀

图4.44 键槽铣刀   **图4.45 孔加工刀具**

5）螺纹加工

加工螺纹时的常用刀具有螺纹丝锥和螺纹铣刀，如图4.46所示。

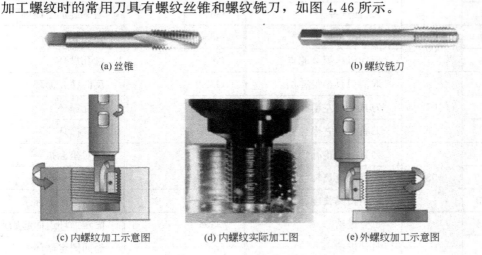

(a) 丝锥   (b) 螺纹铣刀

(c) 内螺纹加工示意图   (d) 内螺纹实际加工图   (e) 外螺纹加工示意图

图4.46 螺纹加工刀具及加工图

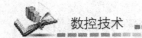

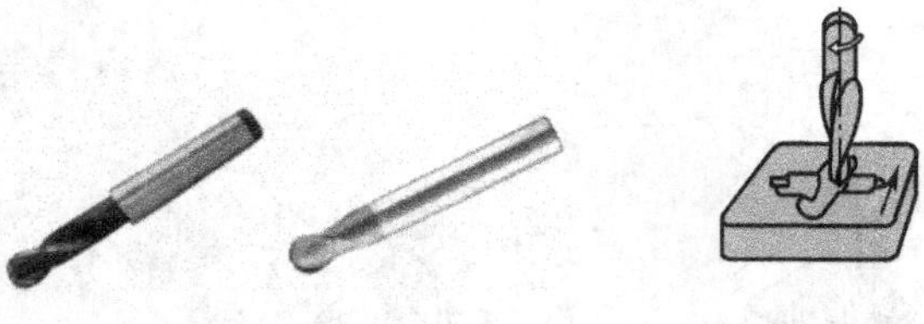

6）曲面类零件加工

加工曲面类零件时，为了保证刀具切削刃与加工轮廓在切削点相切，而避免刀刃与工件轮廓发生干涉，一般采用球头刀，粗加工用两刃铣刀，半精加工和精加工用四刃铣刀，刀刃数还与铣刀直径有关，球头铣刀如图 4.47 所示。

(a) 球头铣刀

(b) 球头铣刀铣成形面

图 4.47　球头铣刀

4.3.3　数控铣床(加工中心)功能指令

1. 准备功能 G 指令

准备功能 G 指令是用地址字 G 和后面的数字组合起来，它用来规定刀具和工件的相对运动轨迹、机床坐标系坐标平面、刀具补偿、坐标偏置等多种加工操作。G 功能有非模态 G 指令和模态 G 指令之分。表 4-13 为 FANUC-0i Mate-MB 系统常用 G 代码及含义。

表 4-13　FANUC-0i Mate-MB 系统常用 G 代码及其含义

G 代码	组别	含义	G 代码	组别	含义
*G00	01	定位(快速移动)	G73	09	高速深孔钻循环
G01		直线插补	G74		左螺旋加工循环
G02		顺时针圆弧插补	G76		精镗孔循环
G03		逆时针圆弧插补	*G80		取消固定循环
G04	00	暂停	G81		钻孔循环
*G17	02	XY 面选择	G82		钻台阶孔循环
G18		XZ 面选择	G83		深孔往复钻削循环
G19		YZ 面选择	G84		右螺旋加工循环
G28	00	返回机床原点	G85		粗镗孔循环
G30		返回机床第 2 原点	G85		镗孔循环
*G40	07	取消刀具半径补偿	G87		反向镗孔循环
G41		刀具半径左半径补偿	G88		镗孔循环
G42		刀具半径右半径补偿	G89		镗孔循环
G43	08	刀具长度正补偿	*G90	03	绝对坐标指令
G44		刀具长度负补偿	G91		相对坐标指令
*G49		取消刀具长度补偿	G92	00	设置工件坐标系
*G94	05	每分进给	*G98	10	固定循环返回起始点
G95		每转进给	G99		返回固定循环 R 点

注：带 * 者表示是开机时会初始化的代码。

2. 辅助功能 M 指令

辅助功能 M 指令由地址字 M 和其后的一或两位数字组成，主要用于控制零件程序的走向以及机床各种辅助功能的开关动作。M 功能有非模态 M 功能和模态 M 功能两种形式。非模态 M 功能（当段有效代码）只在书写了该代码的程序段中有效；模态 M 功能（续效代码）是一组可相互注销的 M 功能，这些功能在被同一组的另一个功能注销前一直有效。表 4 - 14 为 FANUC - 0i Mate - MB 系统常用 M 代码及含义。

表 4 - 14　FANUC - 0i Mate - MB 系统常用 M 代码及其含义

代　码	含　义
M00	程序停止
M01	程序选择停止
M02	程序结束
* M03	主轴正转（CW）
* M04	主轴反转（CCW）
* M05	主轴停止
M06	换刀（加工中心）
* M07	切削液开
* M08	切削液开
* M09	切削液关
M19	主轴定向停止
M30	程序结束（复位）并回到程序开头
M98	子程序调用
M99	子程序结束

注：带 * 者表示是模态 M 功能的代码。

3. 主轴功能 S 指令

同数控车床主轴功能 S 指令，含义和使用方法一致。

4. 进给速度 F 指令

F 指令表示工件被加工时刀具相对于工件的合成进给速度，F 的单位取决于 G94（每分进给量）或 G95（每转进给量），操作面板上的倍率按键可在一定范围内进行倍率修调，当执行攻螺纹循环 G74 和 G84 时倍率开关失效，进给倍率固定在 100%。

5. 刀具功能 T 指令

T 代码用于加工中心选刀，其后的数值表示选刀的刀号。在加工中心上执行 T 指令后，刀库转动选择所需的刀具并将其置于到换刀位置。当执行到 M06 指令时，执行换刀动作。

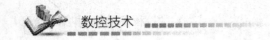

6. 刀补功能 D 和 H 指令

刀补功能 D 指令用于刀具半径补偿，刀补功能 H 指令用于刀具长度补偿。其后的数值表示刀具补偿寄存器号码。一个刀具可以匹配从 01 到 400 刀补寄存器中的刀补值（刀补长度和刀补半径），刀补值一直有效直到再次换刀调入新的刀补值。刀具半径补偿 D 指令必须与 G41/G42 一起执行；刀具长度补偿 H 指令必须与 G43/G44 一起执行。如果没有编写 D、H 指令，刀具补偿值无效。

4.3.4 数控铣床(加工中心)基本加工编程指令

1. 工件(编程)坐标系选择 G54～G59 指令

指令格式：G54～G59

使用说明：

(1) G54～G59 是系统预置的六个坐标系，可根据需要选用，如图 4.47(a)所示。

(2) 该指令执行后，程序中所有坐标值指定的坐标尺寸都是选定的工件加工坐标系中的位置。

(3) G54～G59 预置建立的工件坐标原点在机床坐标系中的坐标值可用 MDI 方式输入，系统自动记忆。例如，将工件坐标系原点相对机床坐标系原点的偏置值 X_p、Y_p、Z_p 通过 MDI 方式输入到 G54 对应的寄存器中即可，如图 4.48(b)所示。

(4) 使用该组指令前，一般要求先回参考点(有些机床是不需要回参考点的)。

(5) G54～G59 为模态指令，可相互注销。

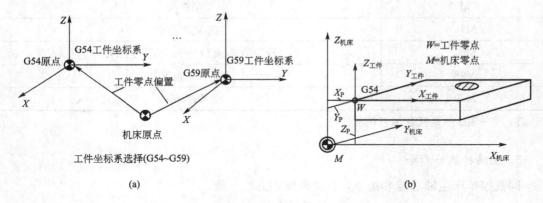

(a)　　　　(b)

图 4.48　工件(编程)坐标系的选择

2. 绝对尺寸/增量尺寸指令(G90/G91)

指令格式：G90 或 G91

使用说明：

(1) G90/G91 设定的 X、Y 和 Z 坐标是绝对值还是相对值。含有 G90 命令的程序段和其后的程序段都由绝对命令赋值，每个编程坐标轴上的编程值是相对于程序原点的；而带 G91 命令及其后的程序段都用增量命令赋值，每个编程坐标轴上的编程值是相对于前一位置而言的，该值等于沿轴移动的距离。

（2）选择合适的编程方式可使编程简化，当图样尺寸由一个固定基准给定时，采用绝对方式编程较为方便，而当图样尺寸是以轮廓顶点之间的间距给出时，采用相对方式编程较为方便。

（3）G90 和 G91 为模态功能可相互注销，G90 为默认值。

3. 尺寸单位选择 G20 和 G21 指令

使用说明：

（1）G20 表示选择英制尺寸单位，G21 表示选择公制尺寸单位。

（2）G20、G21 为模态功能可相互注销，G21 为默认值。

4. 进给速度单位的设定 G94 和 G95 指令

指令格式：G94 F __   每分进给，单位根据 G20/G21 的设定而为 mm/min 或 inch/min。
G95 F __   每转进给，单位根据 G20/G21 的设定而为 mm/r 或 inch/r。

使用说明：

（1）G94、G95 为模态功能可相互注销，G94 为默认值。

（2）进给量单位的换算：如主轴的转速 S（单位为 r/min），G94 设定的 F 指令进给量是 F（单位是 mm/min），G95 设定的 F 指令进给量 f（单位是 mm/r），换算公式是 $F = f \times S$。

5. 切削平面选择指令

指令格式：G17（G18 或 G19）

使用说明：

（1）用于选择进行圆弧插补以及刀具半径补偿所在的平面。

（2）G17 表示选择 XY 平面（默认平面），G18 表示选择 ZX 平面，G19 表示选择 YZ 平面。

6. 快速定位 G00 指令

指令格式：G00 X __   Y __   Z __

使用说明：

（1）快速移动指令 G00 用于快速移动并定位刀具，模态有效；快速移动的速度由机床数据设定，因此 G00 指令后不需加进给量指令 F，用 G00 指令可以实现单个坐标轴或多个坐标轴的快速移动。

（2）指令格式中 X __   Y __   Z __ 是 G00 移动的终点坐标。刀具从当前位置移动到指令指定的位置（在绝对坐标 G90 方式下），或者移动到某个距离处（在增量坐标 G91 方式下）。

7. 直线插补进给 G01 指令

指令格式：G01 X __   Y __   Z __ F __

使用说明：

（1）使刀具以直线方式从起点移动到终点用 F 指令设定的进给速度，模态有效；用 G01 指令可以实现单个坐标轴直线移动或多个坐标轴的同时直线移动。

（2）指令格式中 X __   Y __   Z __ 是 G01 移动的终点坐标。

（3）刀具以直线形式，按 F 代码指定的速率，从它的当前位置移动到程序要求终点的位置，F 的速率是程序中指定轴速率的合成速率。

例 4.11   如图 4.49 所示，要求使用 G90 和 G91 指令分别编程控制刀具由原点按顺序移动到 1、2、3 点。假设刀具当前在 1 点位置。

绝对值编程

G21G95G90;

……

N02G01X120Y200F0.1;   至 2 点

N03   X250Y220;   至 3 点

……

增量编程

G21G95G91;

……

N02G01X70Y150F0.1;   至 2 点

N03   X130Y20;   至 3 点

……

图 4.49   直线插补进给指令(G01)

8. 圆弧插补 G02/G03 指令

指令格式：

G17(G18 或 G19)G02(G03)G90(G91)X __ Y __ R __(或 I __ J __)F __;

使用说明：

（1）G02 用于顺圆弧加工，G03 用于逆圆弧加工，顺、逆判断方法同数控车床一致。各坐标平面的圆弧顺、逆如图 4.50 所示。

（2）X、Y、Z 是圆弧终点坐标，在 G90 时为圆弧终点在工件坐标系中的坐标，在 G91 时为圆弧终点相对于圆弧起点的位移量，F 是被编程的两个轴的合成进给速度。

（3）I、J、K 是圆心相对于圆弧起点的增量坐标（等于圆心的坐标减去圆弧起点的坐标）；

（4）R 是圆弧半径，当圆弧圆心角小于 180° 时 R 为正值，否则 R 为负值。

（5）整圆加工时若采用 R 方式会有无数个圆，因此加工整圆时采用 I、J、K 方式。

例 4.12   编写图 4.51 所示圆弧 1 和 2 的加工程序段，已知刀具当前在圆弧起点 A。

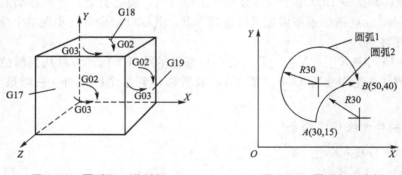

图 4.50   圆弧顺、逆判断   图 4.51   圆弧加工实例

编程分析：经分析圆弧 1 和 2 均为顺圆，已知半径，采用半径编程较方便。

程序编写：

圆弧 1 的加工程序段：G90G17G02X50Y40R－30F100；

圆弧 2 的加工程序段：G90G17G02X50Y40R30F100；

9．暂停指令 G04

指令格式：G04 X__ 　X 暂停时间单位为 s。

　　　　　G04 P__ 　P 暂停时间单位为 ms。

使用说明：

（1）G04 为非模态指令仅在其被规定的程序段中有效。

（2）G04 在前一程序段的进给速度降到零之后才开始暂停动作，在执行含 G04 指令的程序段时先执行暂停功能。

（3）G04 可使刀具做短暂停留以获得圆整而光滑的表面；如对盲孔作深度控制时，在刀具进给到规定深度后，用暂停指令使刀具做非进给光整切削，然后退刀保证孔底平整。

10．刀具半径补偿指令 G40、G41 和 G42

1）建立刀具补偿指令格式

XY 平面：G17　G41（或 G42）　G00（或 G01）　X__　Y__　D__

ZX 平面：G18　G41（或 G42）　G00（或 G01）　X__　Z__　D__

YZ 平面：G19　G41（或 G42）　G00（或 G01）　Y__　Z__　D__

2）取消刀具半径补偿指令格式：G40 G00（或 G01）

使用说明：

（1）进行刀具补偿时，要用 G17/G18/G19 选择刀补平面，默认状态是 XY 平面。

（2）G41 是相对于刀具前进方向左侧进行补偿，称为左刀补，G42 是相对于刀具前进方向右侧进行补偿，称为右刀补，如图 4.52 所示。

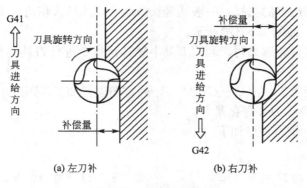

图 4.52　刀具补偿方向

（3）建立刀补或者取消刀补时必须有相关坐标轴的运动，且运动指令必须是 G00 或 G01。

（4）D 是刀补号地址，是系统中记录刀具半径的存储器地址，后面跟的数值是刀具号，用来调用内存中刀具半径补偿的数值。刀补号地址可以有 D01～D99 共 100 个地址，如不指明刀补地址，系统默认为 D01。其中的值可以用 MDI 方式预先输入在内存刀具表中相应的刀具号位置上。

（5）G40 是取消刀具半径补偿功能，所有平面上取消刀具半径补偿的指令均为 G40。

（6）G40、G41、G42 是模态代码，它们可以互相注销。

（7）使用刀具补偿功能的优越性在于：在编程时可以不考虑刀具的半径，直接按图样所给尺寸进行编程，只要在实际加工时输入刀具的半径值即可；可以提高程序的利用率，利用有意识的改变刀具半径补偿量，可用同一刀具、同一程序完成不同的切削余量的零件的精加工。

例 4.13 完成图 4.53（a）所示零件的加工程序编写，要求用半径为 5mm 的铣刀沿 A_1—B—C—D—A_1 的方向进行加工。假设刀具当前在工件坐标系原点，工件坐标系使用 G54 选择调用。

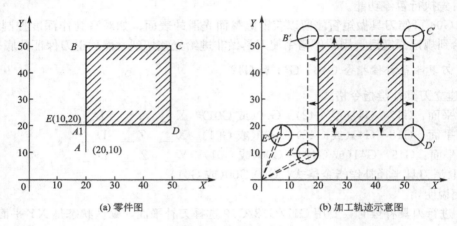

（a）零件图   （b）加工轨迹示意图

图 4.53　刀补实例

编程要点分析：

（1）切入点和切出点的选择：一般从延长线或者切线切入切出，本例选择 A 点和 E 点作为切入和切出点，如图 4.53（b）所示。

（2）程序按照零件轮廓编写，利用刀具半径补偿指令进行刀具偏移，使加工轮廓符合图样要求。

（3）根据题目要求沿 A_1—B—C—D—A_1 的方向进行加工，因此采用左刀补指令 G41，铣刀直径值存放在 D01 刀补寄存器中。

根据以上分析，编写程序如下：

```
O0120
N10  G54  G90  G17  M03  S1000        G17 指定刀补平面(XOY 平面)
N20  G00  G41  X20.0  Y10.0  D01       建立刀补(刀补号为 01),至 A 点
N30  G01  Y50.0  F100                  至 B 点
N40  X50.0                             至 C 点
N50  Y20.0                             至 D 点
N60  X10.0                             至 E 点
N70  G00  G40  X0  Y0  M05             取消刀补,回到起始点,主轴停转
N80  M30
```

图 4.53（b）中所示 OA'—B'—C'—D'—E'—O 为刀补后刀具中心的实际轨迹。

小提示：在启动阶段开始后的刀补状态中，如果存在有两段以上的没有移动指令或存在非指定平面轴的移动指令段，则可能产生进刀不足或进刀超差。其原因是因为进入刀具状态后，只能读出连续的两段，这两段都没有进给，也就作不出矢量，确定不了前进的方向。

11. 刀具长度补偿 G43、G44 和 G49 指令

建立刀具长度补偿的指令格式：G43(G44)　Z__　H__

取消长度长度补偿的指令格式：G49 Z

使用说明：

（1）使用 G43 指令时，实现正向偏置；用 G44 指令时，实现负向偏置。无论是绝对指令还是增量指令，由 H 代码指定的已存入偏置存储器中的偏置值在 G43 时加，在 G44 时则是从 Z 轴运动指令的终点坐标值中减去。计算后的坐标值成为终点。

（2）Z 为补偿轴的终点值，H 为刀具长度偏移量的存储器地址。偏移量为编程时假定的理想刀具长度与实际使用的刀具长度的差值。H 内的值可正可负。

（3）G43、G44 和 G49 为模态指令，它们可以相互注销。

12. 子程序调用 M98 指令和返回 M99 指令

子程序调用指令的含义和使用方法见数控车床编程部分。

4.3.5　数控铣床(加工中心)固定循环指令

1. 固定循环指令功能

所谓固定循环是数控系统生产厂家为了方便编程人员编程，简化程序而特殊设计的，利用一条指令即可完成一系列固定加工的循环动作。数控铣床的固定循环指令主要用于钻孔、镗孔、攻螺纹等孔加工。表 4-15 所示为铣床固定循环指令及其应用。

表 4-15　固定循环指令及其应用

G 代码	钻削(-Z 方向)	在孔底的动作	回退(+Z 方向)	应用
G73	间歇进给	—	快速移动	高速深孔钻循环
G74	切削进给	停刀→主轴正转	切削进给	左旋攻螺纹循环
G76	切削进给	主轴定向停止	快速移动	精镗循环
G80	切削进给	—	—	取消固定循环
G81	切削进给	—	快速移动	钻孔循环，点钻循环
G82	切削进给	停刀	快速移动	钻孔循环，锪镗循环
G83	间歇进给	—	快速移动	深孔钻循环
G84	切削进给	停刀→主轴正转	切削进给	攻螺纹循环
G85	切削进给	—	切削进给	镗孔循环
G86	切削进给	主轴停止	快速移动	镗孔循环
G87	切削进给	主轴正转	快速移动	背镗循环
G88	切削进给	停刀→主轴正传	手动移动	镗孔循环
G89	切削进给	停刀	切削进给	镗孔循环

1) 固定循环的组成

固定循环一般由 6 个顺序的动作组成, 如图 4.54 所示。

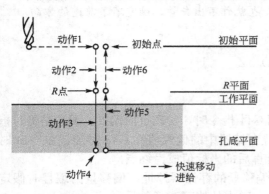

图 4.54　固定循环动作组成

各动作的含义如下:

动作 1——快速定位至初始点: X、Y 表示了初始点在初始平面中的位置。

动作 2——快速定位至 R 点: 刀具自初始点快速进给到 R 点。

动作 3——孔加工: 以切削进给的方式执行孔加工的动作。

动作 4——在孔底的相应动作: 包括暂停、主轴准停、刀具移位等动作。

动作 5——返回到 R 点: 继续孔加工时刀具返回到 R 点平面。

动作 6——快速返回到初始点: 孔加工完成后返回初始点平面。

2) 初始平面、R 点平面和孔底平面

初始平面是为安全操作而设定的定位刀具的平面。初始平面到零件表面的距离可以任意设定。若使用同一把刀具加工若干个孔, 当孔间存在障碍需要跳跃或全部孔加工完成时, 用 G98 指令使刀具返回到初始平面; 否则, 在中间加工过程中可用 G99 指令使刀具返回到 R 点平面, 这样可缩短加工辅助时间。

R 点平面又称 R 参考平面。这个平面表示刀具从快进转为工进的转折位置, R 点平面距工件表面的距离主要考虑工件表面形状的变化, 一般可取 2～5mm。

Z 表示孔底平面的位置, 加工通孔时刀具伸出工件孔底平面一段距离, 保证通孔全部加工到位, 钻削盲孔时应考虑钻头钻尖对孔深的影响。

3) 固定循环指令格式

指令格式: G90(或 G91)　G99(或 G98)　G73～G89　X＿＿　Y＿＿　Z＿＿　R＿＿　Q＿＿
　　　　　P＿＿　F＿＿　L＿＿

使用说明:

(1) 在 G90 或 G91 指令中, Z 坐标值有不同的定义。

选用绝对坐标方式 G90 指令, Z 表示孔底平面相对坐标原点的距离, R 表示 R 点平面相对坐标原点的距离; 如图 4.55 右图所示, 选用相对坐标方式 G91 指令, R 表示初始点平面至 R 点平面的距离, Z 表示 R 点平面至孔底平面的距离。孔加工方式指令以及指令中 Z、R、Q、P 等指令都是模态指令。

(2) G98、G99 为返回点平面选择指令。G98 指令表示刀具返回到初始点平面, G99 指令表示刀具返回到 R 点平面。图 4.56 表示指定 G98 或 G99 时的刀具移动。一般情况下, G99 用于第一次钻孔而 G98 用于最后钻孔, 即使在 G99 方式中执

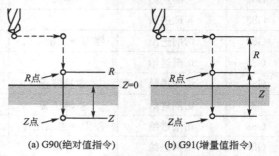

(a) G90(绝对值指令)　　　(b) G91(增量值指令)

图 4.55　G90 与 G91 的坐标计算

行钻孔，初始位置平面也不变。

（3）孔加工方式 G73～G89 指令，孔加工方式对应指令见表 4.15。

（4）X＿ Y＿ 指定加工孔的位置（与 G90 或 G91 指令的选择有关）。

Z＿ 指定孔底平面的位置（与 G90 或 G91 指令的选择有关）。

R＿ 指定 R 点平面的位置（与 G90 或 G91 指令的选择有关）。

Q＿ 在 G73 或 G83 指令中定义每次进刀加工深度，在 G76 或 G87 指令中定义位移量，Q 值为增量值，与 G90 或 G91 指令的选择无关。

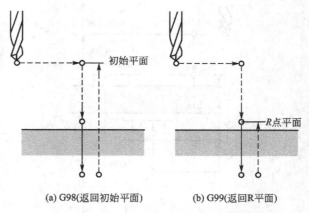

(a) G98(返回初始平面)　　(b) G99(返回R平面)

图 4.56　G98、G99 返回点平面选择指令

P＿ 指定刀具在孔底的暂停时间，用整数表示，单位为 ms。

F＿ 指定孔加工切削进给速度。该指令为模态指令，即使取消了固定循环，在其后的加工程序中仍然有效。

L＿ 指定孔加工的重复加工次数，执行一次 L1 可以省略。如果程序中选 G90 指令，刀具在原来孔的位置上重复加工，如果选择 G91 指令，则用一个程序段对分布在一条直线上的若干个等距孔进行加工。L 指令仅在被指定的程序段中有效。

2. 取消固定循环指令 G80

指令格式：G80

使用说明：用 G80 取消固定循环方式，机床回到执行正常操作状态。孔的加工数据，包括 R 点、Z 点等，都被取消，但是移动速度命令会继续有效。

3. 固定循环指令

1）高速深孔钻循环指令 G73 和深孔钻（啄钻）循环指令 G83

指令格式：G98(G99)　G73(G83)　X＿　Y＿　Z＿　R＿　Q＿　F＿　K＿；

其中：X＿ Y＿为孔的位置；Z＿为孔底深度位置；R＿为加工初始位置；Q＿为每次切削进给的切削深度；F＿为切削进给速度；K＿为重复次数。

使用说明：

（1）G73 和 G83 用于 Z 轴的间歇进给，使深孔加工时容易排屑，其循环过程如图 4.57 所示。

（2）G73 指令较 G83 指令的退刀量少，因此可以进行高效率的加工。

（3）G83 指令每次刀具间歇进给后回退至 R 点平面，这种退刀方式排屑畅通，此处的 d 表示刀具间断进给每次下降时由快进转为工进的那一点至前一次切削进给下降的点之间的距离，d 值由数控系统内部设定。由此可见这种钻削方式适宜加工深孔。

2）左旋攻螺纹循环指令 G74 和右旋攻螺纹循环指令 G84

指令格式：G98(G99)　G74(G84)　X＿　Y＿　Z＿　R＿　P＿　F＿　K＿

其中：X＿ Y＿孔位置；Z＿为最后攻螺纹深度；R＿为安全位置；F＿为走刀速度（此值必须与主轴转速匹配）；K＿为重复次数（增量编程时有效，用于排孔加工）。

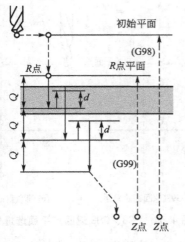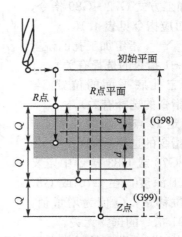

(a) 高速深孔钻循环指令G73　　　(b) 深孔钻(啄钻)循环指令G83

图 4.57　G73 指令和 G83 指令动作

使用说明：

（1）G74 循环执行左旋攻螺纹，在左旋攻螺纹循环中主轴反转（M04），在 XY 平面内快速定位后快速移动到 R 点，执行攻螺纹动作直至 Z 值深度后，主轴正转（M03）以切削进给速度回退至 R 点位置后，主轴再恢复反转，动作示意如图 4.58(a) 所示。

（2）G84 循环执行右旋攻螺纹，在右旋攻螺纹循环中主轴正转（M03），在 XY 平面内快速定位后快速移动到 R 点，执行攻螺纹动作直至 Z 值深度后，主轴反转（M04）以切削进给速度回退至 R 点位置后，主轴再恢复正转，动作示意如图 4.58(b) 所示。

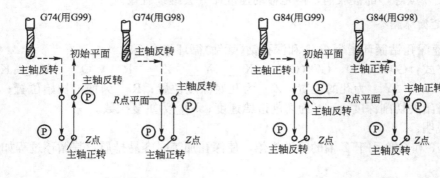

(a) 左旋攻螺纹循环指令G74　　　(b) 右旋攻螺纹循环指令G84

图 4.58　G74 指令和 G84 指令动作

（3）走刀速度计算：$F = S_{转速} \times L_{导程}$，单位为 mm/min。

3）钻孔循环（中心钻）指令 G81 和钻孔（锪孔）循环指令 G82

指令格式：G98(G99)G81　X__　Y__　Z__　R__　F__　K__;

　　　　　G98(G99)G82　X__　Y__　Z__　R__　P__　F__　K__;

使用说明：

(1) G81 循环指令用作正常钻孔切削进给执行到孔底，然后刀具从孔底快速移动退回，动作示意如图 4.59(a) 所示。

(2) G82 指令除了要在孔底暂停外，其他动作与 G81 相同。暂停时间由地址 P 给出。G82指令主要用于加工盲孔和台阶孔，以提高孔深精度。G82 指令动作示意如图 4.59(b) 所示。

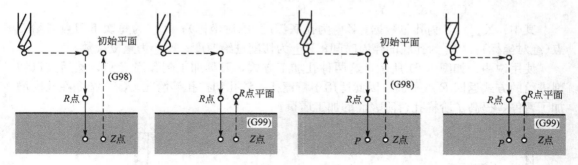

(a) 钻孔循环(中心钻)指令 G81   (b) 钻孔(锪孔)循环指令 G82

图 4.59　G81 指令和 G82 指令动作

4) 精镗孔指令 G76 和反镗孔指令 G87

指令格式：G98(G99)　G76　X__　Y__　Z__　R__　Q__　P__　F__　K__

　　　　　　G98　　　G87　X__　Y__　Z__　R__　Q__　P__　F__　K__

使用说明：

(1) 孔加工动作如图 4.60 所示。P 表示暂停位置，Q 表示刀具移动量(规定为正值，若使用了负值则负号被忽略)。

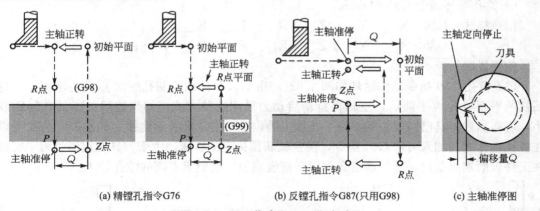

(a) 精镗孔指令 G76   (b) 反镗孔指令 G87(只用 G98)   (c) 主轴准停图

图 4.60　G76 指令和 G87 指令动作

(2) 在精镗孔指令 G76 中，当刀具在孔底主轴定向准停后，刀头按地址 Q 所指定的偏移量移动，然后提刀，刀头的偏移量在 G76 指令中设定。采用这种镗孔方式可以高精度、高效率地完成孔加工而不损伤工件表面。

(3) 在反镗孔指令 G87 中，当 X 轴和 Y 轴定位后，主轴准停图，刀具以与刀尖相反方向按指令 Q 设定的偏移量偏移，并快速定位到孔底 R 点，在该位置刀具按原偏移量返回，然后主轴正转，沿 Z 轴正向加工到 Z 点，在此位置主轴再次停止后，刀具再次按原偏移量反向位移，然后主轴向上快速移动到达初始平面，并按原偏移量返回后主轴正转，继

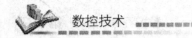

数控技术

续执行下一个程序段。采用这种循环方式，刀具只能返回到初始平面而不能返回到 R 点平面。暂停时间 P 和循环次数 K 可省略。

5）镗孔循环指令 G85 和 G89

指令格式：G85　X＿＿　Y＿＿　Z＿＿　R＿＿　F＿＿　K＿＿；
　　　　　G89　X＿＿　Y＿＿　Z＿＿　R＿＿　P＿＿　F＿＿　K＿＿；

其中：X＿＿　Y 为孔位数据；Z＿＿为孔底深度（绝对坐标）；R＿＿为每次下刀点或抬刀点（绝对坐标）；P＿＿为孔底的停刀时间；F＿＿为切削进给速度；K＿＿为重复次数。

使用说明：如图 4.61 所示，这两种孔加工方式，刀具加工到孔底 Z 点，然后又以切削进给的方式返回 R 点平面，因此适用于精镗孔、铰孔和扩孔等情况。G89 指令在孔底增加了暂停，提高了阶梯孔台阶表面的加工质量。

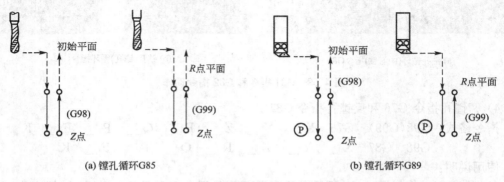

图 4.61　G85 指令和 G89 指令动作

6）镗孔循环指令 G86 和 G88

指令格式：G86　X＿＿　Y＿＿　Z＿＿　R＿＿　F＿＿　K＿＿；
　　　　　G88　X＿＿　Y＿＿　Z＿＿　R＿＿　P＿＿　F＿＿　K＿＿；

使用说明：

（1）镗孔 G86 指令动作循环如图 4.62（a）所示，刀具加工到孔底 Z 点后主轴停止，返回初始平面或 R 点平面后，主轴再重新启动。采用这种方式，如果连续加工的孔间距较小，可能出现刀具已经定位到下一个孔加工的位置而主轴尚未到达指定的转速，为此可以在各孔动作之间加入暂停 G04 指令，使主轴获得指定的转速。由于刀具在退回过程中容易在工件表面划出条痕，所以该指令常用于精度或粗糙度要求不高的镗孔加工。

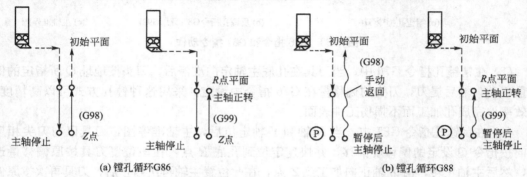

图 4.62　G86 指令和 G88 指令动作

(2) 镗孔 G88 指令动作循环如图 4.62(b) 所示。刀具到达孔底 Z 点后暂停，暂停结束后主轴停止且系统进入进给保持状态，在此情况下可以执行手动操作，但为了安全，应先把刀具从孔中退出，再按启动加工循环启动按纽，刀具快速返回到 R 点平面或初始点平面，然后主轴正转。此种方式能够相应提高孔的加工精度，但是加工效率较低。

例 4.14 利用加工中心完成图 4.63 所示零件中 4×M12 的加工。要求用 φ10.3 麻花钻钻 4× M12 底孔，孔深 40mm，M12 丝锥攻深 30mm。

编程要点分析：

(1) 先加工 M12 的底孔，再攻螺纹；查表知 M12 螺纹导程为 1.75mm。

(2) 选用 φ10.3 麻花钻为 T1 刀，钻 4×M12 底孔，攻孔深 40mm，用钻孔循环（中心钻）指令 G81 加工。

(3) 选用 M12 丝锥为 T2 刀，攻深 30mm，用右旋攻螺纹循环指令 G84 加工。

(4) 工艺过程和参数选择见表 4-16。

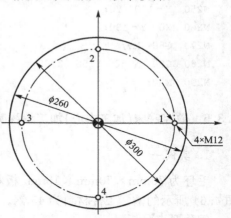

图 4.63 零件图例

表 4-16 工艺过程和参数选择

工序号	工序内容	刀具种类及规格	切削参数	
			转速 S/(r/min)	进给速度 F/(mm/min)
1	钻底孔 4×φ10.3，深 40	φ10.3 钻头	800	120
2	攻螺纹，深 30	M12 丝锥	100	175（$F = S_{转速} \times L_{导程}$）

程序编制：

O0030;		
N10	T1;	准备 1 号刀
N20	M06;	换刀
N30	G00 G54 G94 G17 G90;	选择 X、Y 平面,确定工件零点,绝对尺寸编程
N40	G43 Z60 H1;	执行 1 号刀刀具长度补偿 H1
N60	M07;	冷却开
N70	S800 M03 F120;	设定主轴转速、转向、走刀速度
N80	G99 G81 X130 Y0 Z-40 R5;	执行钻孔循环快速定位至孔 1 位置
N100	X0 Y130;	快速定位至孔 2 位置
N110	X-130 Y0;	快速定位至孔 3 位置
N120	X0 Y-130;	快速定位至孔 4 位置
N130	G80 M9;	取消循环并同时关闭冷却
N140	G00 G53 G49 Z0 M19;	取消刀具长度补偿,z轴快速返回零点位置同时主轴定向
N150	T2;	准备 2 号刀
N160	M06;	换刀
N170	G00 G90 G54 G17;	选择 XY 平面,确定工件零点,绝对尺寸编程
N180	G43 Z60 H2;	执行 T2 刀具长度补偿 H2

```
N200  M07;                          冷却开
N210  S100  M3;                     设定主轴转速、转向、走刀速度
N220  G99 G84 X130 Y0 Z-30 R5 F175; 快速定位至孔1位置执行攻螺纹循环
N240  X0  Y130;                     快速定位至孔2位置
N250  X-130  Y0;                    快速定位至孔3位置
N260  X0  Y-130;                    快速定位至孔4位置
N270  G80  M9;                      取消循环并同时关闭冷却
N280  G00  X150  Y150  Z200;        安全位置
N290  M30;                          程序结束
```

4.3.6　数控铣床(加工中心)加工编程实例

1. 实例一

毛坯为70mm×70mm×18mm板材,六面已粗加工过,要求利用数控铣床铣出如图4.64所示的槽,工件材料为45钢。

编程要点分析:

(1)首先根据图样要求按先主后次的加工原则,确定加工工艺路线为下刀—加工矩形的内轮廓—加工圆的外轮廓—提刀,其走刀轨迹示意图如图4.65所示。

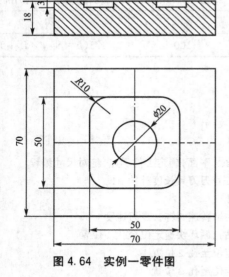

图4.64　实例一零件图

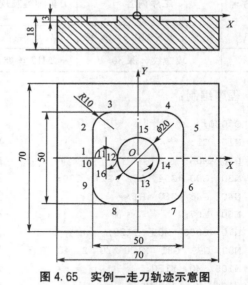

图4.65　实例一走刀轨迹示意图

(2)工件坐标系选择在上表面中心,选用1把直径10mm键槽铣刀,用试切法对刀确定工件坐标系原点。

(3)确定切削用量:主轴转速1000r/min,进给速度150mm/min,不分粗精加工。

程序编制:

```
O0100;
N10  G54 G90 G17 G21 G40;            数据初始化,建立工件坐标系
```

```
N20   M03  S1000;                          主轴正转
N30   G00  X-50  Y-50;                      快移至刀补起点
N40   G42  G01  X-25  Y0  D01  F150;        建立右刀补并至起刀点 1 处
N50   G01  Z-3  F50;                        Z 向下刀
N60   Y15  F150;                            直线进给至 2
N70   G02  X-15  Y25  R10;                  顺时针圆弧至 3
N80   G01  X15;                             直线进给至 4
N90   G02  X25  Y15  R10;                   顺时针圆弧至 5
N100  G01  Y-15;                            直线进给至 6
N110  G02  X15  Y-25  R10;                  顺时针圆弧至 7
N120  G01  X-15;                            直线进给至 8
N130  G02  X-25  Y-15  R10;                 顺时针圆弧至 9
N140  G01  Y0;                              直线进给至 10,定位至外轮廓加工过渡圆起点
N150  G02  X-10  Y0  R7.5;                  走外轮廓加工过渡圆,使外轮廓进刀时圆滑过渡
N160  G03  I10;                             加工外轮廓
N170  G02  X-25  Y0  R7.5;                  走外轮廓加工过渡圆,使外轮廓退刀时圆滑过渡
N180  G01  Z20;                             抬刀
N190  G40  G00  X0  Y0  D01;                取消刀补并回工件原点
N200  M30;                                  程序结束
```

2. 实例二

毛坯为 100mm×100mm×30mm 板材，六面已粗加工过，要求数控铣出如图 4.66 所示的外轮廓，工件材料为 45 钢。

编程要点分析：

(1) 零件结构分析。该工件由 7 段直线和 1 段 $R10$ 圆弧组成，要求加工精度不高，不需要分粗、精加工，铣削深度为 5mm，采用台虎钳装夹，六点定位；采用 $\phi10$mm 键槽铣刀一次装夹完成加工，将工件坐标系原点选择在点 O 处，走刀路线：O—1—2—3—4—5—6—7—8—1—O，如图 4.67 所示。

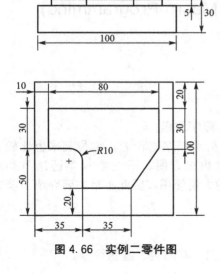

图 4.66　实例二零件图

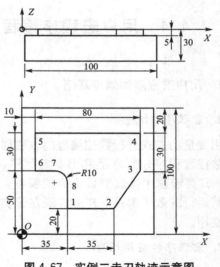

图 4.67　实例二走刀轨迹示意图

（2）选择刀具，对刀，确定工件原点。

根据加工要求需选用 1 把键槽铣刀，直径 16mm（在不影响轮廓形状切削时尽量选择大的直径），刀补在面板上输入。用试切法对刀确定工件原点。

（3）确定切削用量：主轴转速 900r/min，进给速度 100mm/min。

（4）计算刀位点坐标：O(0，0)；1(35，20)；2(70，20)；3(90，50)；4(90，80)；5(10，80)；6(10，50)；7(25，50)；8(35，40)。

程序编写：

```
O0200;
N10   G54  G90  G17  G21  G40  G00  X0  Y0  Z10;      数据初始化,建立工件坐标系
N20   M03  S900  M08;
N30   G01  Z-5  F50;
N40   G42  G01  X35  Y20  D01  F100;                 建立右刀补并直线进给至 1
N50   G01  X70  Y20;                                 直线进给至 2
N60   X90  Y50;                                      直线进给至 3
N70   Y80;                                           直线进给至 4
N80   X10  Y80;                                      直线进给至 5
N90   Y50;                                           直线进给至 6
N100  X25;                                           直线进给至 7
N101  G02  X35  Y30  R10;                            圆弧进给至 8
N102  G01  Y10;                                      直线进给至 1
N110  G00  Z50;                                      Z 向退刀
N120  G00  G40  X0  Y0  Z50  M09;                    返回工件坐标系原点,取消刀补
N130  M05;                                           主轴停
N140  M30;                                           程序结束
```

技能应用：在切削时，可以采用增大刀具半径补偿值的方式进行残料铣削，但是注意半径不能无限增大，否则会干涉或过切。

4.4 用户宏程序编程(User Macro Programming)

4.4.1 用户宏程序的编程基础

1. 宏程序的概念

用变量的方式进行数控编程的方法称为数控宏程序编程。

数控宏程序分为 A 类和 B 类宏程序，其中 A 类宏程序比较老，编写起来也比较费时费力，B 类宏程序类似于 C 语言的编程，编写起来也很方便。不论是 A 类还是 B 类宏程序，其运行的效果都是一样的。现在 B 类宏程序的大量使用，因此本节主要介绍 B 类宏程序的使用。

2. 宏程序的应用场合

（1）可以编写一些非圆曲线，如宏程序编写椭圆、双曲线、抛物线等。

（2）编写一些大批相似零件的时候，可以用宏程序编写，这样只需要改动几个数据就可以了，没有必要进行大量重复编程。

3. 宏程序编程格式

宏程序的编写格式与子程序相同。其格式为

O～（0001～9999 为宏程序号）

N10　指令

⋮

N～M99

上述宏程序内容中，除通常使用的编程指令外，还可使用变量、算术运算指令及其他控制指令。变量值在宏程序调用指令中赋给。

4. 宏程序变量

在常规的主程序和子程序内，总是将一个具体的数值赋给一个地址，而用户宏功能的最大特点是可以对变量进行运算，使程序应用更加灵活、方便。

1）变量的表示

变量可以由"#"号加变量序号来表示，如#1、#12 等；也可以用表达式来表示变量，如 #［19-#3］、# ［8+4/2］等。

2）变量的引用

将跟随在一个地址后的数值用一个变量来代替，即引入了变量。

例如，已知一定义的宏变量#32＝50、#26＝100 和#3＝1，若数控系统执行程序段：

$$G\#3\ Z-\#26\ F\#32$$

则实际上执行的是：G01 Z-100 F50。

小提示：改变引用变量值的符号，要把负号（一）放在#的前面，如 Z-#26。

3）变量的类型

变量根据变量号可以分成四种类型，见表 4-17。

表 4-17　变量的类型及功能

变量号	变量类型	功　能
#0	空变量	该变量总是空，没有值能赋给该变量
#1～#33	局部变量	局部变量只能用在宏程序中存储数据，如运算结果。当断电时，局部变量被初始化为空。调用宏程序时，自变量对局部变量赋值
#100～#199 #500～#999	公共变量	公共变量在不同的宏程序中的意义相同。当断电时，变量#100～#199 初始化为空，变量#500～#999 的数据保存，即使断电也不丢失
#1000	系统变量	系统变量用于读和写 CNC 运行时各种数据的变化，如刀具的当前位置和补偿值

小提示：变量使用时一定要在所允许的范围内，否则可能会出现报警或者程序不能正常执行。

5. 宏程序运算指令

1）赋值运算

例：♯I＝100。

2）算术运算

算数运算符有＋（加）、－（减）、*（乘）、/（除）。

例如：♯I＝♯j＋♯k，♯I＝♯j－♯k，♯I＝♯j*♯k，♯I＝♯j/♯k。

3）函数运算

常见的函数运算符及其含义见表4-18。

表4-18　函数运算符及其含义

运算符	含义	举例	使用说明
SIN［♯j］	正弦	♯I＝SIN［♯j］	角度单位为度（°），如90°30′为90.5°
COS［♯j］	余弦	♯I＝COS［♯j］	
TAN［♯j］	正切	♯I＝TAN［♯j］	
ATAN［♯j］	反正切	♯I＝ATAN［♯j］	
SQRT［♯j］	平方根	♯I＝SQRT［♯j］	
ABS［♯j］	绝对值	♯I＝ABS［♯j］	
ROUND［♯j］	四舍五入化整	♯I＝ROUND［♯j］	ROUND用于语句中的地址，按各地址的最小设定单位进行四舍五入
FIX［♯j］	下取整	♯I＝FIX［♯j］	取整后的绝对值比原值小为下取整
FUP［♯j］	上取整	♯I＝FUP［♯j］	取整后的绝对值比原值大为上取整，反之为下取整
BIN［♯j］	BCD→BIN（二进制）	♯I＝BIN［♯j］	用于与PMC的信号交换
BCN［♯j］	BIN→BCD	♯I＝BCN［♯j］	
LN［♯j］	自然对数	♯i＝LN［♯j］	
EXP［♯j］	指数函数	♯i＝EXP［♯j］	

4）逻辑运算

常见的逻辑运算符及其含义见表4-19。

表4-19　逻辑运算符及其含义

运算符	含义	举例
OR	或	♯I＝♯JOR♯k
XOR	异或	♯I＝♯JXOR♯k
AND	与	♯I＝♯JAND♯k

说明：逻辑运算1位1位地按二进制数执行。

5）关系运算表

常见的关系运算符及其含义见表4-20。

表 4-20　关系运算符及其含义

运算符	含义	举例
EQ	等于(＝)	♯j EQ ♯k
NE	不等于(≠)	♯j NE ♯k
GT	＞	♯j GT ♯k
LT	＜	♯j LT ♯k
GE	≥	♯j GE ♯k
LE	≤	♯j LE ♯k

6. 宏程序控制指令

1) 无条件转移指令(GOTO 语句)

编程格式：GOTO n；

使用说明：

(1) n 为顺序号，取值范围为 1～99999。可用表达方式指定顺序号。

(2) 该指令的功能是转移到标有顺序号 n 的程序段。当指定 1～99999 以外的顺序号时，出现 P/S 报警(NO.128)。

2) 条件转移指令

编程格式：IF　[条件表达式]　GOTO　n

使用说明：

(1) 条件表达式按照关系运算举例书写。

(2) 如果条件表达式的条件得以满足，则转而执行程序中程序号为 n 的相应操作，程序段号 n 可以由变量或表达式替代。

(3) 如果表达式中条件未满足，则顺序执行下一段程序。

(4) 如果程序作无条件转移，则条件部分可以被省略。

例 4.15　试编写宏程序计算数值 1～100 的总和。

程序编写如下：

```
O9500;                      程序名
#1=0;                       存储和数变量的初值
#2=1;                       被加数变量的初值
N10 IF[#2 GT 100]GOTO 20;   当被加数大于 10 时转移到 N20
#1=#1+#2;                    计算和数
#2=#2+#1;                    下一个被加数
GOTO 10;                    转到 N10
N20 M30;                    程序结束
```

3) 重复执行指令

编程格式：WHILE　[条件表达式]DO m (m=1，2，3)
　　　　　⋮
　　　　　END m

使用说明：

（1）条件表达式满足时，程序段 DO m 至 END m 即重复执行。

（2）条件表达式不满足时，程序转到 END m 后处执行。

（3）如果 WHILE［条件表达式］部分被省略，则程序段 DO m 至 END m 之间的部分将一直重复执行。

（4）WHILE DO m 和 END m 必须成对使用。

（5）DO 语句允许有 3 层嵌套。

（6）DO 语句范围不允许交叉，即如下语句是错误的：

DO 1

DO 2

END 1

END 2

小思考：试用 WHILE［＜条件式＞］DO m 语句写宏程序计算数值 1～100 的总和。

7. 宏程序的调用指令

宏程序的简单调用是指在主程序中，宏程序可以被单个程序段单次调用。

调用指令格式：G65 P(宏程序号) L(重复次数)(变量分配)

使用说明：

（1）G65 为宏程序调用指令。

（2）P(宏程序号)为被调用的宏程序代号。

（3）L(重复次数)为宏程序重复运行的次数，重复次数为 1 时，可省略不写。

（4）(变量分配)为宏程序中使用的变量赋值。

（5）宏程序与子程序相同的一点是，一个宏程序可被另一个宏程序调用，最多可调用 4 重。

4.4.2 用户宏程序编程实例

1. 实例一

加工如图 4.68 所示的椭圆零件，棒料直径为 68mm，材料为 45 钢。

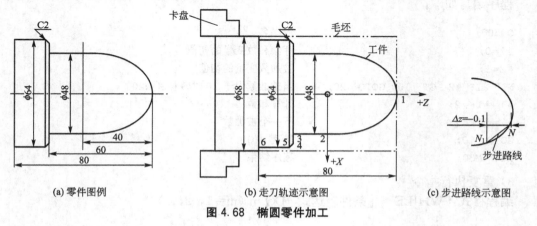

(a) 零件图例   (b) 走刀轨迹示意图   (c) 步进路线示意图

图 4.68 椭圆零件加工

编程要点分析：

（1）为便于计算，编程坐标系原点选择在图 4.68(b)所示位置。

(2) 毛坯余量较大，应分为粗、精加工，粗加工指令用 G71 指令，用 G70 实现精加工，精加工走刀路线为 1—2—3—4—5—6。

(3) 刀具选择 75°外圆车刀，安装在 1 号刀位置。

(4) 因图中椭圆结构，故利用宏程序加工，走刀时沿 Z 轴步进，步长选择 0.1，相邻两点用 G01 指令实现，如图 4.68(c)所示。

程序编制：

```
O0300;                                      程序名
N0010  G98  G21;
N0020  M03  S800;
N0030  T0101;
N0040  G00  X68  Z42;                       粗加工循环起点
N0050  G71  U1.5  R2                         粗加工循环
N0060  G71  P0070  Q0180  U1  W0  F150;
N0070  G01  X0;
N0080  Z40;
N0090  #1=40;                               初始化
N0100  WHILE[#1  GE  0]DO1
N0110  G01  X[6*SQRT[1600-#1*#1]/5]  Z[#1]  F150;
N0120  #1=#1-0.1;
N0130  END1
N0140  G01  Z-20;
N0150  X60;
N0160  X64  Z-22;                           倒角 C2 加工
N0170  Z-40;
N0180  X68;
N0190  M03  S1200;
N0200  G70  P0070  Q0180  F80;
N0210  G00  X100;
N0220  Z150;
N0230  M30;
```

2. 实例二

加工图 4.69 所示的半球零件，毛坯为 80mm×80mm×45mm 的方料，材料为 45 钢。

编程要点分析：

(1) 由于球面由 Z 向半径不同的圆构成，因此，加工球面时通常采用分层加工，即在先将刀具定位在每一圆所在的 Z 平面，然后刀具在每一层所在的平面内走整圆，这样不断调整 Z 平面位置，就可以加工出整圆，因此可以选择 Z 向距离为宏变量。圆的加工质量则可通过控制相邻层与层的距离来实现。

(2) 加工时，从球的顶部开始加工，然后沿 Z 向调整所加工圆的位置和大小。在调整 Z 平面的位置时有三种方法，如图 4.70 所示。第一种方法先沿着 X 向走刀，然后再沿 Z 向调整到所需加工圆的位置；第二种方法，先沿着 Z 向调整刀具到所需加工圆的 Z 位置，然后再沿 X 向调整到圆所在平面位置；第三种方法是沿着圆弧调整到所需加工圆弧的位置。

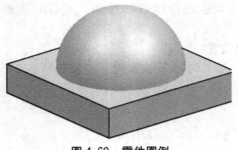

图 4.69 零件图例

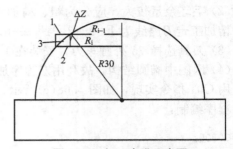

图 4.70 加工步进示意图

（3）刀具选择球铣刀，半径为 2mm。

程序编制：

三种步进路径的宏程序，见表 4-21。

表 4-21 三种步进路径的宏程序

路径 1 宏程序	路径 2 宏程序	路径 3 宏程序
G54 G17G90	G54 G17G90	G54 G17G90
M3S450	M3S450	M3S450
#1=0.5	#1=0.5	#1=0.5
G41G0X0. Y0D01	G41G0X0. Y0D01	G41G0X0. Y0D01
WHILE［#1LE30.］DO1	WHILE［#1LE30.］DO1	WHILE［#1LE30.］DO1
#2=30.-#1	#2=30.-#1	#2=30.-#1
#3=SQRT［900.-［#2*#2］］	#3=SQRT［900.-［#2*#2］］	#3=SQRT［900.-［#2*#2］］
G1X-#3F100	G1 Z-#1F100	G18G02X-#3Z-#1R30F100
Z-#1	X-#3	
G17G2I#3F100	G17G2I#3F100	G17G2I#3F100
#1=#1+0.5	#1=#1+0.5	#1=#1+0.5
END1	END1	END1
G0Z50.	G0Z50.	G0Z50.
G40G00X0Y0M5	G40G00X0Y0M5	G40G00X0Y0M5
M30	M30	M30

小思考： 试分析以上三种路径的优劣。

4.5 自动编程（Automatic Programing）

4.5.1 自动编程概述

1.自动编程的概念

对于比较简单的工件的加工程序的编制通过手工编程是比较方便的，并且可以省略很多走空刀的地方，最大地优化加工路径，但当工件比较复杂时，特别是三维曲面零件的加工，采用手工编程很难或者几乎不可能实现。因此，快速、准确地编制出各种零件的数控加工程序就成为数控技术发展和应用中的一个非常重要的环节。自动编程技术就是针对这个问题产生和发展起来的。那什么是自动编程呢？

一般认为，数控加工程序编制的大部分或全部工作如坐标值计算、零件加工程序单的编写、工艺处理等由计算机辅助完成，称为自动编程或计算机辅助编程（computer aided programing）。自动编程不仅解决了手工编程无法完成的许多复杂零件的编程难题，而且自动编程编出的程序还可通过计算机或自动绘图仪进行刀具运动轨迹的图形检查，编程人员可以及时检查程序是否正确，并及时修改。同时，工作表面形状越复杂、工艺过程越烦琐，编程效率就越高，自动编程的优势越明显。

2. 自动编程的特点

与手工编程相比，自动编程速度快，质量好，这是因为自动编程具有以下主要特点。

1）数字处理能力强

对复杂零件，特别是空间曲面零件，以及几何要素虽不复杂但程序量很大的零件，计算相当烦琐，采用手工程序编制是难以完成的。采用自动编程既快速又准确。功能较强的自动编程系统还能处理手工编程难以胜任的二次曲面和特种曲面。

2）能快速、自动生成数控程序

在完成计算刀具运动轨迹之后，后置处理程序能在极短的时间内自动生成数控程序，且数控程序不会出现语法错误。

3）后置处理程序灵活多变

同一个零件在不同的数控机床上加工，由于数控系统的指令形式不尽相同，机床的辅助功能也不一样，伺服系统的特性也有差别，因此，数控程序也应该是不一样的。但前置处理过程中，大量的数学处理，轨迹计算却是一致的。这就是说，前置处理可以通用化，只要稍微改变一下后置处理程序，就能自动生成适用于不同数控机床的数控程序来。对于不同的数控机床，取用不同的后置处理程序，等于完成了一个新的自动编程系统，极大地扩展了自动编程系统的使用范围。

4）程序自检、纠错能力强

采用自动编程，程序有错主要是原始数据不正确而导致刀具运动轨迹有误，或刀具与工件干涉、相撞等。但自动编程能够借助于计算机在屏幕上对数控程序进行动态模拟，连续、逼真的显示刀具加工轨迹和零件加工轮廓，发现问题及时修改，快速又方便。现在，往往在前置处理阶段，计算出刀具运动轨迹以后立即进行动态模拟检查，确定无误以后再进入后置处理，编写出正确的数控程序来。

5）便于实现与数控系统的通信

自动编程系统可以利用计算机和数控系统的通信接口，实现编程系统和数控系统的通信。编程系统可以把自动生成的数控程序经通信接口直接输入数控系统，控制数控机床加工，无需再制备穿孔纸带等控制介质，而且可以做到边输入边加工，不必忧虑数控系统内存不够大，免除了将数控程序分段。自动编程的通信功能进一步提高了编程效率，缩短了生产周期。

3. 自动编程的分类

按输入方式的不同，自动编程主要可以分为数控语言自动编程（如 APT 语言）、图形交互式自动编程（如 CAD/CAM 软件）、语音式自动编程和实物模型式自动编程等。

1）数控语言自动编程

编程人员需要根据零件图样要求，将待加工零件的形状、尺寸、几何元素之间相互关系及进给路线、工艺参数等用数控语言编写出零件的源程序，然后输入计算机由相应的编译程序对源程序自动地进行编译、计算、处理，最后得出加工程序。数控语言编程中使用最多的是 APT 数控编程语言系统。

会话型自动编程系统是在数控语言自动编程的基础上，增加了"会话"的功能。编程员通过与计算机对话的方式，输入必要的数据和指令，完成对零件源程序的编辑、修改。它可随时停止或开始处理过程；随时打印零件加工程序单或某一中间结果；随时给出数控机床的脉冲当量等后置处理参数；用菜单方式输入零件源程序及操作过程等。日本的 FAPT、荷兰的 MITURN、美国的 NCPTS、我国的 SAPT 等均是会话型自动编程系统。

2）图形交互式自动编程

目前自动编程中应用最广泛的是图形交互式自动编程。这种自动编程系统是 CAD（计算机辅助设计）与 CAM（计算机辅助制造）高度结合的自动编程系统，通常称为 CAD/CAM 系统。近年来，国内外在微机或工作站上开发的 CAD/CAM 软件发展很快，如 Siemens PLM Software 公司的 UGNX（Unigraphics）、美国 CNC 软件公司的 Mastercam、法国达索公司的 CATIA、美国 PTC 公司的 Pro/Engineer、我国北航海尔的 CAXA 等软件，都是性能较完善的三维 CAD 造型和数控编程一体化的软件，且具有智能型后置处理环境，可以面向众多的数控机床和大多数数控系统。

图形交互式自动编程是当前最先进的数控加工编程方法，它利用计算机以人机交互图形方式完成零件几何形状计算机化、轨迹生成与加工仿真到数控程序生成全过程，操作过程形象生动，效率高、出错概率低，而且还可以通过软件的数据接口共享已有的 CAD 设计结果，实现 CAD/CAM 集成一体化，实现无图样设计与制造。

图形交互式自动编程一般步骤见表 4-22。

表 4-22 图形交互式自动编程一般步骤

步　　骤	内　　容
(1) 零件造型	基于图形交互式自动编程，其首要环节是建立被加工零件的几何模型。零件造型就是利用 CAD/CAM 软件的三维造型、编辑修改、曲线曲面造型功能把要加工的工件的三维几何模型构造出来，并将零件被加工部位的几何图形准确地绘制在计算机屏幕上。与此同时，在计算机内自动形成零件三维几何模型数据库。自动编程过程中，交互式图形编程软件将根据加工要求提取这些数据，进行分析判断和必要的数学处理，形成加工的刀具位置数据

（续）

步　骤	内　容
(2) 加工方案与加工参数的合理选择	数控加工的效率与质量有赖于加工方案与加工参数的合理选择，其中刀具、刀轴控制方式、走刀路线和进给速度的优化选择是满足加工要求、机床正常运行和刀具寿命的前提。CAM系统中有不同的切削加工方式供编程中选择，可为粗加工、半精加工、精加工各个阶段选择相应的切削加工方式
(3) 刀具轨迹生成 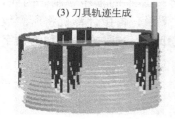	刀具轨迹生成是复杂形状零件数控加工中最重要的内容，能否生成有效的刀具轨迹直接决定了加工的可能性、质量与效率。刀具轨迹生成的首要目标是使所生成的刀具轨迹能满足无干涉、无碰撞、轨迹光滑、切削负荷光滑并满足要求、代码质量高。同时，刀具轨迹生成还应满足通用性好、稳定性好、编程效率高、代码量小等条件
(4) 加工仿真 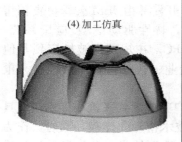	由于零件形状的复杂多变以及加工环境的复杂性，要确保所生成的加工程序不存在任何问题十分困难，其中最主要的是加工过程中的过切与欠切、机床各部件之间的干涉碰撞等。对于高速加工，这些问题常常是致命的。因此，实际加工前采取一定的措施对加工程序进行检验并修正是十分必要的。数控加工仿真通过软件模拟加工环境、刀具路径与材料切除过程来检验并优化加工程序，具有柔性好、成本低、效率高且安全可靠等特点，是提高编程效率与质量的重要措施
(5) 后处理 	由于各种机床使用的控制系统不同，所用的数控指令文件的代码及格式也有所不同。为解决这个问题，交互式图形编程软件通常设置一个后置处理文件。在进行后置处理前，编程人员需对该文件进行编辑，按文件规定的格式定义数控指令文件所使用的代码、程序格式、圆整化方式等内容，在执行后置处理命令时将自行按设计文件定义的内容，生成所需要的数控指令文件。另外，由于某些软件采用固定的模块化结构，其功能模块和控制系统是一一对应的，后置处理过程已固化在模块中，所以在生成刀位轨迹的同时便自动进行后置处理生成数控指令文件，而无须再进行单独后置处理
(6) 生成NC程序 	图形交互式自动编程软件在计算机内自动生成刀位轨迹图形文件和数控程序文件，可采用打印机打印数控加工程序单，也可在绘图机上绘制出刀位轨迹图，使机床操作者更加直观地了解加工的走刀过程，还可使用计算机直接驱动的纸带穿孔机制作穿孔纸带，提供给有读带装置的机床控制系统使用，对于有标准通信接口的机床控制系统可以和计算机直接联机，由计算机将加工程序直接送给机床控制系统

3）语音式自动编程

语音式自动编程是利用人的声音作为输入信息，并与计算机和显示器直接对话，令计算机编出数控加工程序的一种方法。语音编程系统编程时，编程员只需对着话筒讲出所需指令即可。编程前应使系统"熟悉"编程员的"声音"，即首次使用该系统时，编程员必须对着话筒讲该系统约定的各种词汇和数字，让系统记录下来并转换成计算机可以接受的数字命令。

4）实物模型式自动编程

实物模型式自动编程适用于有模型或实物，而无尺寸的零件加工的程序编制。因此，这种编程方式应具有一台坐标测量机，用于模型或实物的尺寸测量，再由计算机将所测数据进行处理，最后控制输出设备，输出零件加工程序单或穿孔纸带。这种方法也称为数字化技术自动编程。

4.5.2 常见图形交互式自动编程软件简介

1. CATIA

CATIA 是由法国著名飞机制造公司 Dassault（达索公司）开发并由 IBM 公司负责销售的一个高档 CAD/CAM/CAE/PDM（peculiarity drive model，特性驱动模型）应用系统，CATIA 起源于航空工业，随着从工作站平台为基础移植到 PC，在短期内被推广到其他产业。现今 CATIA 在航空业、汽车制造业、通用机械制造业、教育科研单位拥有大量用户。

作为世界领先的 CAD/CAM 软件，CATIA 可以帮助用户完成大到飞机小到螺钉旋具的设计及制造。它提供了完备的设计能力：从 2D 到 3D 到技术指标化建模，同时，作为一个完全集成化的软件系统，CATIA 采用特征造型和参数化造型技术，允许自动指定或由用户指定参数化设计、几何或功能化约束的变量式设计，将机械设计、工程分析及仿真和加工等功能有机地结合，为用户提供严密的无纸工作环境从而达到缩短设计生产时间、提高加工质量及降低费用的效果。

2. UG NX

UG NX 软件起源于美国麦道飞机公司，后于 1991 年 11 月并入世界上最大的软件公司——EDS 公司。目前，UG NX 是西门子自动化与驱动集团（A&D）旗下机构 Siemens PLM Software 的产品之一。在 UG NX 软件问世初期，美国通用汽车公司是 UG 软件的最大用户。随着该软件的不断发展，UG NX 软件现已广泛地应用于通用机械、模具、汽车及航天等领域。目前 UG 主要客户包括通用汽车、通用电气、福特、波音麦道、洛克希德、劳斯莱斯、普惠发动机、日产、克莱斯勒以及美国军方。几乎所有飞机发动机和大部分汽车发动机都采用 UG 进行设计，充分体现 UG 在高端工程领域，特别是军工领域的强大实力。在高端领域与 CATIA 并驾齐驱。

UG 软件进入中国以后得到了越来越广泛的应用，已成为我国工业界主要使用的大型 CAD/CAE/CAM 软件之一。

UG NX 并入西门子公司以后，来自 UGS PLM 的 NX 使企业能够通过新一代数字化产品开发系统实现向产品全生命周期管理转型的目标。市场最新版本包含了企业中应用最广泛的集成应用套件，用于产品设计、工程和制造全范围的开发过程。

3. Pro/Engineer

Pro/Engineer 是美国 PTC 公司推出的新一代 CAD/CAE/CAM 软件，它是一个集成化的软件，其功能非常强大，利用它可以进行零件设计、产品装配、数控加工、铂金件设计、模具设计、机构分析、有限元分析和产品数据库管理、应力分析、逆向造型优化设计等。

自从 Pro/Engineer 系统以参数化设计的面貌问世以来，随即带动业界对于参数化设计的 CAD/CAM 系统引颈而盼，Pro/Engineer 参数化设计的特性有三维实体模型(solid model)、单一数据库(single database)、以特征作为设计的基础(feature - based design)和参数化设计(parametric design)。

4. Mastercam

Mastercam 是美国 CNC Software. INC 所研制开发的集计算机辅助设计和制造功能于一体的软件。它的 CAD 模块不仅可以绘制二维和三维零件图形，也能在 CAM 模块中，对被加工零件直接编制刀具路径和数控加工程序。它主要应用于加工中心、数控铣床、数控车床、线切割、雕刻机等数控加工设备。由于该软件的性价比好，而且学习使用比较方便，因此被中小型企业所接受。该软件是微机平台上装机量最多、应用最广泛的软件之一。它把计算机辅助设计(CAD)功能和计算机辅助制造(CAM)功能有机地结合在一起。通常的过程是：利用 CAD 模块设计零件，绘制加工图形，产生刀具路径，用仿真加工来验证刀具轨迹和优化程序，然后通过后处理将刀具轨迹转换为机床数控系统能够识别的数控加工文件(＊.NC)，最后经过计算机通信接口(RS - 232 接口)将 NC 程序发送到加工中心等数控机床，数控机床完成设计零件的加工。计算机辅助数控编程(CAM)比以前在数控机床上使用手工编程更为先进。

5. Cimatron E

Cimatron E 是以色列 Cimatron 公司为模具制造者提供的 CAD/CAM 解决方案，它为模具工厂带来了新的效率和灵活性。该软件无缝集成了一系列强大的、兼容的模块，使得设计、造型和绘图在实体-曲面-线框的统一环境下高度关联、统一。

在制造过程中，Cimatron E 全面的 NC 解决方案包含一系列久经市场检验的加工策略，为用户提供了无与伦比的加工效率。在制造业，Cimatron 实现了用于高速铣的 2.5 轴至 5 轴刀路、毛坯残留和能够显著减少编程与加工时间的模板。更有完全智能，基于特征的 NC 处理，也为高级用户提供了足够灵活的控制权。

6. CAXA 制造工程师

CAXA 是我国制造业信息化 CAD/CAM 和 PLM 领域研发的拥有自主知识产权软件的优秀代表和知名品牌，是中国领先的 PLM 方案和服务提供商。CAXA - ME 集成了数据接口、几何造型、加工轨迹生成、加工过程仿真检验、数控加工代码生成、加工工艺清单生成等一整套面向复杂零件和模具的数控编程功能。目前，CAXA - ME 已广泛应用于注塑模、锻模、汽车覆盖件拉伸模、压铸模等复杂模具的生产以及汽车、电子、兵器、航空航天等行业的精密零件加工。

4.5.3 基于 UG NX 软件自动编程实例

编制如图 4.71 所示手机外壳零件的数控加工程序。

图 4.71 零件图

1. 零件几何建模

限于篇幅，零件几何建模过程略，设置零件几何模型名称为 xijg. prt。

2. 加工方案与加工参数的合理选择

1）工艺分析

对建好的手机外壳零件几何模型分析，可知该零件的主要特征为零件的顶面是曲面，侧面是一张陡峭的曲面，底面是平面。零件模型的尺寸范围为 $170 \times 80 \times 19.5$，有一个带有曲面和圆角的凸台，因此选择工件的毛坯尺寸为 $170 \times 80 \times 20$。

2）确定加工工艺

（1）编程坐标原点系设定在上表面中心，便于对刀。

（2）通过工艺分析可知该零件有余量，因此首先采用大直径的刀具对整个模型进行粗加工，然后再采用小直径的刀具分别对各个特征部位进行半精加工和精加工。

（3）加工方案的确定。由于零件顶面的一个较大的不规则凸台，所以首先采用型腔铣加工方法对整个零件进行粗加工，然后采用等高轮廓铣对零件侧壁进行精加工，再采用平面铣对底面进行精加工，最后采用固定轴曲面铣对手机外壳顶面进行精加工。

（4）每个工步的加工方法、刀具参数、公差余量等加工参数见表 4-23。

表 4-23 加工工步安排

工步	程序名	加工方法	刀具	加工余量	主轴转速/ (r/min)	进给速度/ (mm/min)
粗加工	CAVITY _ MILL	型腔铣	D12R1	0.5	2200	250
侧面精加工	ZLEVEL _ PROFILE	等高轮廓铣	D10R0	0	2000	400
底面精加工	PLANAR _ MILL	平面铣	D5R0	0	2200	1800
顶面精加工	FIXED _ CONTOUR	固定轴曲面铣	B10R5	0	3200	2000

3. 加工准备

加工准备主要包括毛坯的创建、加工环境的设置、坐标系的建立、安全高度和几何体的设置、刀具的创建等。

1）毛坯的创建

首先打开 UG NX7，单击标准工具框中的"打开"按钮，在"打开"对话框中选择已建立的零件模型文件 xijg. prt.，单击"OK"按钮，进入建模环境。

（1）首先分析零件的顶面与底座的底面之间的最大距离，选择菜单"分析"|"偏差"|"检查"命令，弹出"偏差检查"对话框，如图 4.72(a)所示，在"类型"下拉列表框中选择"面至面"选项。在图形区选择零件的顶面以及底座的底面，单击"检查"按钮打开"信息"窗口，如图 4.72(b)所示。

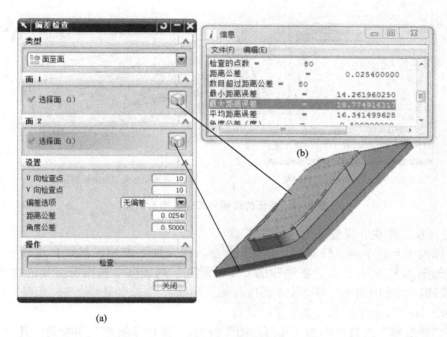

(a)

(b)

图 4.72　偏差检查

从分析结果中可以看出"最大距离误差"为 18.774916317，那么创建的毛坯高度应该大于该值。

（2）在"特征"工具栏上单击按钮，选择零件模型的底面四条边为拉伸截面，设置"开始"距离为 0，"结束"距离为 20，"布尔"选项为"无"，其余按默认设置，单击"确定"按钮完成拉伸操作，如图 4.73 所示。

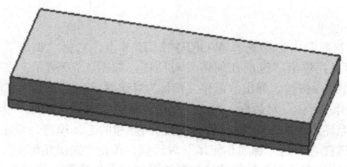

图 4.73　毛坯创建

（3）选取上一步拉伸的实体，选择菜单中的"编辑"|"对象显示"命令，弹出"编辑对象显示"对话框，如图4.74(a)所示。设置模型的颜色为绿色，拖动"透明度"滑杆至70处，单击"确定"按钮完成毛坯模型的创建和编辑。为了方便后续加工程序编制中加工坐标系的创建以及安全平面的设置，将工作坐标系的原点放在毛坯的顶面，如图4.74(b)所示。

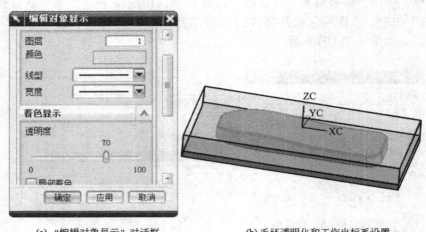

(a)"编辑对象显示"对话框　　　　　　　(b)毛坯透明化和工作坐标系设置

图4.74　毛坯的编辑和工作坐标系设置

2）进入加工模块并设置加工环境

选择标准工具栏中的"开始"|"加工"命令，进入加工模块，系统弹出"加工环境"对话框，如图4.75所示。在"要创建的CAM设置"列表框中选择所需要的选项，单击"确定"按钮，系统即启用UG NX 7相应的加工环境。

3）加工（编程）坐标系和安全平面的设置

单击"导航器"工具栏中的"几何视图"按钮，"操作导航器"切换到"几何"视图。在"操作导航器"窗口中选择MCS_Mill节点，右击并选择"编辑"命令，或者双击MCS_Mill节点，弹出"Mill Orient"对话框，如图4.76所示。在"Mill Orient"对话框的"间隙"下拉列表框中选择"平面"选项，然后单击下面的"指定安全平面"按钮，弹出"平面构造器"对话框，选取毛坯模型的上表面，在"偏置"文本框中输入10，即设置的安全平面位于毛坯模型表面上方10mm处，单击"确定"按钮，回到"Mill Orient"对话框中。其余采取默认设置，单击"确定"按钮，完成坐标系和安全平面的设置，如图4.77所示。

4）几何体的创建

在"操作导航器"窗口中选择WORKPIECE节点，右击"编辑"命令，或者双击WORKPIECE节点，弹出"铣削几何体"对话框，如图4.78所示。在该对话框中单击"指定部件"右侧的按钮，弹出"部件几何体"对话框后，选择零件模型，单击"确定"按钮，回到"铣削几何体"对话框。单击"铣削几何体"对话框中的"指定毛坯"右侧的按钮，弹出"毛坯几何体"对话框后，选择前面创建的毛坯模型，单击"确定"按钮完成毛坯几何体的选择，回到"铣削几何体"对话框。单击"铣削几何体"对话框中下方的"确定"按钮，完成所有几何体的创建。选择绘图区的毛坯模型并将其隐藏。

图 4.75　加工环境的设置

图 4.76　"Mill Orient" 对话框

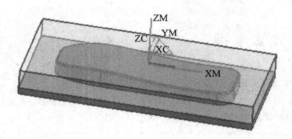

图 4.77　加工坐标系和安全平面的设置结果

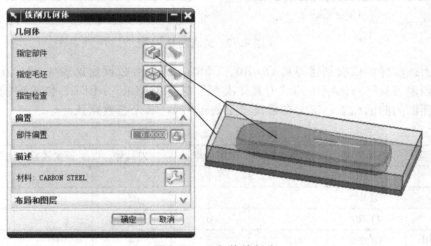

图 4.78　几何体的创建

5) 创建刀具

单击工具栏中 按钮或者单击"插入"工具栏中的"创建刀具"按钮，弹出如图 4.79(a)所示的"创建刀具"对话框。在"类型"下拉列表框中选择 mill_contour 选项，刀具"子类型"选择 MILL，在"名称"文本框中输入 D12R1，单击"应用"或者"确定"按钮，弹出如图 4.79(b)所示的"铣刀-5参数"对话框。按如图 4.77(b) 所示设置刀具参数，设置后单击"确定"按钮，完成刀具的创建。

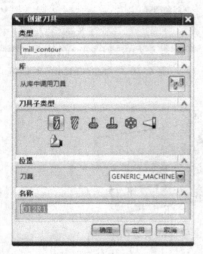

(a) "创建刀具"对话框

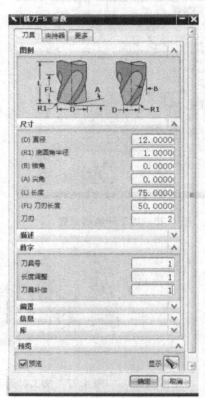

(b) 刀具的参数设置对话框

图 4.79　刀具创建

按照上述步骤，依次创建刀具 D10R0、D5R0，部分参数设置见表 4.24，其余参数默认。在"创建刀具"对话框中的"刀具子类型"选择 BALL_MILL，创建球铣刀 B10R5 用于零件顶面的曲面加工，部分参数设置见表 4-24，其余参数默认。

表 4-24　刀具参数设置

刀具子类型	刀具名称	刀具直径	底圆角半径	刀具号	长度调整	刀具补偿
mill	D12R1	12	1	1	1	1
mill	D10R0	10	0	2	2	2
mill	D5R0	5	0	3	3	3
Ball_mill	B10R5	10	5	4	4	4

4. 创建加工操作

1) 创建粗加工操作

(1) 在"插入"工具栏中单击"创建操作"按钮　，弹出"创建操作"对话框，如

图4.80(a)所示。在"类型"下拉列表框中选择mill_contour选项。在"操作子类型"选项组中单击"型腔铣"按钮，参数设置如图4.78(b)所示，设置完成后单击"确定"按钮，弹出"型腔铣"对话框，如图4.81所示。

(a)"创建操作"对话框   (b)参数设置

图4.80 粗加工操作创建

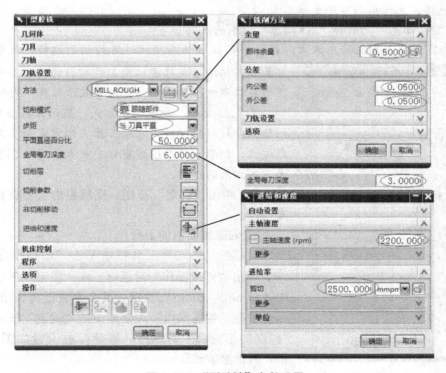

图4.81 "型腔铣"参数设置

（2）在"型腔铣"对话框中选择"切削模式"下拉列表框中的"跟随部件"选项，部分参数设置如图 4.81 所示，其余参数默认。

（3）单击"确定"按钮回到"型腔铣"对话框。

（4）在"型腔铣"对话框中单击底部的"生成"按钮▣，系统开始计算刀具路径。计算完成后，生成的粗加工刀位轨迹如图 4.82 所示。

（5）仿真粗加工的刀位轨迹。单击"型腔铣"对话框底部的"确认"按钮▣，弹出"刀轨可视化"对话框。选择"2D 动态"选项卡，单击下面播放控制按钮 ◄◄◄◄►►►►中的"播放"按钮►，系统会以三维实体的方式进行切削仿真，通过仿真过程可以查看刀位轨迹是否正确，仿真结果如图 4.83 所示。

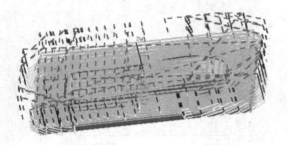

图 4.82　粗加工刀位轨迹

图 4.83　粗加工仿真结果

提示：

（1）"创建操作"对话框中"位置"下的"程序"选项中的 NC_PROGRAM 和 PROGRAM 选项，其作用相当于文件夹。

（2）"2D 动态"切削和"3D 动态"切削的区别如下：

① "3D 动态"切削动态方式：在图形窗口中动态显示道具的切削过程，显示移动的刀具和刀柄沿刀具路径切除工件材料的过程。它允许在图形窗口中放大、缩小、移动等显示刀具切削的过程。

② "2D 动态"切削动态方式：显示刀具沿刀具路径切除工件材料的过程，它以三维实体方式仿真刀具的切削过程，但不允许在图形窗口中放大、缩小、移动等显示刀具切削的过程。

（6）单击"确定"按钮，完成粗加工刀具轨迹的仿真操作。

2）创建侧面精加工操作

（1）在"插入"工具栏中单击"创建操作"按钮▣，弹出"创建操作"对话框。在"类型"下拉列表框中选择 mill_contour 选项，其余参数设置如图 4.84 所示。单击"创建操作"对话框中的"确定"按钮，弹出"深度加工轮廓"对话框，部分参数设置如图 4.85 所示，其余参数默认。

图 4.84　"创建操作"对话框

（2）在图形区选取模型的所有侧面，如图 4.85 所示。

选取结束后单击"确定"按钮，回到"深度加工轮廓"对话框。

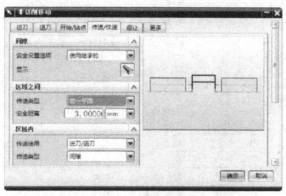

图 4.85 "深度加工轮廓"对话框及参数设置

（3）在"深度加工轮廓"对话框中单击"非切削移动"按钮 ，系统弹出"非切削移动"对话框，选择"传递/快速"选项卡，在"传递类型"下拉列表框中选择"前一平面"选项，其余参数按默认设置，如图 4.86 所示。单击"确定"按钮，回到"深度加工轮廓"对话框。

图 4.86 "非切削移动"对话框

（4）在"深度加工轮廓"对话框中单击"生成"按钮 ，系统开始计算刀具路径。计算完成后，生成的侧面精加工刀位轨迹如图 4.87 所示。

（5）仿真精加工的刀位轨迹。单击"深度加工轮廓"对话框底部的"确认"按钮 ，弹出"刀轨可视化"对话框。选择"2D 动态"选项卡，单击下面的"播放"按钮，系统会以三维实体的方式进行切削仿真，通过仿真过程可查看刀位轨迹是否正确，仿真结果如图 4.88 所示。

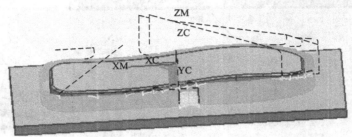

图 4.87　侧面精加工刀位轨迹

图 4.88　侧面精加工仿真结果

（6）单击"确定"按钮，完成侧面精加工刀具轨迹的仿真操作。

3）创建底座顶面精加工操作

（1）在"插入"工具栏中单击"创建操作"按钮 ，弹出"创建操作"对话框。在"类型"下拉列表框中选择 mill_planar 选项。在"操作子类型"选项组中单击"平面铣"按钮 。其余参数设置如图 4.89 所示。单击"确定"按钮，弹出"平面铣"对话框，如图 4.90 所示。

图 4.89　"创建操作"对话框

图 4.90　"平面铣"对话框

（2）展开"几何体"选项组，单击"选择或编辑部件边界"按钮，弹出如图4.91所示的"边界几何体"对话框。

（3）在"边界几何体"对话框中"模式"下拉列表框中选择"曲线/边"选项，弹出"创建边界"对话框（图4.92），并设置相关参数，选择凸起部分的下边缘为边界对象1，如图4.93所示。

图4.91 "边界几何体"对话框

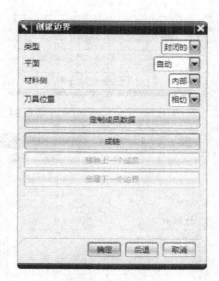

图4.92 "创建边界"对话框

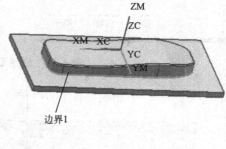

图4.93 创建边界1

（4）在"创建边界"对话框中单击"创建下一个边界"按钮，并设置参数，选择底板的上边缘为边界对象2，如图4.94所示。

（5）单击"确定"按钮回到"平面铣"对话框，单击"指定底面"按钮，弹出如图4.95所示的"平面构造器"对话框，在图形区选取底座的顶面。

（6）单击"确定"按钮回到"平面铣"对话框，其余参数全部采用默认。在"平面铣"对话框中单击"生成"按钮，系统开始计算刀具路径。计算完成后，生成的刀位轨迹如图4.96所示。

数控技术

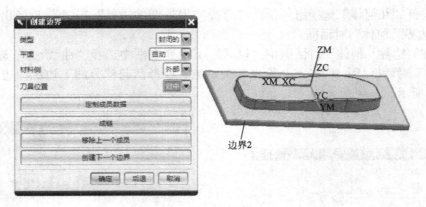

图 4.94　创建边界 2

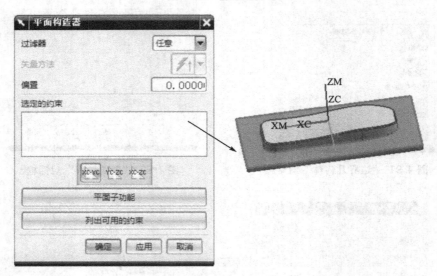

图 4.95　底平面创建

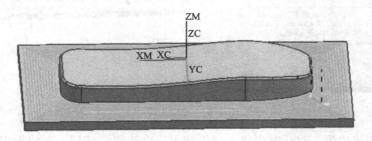

图 4.96　手机外壳底座顶面精加工刀位轨迹图

（7）仿真精加工。单击"平面铣"对话框底部的"确认"按钮，弹出"刀轨可视化"对话框，选择"2D 动态"选项卡，单击"播放"按钮进行仿真，仿真结果如图 4.97 所示。

（8）单击"确定"按钮，完成侧面精加工刀具轨迹的仿真操作。

4）创建手机外壳顶面精加工操作

（1）在"插入"工具栏中单击"创建操作"按钮，弹出"创建操作"对话框。在"类

图 4.97　手机外壳底座顶面精加工仿真结果

型"下拉列表框中选择 mill _ contour 选项。在"操作子类型"选项组中单击"固定轮廓铣"按钮。其余参数设置如图 4.98 所示。单击"确定"按钮，弹出"固定轮廓铣"对话框，如图 4.99 所示。

图 4.98　"创建操作"对话框

图 4.99　"固定轮廓铣"对话框

（2）展开"几何体"选项组，单击"指定切削区域"按钮，系统弹出如图 4.100 所示的"切削区域"对话框。在图形区选取手机外壳的顶面和圆角面，如图 4.101 所示。

（3）单击"确定"按钮，系统返回"固定轮廓铣"对话框，完成切削区域的选择。

（4）在"驱动方法"选项组"方法"下拉列表框中选择"区域铣削"选项，单击"编辑"按钮，系统弹出"区域铣削驱动方法"对话框，部分参数设置如图 4.102 所示，其余参数默认。

（5）单击"确定"按钮，系统返回"固定轮廓铣"对话框。在"固定轮廓铣"对话框中其余参数按默认设置。

图 4.100　"切削区域"对话框

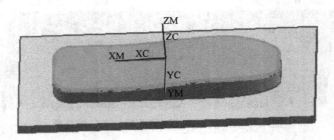

图 4.101　"切削区域"选取

图 4.102　区域铣削驱动方法参数设置

（6）在"固定轮廓铣"对话框中单击"生成"按钮，系统开始计算刀具路径。计算完成后，生成的刀位轨迹如图 4.103 所示。

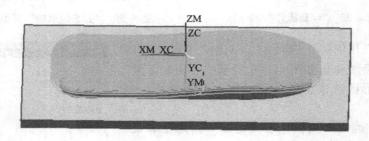

图 4.103　手机外壳顶面精加工的刀位轨迹

（7）仿真精加工的刀位轨迹。单击"固定轮廓铣"对话框底部的"确认"按钮，弹出"刀轨可视化"对话框，选择"2D 动态"选项卡，单击下面的"播放"按钮进行切削仿真，仿真结果如图 4.104 所示。

（8）单击"确定"按钮，完成侧面精加工刀具轨迹的仿真操作。至此所有的刀位轨迹全部创建完毕。

图 4. 104　手机外壳顶面精加工的仿真结果

5. NC 程序的生成

（1）在显示资源条中单击"操作导航器"按钮
，系统打开"操作导航器"窗口。单击"操作
导航器"下面按钮 ，"操作导航器"窗口显示为
"程序顺序"视图，如图 4.105 所示。

（2）在操作导航器"程序顺序"视图中 NC_
PROGRAM 节点下面显示已经创建好的 4 个加工
操作。

（3）右击"CAVITY _ MILL"操作，在弹出

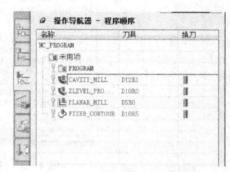

图 4. 105　"程序顺序"视图

的快捷菜单中选择"后处理"命令，系统弹出如图 4.106 所示的"后处理"对话框。

图 4. 106　后处理操作

（4）在"后处理器"列表中选择 MILL _ 3 _ AXIS 选项。在"输出文件"选项组中单
击按钮，浏览查找一个输出文件，指定输出文件的放置位置和名称后，单击"确定"按
钮。系统计算一段时间后，打开后处理程序"信息"窗口，该窗口文件显示的即为数控加

工程序，如图 4.107 所示。

图 4.107　后处理程序"信息"窗口

（5）按照（3）～（4）操作步骤可依次创建其余三个加工操作的数控程序。

提示：上述实例利用 UGNX 自带的处理器转化成数控程序可以适用 FANUC0iM 系统，如需要转化成适用其他类型数控系统的数控程序，可采用后处理构造器构造自己的后处理器，限于篇幅，本文不再讲述，若读者感兴趣可进行网络搜索或者参阅有关资料。

本章小结(Summary)

本章主要介绍了以下 5 个方面的内容：

（1）数控编程的基础知识。

（2）数控车削编程的基本工艺知识，并以 FANUC - 0i 系统为例介绍了数控车削编程的方法。

（3）数控铣削编程的基本工艺知识，并以 FANUC - 0i 系统为例介绍了数控铣削编程的方法。

（4）数控宏程序的功能及编程的方法。

（5）自动编程的基本知识及 UGNX 软件自动编程的使用方法。

推荐阅读资料(Recommended Readings)

1. 黄诚. 数控宏程序在复杂零件数控编程中的应用. 装备制造技术，2007(6).
2. 吴青松，吴在丞. 宏程序在数控车削中的应用与分析. 制造业自动化，2010(3).
3. 李小力. 基于 UG 的数控编程及加工自动化的研究. 武汉理工大学，2008.
4. 王华侨，吴国君，等. Mastercam 在数控铣削加工编程中的应用. 机械工人：冷加工，2004(2).

思考与练习(Exercises)

一、填空题

1. 解释数控代码含义：M09 _____ ；G02 _____ ；G40 表示_____ 。

2. 刀具补偿可以分为_____ 、_____ 。

3. 在机床坐标系的确定中，一般把平行于机床主轴的刀具运动坐标定义为_____ 坐标，并规定远离工件的方向为_____ 方向。

4. 数控编程方法可分为_____ 和_____ 。

5. 球头铣刀的刀位点为_____ ，割刀刀位点为_____ 。

6. 辅助功能代码，也称_____ 、_____ 或_____ 。它由地址码_____ 和其他两位数字组成。

7. _____ 是机床上固有的坐标系，并设有固定的坐标原点，它是固有的点，不能随意改变。

8. 选择 YZ 平面的 G 指令是_____ 。

9. 数值计算的主要内容是在规定的坐标系内计算_____ 和_____ 数值。计算的复杂程度取决于_____ 和_____ ，差别很大。

10. 自动编程也称_____ ，即程序编制工作的大部分或全部由_____ 来完成。自动编程方法减轻了编程人员的劳动强度，缩短了_____ ，提高了_____ ，同时解决了手工编程无法解决的_____ 。自动编程的方法种类很多，发展也很迅速。

11. 准备功能 G 代码，简称_____ 、_____ 或_____ 。G 代码分为_____ 和_____ 两类。

二、简答题

1. 什么是数控编程？编程可以分为哪几类？各自有何特点？

2. 数控编程的内容与步骤有哪些？

3. 数控机床坐标系确定原则是什么？

4. 什么是机床原点、工件原点？两者有什么关系？

5. 什么是模态代码？什么是非模态代码？

6. 数控编程中的数值计算通常包括哪些内容？

7. 刀具半径补偿有何意义？在圆弧程序段能建立刀具半径补偿吗？

8. 主程序与子程序有何区别？何种情况使用子程序？使用子程序有何意义？

三、编程题

1. 拟定图 4.108 所示零件加工工艺方案，选择刀具并编制加工程序。

2. 拟定图 4.109 所示零件加工工艺方案，选择刀具并编制加工程序。

3. 拟定图 4.110 所示零件加工工艺方

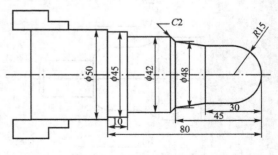

图 4.108　题 1 的零件图

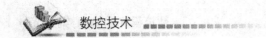

数控技术

案，选择刀具并编制加工程序。

4. 图 4.111 所示零件的毛坯是经过预先铣削加工过的规则正方形铝板，尺寸为 105mm×105mm×6mm，且 φ20mm 和 φ10mm 孔已加工，试编写该零件的数控加工程序。

5. 自动编程：选用一种 CAD/CAM 软件，构造图 4.112 所示零件模型，并编写数控加工程序。

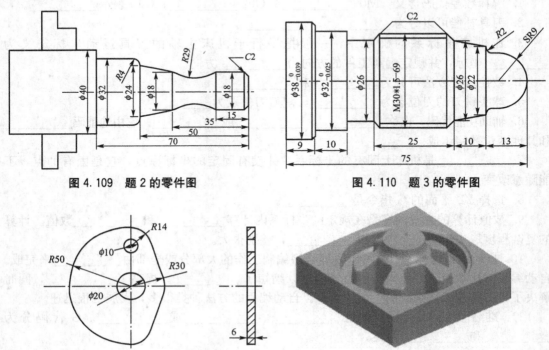

图 4.109　题 2 的零件图　　　　　　图 4.110　题 3 的零件图

图 4.111　题 4 的零件图　　　　　　图 4.112　题 5 的零件

四、思考题

请判断图 4.113 中 4 个零件图适合用哪个指令加工，已知毛坯为圆棒料。

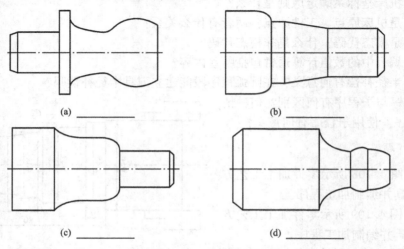

(a) ＿＿＿＿＿＿＿＿＿＿　　　　(b) ＿＿＿＿＿＿＿＿＿＿

(c) ＿＿＿＿＿＿＿＿＿＿　　　　(d) ＿＿＿＿＿＿＿＿＿＿

图 4.113　第四题图

第 **5** 章
计算机数控系统
（Chapter Five CNC System）

 本章教学要点

能力目标	知识要点
掌握数控装置的功能	CNC 装置的主要功能
掌握数控装置的组成	软件和硬件组成；软件特点
掌握常见的接口类型	华中数控系统 HNC210B 接口
了解开放式数控系统和并联机床的相关概念	开放式数控系统概念、并联机床结构
掌握 PLC 在数控机床中的应用	PLC 在数控机床中的应用

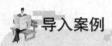导入案例

计算机数控系统的工作过程

计算机数控(CNC)系统是一种典型的位置控制系统。其本质是编程人员在对所加工零件几何分析和工艺分析的基础上,按照一定的规则编制零件的加工程序并输入数控系统,然后数控系统对输入的零件加工程序段进行相应的处理,把数据段按照设定的方法插补出刀具运动的轨迹并将插补结果输出到执行部件,使刀具相对于工件运动,从而加工出所需要的零件。CNC系统主要由硬件和软件两大部分组成,它通过系统控制软件配合系统硬件,合理组织管理数控系统的输入、数据处理、插补、输出信息和控制执行部件,使数控机床按照操作者的要求有条不紊地进行零件的加工。图5.1所示为计算机数控系统的工作过程示意图。

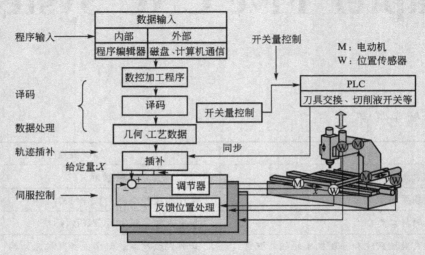

图 5.1　计算机数控(CNC)系统的工作过程

本章主要介绍计算机数控系统的软硬件结构、数控装置的工作原理、PLC的作用以及数控装置的常见接口等。通过对本章内容的学习,可以对数控机床的工作原理有更好的了解。

5.1　概述(Summary)

1. CNC系统的概念及组成

计算机数控(computerized numerical control,CNC)系统是用计算机控制加工功能,实现数值控制的系统,简称CNC系统。CNC系统配有接口电路和伺服驱动装置,根据计算机存储器中存储的控制程序,执行部分或全部数字控制功能。

CNC系统由数控程序、输入装置、输出装置、计算机数控装置(CNC装置)、可编程逻辑控制器（PLC）、主轴驱动装置和进给（伺服）驱动装置（包括检测装置）等组成，如图 5.2 所示。

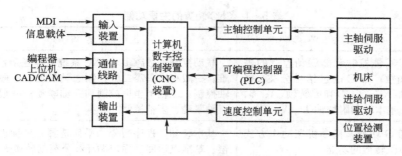

图 5.2　CNC 系统的组成图

2. CNC 装置的组成

CNC 装置是 CNC 系统的核心，由硬件和软件组成，软件在硬件的支持下工作，离开软件，硬件便无法工作，二者缺一不可。

CNC 装置的硬件除具有一般计算机所具有的微处理器（CPU）、存储器（ROM 与 RAM）、输入输出（I/O）接口外，还具有数控要求的专用接口和部件，即位置控制器、程序输入接口、手动数据输入（MDI）接口和显示（CRT）接口。CNC 装置硬件的组成如图 5.3 所示。

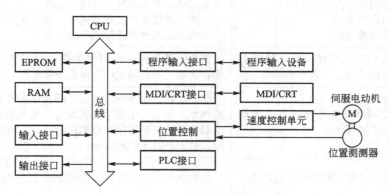

图 5.3　CNC 装置硬件的组成框图

CNC 装置的软件是为了实现 CNC 系统各功能而编制的专用软件，称为系统软件。在系统软件的控制下，CNC 装置对输入的加工程序自动进行处理，并发出相应的控制指令。系统软件由管理软件和控制软件两部分组成，如图 5.4 所示。

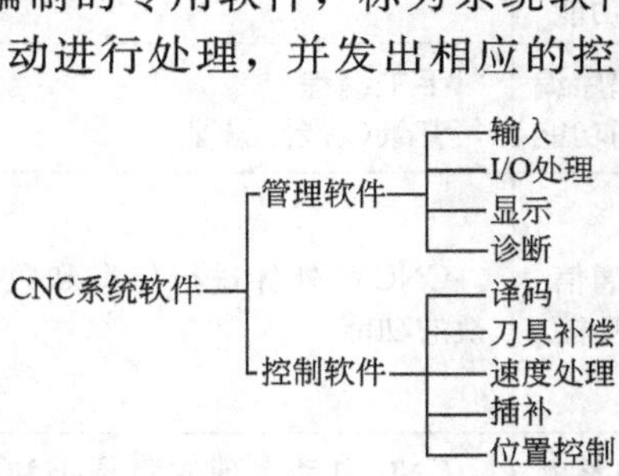

3. CNC 装置的主要功能

CNC 装置的功能是指满足用户操作和机床控制要求的方法和手段。CNC 的功能主要反映在准备功能 G 指令代码和辅助功能 M 指令代码上。根据数控机床的类型、用途、档次的高低，CNC 装置的功能有很大不

```
                        ┌── 输入
                        ├── I/O 处理
           ┌── 管理软件 ──┤── 显示
           │            └── 诊断
CNC 系统软件 ──┤            ┌── 译码
           │            ├── 刀具补偿
           └── 控制软件 ──┤── 速度处理
                        ├── 插补
                        └── 位置控制
```

图 5.4　CNC 装置软件的组成

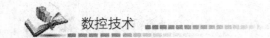

同。表 5-1 给出了 CNC 装置的主要功能。不过需要指出的是 CNC 数控装置的功能多种多样，而且随着技术的发展，功能越来越丰富。

表 5-1　CNC 装置的主要功能

功能	含　义	功能说明
控制功能	CNC 能控制和能联动控制的进给轴数；CNC 的进给轴分类：移动轴(X、Y、Z)和回转轴(A、B、C)；基本轴和附加轴(U、V、W)	联动控制轴数越多，CNC 系统就越复杂，编程也越困难。一般车床只需二轴控制二轴联动；一般铣床需要三轴控制，二轴半坐标控制和三轴联动；一般加工中心为三轴联动、多轴控制
准备功能	即 G 功能，指令机床动作方式和单位转换的功能	基本移动、程序暂停、平面选择、坐标设定、刀具补偿、基准点返回、固定循环和公英制转换等
插补功能	插补功能是数控系统实现零件轮廓(平面或空间)加工轨迹运算的功能。	一般的 CNC 都有直线和圆弧插补，高档 CNC 还具有抛物线插补、螺旋线插补等
主轴功能	主轴转速的编程方式 恒定线速度 主轴定向准停 主轴修调率 C 轴控制	主轴转速的控制功能，单位为 r/min 刀具切削点的切削速度为恒速的控制功能主轴周向定位于特定位置控制的功能 人工实时修调预先设定的主轴转速 主轴周向任意位置控制的功
进给功能	进给速度的控制功能 进给倍率(进给修调率) 快速进给速度 同步进给速度	控制刀具相对工件的运动速度 使用倍率开关即可改变进给速度 一般为进给速度的最高速度，通过参数设定 实现切削速度和进给速度的同步
补偿功能	刀具长度、刀具半径补偿和刀尖圆弧的补偿；工艺量的补偿	实现按零件轮廓编制的程序控制刀具中心轨迹的功能；传动链误差和非线性误差补偿功能
固定循环加工功能	固定循环功能是数控系统实现典型加工循环	如：钻孔、攻螺纹、镗孔、深孔钻削和切螺纹等，这些典型的加工工序都存在着大量的重复动作，将这些典型动作预先编好程序并存储在内存中，用 G 代码进行指令，这就是固定循环指令
辅助功能	用于指令机床辅助操作的功能	主轴启停、主轴转向、切削液的开关或刀库的启停等
字符图形显示功能	人机对话功能	CNC 装置可配置不同尺寸的单色或彩色 CRT 显示器，通过软件和接口实现字符、图形显示。比如菜单结构操作界面、零件加工程序的编辑环境、故障信息的显示等
程序编制功能	手工编程 背景(后台)编程	用键盘通过面板输入程序，用于简单零件 在线编程，可在机床加工过程中进行
通信功能	CNC 与外界进行信息和数据交换的功能	RS-232C 接口，可传送零件加工程序 DNC 接口，可实现直接数控 MAP(制造自动化协议)模块 网卡：适应 FMS、CIMS、IMS 等制造系统集成的要求
自诊断功能	CNC 自动实现故障预报和故障定位的功能	开机自诊断；在线自诊断；离线自诊断；远程通信诊断

4. CNC 数控装置的特点

1）柔性高

NC 装置以固定接线的硬件结构来实现特定的逻辑电路功能，一旦制成就难以改变。而 CNC 只要改变相应的控制软件，就可以改变和扩展其功能，满足用户的不同需要。

2）通用性好

CNC 装置硬件结构有多种形式，模块化硬件结构使系统易于扩展，模块化软件能满足各类数控机床（如车床、铣床、加工中心等）的不同控制要求，标准化的用户接口，统一的用户界面，既方便系统维护，又方便用户培训。尤其是现在的开放式系统，不但发展了模块化的概念，更是将 PC 系统的标准化和开放性思想引进来，这必将大大提高数控系统的通用性。

3）可靠性高

零件的加工程序在加工前输入到 CNC 当中，经系统检查后调用执行，避免了零件程序错误。许多功能由软件实现，使硬件的元器件数目大为减少，提高了系统的可靠性。

4）使用和维修方便

CNC 的自诊断功能能够提示故障的原因和位置，大大方便了维修工作，减少了停机时间。CNC 还零件程序编辑功能，程序编制很方便。零件程序编好后，可显示程序，甚至通过空运行，将刀具轨迹显示出来，检验程序的正确性。

5）易于实现机电一体化

由于 CNC 系统具有较强的通信功能，便于与 DNC、FMC、FMS、CIMS 进行通信联络。同时超大规模集成电路的广泛应用，不但增强了 CNC 的功能，减小了功耗，而且还大大缩小了板卡的尺寸，易于和机床的机械结构融合，实现机电一体化。

5. CNC 装置的工作过程和软硬件构成

1）CNC 装置的工作过程

CNC 装置的工作过程主要包括程序的输入、插补准备、插补、位置和速度控制、测量反馈等工作，如图 5.5 所示。

（1）输入。输入 CNC 控制器的通常有零件加工程序、机床参数和刀具补偿参数。机床参数一般在机床出厂时或在用户安装调试时已经设定好，所以输入 CNC 系统的主要是零件加工程序和刀具补偿数据。目前常用的输入方式有 MDI 键盘输入、存储器输入或者通过上级计算机通信输入等。

（2）译码。译码是以零件程序的一个程序段为单位进行处理，把程序段中零件的轮廓信息（起点、终点、直线或圆弧等），F、S、T、M 等信息按一定的语法规则解释（编译）成计算机能够识别的数据形式，并以一定的数据格式存放在指定的内存专用区域。编译过程中还要进行语法检查，发现错误立即报警。

（3）刀具补偿。刀具补偿包括刀具半径补偿和刀具长度补偿。为了方便编程人员编制零件加工程序，编程时零件程序是以零件轮廓轨迹来编程的，与刀具尺寸无关。程序输入和刀具参数输入分别进行。刀具补偿的作用是把零件轮廓轨迹按系统存储的刀具尺寸数据自动转换成刀具中心（刀位点）相对于工件的移动轨迹。

刀具补偿包括 B 机能和 C 机能刀具补偿功能。在较高档次的 CNC 中一般应用 C 机能刀具补偿，C 机能刀具补偿能够进行程序段之间的自动转接和过切削判断等。

（4）进给速度处理。数控加工程序给定的刀具相对于工件的移动速度是在各个坐标合成运动方向上的速度，即 F 代码的指令值。速度处理首先要进行的工作是将各坐标合成运动方向上的速度分解成各进给运动坐标方向的分速度，为插补时计算各进给坐标的行程量做准备；另外对于机床允许的最低和最高速度限制也在这里处理。有的数控机床的 CNC 软件的自动加速和减速也放在这里。

（5）插补。零件加工程序段中的指令行程信息是有限的。例如，对于加工直线的程序段仅给定起、终点坐标；对于加工圆弧的程序段除了给定其起、终点坐标外，还给定其圆心坐标或圆弧半径。要进行轨迹加工，CNC 必须从一条已知起点和终点的曲线上自动进行"数据点密化"的工作，这就是插补。插补在每个规定的周期（插补周期）内进行一次，即在每个周期内，按指令进给速度计算出一个微小的直线数据段，通常经过若干个插补周期后，插补完一个程序段的加工，也就完成了从程序段起点到终点的"数据密化"工作。

（6）位置控制。位置控制装置位于伺服系统的位置环上，如图 5.5 所示。它的主要工作是在每个采样周期内，将插补计算出的理论位置与实际反馈位置进行比较，用其差值控制进给电动机。位置控制可由软件完成，也可由硬件完成。在位置控制中通常还要完成位置回路的增益调整、各坐标方向的螺距误差补偿和反向间隙补偿等，以提高机床的定位精度。

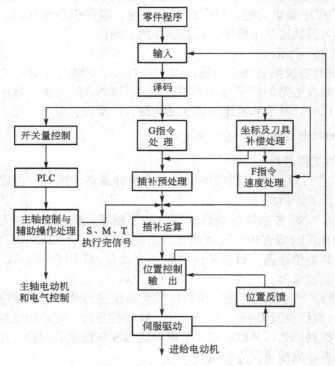

图 5.5　CNC 系统工作流程图

（7）I/O 处理。CNC 的 I/O 处理是 CNC 与机床之间的信息传递和变换的通道。其作用一方面是将机床运动过程中的有关参数输入到 CNC 中；另一方面是将 CNC 的输出命令（如换刀、主轴变速换挡、加切削液等）变为执行机构的控制信号，实现对机床的控制。

（8）显示。CNC 系统的显示主要是为操作者提供方便，显示装置有 CRT 显示器或 LCD 数码显示器，一般位于机床的控制面板上。通常有零件程序的显示、参数的显示、刀具位置显示、机床状态显示、报警信息显示等。有的 CNC 装置中还有刀具加工轨迹的静态和动态模拟加工图形显示。

2）CNC 装置的软硬件构成

CNC 装置的工作是在硬件的支持下，执行软件的全过程。数控装置中的部分工作可以由软件完成，也可以由硬件完成。软件的特点是设计灵活、适应性强，但处理速度慢；硬件的特点是处理速度快，但成本高。因此，在实际 CNC 装置中，根据适用场合和使用要求不同，数控功能的实现方法大致分为三种情况：第一种情况是由软件完成输入、插补前的准备，硬件完成插补和位置控制；第二种情况是由软件完成输入、插补前的准备、插补，硬件完成位置的控制；第三种情况是由软件完成输入、插补前的准备、插补及位置控制的全部工作。CNC 装置的工作流程及软硬件构成关系如图 5.6 所示。

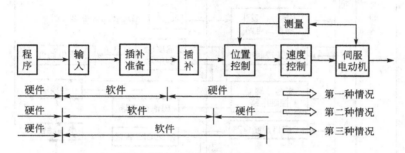

图 5.6　CNC 装置的工作流程及软硬件构成

小提示：当今数控技术发展趋势——用相对较少且标准化程度较高的硬件，配以功能丰富的软件模块构成 CNC 装置。

5.2　CNC 系统的硬件结构(Hardware Structure of CNC System)

CNC 装置的硬件结构一般分为单微处理器结构和多微处理器结构两大类。早期的 CNC 和现在一些经济型 CNC 系统都采用单微处理机结构；随着数控系统功能的增加，机床切削速度的提高，为适应机床向高精度、高速度、智能化的发展，以及适应更高层次自动化(FMS 和 CIMS)的要求，多微处理器结构得到了迅速发展。

5.2.1　单微处理器数控装置的硬件结构

1. 单微处理器结构

这种结构只有一个微处理器，采用集中控制、分时方法处理数控的各个任务。有的 CNC 装置虽然有两个以上的微处理器，但其中只有一个微处理器能够控制系统总线，占有总线资源，而其他微处理器则为专用的智能部件，不能访问主存储器，它们组成主从结构，这类结构也属于单微处理器结构。

单微处理器结构的框图如图 5.7 所示。从图中可看到，它主要由中央处理单元(CPU)、存储器、总线、外设、输入接口电路、输出接口电路等部分组成，这一点与普通计算机系统基本相同；不同的是，输出各坐标轴的数据信息，在位置控制环节中经过转换、放大后，需去推动机床工作台或刀架(负载)的运动；更为重要的是由计算机输出位置信息后，运动部件应尽可能不滞后地到达指令要求的位置。

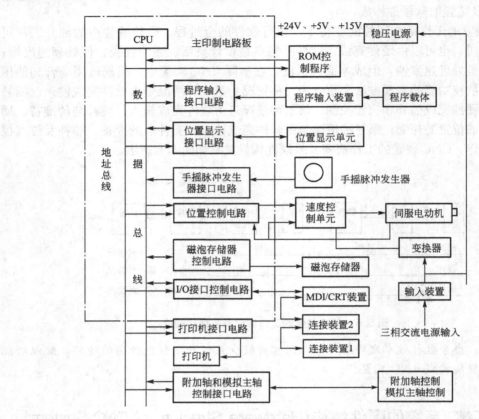

图 5.7　单微处理机 CNC 系统框图

2. 单微处理器的结构特点

在单微处理器结构中，由于只有一个微处理器，因此采用集中控制、分时处理的策略来实现数控的各个任务。其结构特点如下：

(1) CNC 装置内仅有一个微处理器，由它对存储、插补运算、输入输出控制、CRT 显示等功能集中控制分时处理。

(2) 微处理器通过总线与存储器、输入输出控制等各种接口相连，构成 CNC 装置。

(3) 结构简单，容易实现。

(4) 由于只有一个微处理器集中控制，其功能将受微处理器字长、数据宽度、寻址能力和运算速度等因素的限制，因此单微处理器结构用于控制功能不十分复杂的数控机床中。

5.2.2　多微处理器数控装置的硬件结构

多微处理器结构是由两个或两个以上的微处理器来构成。每个微处理器分担系统的一部分工作，从而将在单微处理器的 CNC 装置中顺序完成的工作转为多微处理器的并行、同时完成的工作，因而大大提高了整个系统的处理速度。

1．多微处理器 CNC 装置的结构分类

1）共享存储器结构

共享存储器结构采用多端口存储器来实现各微处理器之间的互联和通信，每个端口都配有一套数据、地址、控制线，以供端口使用访问。图 5.8 所示为共享存储器多微处理器结构框图。该系统主要有 4 个子系统和 1 个公共数据存储器，每个子系统按照各自存储器所存储的程序执行相应的控制功能（如插补、轴控制、I/O 等）。各子系统之间不能直接进行通信，都要通过公共数据存储器（共享存储器）通信。在公共数据存储器板上有优先级编码器，当 2 个以上的微处理器同时请求时，优先编码器决定先接受谁的请求，对该请求发出承认信号；相应的微处理器接到信号后，便把数据存到公共数据的规定地址中，其他子系统则从该地址读取数据。

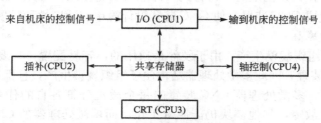

图 5.8　多微处理器共享存储器的结构

由于同一时刻只能有一个微处理器对多端口存储器读或写，所以功能复杂而要求微处理器数量增多时，会因争用共享而造成信息传输的阻塞，降低系统效率，因此扩展功能很困难。

2）共享总线结构

以系统总线为中心的多微处理器结构，称为多微处理器共享总线结构。图 5.9 为多微处理器共享总线结构框图。CNC 装置中的各功能模块分为带有 CPU 的主模块和不带 CPU 的各种（RAM/ROM，I/O）从模块两大类。所有主、从模块都插在配有总线插座的机柜内，共享标准系统总线。系统总线的作用是把各个模块有效地连接在一起，按要求交换数据和控制信息，构成一个完整的系统，实现各种预定的功能。只有主模块有权控制使用总线。由于某一时刻只能由 1 个主模块占有主线，因此必须有仲裁电路来裁决多个主模块同时请求使用系统总线的竞争。仲裁的目的是判别出各模块优先权的高低，而每个主模块的优先级别已按其担负任务的重要性被预先安排好。支持多微处理器结构的总线都有总线仲裁机构，通常有两种裁决的方式，即串行方式和并行方式。

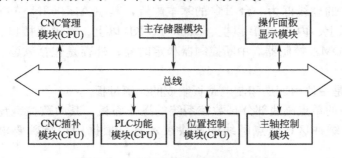

图 5.9　多微处理器共享总线结构框图

多微处理器共享总线结构系统配置灵活，结构简单，容易实现。缺点是各主模块使用

数控技术

总线时会引起"竞争"而使信息传输效率降低。

2. 多微处理器的结构特点

（1）性价比高。多微处理器结构中的每个微处理器完成系统中指定的一部分功能，独立执行程序。它比单微处理器提高了计算的处理速度，适于多轴控制、高进给速度、高精度、高效率的控制要求。由于系统采用共享资源，而单个微处理器的价格又比较便宜，使CNC装置的性能价格比大为提高。

（2）良好的适应性和扩展性。多微处理器的CNC装置大都采用模块化结构，可将微处理器、存储器、I/O控制组成独立微处理器级的硬件模块，相应的软件也采用模块结构，固化在硬件模块中。硬软件模块形成特定的功能单元，称为功能模块。功能模块间有明确定义的接口，接口是固定的，符合工厂标准或工业标准，彼此可以进行信息交换。这样可以积木式地组成CNC装置，使CNC装置设计简单、适应性和扩展性好、调整维修方便、结构紧凑、效率高。

（3）硬件易于组织规模生产。由于硬件是通用的，容易配置，只要开发新的软件就可构成不同的CNC装置，因此多微处理器结构便于组织规模生产，且保证质量。

（4）可靠性高。多微处理器CNC装置的每个微机分管各自的任务，形成若干模块。如果某个模块出了故障，其他模块仍能照常工作；而单微处理器的CNC装置，一旦出故障就造成整个系统瘫痪。另外，多微处理器的CNC装置可进行资源共享，省去了一些重复机构，不但降低了成本，也提高了系统的可靠性。

（5）多微处理器的CNC装置适合多轴控制、高进给速度、高精度、高效率的数控机床。

5.2.3 华中数控系统硬件结构

华中数控系统是我国为数不多具有自主版权的高性能数控系统之一。它以通用的工业PC(IPC)和DOS、Windows操作系统为基础，采用开放式的体系结构，使华中数控系统的可靠性和质量得到了保证。它适合多坐标（2～5）数控镗铣床和加工中心，在增加相应的软件模块后，也能适应于其他类型的数控机床（如数控磨床、数控车床等）以及特种加工机床（如激光加工机、线切割机等）。

华中数控装置的硬件基本结构如图5.10所示。系统的硬件由工业PC(IPC)、主轴驱动单元和交流伺服单元等几个部分组成。各组成部分介绍如下。

（1）图5.10中的虚线框为一台IPC的基本配置，其中ALL-IN-ONE CPU卡的配置是CPU 80386以上、内存2MB以上、cache 128KB以上、软硬驱接口、键盘接口、二串一并通信接口、DMA控制器、中断控制器和定时器；外存是包括软驱、硬驱和电子盘在内的存储器件。

（2）系统总线是一块由四层印制电路板制成的无源母板。

（3）图5.10中的单点画线部分是数控系统的操作面板，其中数控键盘通过COM2口直接写标准键盘的缓冲区；双点画线的模块表示是可根据用户特殊要求而定制的功能模块。

（4）位置单元接口根据伺服单元的不同而有不同的具体实施方案：当伺服单元为数字交流伺服单元时，位置单元接口可采用标准RS-232C串口；当伺服单元为模拟式交/直

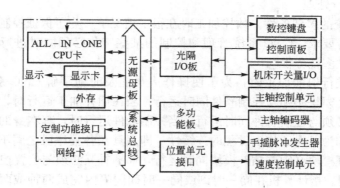

图 5.10　单机或主从结构的 CNC 装置硬件结构

流伺服单元时，位置单元接口采用位置环板；当用步进电动机为驱动元件时（教学数控机床），位置单元接口采用多功能数控接口板。

（5）光隔 I/O 板主要处理控制面板上以及机床测量的开关量信号。

（6）多功能板主要处理主轴单元的模拟或数字控制信号，并回收来自主轴编码器、手摇脉冲发生器的脉冲信号。

5.3　CNC 系统软件结构（Software Structure of CNC System）

5.3.1　CNC 系统软件组成

CNC 系统的软件是为完成 CNC 系统的各项功能而专门设计和编制的，是数控加工系统的一种专用软件。CNC 软件必须完成管理和控制两大任务。CNC 系统软件的管理作用类似于计算机的操作系统的功能，包括输入、I/O 处理、通信、显示、诊断以及加工程序的编制管理等程序。系统的控制软件部分包括译码、刀具补偿、速度处理、插补和位置控制等软件，不同的 CNC 系统，其功能和控制方案也不同，因而各系统软件在结构上和规模上差别较大，各厂家的软件互不兼容。现代数控机床的功能大都采用软件来实现，所以，系统软件的设计及功能是 CNC 系统的关键。图 5.11 为 CNC 软件构成图。

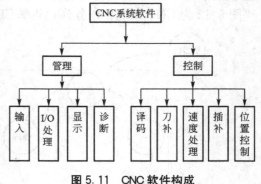

图 5.11　CNC 软件构成

5.3.2　CNC 系统软件特点与结构

1. CNC 系统软件的特点

CNC 系统是一个专用的实时多任务系统，必须完成管理和控制两大任务。多任务并行处理和多重实时中断是 CNC 系统软件结构的两大特点。

1）多任务并行处理

（1）CNC 系统的多任务性。数控加工时在很多情况下，为了保证控制的连续性和各任务执行的时序配合要求，CNC 系统管理和控制的某些工作必须同时进行，而不能逐一处理。这就体现出"多任务性"。

例如，机床进行切削加工时，为了使操作人员能及时地了解 CNC 系统的工作状态，管理软件中的显示模块必须与控制软件同时运行；当在插补加工运行时，管理软件中的零件程序输入模块必须与控制软件同时运行；当控制软件运行时，其本身的一些处理模块也必须同时运行；如为了保证加工过程的连续性，即刀具在各程序段之间不停刀，译码、刀具补偿和速度处理模块必须与插补模块同时运行，而插补又必须与位置控制同时进行。

（2）并行处理。指计算机在同一时刻或同一时间间隔内完成两种或两种以上性质相同或不相同的工作。其优点一是提高 CNC 系统的处理速度；二是有利于合理使用和调配 CNC 系统的资源。

并行处理的方法有：

资源重复。资源重复并行处理是指用多套相同或不同的设备同时完成多种相同或不同的任务，它采用增加硬件资源的办法来提高运算速度（如采用多 CPU 的系统体系结构来提高系统的速度）。目前 CNC 装置的硬件结构中，广泛使用"资源重复"的并行处理技术。

资源分时共享。资源分时共享并行处理是根据"分时共享"的原则，使多个用户按时间顺序使用同一套设备。

时间重叠。时间重叠并行处理根据流水线处理技术，使多个处理过程在时间上相互错开，轮流使用同一套设备的几个部分。

在 CNC 装置的软件中，主要采用"资源分时共享"和"资源重叠的流水处理"方法。

① 资源分时共享并行处理。在单 CPU 的 CNC 装置中，根据"分时共享"的原则，使多个用户按时间顺序使用同一套设备来解决多任务的同时运行。资源分时共享技术要解决的主要问题有两个：一是要解决各任务何时占用 CPU，即各任务的优先级分配问题；二是要解决各任务占用 CPU 的时间长短。一般采用循环轮流和中断优先相结合的方法来解决问题。

图 5.12 为 CNC 系统各任务分时共享 CPU 的时间分配图。

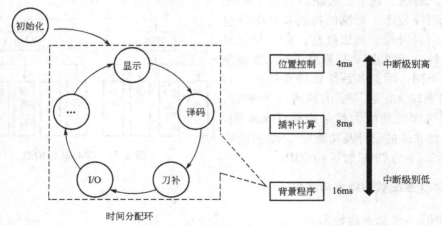

图 5.12　CNC 系统各任务分时共享 CPU 的时间分配图

系统在完成初始化任务后自动进入时间分配循环中，在环中依次轮流处理各任务。而对于系统中一些实时性很强的任务则按优先级排队，分别处于不同的中断优先级上作为环外任务，环外任务可以随时中断环内各任务的执行，每个任务允许占有 CPU 的时间受到一定的限制，对于某些占有 CPU 时间较多的任务，如插补准备（包括译码、刀具半径补偿和速度处理等），可以在其中的某些地方设置断点，当程序运行到断点处时，自动让出CPU，等到下一个运行时间内自动跳到断点处继续运行。

资源分时共享的并行处理只有宏观上的意义，从微观上来看，各个任务还是逐一执行的。

② 资源重复流水处理。流水处理技术是指利用重复的资源（CPU），将一个大的任务分成若干个子任务（任务的分法与资源重复的多少有关）；这些子任务是彼此关系的，然后按一定的顺序安排每个资源执行一个子任务，就像在一条生产线上分不同工序加工零件的流水作业一样。当 CNC 装置在自动加工工作方式时，其数据转换过程由零件程序输入、插补准备（包括译码、刀具补偿和速度处理）、插补、位置控制 4 个子过程组成。假如完成每个子过程所需时间分别为 Δt_1、Δt_2、Δt_3 和 Δt_4，那么完成一个零件程序段的数据转换时间将是 $t=\Delta t_1+\Delta t_2+\Delta t_3+\Delta t_4$。如果以顺序方式处理每个零件的程序段，则第一个零件程序段处理完以后再处理第二个程序段，依次类推。图 5.13(a) 表示了这种顺序处理时的时间空间关系。从图中可以看出，两个程序段的输出之间将有一个时间为 t 的间隔。这种时间间隔反映在电动机上就是电动机的时停时转，反映在刀具上就是刀具的时走时停，这种情况在加工工艺上是不允许的。消除这种间隔的方法是用时间重叠流水处理技术。采用流水处理后的时间、空间关系如图 5.13(b) 所示。

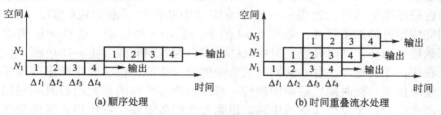

图 5.13　顺序处理与时间重叠流水处理

流水处理的关键是时间重叠，即在一段时间间隔内不是处理一个子过程，而是处理两个或更多的子过程。从图中可以看出，经过流水处理以后，从时间 Δt_4 开始，每个程序段的输出之间不再有间隔，从而保证了刀具移动的连续性。流水处理要求处理每个子过程的运算时间相等，然而 CNC 装置中每个子过程所需的处理时间都是不同的，解决的方法是取最长的子过程处理时间为流水处理时间间隔。这样在处理时间间隔较短的子过程时，当处理完后就进入等待状态。

当采用资源重复流水处理时，在任何时刻（流水处理除开始和结束外）均有两个或两个以上的任务在同时执行。资源重复流水处理是以资源重复的代价（多个 CPU）换得时间上的重叠，或者说以空间复杂性的代价换得时间上的快速性。但在单 CPU 的 CNC 装置中，流水处理的时间重叠只有宏观上的意义，即在一段时间内，CPU 处理多个子过程，但从微观上看，每个子过程是分时占用 CPU 时间。

2) 实时中断处理

CNC 系统软件结构的另一个特点是实时中断处理。CNC 系统程序以零件加工为对象，每个程序段中有许多子程序，它们按照预定的顺序反复执行，各个步骤间关系十分密切，有许多子程序的实时性很强，这就决定了中断成为整个系统不可缺少的重要组成部分。

CNC 系统的中断管理主要由硬件完成，而系统的中断结构决定了软件结构。

CNC 系统的多任务性和实时性决定了中断是整个系统必不可少的重要组成部分。CNC 装置的中断管理主要靠硬件完成，而系统的中断结构决定了 CNC 装置软件的结构。CNC 装置的中断类型有：

（1）外部中断：如纸带光电阅读机读孔中断、外部监控中断(如急停)、键盘操作面板输入中断等。

（2）内部定时中断：如插补周期定时中断、位置采样定时中断等。

（3）硬件故障中断：是 CNC 装置各种硬件故障检测装置发出的中断，如存储器出错、定时器出错、插补运算超时等。

（4）程序性中断：是程序中出现的各种异常情况的报警中断，如各种溢出、除零等。

2. CNC 系统的软件结构

目前，CNC 系统的软件结构有三种：前后台型结构、多重中断型结构和功能模块型结构。

1）前后台型结构

在前后台型结构的 CNC 系统中，整个系统分为两大部分：前台程序和后台程序。

前台程序是一个实时中断服务程序，几乎承担了全部的实时功能(如插补、位置控制、机床相关逻辑和面板扫描监控等)，这些功能与机床动作直接相关。

后台程序又称背景程序，其实质是一个循环执行程序，对一些实时性要求不高的功能，如程序或数据的输入、译码、数据处理等插补准备工作和管理程序等均由后台程序承担。

在后台程序循环运行的过程中，前台的实时中断程序不断的定时插入，二者密切配合，共同完成零件的加工任务。如图 5.14 所示，程序一经启动，经过一段初始化程序后便进入背景程序循环。同时开放定时中断，每隔一定时间间隔发生一次中断，执行完毕后返回背景程序，如此循环往复，共同完成数控的全部功能。在实时中断服务程序中，各种程序按优先级排队，按时间先后顺序执行。每次中断有严格的最大运行时间限制，如果前一次中断尚未完成，又发生了新的中断，说明发生服务重叠，系统进入紧停状态。实时中断服务程序流程如图 5.15 所示。

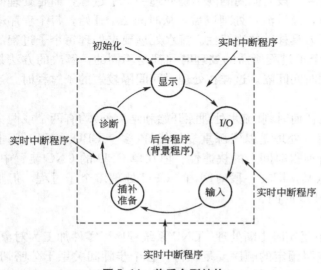

图 5.14　前后台型结构

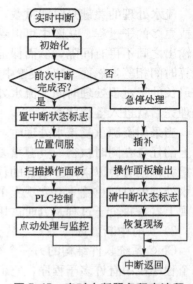

图 5.15　实时中断服务程序流程

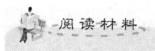

前后台型结构 CNC 软件实例

美国 A－B7360 CNC 软件是一种典型的前后台型软件。其结构框图如图 5.16 所示。该图的右侧是实时中断程序处理的任务,主要的可屏蔽中断有 10.24ms 实时时钟中断、阅读机中断和键盘中断。其中阅读机中断优先级最高,10.24ms 实时时钟中断优先级次之,键盘中断优先级最低。阅读机中断仅在输入零件程序时启动了阅读机后才发生,键盘中断也仅在键盘方式下发生,而 10.24ms 中断总是定时发生的。左侧则是背景程序处理的任务。背景程序是一个循环执行的主程序,而实时中断程序按其优先级随时插入背景程序中。

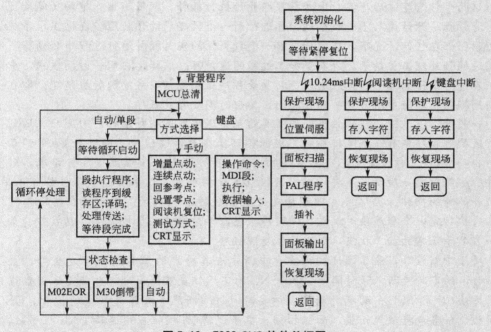

图 5.16　7360 CNC 软件总框图

当 A－B7360 CNC 控制系统接通电源或复位后,首先运行初始化程序,然后,设置系统有关的局部标志和全局性标志;设置机床参数;预清机床逻辑 I/O 信号在 RAM 中的映像区;设置中断向量;并开放 10.24ms 实时时钟中断,最后进入紧停状态。此时,机床的主轴和坐标轴伺服系统的强电是断开的,程序处于对"紧停复位"的等待循环中。由于 10.24ms 时钟中断定时发生,控制面板上的开关状态随时被扫描,并设置了相应的标志,以供主程序使用。一旦操作者按了"紧停复位"按钮,接通机床强电时,程序下行,背景程序启动。首先进入 MCU 总清(即清除零件程序缓冲区、键盘 MDI 缓冲区、暂存区、插补参数区等),并使系统进入约定的初始控制状态(如 G01、G90 等),接着根据面板上的方式进行选择,进入相应的方式服务环中。各服务环的出口又循环到方式选择例程,一旦 10.24ms 时钟中断程序扫描到面板上的方式开关状态发生了变化,

背景程序便转到新的方式服务环中。无论背景程序处于何种方式服务中，10.24ms 的时钟中断总是定时发生的。

在背景程序中，自动/单段是数控加工中的最主要的工作方式，在这种工作方式下的核心任务是进行一个程序段的数据预处理，即插补预处理。即一个数据段经过输入译码、数据处理后，就进入就绪状态，等待插补运行。所以图 5.16 中段执行程序的功能是将数据处理结果中的插补用信息传送到插补缓冲器，并把系统工作寄存器中的辅助信息(S、M、T 代码)送到系统标志单元，以供系统全局使用。在完成了这两种传送之后，背景程序设立一个数据段传送结束标志及一个开放插补标志。在这两个标志建立之前，定时中断程序尽管照常发生，但是不执行插补及辅助信息处理等工作，仅执行一些例行的扫描、监控等功能。这两个标志的设置体现了背景程序对实时中断程序的控制和管理。这两个标志建立后，实时中断程序即开始执行插补、伺服输出、辅助功能处理，同时，背景程序开始输入下一程序段，并进行新一个数据段的预处理。在这里，系统设计者必须保证在任何情况下，在执行当前一个数据段的实时插补运行过程中必须将下一个数据段的预处理工作结束，以实现加工过程的连续性。这样，在同一时间段内，中断程序正在进行本段的插补和伺服输出，而背景程序正在进行下一段的数据处理。即在一个中断周期内，实时中断开销一部分时间，其余时间给背景程序。

一般情况下，下一段的数据处理及其结果传送比本段插补运行的时间短，因此，在数据段执行程序中有一个等待插补完成的循环，在等待过程中不断进行 CRT 显示。由于在自动/单段工作方式中，有段后停的要求，所以在软件中设置循环停请求。若整个零件程序结束，一般情况下要停机。若仅仅本段插补加工结束而整个零件程序未结束，则又开始新的循环。循环停处理程序是处理各种停止状态的。例如，在单段工作方式时，每执行完一个程序段时就设立循环停状态，等待操作人员按循环启动按钮。如果系统一直处于正常的加工状态，则跳过该处理程序。

关于中断程序，除了阅读机和键盘中断是在其特定的工作情况下发生外，主要是 10.24ms 的定时中断。该时间是 7360 CNC 的实际位置采样周期，也就是采用数据采样插补方法(时间分割法)的插补周期。该实时时钟中断服务程序是系统的核心。CNC 的实时控制任务包括位置伺服、面板扫描、机床逻辑(可编程应用逻辑 PAL 程序)、实时诊断和轮廓插补等都在其中实现。

资料来源：李宏胜. 机床数控技术及应用. 北京：高等教育出版社. 92−93.

2) 多重中断型结构

多重中断型结构的系统软件除初始化程序之外，将 CNC 的各种功能模块分别安排在不同级别的中断服务程序中，然后由中断管理系统(由软件和硬件组成)对各级中断服务程序实施调度管理。也就是说，所有功能子程序均安排成级别不同的中断程序，整个软件就是一个大的中断系统，其管理功能是通过各级中断程序之间的相互通信来解决。

各中断服务程序的优先级别与其作用和执行时间密切相关。级别高的中断程序可以打断级别低的中断程序。中断服务程序的中断有两种来源：一种是由时钟或其他外设产生的中断请求信号，称为硬件中断；另一种是由程序产生的中断信号，称为软件中断。

中断型结构模式的优点是实时性好。由于中断级别较多，强实时性任务可安排在优先级较高的中断服务程序中。缺点是模块间的关系复杂，耦合度大，不利于对系统的维护和扩充。

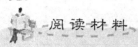

多重中断型 CNC 软件结构实例

FANUC-BESK 7CM CNC 系统是一个典型的中断型软件结构。整个系统的各个功能模块被分为八级不同优先级的中断服务程序，见表5-2。其中伺服系统位置控制被安排成很高的级别，因为机床的刀具运动实时性很强。CRT 显示被安排的级别最低，即0级，其中断请求是通过硬件接线始终保持存在。只要0级以上的中断服务程序均未发生的情况下，就进行 CRT 显示。

表5-2　FANUC-BESK 7CM CNC 系统的各级中断功能

中断级别	主要功能	中断源
0	控制 CRT 显示	硬件
1	译码、刀具中心轨迹计算，显示器控制	软件，16ms 定时
2	键盘监控，I/O 信号处理，穿孔机控制	软件，16ms 定时
3	操作面板和电传机处理	硬件
4	插补运算、终点判别和转段处理	软件，8ms 定时
5	纸带阅读机读纸带处理	硬件
6	伺服系统位置控制处理	4ms 实时钟
7	系统测试	硬件

1级中断相当于后台程序的功能，进行插补前的准备工作。1级中断有13种功能，对应着口状态字中的13个位，每位对应于一个处理任务。在进入1级中断服务时，先依次查询口状态字的0～12位的状态，再转入相应的中断服务，见表5-3。其处理过程如图5.17所示。口状态字的置位有两种情况：一是由其他中断根据需要置1级中断请求的同时置相应的口状态字；二是在执行1级中断的某个口处理时，置口状态字的另一位。当某一口的处理结束后，程序将口状态字的对应位清除。

表5-3　FANUC-BESK 7CM CNC 系统1级中断的13种功能

口状态字	对应口的功能
0	显示处理
1	公英制转换
2	部分初始化
3	从存储区（MP、PC 或 SP 区）读一段数控程序到 BS 区
4	轮廓轨迹转换成刀具中心轨迹
5	"再启动"处理

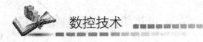

（续）

口状态字	对应口的功能
6	"再启动"开关无效时，刀具回到断点"启动"处理
7	按"启动"按钮时，要读一段程序到BS区的预处理
8	连续加工时，要读一段程序到BS区的预处理
9	纸带阅读机反绕或存储器指针返回首址的处理
A	启动纸带阅读机使纸带正常进给一步
B	置M、S、T指令标志及G96速度换算
C	置纸带反绕标志

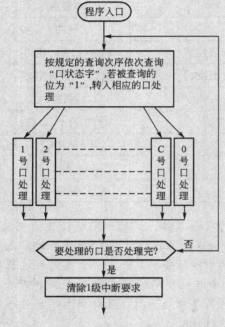

图5.17　1级中断各口处理转换框图

2级中断服务程序的主要工作是对数控面板上的各种工作方式和I/O信号处理。

3级中断则是对用户选用的外部操作面板和电传机的处理。

4级中断最主要的功能是完成插补运算。7CM系统中采用了"时间分割法"（数据采样法）插补。此方法经过CNC插补计算输出的是一个插补周期T（8ms）的F指令值，这是一个粗插补进给量，而精插补进给量则是由伺服系统的硬件与软件来完成的。一次插补处理分为速度计算、插补计算、终点判别和进给量变换四个阶段。

5级中断服务程序主要对纸带阅读机读入的孔信号进行处理。这种处理基本上可以分为输入代码的有效性判别、代码处理和结束处理三个阶段。

6级中断主要完成位置控制、4ms定时计时和存储器奇偶校验工作。

7级中断实际上是工程师的系统调试工作，非使用机床的正式工作。

中断请求的发生，除了第6级中断是由4ms时钟发生之外，其余的中断均靠别的中断设置，即依靠各中断程序之间的相互通信来解决。例如，第6级中断程序中每两次设置一次第4级中断请求（8ms）；每四次设置一次第1、2级中断请求。插补的第4级中断在插补完一个程序段后，要从缓冲器中取出一段并作刀具半径补偿，这时就置第1级中断请求，并把4号口置1。

FANUC - BESK7CM中断型CNC系统的工作过程及其各中断程序之间的相互关联。

（1）开机。开机后，系统程序首先进入初始化程序，进行初始化状态的设置，ROM检查工作。初始化结束后，系统转入0级中断服务程序，进行CRT显示处理。每4ms

的间隔，进入6级中断。由于1级、2级和4级中断请求均按6级中断的定时设置运行，从此以后系统就进入轮流对这几种中断的处理。

（2）启动纸带阅读机输入纸带。做好纸带阅读机的准备工作后，将操作方式置于"数据输入"方式，按下面板上的主程序MP键。按下纸带输入键，控制程序在2级中断"纸带输入键处理程序"中启动一次纸带阅读机。当纸带上的同步孔信号读入时产生5级中断请求。系统响应5级中断处理，从输入存储器中读入孔信号，并将其送入MP区，然后再启动一次纸带阅读机，直到纸带结束。

（3）启动机床加工。

① 当按下机床控制面板上的"启动"按钮后，在2级中断中，判定"机床启动"为有效信息，置1级中断7号口状态，表示启动按钮后要求将一个程序段从MP区读入BS区中。

② 程序转入1级中断，在处理到7号口状态时，置3号口状态，表示允许进行"数控程序从MP区读入BS区"的操作。

③ 在1级中断依次处理完后返回3号口处理，把一数控程序段读入BS区，同时置已有新加工程序段读入BS区标志。

④ 程序进入4级中断，根据"已有新加工程序段读入BS区"的标志，置"允许将BS内容读入AS"的标志，同时置1级中断4号口状态。

⑤ 程序再转入1级中断，在4号口处理中，把BS内容读入AS区中，并进行插补轨迹计算，计算后置相应的标志。

⑥ 程序再进入4级中断处理，进行其插补预处理，处理结束后置"允许插补开始"标志。同时由于BS内容已读入AS，因此置1级中断的8号口，表示要求从MP区读一段新程序段到BS区。此后转入速度计算→插补计算→进给量处理，完成第一次插补工作。

⑦ 程序进入6级中断，把4级中断送出的插补进给量分两次进给。

⑧ 再进入1级中断，8号口处理中允许再读入一段，置3号口。再3号口处理中把新程序段从MP区读入BS区。

⑨ 反复进行4级、6级、1级等中断处理，机床在系统的插补计算中不断进给，显示器不断显示出新的加工位置值。整个加工过程就是由以上各级中断进行若干次处理完成的。由此可见，整个系统的管理是采用了中断程序间的各种通信方式实现的。其中包括：

a. 设置软件中断。第1、2、4级中断由软件定时实现，第6级中断由时钟定时发生，每4ms中断一次。这样每发生两次6级中断，设置一次4级中断请求，每发生四次6级中断，设置一次1、2级中断请求。将1、2、4、6级中断联系起来。

b. 每个中断服务程序自身的连接是依靠每个中断服务程序的"口状态字"位。例如，1级中断分成13个口，每个口对应"口状态字"的1位，每1位对应处理一个任务。进行1级中断的某口的处理时可以设置"口状态字"的其他位的请求，以便处理完某口的操作时立即转入到其他口的处理。

c. 设置标志。标志是各个程序之间通信的有效手段。例如，4级中断每8ms中断一次，完成插补预处理功能。而译码、刀具半径补偿等在1级中断中进行。当完成了其任务后应立刻设置相应的标志，若未设置相应的标志，CNC会跳过该中断服务程序继续往下进行。

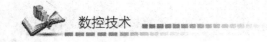
3) 功能模块型结构

当前，为实现数控系统中的实时性和并行性的任务，越来越多地采用多微处理器结构，从而使数控装置的功能进一步增强，结构更加紧凑，更适合于多轴控制、高速进给速度、高精度和高效率的数控系统的要求。

多微处理器 CNC 装置多采用模块化结构，每个微处理器分管各自的任务，形成特定的功能模块。相应的软件也模块化，形成功能模块软件结构，固化在对应的硬件功能模块中。各功能模块之间有明确的硬、软件接口。

阅读材料

功能模块型 CNC 软件结构实例

西门子公司的 SINUMERIK 840C 系统采用功能模块型软件结构。图 5.18 所示为 SINUMERIK 840C 系统 CNC 的功能模块软件结构图。该软件结构主要由三大模块组成，即人机通信(MMC)模块、数控通道(NCK)模块和可编程控制器(PLC)模块。每个模块都是一个微处理器系统，三者可以互相通信。各模块的功能见表 5-4。

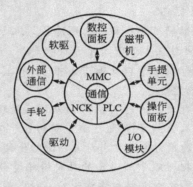

图 5.18　功能模块软件结构

表 5-4　三大模块的功能一览表

模　　块	功　能　说　明
MMC 模块	完成与操作面板、软盘驱动器及磁带机之间的连接，实现操作、显示、编程、诊断、调机、加工模拟及维修等功能
NCK 模块	完成程序段准备、插补、位控等功能。可与驱动装置、电子手轮连接；可和外部 PC 进行通信，实现各种数据变换；还可构成柔性制造系统时信息的传递、转换和处理等
PLC 模块	完成机床的逻辑控制，通过选用通信接口实现联网通信。可连接机床控制面板、手提操作单元(即便携式移动操作单元)和 I/O 模块

5.4　CNC 系统的数据预处理(CNC System Data Preprocessing)

数控机床在加工零件时，通过 CNC 装置控制刀具相对于工件运动，从而实现对零件的加工。刀具运动的轨迹是通过插补实时控制实现的，而插补所需信息(如曲线的种类、起点终点坐标、进给速度等)，则是通过预处理得到。预处理包括零件程序的输入、译码、刀具(半径、长度)补偿计算和坐标系转换等。

1. 零件程序的输入

在利用数控机床正式加工零件之前，应该将编写好的零件程序的输入给数控系统，数控系统的信息输入方式有两种：一是手动数据输入方式(MDI)，一般用键盘输入；二是自动输入方式，一般用外存储器(CF卡、闪存盘和移动硬盘等)或由上一级计算机与数控系统通信输入。手动输入方式一般仅限于简单的数控加工程序输入，而大量的复杂的零件加工程序的输入要利用自动输入方式。

数控加工程序的输入过程包含两个方面：一方面是指通过阅读机或键盘(经过缓冲器)将数控加工程序输入到存储器，另一方面是指执行时将数控加工程序从存储器送到缓冲器，然后送至译码程序进行译码处理。因此广义上讲，译码处理也包含在数控加工程序的输入过程中。图5.19所示为 MDI 键盘输入方式、计算机通信输入方式和存储器输入方式。

程序存储时，(外)存储器输入方式或计算机通信输入方式输入程序时均需要通

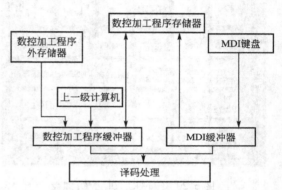

图 5.19　数控加工程序输入方式

过数控加工程序缓冲器才能被存入数控加工程序存储器(内存储器)。而使用 MDI 键盘输入方式输入程序时，大多采用通过键盘中断服务程序方式进行。键盘中断服务程序每执行一次就读入一个按键的信息，并把这键盘上打入的字符经过 MDI 缓冲器送入数控加工程序存储器。数控加工程序缓冲器或者 MDI 缓冲器容量较小，一般可存储几个程序段，而数控加工程序存储器一般容量较大。

为便于理解数控程序的输入过程，以 MDI 键盘为例介绍数控加工程序的输入过程。MDI 键盘是数控机床最常用的输入设备，是人机对话的重要手段，图 5.20 所示为 FANUC_0I_MDI 键盘。数控机床处在不同工作方式时，要求具有不同的输入功能，为了便于操作人员检查和修改，一般要求显示器同步显示键盘输入的内容。当数控机床处于编辑状态时，通过键盘可以输入数控加工程序，即输入相应的字符，并对其进行编辑和存储，而当数控机床处于运行方式时，通过键盘可以输入各种有关命令，对机床及外围设备进行控制，修改刀具参数以及工艺参数，使数控机床的加工更符合实际需要。操作人员每按一次键，中断系统都会向 CNC 装置中的 CPU 发出中断请求。当 CPU 响应中断请求时，键盘中断服务程序就读入键盘输入的内容并进行处理，处理过程如图 5.21 所示。

在键盘中断服务程序的控制下，数控加工程序被读入数控装置内，那么它是以何种形式存放的呢？一般数控加工程序在数控系统内部的存储有两种方式：直接存储和转化成内码存储。直接存储时，键盘中断服务程序占时少，但译码速度受到限制，特别是对于 ISO 代码和 EIA 代码并用的数控机床更是如此。当转换成内码存储时，可大大提高译码速度。ISO 代码、EIA 代码和内码的对应关系见表 5-5。

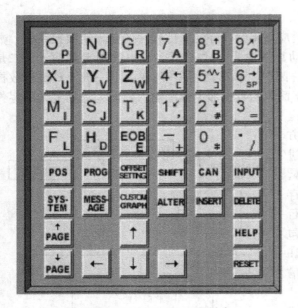

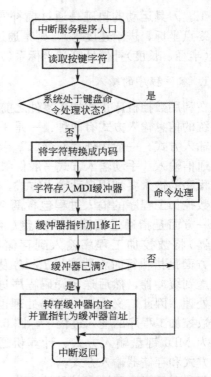

图 5.20 FANUC_0I_MDI 键盘   图 5.21 键盘中断服务程序流程图

表 5-5 ISO 代码、EIA 代码和内码的对应关系

字符	EIA 码	ISO 码	内部代码	字符	EIA 码	ISO 码	内部代码
0	20H	30H	00H	X	36H	D8H	12H
1	01H	B1H	01H	Y	38H	59H	13H
2	02H	B2H	02H	Z	29H	5AH	14H
3	13H	33H	03H	I	79H	C9H	15H
4	04H	B4H	04H	J	51H	CAH	16H
5	15H	35H	05H	K	52H	4BH	17H
6	16H	36H	06H	F	76H	C6H	18H
7	07H	B7H	07H	M	54H	4DH	19H
8	08H	B8H	08H	CR/LF	80H	0AH	20H
9	19H	39H	09H	—	40H	2DH	21H
N	45H	4EH	10H	DEL	7FH	FFH	22H
G	67H	47H	11H	%/ER	0BH	A5H	23H

注：1. EIA 代码中有 EOR 代码，ISO 代码中用%，用于倒带停止。

2. 程序段结束符：EIA 代码中用 CR 或 EOB，ISO 代码中用 LF 或 NL，现在多用";"或者空格。

从表 5.5 中可以看出 ISO 代码和 EIA 代码排列规律不明显，而内码则具有一定的规律。内码按照属性加编码方式构成。所谓属性是指代码的分类，如 ISO 和 EIA 代码大致可分为数字码、字母码和功能码。所谓编码是指属性代码的排序。对于数字码，按照数字大小排序；对于字母码和功能码，则按照它们在字地址程序段格式中出现的先后顺序进行排序。

使用内码存储后，使 ISO 和 EIA 代码在译码时具有了统一的格式，并将各种属性代码加以了区分，从而加快了译码的速度。

例 5.1 已知采用 ISO 代码编写的程序段：N06 G90 G01 X200 Y−17 F50 M03 LF

试将该程序段转换成内码存储在数控加工程序存储器中，设该程序段存放的首地址为 3000H。

解：对照表 5.5，转换成内码后该程序段在数控加工程序存储器中存储的内容见表 5−6。

表 5−6　数控加工程序存储器内码存储内容

地址	内码	地址	内码	地址	内码
3000H	10H	3008H	01H	3010H	08H
3001H	00H	3009H	12H	3011H	17H
3002H	06H	300AH	02H	3012H	05H
3003H	11H	300BH	00H	3013H	00H
3004H	09H	300CH	03H	3014H	19H
3005H	00H	300DH	13H	3015H	00H
3006H	11H	300EH	21H	3016H	03H
3007H	00H	300FH	01H	3017H	20H

2. 译码

译码程序又称翻译程序，它把数控加工程序段的各种轮廓信息（如起点、终点、直线或圆弧等）、进给速度 F 和其他辅助信息（M、S、T）按一定规律翻译成 CNC 装置能识别的数据形式，并按系统规定的格式存放在译码结果缓冲器中。译码时，将数控加工程序缓冲器或 MDI 缓冲器中的数据逐个读出，先识别其属性，然后做相应的处理。如果当前读出的是字母码，则将后续的数字码送到相应的结果缓冲器单元中；如果是功能码，则需进一步判断其功能后再处理。因此，译码主要包含代码的识别和功能码的翻译两部分。

译码有两种方式：解释和编译。解释方式是将输入程序整改成某种形式，在执行时，由 CNC 装置顺序取出进行分析、判断和处理，即一边解释，一边执行，这种方式占用内存少，操作简单。编译方式是将输入程序作为源程序，对它进行编译，形成由机器指令组成的目的程序，然后 CNC 装置执行这个目的程序。目前，数控系统多采用解释方式。

1）代码识别

代码识别由 CNC 系统软件完成。译码时，译码程序从数控加工程序缓冲器中逐个读取字符代码，将其与数字作比较，若相等就说明当前读取的是与该数字相对应的字符（数字与字符的对应关系见表5.5）。图5.22为代码识别流程图。

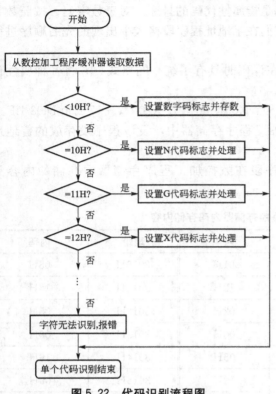

图 5.22　代码识别流程图

在代码识别时，如果读取的字符小于10H时，说明当前所读取的字符为00H～09H，即为数字码，而数字码不需要处理直接转存即可，这样利用一个判别语句就可识别出00H～09H这是10个数字，因此识别效率较高，这也就是将ISO或EIA转化成内码存储的原因。字符码和功能码的识别雷同，需要逐一进行判断，但可根据其出现频率的高低进行排序，高频率的字符先判断，这样同样可以提高识别效率。

2）功能码的译码

经过代码识别确立了各功能代码的标志后，下面的工作就是要对各功能码进行处理。处理时，需要设计一个临时存储器用来存储处理的结果，这个存储器被称为译码结果缓冲器。对于不同的CNC系统来说，译码结果缓冲器的存储格式和规模大小是不一样的，但是对于一个具体的CNC系统而言，译码结果缓冲器的存储格式和规模大小是固定不变

的。译码结果缓冲器实际上是为数控加工程序中可能出现的功能代码而设置的存储单元，存放其对应的特征码或者数值，后续的处理软件根据需要到对应的存储单元读取数控加工程序的信息并予以执行。由于数控系统的功能码非常丰富，如果为每一个字符或代码都设置存储区，将会形成一个庞大的表格，这样不仅浪费了内存空间，而且还会影响到译码速度和后续处理软件的读取速度。因此，在设计译码结果缓冲器时，需要合理控制其规模。从数控系统代码表有关标准中可知，G代码和M代码其数量最大，一般都是从00～99约100个，甚至更多，但实际上有些代码功能属性相近或者相同，不可能出现在同一个程序段中，比如G01和G02就不可能出现在一个程序段中，因为一个程序段只能规定一个加工方式，要么是加工直线（G01），要么加工圆弧（G02）。依据这一特点，可以将G代码和M代码按功能属性进行分组，见表5-7和表5-8。这样对于每一组代码只需要设置一个独立的存储单元，并用特征码来区分同一组的不同代码。同时，对尚未使用的功能代码，在设计时可不予考虑。这样，通过以上两种处理，可以大大压缩译码结果缓冲器的规模。对于其他功能代码，如程序段号代码N、主轴功能代码S、进给功能代码F、刀具功能代码T、坐标地址代码XYZ等，它们在一个程序段中只可能出现一次，因此可以为其指定与其数值范围对应的内存单元。表5-9列出了某一数控系统的译码结果缓冲器存储格式和一个加工程序段所对应的译码结果缓冲器的规模大小。

表5-7　常用G代码分组

组别	G代码	功能	组别	G代码	功能
Ga	G00	点定位(快速进给)	Gd	G40	注销刀具补偿
	G01	直线插补(切削进给)		G41	左刀具半径补偿
	G02	顺圆插补		G42	右刀具半径补偿
	G03	逆圆插补	Ge	G80	注销固定循环
	G06	抛物线插补		G81~G89	固定循环
	G33~G35	螺纹切削	Gf	G90	绝对尺寸编程
Gb	G04	暂停		G91	增量尺寸编程
Gc	G17	XY平面选择	Gg	G92	工作坐标系设定
	G18	ZX平面选择			
	G19	YZ平面选择			

表5-8　常用M代码分组

组别	M代码	功能	组别	M代码	功能
Ma	M00	程序停止(主轴、冷却液停)	Mb	M05	主轴停止
	M01	计划停止(需按钮操作确认)	Mc	M06	换刀
	M02	程序结束			
Mb	M03	主轴顺时针转	Md	M10	夹紧
	M04	主轴逆时针转		M11	松开

表5-9　译码结果缓冲器格式

地址码	字节数	数据形式	地址码	字节数	数据形式
N	1	BCD码	Ma	1	特征码
X	2	二进制	Mb	1	特征码
Y	2	二进制	Mc	1	特征码
Z	2	二进制	Ga	1	特征码
I	2	二进制	Gb	1	特征码
J	2	二进制	Gc	1	特征码
K	2	二进制	Gd	1	特征码
F	2	二进制	Ge	1	特征码
S	2	二进制	Gf	1	特征码
T	1	BCD码	Gg	1	特征码

下面通过前述实例来介绍译码的一般过程,译码结果缓冲器格式如表5-9所规定且

设其首地址为5000H。译码时，从数控加工程序缓冲器(表5-10)中读取一个字符，通过前述的代码识别程序识别出第一个字符N并设立标志，接着去取其后紧跟的数字(此处为2位BCD码)并合为一个数据送至译码结果缓冲器中N代码对应的内存单元中。完成N代码处理后，接着代码识别程序继续取下一个字符(G代码)进行识别并设立标志位，接着取G代码后面的数字码判断出该G代码属于Gf组，则将译码结果缓冲器Gf对应的内存单元中存入90H。如此重复，直至读到程序段结束标志LF为止。经过译码处理，前述一个完整的程序段的译码结果见表5-11。在译码过程中还要进行数控加工程序的诊断工作，防止错误代码的读入。图5.23为数控加工程序译码与诊断流程图。

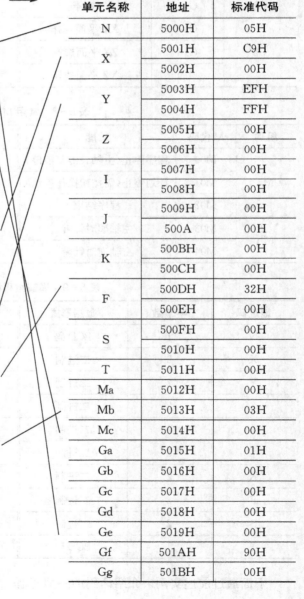

表5-10 数控加工程序缓冲器

地址	ISO代码	内码
3000H	N	10H
3001H	0	00H
3002H	6	06H
3003H	G	11H
3004H	9	09H
3005H	0	00H
3006H	G	11H
3007H	0	00H
3008H	1	01H
3009H	X	12H
300AH	2	02H
300BH	0	00H
300CH	0	00H
300DH	Y	11H
300EH	—	21H
300FH	1	01H
3010H	7	07H
3011H	F	18H
3012H	5	05H
3013H	0	00H
3014H	M	19H
3015H	0	00H
3016H	3	03H
3017H	LF	20H

表5-11 译码结果缓冲器

单元名称	地址	标准代码
N	5000H	05H
X	5001H	C9H
	5002H	00H
Y	5003H	EFH
	5004H	FFH
Z	5005H	00H
	5006H	00H
I	5007H	00H
	5008H	00H
J	5009H	00H
	500A	00H
K	500BH	00H
	500CH	00H
F	500DH	32H
	500EH	00H
S	500FH	00H
	5010H	00H
T	5011H	00H
Ma	5012H	00H
Mb	5013H	03H
Mc	5014H	00H
Ga	5015H	01H
Gb	5016H	00H
Gc	5017H	00H
Gd	5018H	00H
Ge	5019H	00H
Gf	501AH	90H
Gg	501BH	00H

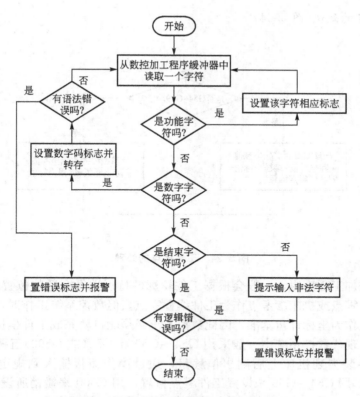

图 5.23　数控加工程序译码与诊断流程图

　　小提示：在同一程序段中出现了两个同一组的 G 代码，数控系统有可能报错，或者不报错，而只有后者有效。

　　3. 数控加工程序的诊断

　　数控加工程序的诊断是指 CNC 装置在程序输入或者译码过程中，对不规范的指令格式进行检查并提示操作者修改的功能。一般来讲，数控加工程序的诊断包括语法错误诊断和逻辑错误诊断两种类型。不同的数控系统，数控加工程序的诊断类型和报警信息不同，在不同时期诊断内容也不大相同。

　　语法错误是指程序段格式或程序字格式不规范的错误。早期数控系统对语法要求比较严格。常见的语法错误有：①N 代码后的数值超过了数控系统规定的取值范围；②在程序中出现了系统没有约定的字母代码；③坐标代码后的数值超越了机床的行程范围；④S、F、T 代码后的数值超过了系统约定的范围；⑤出现了数控系统中没有定义的 G 代码；⑥出现了数控系统中没有定义的 M 代码。⑦T 代码格式错误；⑧错误宏变量名称。

　　逻辑错误是指整个程序或一个程序段中功能代码之间互相排斥、互相矛盾的错误。对于有些逻辑错误，数控系统有可能不报错，但是执行程序后的结果可能与预期不一致，这一点要特别注意。常见的逻辑错误有：①在同一个程序段中先后出现两个或两个以上同组的 G 代码；②在同一个程序段中先后出现相互矛盾的尺寸代码；③有的数控系统约定了一个程序段中 M 代码的数量(比如 3 个)，则当同一个程序段中出现超量的 M 代码时，数控系统会报警。

4. 工件零点的处理(图 5.24)

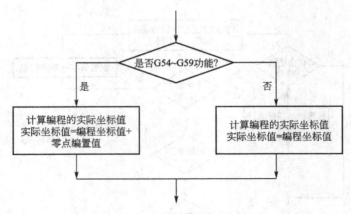

图 5.24 工件零点的处理

在编制数控加工程序时,一般会根据工件轮廓的特点选择合适的位置作为工件零点,而不会选择机床零点或机床参考点作为工件编程零点。但数控系统工作时,总是以机床零点或机床参考点作为坐标计量基准,因此数控系统必须能自动完成工件坐标系与机床坐标系之间的转换。现代数控系统中一般采用 G54~G59 和 G53(或 G500)五条指令来完成上述功能,当工件装夹到机床上后测出偏移量,通过操作面板输入到规定的偏置寄存器(G54~G59)中,用 G54~G59 来设置工件零点偏置,用 G500 来撤销所设置的零点偏置。当系统译码到 G54~G59 中的一个指令时,自动调用对应偏置寄存器中的坐标值进行计算。如坐标值为 0,则表示在机床坐标系中的当前位置就是工件坐标系的零点;如坐标值不为 0,表示工件坐标系的零点相对于所选择的当前位置有一定距离,其值就是偏置寄存器中的数值。

5. 绝对坐标与增量坐标的处理(图 5.25)

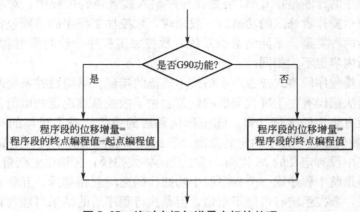

图 5.25 绝对坐标与增量坐标的处理

数控系统一般都以 G90、G91 来表示绝对坐标编程方式和增量坐标编程方式。所谓绝对坐标编程方式,是指描述零件轮廓段的坐标值均采用绝对坐标值,即各轮廓段的终点坐标值都是相对于工件坐标系零点的数值。所谓增量坐标编程方式,是指描述零件轮廓段的坐标值均采用增量坐标值，即各轮廓段的终点坐标值都是相对于该轮廓段起点的数值。尽管编程方式不同，但在数控系统内部必须都转化成系统能识别的坐标信息进行处理。

5.5　华中数控系统的软件结构
（Software Structure of Huazhong CNC System）

1. 软件结构说明

华中数控系统的软件分为底层软件结构和过程控制软件，如图 5.26 所示。图中虚线以下的部分称为底层软件，它是华中数控系统的软件平台，其中 RTM 模块为自行开发的实时多任务管理模块，负责 CNC 系统的任务管理调度。NCBIOS 模块为基本输入输出系统，管理 CNC 系统所有的外部控制对象，包括设备驱动程序（I/O）的管理、位置控制、PLC 控制、插补计算以及内部监控等。RTM 和 NCBIOS 两模块合起来统称 NCBASE，如图 5.26 中双点画线框所示。图 5.26 中虚线以上的部分称为过程控制软件（或上层软件），它包括编辑程序、参数设置、译码程序、PLC 管理、MDI、故障显示等与用户操作有关的功能子模块。对不同的数控系统，其功能的区别都在这一层，系统功能的增减均在这一层进行；各功能模块通过 NCBASE 的 NCBIOS 与底层进行信息交换。

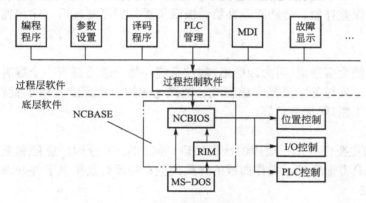

图 5.26　华中数控装置软件结构

2. NCBASE 的功能

1）实时多任务的调度

该功能由 RTM 模块实现。调度核心由时钟中断服务程序和任务调度程序组成，如图 5.27 所示。根据任务要求的调度机制（采用优先抢占加时间片轮转调度）和任务的状态，调度核心对任务实行管理，即决定当前哪个任务获得 CPU 的控制权，并监控任务的状态。系统中各个任务只能通过调度核心才能运行和终止。图 5.27 描述了各个任务与调度核心的关系，图中的实线表示从调度核心进入任务或任务在一个时间片内未能运行完而返回调度核心的状态；图中虚线表示任务在时间片内运行完毕返回调度核心的状态。

2）设备驱动程序

对于不同的控制对象，如加工中心、数控铣床、数控车床、数控磨床等，硬件的配置可能不同，而不同的硬件模块其驱动程序也不同。华中数控系统就很好地解决了这个问

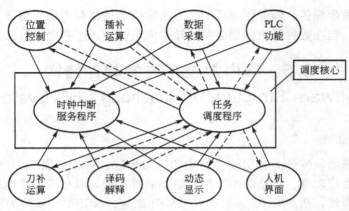

图 5.27　多任务调度图

题。在配置系统时，所有的硬件模块的驱动程序都要在 NCBIOS 的 NCBIOS.CFG 中说明（格式为：DEVICE＝驱动程序名）。系统在运行时，NCBIOS 根据 NCBIOS.CFG 的预先设置，调入对应模块的驱动程序，建立相应的接口通道。

　　3) 位置控制

　　位置控制是 NCBIOS 的一个固定程序，主要是接受插补运算程序送来的位置控制指令，经进行螺距误差补偿、传动间隙补偿、极限位置判别等处理后，输出速度指令值给位置控制模块。

　　4) 插补器

　　华中数控系统为多通道(可为四通道)数控系统，每个通道都有一个插补器，相应就创建一个插补任务。其任务主要是完成直线、圆弧、螺纹、攻螺纹及微小直线段(供自由曲线和自由曲面加工用)等插补运算。

　　5) PLC 调度

　　PLC 调度的主要任务是：故障的报警处理；M、S、T 处理；急停和复位处理；虚拟轴驱动处理；刀具寿命管理；操作面板的开关处理；指示灯及突发事件处理等。

　　6) 内部监控

　　实现对 CNC 系统各部分故障的监控。

5.6　数控机床中的 PLC(PLC in CNC Machine Tools)

5.6.1　PLC 简介

1. PLC 的产生与发展

　　可编程控制器(programmable logic controller，PLC)是 20 世纪 60 年代发展起来的一类以微处理器为基础的通用型自动控制装置。最早用来代替传统的继电器控制装置，功能上只有逻辑运算、定时、计数以及顺序控制等。随着技术的发展，它一般以顺序控制为主，回路调节为辅，能够完成逻辑、顺序、计时、计数和算术运算等功能，既能控制开关量，也能控制模拟量。

近年来 PLC 技术发展很快，每年都推出不少新产品。据不完全统计，美国、日本、德国等生产 PLC 的厂家已达 150 多家，产品有数百种。PLC 的功能也在不断增长，主要表现在：

(1) 控制规模不断扩大。单台 PLC 可控制成千乃至上万个点，多台 PLC 进行同位链接可控制数万个点，PLC 的控制规模不断扩大。

(2) 系统功能增强。PLC 指令功能不断增强，使 PLC 可以实现逻辑运算、计时、计数、算术运算、PID 运算、数制转换、ASCⅡ码处理等。高档 PLC 还能处理中断、调用子程序等。使得 PLC 能够实现逻辑控制、模拟量控制、数值控制和其他过程监控，以至在某些方面可以取代小型计算机控制。

(3) 处理速度提高。每个点的平均处理时间从 $10\mu s$ 左右提高到 $1\mu s$ 以内。

(4) 编程容量增大。编程容量从几 KB 增大到几十 KB，甚至上百 KB。

(5) 编程语言多样化。大多数 PLC 使用梯形图语言和语句表语言，有的还可使用流程图语言或高级语言。

(6) 通信与联网功能增强。多台 PLC 之间能互相通信，互相交换数据，PLC 还可以与上位计算机通信，接受计算机的命令，并将执行结果告诉计算机。通信接口多采用 RS - 422/RS - 232C 等标准接口，以实现多级集散控制。

目前，为了适应不同的需要，进一步扩大 PLC 在工业自动化领域的应用范围，PLC 正朝着以下两个方向发展：①低档 PLC 向小型、简易、廉价方向发展，使之广泛地取代继电器控制；②中、高档 PLC 向大型、高速、多功能方向发展，使之能取代工业控制微机的部分功能，对大规模的复杂系统进行综合性的自动控制。PLC 在国内外已广泛应用于钢铁、石油、化工、电力、建材、机械制造、汽车、轻纺、交通运输、环保及文化娱乐等各个行业。

在数控机床上采用 PLC 代替继电器控制，使数控机床结构更紧凑，功能更丰富，响应速度和可靠性大大提高。在数控机床、加工中心、FMS、CIMS 等自动化程度高的加工设备和生产制造系统中，PLC 是不可缺少的控制装置。

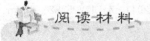

阅读材料

PLC 的产生与发展

20 世纪 60 年代，计算机技术已开始应用于工业控制了。但由于计算机技术本身的复杂性，编程难度高、难以适应恶劣的工业环境以及价格昂贵等原因，未能在工业控制中广泛应用。当时的工业控制，主要还是以继电-接触器组成控制系统。

1968 年，美国最大的汽车制造商——通用汽车制造公司（GM），为适应汽车型号的不断翻新，试图寻找一种新型的工业控制器，以尽可能减少重新设计和更换继电器控制系统的硬件及接线、减少时间，降低成本。因而设想把计算机的完备功能、灵活及通用等优点和继电器控制系统的简单易懂、操作方便、价格便宜等优点结合起来，制成一种适合于工业环境的通用控制装置，并把计算机的编程方法和程序输入方式加以简化，用"面向控制过程，面向对象"的"自然语言"进行编程，使不熟悉计算机的人也能方便地使用。要求硬件减少，软件要灵活、简单。

针对上述设想，通用汽车公司提出了这种新型控制器所必须具备的十大条件（有名的"GM10 条"）：①编程简单，可在现场修改程序；②维护方便，最好是插件式；③可靠性高于继电器控制柜；④体积小于继电器控制柜；⑤可将数据直接送入管理计算机；⑥在成本上可与继电器控制柜竞争；⑦输入可以是交流 115V；⑧输出可以是交流 115V，2A 以上，可直接驱动电磁阀；⑨在扩展时，原有系统只需很小变更；⑩用户程序存储器容量至少能扩展到 4K。

1969 年，美国数字设备公司（GEC）首先研制成功第一台可编程序控制器，并在通用汽车公司的自动装配线上试用成功，从而开创了工业控制的新局面。接着，美国 MODICON 公司也开发出可编程序控制器 084。1971 年，日本从美国引进了这项新技术，很快研制出了日本第一台可编程序控制器 DSC-8。1973 年，西欧国家也研制出了第一台可编程序控制器。我国从 1974 年开始研制，1977 年开始工业应用。早期的可编程序控制器是为取代继电器控制线路、存储程序指令、完成顺序控制而设计的。主要用于：①逻辑运算；②计时，计数等顺序控制，均属开关量控制。所以，通常称为可编程序逻辑控制器（programmable logic controller，PLC）。进入 20 世纪 70 年代，随着微电子技术的发展，PLC 采用了通用微处理器，这种控制器就不再局限于当初的逻辑运算了，功能不断增强，使 PLC 从开关量的逻辑控制扩展到数字控制及生产过程控制领域，真正成为一种电子计算机工业控制装置，故称为可编程控制器，简称 PC（programmable controller）。但由于 PC 容易与个人计算机（personal computer）相混淆，故人们仍习惯地用 PLC 作为可编程控制器的缩写。

至 20 世纪 80 年代，随大规模和超大规模集成电路等微电子技术的发展，以 16 位和 32 位微处理器构成的微机化 PLC 得到了惊人的发展。使 PLC 在概念、设计、性能、价格以及应用等方面都有了新的突破。不仅控制功能增强，功耗和体积减小，成本下降，可靠性提高，编程和故障检测更为灵活方便，而且随着远程 I/O 和通信网络、数据处理以及图像显示的发展，使 PLC 向用于连续生产过程控制的方向发展，成为实现工业生产自动化的三大支柱（PLC、ROBOT、CAD/CAM）的首位。

资料来源：http://www.jdzj.com/plc/article/2011-4-11/25282-1.htm

2. PLC 的基本功能

在数控机床出现以前，顺序控制技术在工业生产中已经得到广泛应用。许多机械设备的工作过程都需要按照一定顺序的进行。顺序控制是以机械设备的运行状态和时间为依据，使其按预先规定好的动作次序顺序地进行工作的一种控制方式。

数控机床所用的顺序控制装置（或系统）主要有两种：

一种是传统的"继电器逻辑电路"，简称 RLC（relay logic circuit）。RLC 是将继电器、接触器、按钮、开关等机电式控制元器件用导线连接而成的以实现规定的顺序控制功能的电路。在实际应用中，RLC 存在一些难以克服的缺点。例如，只能解决开关量的简单逻辑运算，以及定时、计数等有限几种功能控制，难以实现复杂的逻辑运算、算术运算、数据处理，以及数控机床所需的许多特殊控制功能，修改控制逻辑需要增减控制元器件和重新布线，安装和调整周期长，工作量大；继电器、接触器等器件体积较大，每个器件工作触点有限。当机床受控对象较多，或控制动作顺序较复杂时，需要采用大量的器件，因而整个 RLC 体积庞大，功耗高，可靠性差等。由于 RLC 存在上述缺点，因此只能用于一般的工业设备和数控车床、数控钻床、数控镗床等控制逻辑较为简单的数控机床。

另一种是"可编程序控制器",即 PLC。与 RLC 相比,PLC 是一种工作原理完全不同的顺序控制装置。PLC 是由计算机简化而来的。为适应顺序控制的要求,PLC 省去了计算机的一些数字运算功能,而强化了逻辑运算控制功能,是一种功能介于继电器控制和计算机控制之间的自动控制装置。PLC 具有面向用户的指令和专用于存储用户程序的存储器。用户控制逻辑用软件实现,适用于控制对象动作复杂,控制逻辑需要灵活变更的场合。用户程序多采用图形符号和逻辑顺序关系与继电器电路十分近似的"梯形图"编辑,形象直观,工作原理易于理解和掌握。同时,PLC 可与专用编程机、编程器、个人计算机等设备连接,可以很方便地实现程序的显示、编辑、诊断、存储和传送等操作。PLC 没有继电器那种接触不良、触点熔焊、磨损和线圈烧断等故障,运行中无振动、无噪声,且具有较强的抗干扰能力,可以在环境较差(如粉尘、高温、潮湿等)的条件下稳定、可靠地工作。此外,PLC 结构紧凑、体积小、容易装入机床内部或电气箱内,便于实现数控机床的机电一体化。

PLC 的开发利用,为数控机床提供了一种新型的顺序控制装置,并很快在实际应用中显示了强大的生命力。现在 PLC 已成为数控机床的一种基本的控制装置。与 RLC 比较,采用 PLC 的数控机床结构更紧凑,功能更丰富,工作更可靠。对于车削中心、加工中心、FMC、FMS、CIMS 等机械运动复杂、自动化程度高的加工设备和生产制造系统,PLC 已经成为不可缺少的控制装置。

3. PLC 的基本结构

PLC 实质上是一种工业控制用的专用计算机,PLC 系统与微型计算机结构基本相同,也是由硬件系统和软件系统两大部分组成。

图 5.28 为一种通用的 PLC 硬件基本结构图,主要由中央处理单元(CPU)、存储器、I/O 模块及电源组成。

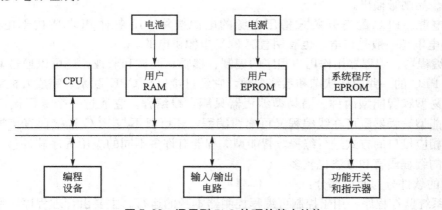

图 5.28 通用型 PLC 的硬件基本结构

主机内各部分之间均通过总线连接。总线分为电源总线、控制总线、地址总线和数据总线。各部件的作用如下:

(1) CPU。PLC 的 CPU 与通用微型计算机的 CPU 一样,是 PLC 的核心部分,它按 PLC 中系统程序赋予的功能,接收并存储从编程器键入的用户程序和数据;用扫描方式查询现场输入装置的各种信号状态或数据,并存入输入过程状态寄存器或数据寄存器中;诊断电源及 PLC 内部电路工作状态和编程过程中的语法错误等;在 PLC 进入运行状态后,从存储器逐条读取用户程序，经过命令解释后，按指令规定的任务产生相应的控制信号，去启闭有关的控制电路；分时、分渠道地去执行数据的存取、传送、组合、比较和变换等动作，完成用户程序中规定的逻辑运算或算术运算等任务；根据运算结果，更新有关标志位的状态和输出状态寄存器的内容，再由输出状态寄存器的位状态或数据寄存器的有关内容实现输出控制、制表打印、数据通信等功能。以上这些都是在 CPU 的控制下完成的。PLC 常用的 CPU 主要采用通用微处理器、单片机或双极型位片式微处理器。

（2）存储器。存储器（简称内存），用来存储数据或程序。它包括随机存取存储器（RAM）和只读存储器（ROM）。

PLC 配有系统程序存储器和用户程序存储器，分别用以存储系统程序和用户程序。系统程序存储器用来存储监控程序、模块化应用功能子程序和各种系统参数等，一般使用 EPROM；用户程序存储器用来存放用户编制的梯形图等程序，一般使用 RAM，若程序不经常修改，也可写入到 EPROM 中；存储器的容量以字节为单位。系统程序存储器的内容不能由用户直接存取。因此一般在产品样本中所列的存储器型号和容量，均是指用户程序存储器。

（3）I/O 模块。I/O 模块是 CPU 与现场 I/O 设备或其他外设之间的连接部件。PLC 提供了各种操作电平和输出驱动能力的 I/O 模块供用户选用。I/O 模块要求具有抗干扰性能，并与外界绝缘，因此，多数都采用光电隔离回路、消抖动回路、多级滤波等措施。I/O 模块可以制成各种标准模块，根据 I/O 点数来增减和组合。I/O 模块还配有各种发光二极管来指示各种运行状态。

接到 PLC 输入接口的输入器件主要有各种开关、按钮、传感器等。各种 PLC 的输入电路大都相同，PLC 输入电路中有光耦合器隔离，并设有 RC 滤波器，用以消除输入触点的抖动和外部噪声干扰。接到 PLC 输出接口的器件主要有三种形式，即继电器输出、晶体管输出、晶闸管输出。

（4）电源。PLC 配有开关式稳压电源的电源模块，用来对 PLC 的内部电路供电。PLC 的供电电源一般是市电，也有用直流 24V 电源供电的。

（5）编程器。编程器用作用户程序的编制、编辑、调试和监视，还可以通过其键盘调用和显示 PLC 的一些内部状态和系统参数。它经过接口与 CPU 联系，完成人机对话。编程器分简易型和智能型两种。简易型编程器只能在线编程，它通过一个专用接口与 PLC 连接。智能型编程器既可在线编程又可离线编程，还可以不与 PLC 连接而直接插到现场控制站的相应接口的方式进行编程。智能型编程器有许多不同的应用程序软件包，功能齐全，适应的编程语言和方法也较多。

PLC 的软件分为两大部分：

（1）系统监控程序：用于控制可编程控制器本身的运行。主要由管理程序、用户指令解释程序和标准程序模块，系统调用。

（2）用户程序：它是由可编程控制器的使用者编制的，用于控制被控装置的运行。

4. PLC 的工作方式和工作过程

PLC 是通过执行用户程序来完成控制任务的，需要执行的操作众多，但 CPU 不可能同时执行多个操作，它只能按分时操作（串行工作）方式，每次执行一个操作，按顺序逐个执行。

在 PLC 处于运行状态时，从内部处理、通信操作、程序输入、程序执行、程序输出，一直循环扫描工作。用扫描方式执行用户程序时，扫描时从第一条程序开始，在无中断或跳转控制的情况下，按程序存储的先后顺序，从上向下、从左至右，逐条执行，直到程序结束。然后再从头开始扫描执行，周而复始重复运行。PLC 的这种工作方式称为循环扫描方式。整个扫描工作过程执行一遍所需的时间称为扫描周期。扫描周期与 CPU 运行速度、PLC 硬件配置及用户程序长短有关，典型值为 1~100ms。

PLC 执行程序的过程分为三个阶段：即输入采样阶段、程序执行阶段和输出刷新阶段。

1）输入刷新阶段

程序开始时，监控程序使机器以扫描方式逐个输入所有输入端口上的信号，并依次存入对应的输入映像寄存器。

2）程序处理阶段

所有的输入端口采样结束后，即开始进行逻辑运算处理，根据用户输入的控制程序，从第一条开始，逐条加以执行，并将相应的逻辑运行结果，存入对应的中间元件和输出元件映像寄存器，当最后一条控制程序执行完毕后，即转入输出刷新处理。

3）输出刷新阶段

将输出元件映像寄存器的内容，从第一个输出端口开始，到最后一个结束，依次读入对应的输出锁存器，从而驱动输出器件形成可编程的实际输出。

小知识：（1）由于 PLC 是扫描工作过程，在程序执行阶段即使输入发生了变化，输入状态映像寄存器的内容也不会变化，要等到下一周期的输入处理阶段才能改变。

（2）PLC 与继电器控制系统区别：前者工作方式是"串行"，后者工作方式是"并行"。前者用"软件"，后者用"硬件"。

（3）PLC 与微机区别：前者工作方式是"循环扫描"。后者工作方式是"待命或中断"。

5. PLC 的编程语言

（1）梯形图。梯形图编程语言习惯上被称为梯形图。梯形图沿袭了继电器控制电路的形式，也可以说，梯形图编程语言是在电气控制系统中常用的继电器、接触器逻辑控制基础上简化了符号演变而来的，具有形象、直观、实用，电气技术人员容易接受，是目前用得最多的一种 PLC 编程语言。

（2）顺序功能图。采用 IEC 标准的 SFC（sequential function chart）语言，用于编制复杂的顺控程序。利用这种先进的编程方法，初学者也很容易编出复杂的顺控程序，大大提高了工作效率，也为调试、试运行带来许多方便。

（3）状态转移图类似于顺序功能图，可使复杂的顺控系统编程得到进一步简化。

（4）逻辑功能图。它基本上沿用了数字电路中的逻辑门和逻辑框图来表达。一般用一个运算框图表示一种功能。控制逻辑常用"与"、"或"、"非"三种功能来完成。目前国际电工协会（IEC）正在实施发展这种编程标准。

（5）指令表。这种编程语言是一种与计算机汇编语言相类似的助记符编程方式，用一系列操作指令组成的语句表将控制流程描述出来，并通过编程器送到 PLC 中去。

（6）高级语言。近几年推出的 PLC，尤其是大型 PLC，已开始使用高级语言进行编程。采用高级语言编程后，用户可以像使用 PC 一样操作 PLC。在功能上除可完成逻辑运算功能外，还可以进行 PID 调节、数据采集和处理、上位机通信等。

5.6.2 PLC 在数控机床中的应用

1. PLC 在数控机床中的配置形式

PLC 在整个数控机床中介于 CNC 装置和机床之间，根据输入离散信息，在内部进行逻辑运算，并完成输出功能。PLC 在数控机床中的配置形式有两种。

1）内装型 PLC

图 5.29 所示为内装型 PLC 的 CNC 机床系统框图。内装型 PLC 从属于 CNC 装置，PLC 与 NC 间的信号传送在 CNC 装置内部即可实现。PLC 与机床之间则通过 CNC I/O 接口电路实现信号传送。

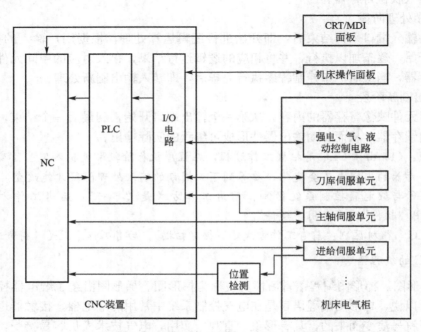

图 5.29　内装型 PLC 的 CNC 机床系统框图

内装型 PLC 有如下特点：

（1）内装型 PLC 实际上是 CNC 装置带有的 PLC 功能，其性能指标是根据所从属的 CNC 系统的规格、性能、适用机床的类型等确定的。其硬件和软件部分被作为 CNC 系统的基本功能统一设计和制造。因此，具有结构紧凑，适配性强的优点。

（2）在系统的具体结构上，内装型 PLC 可与 CNC 系统共用 CPU，也可以单独使用一个 CPU。

（3）硬件控制电路可与 CNC 系统其他电路制作在同一块印制电路板上，也可以单独制成一块附加板，当 CNC 装置需要附加 PLC 功能时，再将此附加板插装到 CNC 装置上。

（4）内装 PLC 一般不单独配置 I/O 接口电路，而是使用 CNC 系统本身的 I/O 电路。PLC 控制电路及部分 I/O 电路（一般为输入电路）所用电源由 CNC 装置提供，不需另备电源。

（5）采用内装型 PLC 结构，CNC 系统可以具有某些高级的控制功能，且造价低。例如，可以使用梯形图编辑和传送高级功能、在 CNC 系统内部直接处理 NC 窗口的大量信息等。

息等。

国内常见外国公司生产的带有内装型 PLC 的系统有：FANUC 公司的 FS-0（PMC-L/M）、FS-0 Mate（PMC-L/M）、FS-3（PLC-D）、FS-6（PLC-A、PLC-B）、FS-10/11（PMC-1）、FS-15（PMC-N），SIEMENS 公司的 SINUMERIK 810、SINUMERIK 820，A-B 公司的 8200、8400、8600 等。

2）独立型 PLC

独立型 PLC 的 CNC 机床系统框图如图 5.30 所示。独立型 PLC 又称通用型 PLC。独立型 PLC 是独立于 CNC 装置，具有完备的硬件和软件功能，能够独立完成规定控制任务的装置。

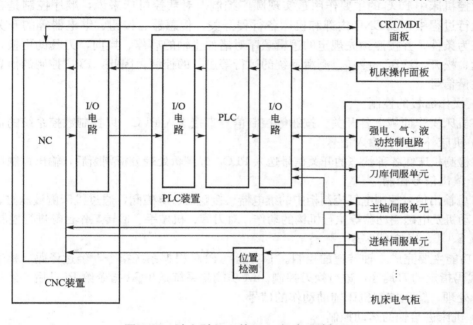

图 5.30　独立型 PLC 的 CNC 机床系统框图

独立型 PLC 有如下特点：

（1）独立型 PLC 具有如下基本的功能结构：CPU 及其控制电路、系统程序存储器、用户程序存储器、I/O 接口电路、与编程机等外设通信的接口和电源等（参见图 5.29）。

（2）独立型 PLC 一般采用积木式模块化结构或笼式插板式结构，各功能电路多做成独立的模块或印制电路板，具有安装方便，功能易于扩展和变更等优点。例如，可采用通信模块与外部 I/O 设备、编程设备、上位机、下位机等进行数据交换；采用 D/A 模块可以对外部伺服装置直接进行控制；采用计数模块可以对加工工件数量、刀具使用次数、回转体回转分度数等进行检测和控制，采用定位模块可以直接对诸如刀库、转台、直线运动轴等机械运动部件或装置进行控制。

（3）独立型 PLC 的输入/输出点数可以通过 I/O 模块或插板的增减灵活配置。有的独立型 PLC 还可通过多个远程终端连接器构成有大量输入/输出点的网络，以实现大范围的集中控制。

在独立型 PLC 中，那些专为用于 FMS、FA 而开发的独立型 PLC 具有强大的数据处理、通信和诊断功能，主要用作"单元控制器"，是现代自动化生产制造系统重要的控制

装置。独立型 PLC 也用于单机控制。国外有些数控机床制造厂家，或是为了展示自己长期形成的技术特色，或是为了对某些技术进行保密，或纯粹是因管理上的需要，在购进的 CNC 系统中，舍弃了 PLC 功能，而采用外购或自行开发的独立型 PLC 作控制器，这种情况在从日本、欧美引进的数控机床中屡见不鲜。

国内已引进应用的独立型 PLC 有：SIEMENS 公司的 SIMATI CS5 系列产品，A‐B 公司的 PLC 系列产品，FANUC 公司的 PMC‐J 等。

2. 数控机床中 PLC 的控制对象

数控机床中 PLC 的主要作用是实现顺序控制。对数控机床来说，顺序控制是在数控机床运行过程中，以 CNC 内部和机床各行程开关、传感器、按钮、继电器等的开关量信号状态为条件，并按照预先规定的逻辑顺序对诸如主轴的启停、换向，刀具的更换，工件的夹紧、松开，液压、冷却、润滑系统的运行等进行的控制。因此，PLC 控制的信息主要是开关量信号。

1）操作面板的控制

将机床操作面板上各开关、按钮等控制信号直接送入 PLC，以控制数控系统的运行。

2）机床外部开关输入信号

将检测机床侧各种状态的开关信号送入 PLC，经逻辑处理分析判断后，输出控制指令。

3）输出信号控制

PLC 输出信号控制电气控制柜中的继电器、接触器、电磁阀，通过机床侧液压缸、气压缸、电动机及电磁制动器等执行机构的动作，对刀库、机械手、回转工作台等进行控制。

4）S、T、M 功能实现

S 功能主要完成主轴转速的控制。T 功能是 PLC 根据系统指令，经过译码、检索，找到 T 代码指定的刀具号，进行换刀控制。M 功能是系统送出 M 指令给 PLC 后，经过译码及逻辑处理，输出控制机床辅助动作的信号。

5）机床进给轴的运动控制

如执行快速移动、各轴的进给时可以不用 CNC 的 G00 和 G01 代码指令控制，而是由 PMC 程序控制，即 PMC 的轴控制功能。

6）伺服使能控制

检测伺服驱动所需的各种条件和逻辑关系，输出控制主轴和伺服进给驱动装置的使能信号，通过主轴及伺服驱动装置，驱动相应的伺服电动机。

7）报警处理控制

收集电气控制柜、机床侧各种开关信号和伺服驱动装置的故障信号，经逻辑处理、分析判断后输入数控系统，系统便显示报警号及报警文本。

3. 数控机床 PLC 程序的设计和调试

以内装型 PLC 为例，用户自行设计和调试数控机床 PLC 程序的一般步骤为：

1）确定 PLC 型号及其硬件配置

不同型号的 PLC 具有不同的硬件组成和性能指标。它们的基本 I/O 点数和扩展范围，程序存储容量往往差别很大。因此，在进行 PLC 程序设计之前，要对所用 PLC 的型号，硬件配置（如内装型 PLC 是否要增加附加 I/O 板，通用型 PLC 是否要增加 I/O 模板等）作出选择。

（1）输入/输出点点数选择。输入点是与机床侧被控对象有关的按钮、开关、继电器和接触器触点等连接的输入信号接口，以及由机床侧直接连接到 NC 的输入信号接口。

输出点包括向机床侧继电器、指示灯等输出信号的接口。设计者对被控对象的上述 I/O 信号要逐一确认，并分别计算出总的需要数量。选用的 PLC 所具有的 I/O 点数应比计算出的 I/O 点数稍多一些，以备可能追加和变更控制性能的需要。

一般数控设备所输入或输出的点数大多在 128 点以下，少数复杂设备在 128 点以上，故以采用小型的 PLC 为主。而大型数控机床、柔性制造单元(FMC)、柔性制造系统(FMS)则需要采用中型或大型 PLC。

(2) 存储容量的确定。一般来说，普通 CNC 车床顺序程序的规模约 1000 步，小型加工中心约 2000 步。程序规模随机床的复杂程度变化，设计者要根据具体任务对程序规模作出估算，并据此确定合理的存储容量。一般中、小型车床选用 PLC 的容量为 1000～1500 步，中小型加工中心选用的容量为 1500～2000 步。

(3) 要保证所选择 PLC 的处理时间，指令功能、计数器、定时器、内部继电器的技术规格、数量等指标满足功能要求。

2) 制作信号接口技术文件

根据选定 PLC 的接口技术规格，设计和编制如下技术文件：

(1) 输入输出信号电路原理图。原理图应按电气制图国家标准(GB/T 6988.1—2008、GB/T 6988.5—2006)绘制。图中与 PLC 编程有关的内容主要有：与输入信号有关的器件名称、位置，如操作面板按钮、工作台行程限位开关、主轴准停传感器、电动机热继电器等；输出信号执行元件名称、位置；操作面板指示灯、中间继电器线圈等；输入和输出信号插座和插脚编号，或连接端子编号，以及信号名称和在 PLC 中的地址；输入和输出信号接线和工作电源。

(2) 地址表。地址表有四种：

① MT→PLC 地址表。该表又称"输入信号地址表"。输入信号由 MT 侧传送至 PMC 侧，信号地址不同，PLC 厂家规定不相同。输入信号中，除 * ESP，SKIP， * DECX， * DECY， * DECZ 等少数信号已由 CNC 厂家确定了地址外，其他地址的信号名称由设计者定义，并用缩写英文字母表示。如"急停"用" * EMG. M"，"进给保持"用"SP. M"等。所有输入信号均应据此表选定地址。

② PLC→MT 地址表。该表又称"输出信号地址表"。输出信号由 PMC 侧传送至 MT 侧，信号地址由所选择的 PLC 厂家确定。所有输出信号名称由设计者定义，并用缩写英文字母表示。

输入和输出信号地址一经确定，信号所用连接器、插脚编号亦随之确定。安装时，各信号线即按指定连接器和插脚连接。

③ PLC→NC 地址表。该表为 PMC 侧向 NC 侧传送信号的接口地址表。这些信号已由 CNC 厂家定义，名称和含义均已固定，用户不能增删和改变。

④ NC→PLC 地址表。该表为 NC 侧向 PMC 侧传送信号的接口地址表。这些信号也已由 CNC 厂家定义，用户不能增删和改变。

(3) PLC 数据表。PLC 数据表为顺序程序用数据表。该数据表在 PLC 占用若干个字节存储地址。根据使用要求，可将该存储区用作内部继电器(internal relay)地址、设定参数、定时器(timer)、计数器(counter)、保持继电器(keep relay)、数据表(data table)和内部继电器(internal relay)的存储区。

输入输出信号电路原理图、地址表、PLC 数据表文件是制作 PLC 程序不可缺少的技术资料。梯形图中所用到的所有内部和外部信号、信号地址、名称、传输方向，与功能指令有关的设定数据，与信号有关的电气元件等都反映在这些文件中。编制文件的设计员除需要掌握所用 CNC 装置和 PLC 控制器的技术性能外，还需要具备一定的电气设计知识。

3）绘制梯形图

梯形图逻辑控制顺序的设计，可以从手工绘制梯形图开始。在绘制过程中，设计员可以在仔细分析机床工作原理或动作顺序的基础上，用流程图、时序图等描述信号与机床运行间的逻辑顺序关系，然后再据此设计梯形图的控制顺序。

在梯形图中，要用大量的输入触点符号。设计员应搞清输入信号为"1"和"0"状态的关系。若外部信号触点是常开触点，当触点动作时（即闭合），则输入信号为"1"；若信号触点是常闭触点，当触点动作时（即打开），则输入信号为"0"。

对一台特定的数控机床来说，只要能满足控制要求，对梯形图的结构、规模并没有硬性的规定。设计员可以按各种思路和逻辑方案进行编程。理想的梯形图程序除能满足机床控制要求外，还应具有最少的步数、最短的顺序处理时间和易于理解的逻辑关系。

4）用编程机编辑顺序程序

手工绘制的梯形图可先转换成指令表的形式，再用键盘输入编程机进行修改。

如果设计员对编程机操作比较熟悉，且具有一定的 PLC 程序设计知识，也可省去手工绘制梯形图这一步骤，直接通过键盘在编程机上编辑梯形图程序。由于编程机具有丰富的编辑功能，可以很方便地实现程序的显示、输入、输出、存储等操作，因此，采用编程机编程可以缩短设计周期，大大提高工作效率。

5）顺序程序的调试与确认

编好的程序需要经过运行调试，以确认是否满足机床控制的要求。一般来说，顺序程序的调试要经过"仿真调试"和"联机调试"两个步骤。

（1）仿真调试。

"仿真调试"又称"模拟调试"，是指在实验室条件下，采用特制的"仿真设备"（或称"模拟装置"、"模拟台"等）代替机床与 CNC、PLC、PLC 编程设备连接起来（在有条件的情况下，还可以连接伺服单元、伺服电动机，甚至某些独立的机械功能部件），对顺序程序进行的调试。"仿真调试"具有安全、能耗小、调试轴助人员少等优点。

"仿真设备"常用许多开关、指示灯来模拟机床各电气功能器件的状态。例如，用小型开关的通/断代替 MT 侧操作面板的开关、按钮，电气柜内的继电器触点，安装于机床各运动部件上的位置检测开关等的闭合/断开，以模拟各种输入信号的"1"和"0"状态，用指示灯的亮/灭代替 MT 侧操作面板指示灯，电气柜内继电器线圈等的通电/断电，以验证输出到 MT 侧各器件的信号状态。

"仿真调试"是"联机调试"前的一个重要步骤。程序设计员可以通过"仿真设备"对诸如机床操作面板、工作台运行、工件装夹、主轴启停、刀库手动、自动找刀、机械手换刀、工作台分度及各机械动作和控制逻辑的互锁关系进行分步动作和循环动作运行调试，以保证顺序程序控制原理的正确性，为以后的整机联调安全、顺利地进行打下基础。

需要指出的是，"仿真设备"虽可以通过模拟机床侧的信号状态调试并确认机床控制中的许多控制顺序问题，但因条件的限制，往往不能完全真实地模拟那些与时间控制有关的机械动作，以及某些复杂的循环动作顺序。因此，顺序程序还须进行联机运行调试，才能最终确认是否正确。

（2）联机调试。

将机床、CNC 装置、PLC 装置和编程设备连接起来进行的整机机电运行调试称为"联机调试"。"联机调试"可以发现和纠正顺序程序的错误，可以检查机床和电气线路的设计、制造、安装及机电元器件品质可能存在的问题。

"联机调试"工作在车间现场由具有机电专业知识的多名工程技术人员联合进行。在确认 CNC 系统、伺服系统、PLC 装置、强电柜元器件、机床各元部件的安装和连接无误后，才可以接通电源，将存储在编程设备中的顺序程序传送至 RAM 插板（或 PLC 装置的 RAM 存储器）中，然后执行顺序程序，以便对各机电执行元部件的动作及其顺序控制逻辑进行检查。需要时，可用编程设备修改顺序程序，然后再传送到 RAM 插板中。

4. PLC 程序的设计实例

（1）在 FANUC 系列内置 PLC 的梯形图程序中，不同种类的 I/O 触点、中间变量及继电器线圈有不同的编程符号约定。FANUC 数控系统内置 PLC 梯形图中的部分符号见表 5-12。

表 5-12　FANUC 数控系统内置 PLC 梯形图中的部分符号

符号	说明	符号	说明
—┤├— —┤／├—	PLC 中的继电器触点	—┤╎├— —┤╎╱├—	从机床侧（包括机床控制面板）输入的信号
—▌▌— —▌╱▌—	从 NC 侧输入的信号	—◯—	触点只用在 PLC 中的继电器线圈
		—◯—	触点输出到 CNC 侧的继电器线圈
		—◎—	触点输出到机床侧的继电器线圈

（2）主轴定向监控示例。

加工中心在进行加工时，自动交换刀具或精镗孔时要用到主轴定向功能，其监控梯形图如图 5.31 所示。图中，M06 是换刀指令，M19 是主轴定向指令，这两个信号并联作为主轴定向控制的主令信号；AUTO 为自动工作状态信号，手动时触点复位断开，RST 为 CNC 系统复位信号；ORCM 为主轴定向继电器，其触点输出到机床以控制主轴定向；ORAR 为机床侧输入的"定向到位"信号。

（3）FANUC 系统控制某型号数控加工中心的一段内置 PLC 程序示例。

从图 5.32 中可以看出：PLC 中的继电器触点，如 G、R、D 信号的触点采用普通的动合、动断触点；从 CNC 侧输入的信号，如 F 信号的触点采用加黑的动合、动断触点；从机床侧输入的信号 X，则采用空心的动合、动断触点；触点只用在 PLC 中的继电器线圈和触点输出到 CNC 侧的线圈，如 R、D、F 的线圈采用单圆来表示；而触点输出到机

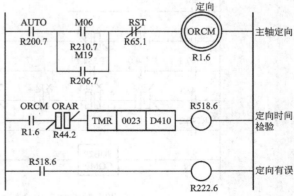

图 5.31　主轴定向监控梯形图

233

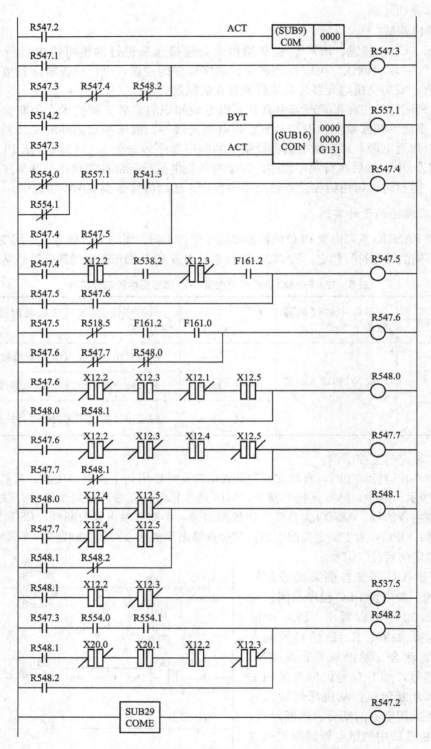

图 5.32 数控加工中心的内置 PLC 程序段示例

床侧的继电器线圈则采用两个同心圆来表示。

5.7 CNC 系统的接口(Interface of CNC System)

5.7.1 CNC 系统接口的作用与接口规范

1. CNC 系统接口的作用

CNC 系统的接口是数控装置与数控系统的功能部件(主轴模块、进给伺服模块、PLC 模块等)和机床进行信息传递、交换和控制的端口,称之为接口。接口在数控系统中占有重要的位置。不同功能模块与数控系统相连接,采用与其相应的输入/输出(I/O)接口。

数控装置与数控系统各个功能模块和机床之间的来往信息和控制信息,不能直接连接,而要经过 I/O 接口电路进行连接。数控系统接口电路的主要任务如下:

1) 进行电平转换和功率放大

由于一般数控装置的信号是 TTL 逻辑电路产生的电平,而控制机床的信号则不一定是 TTL 电平,因此要进行必要的信号电平转换。此外负载较大时,还需要进行功率放大。

2) 抗干扰隔离

为提高数控装置的抗干扰性能,防止外界的电磁干扰噪声串入而引起误动作,接口采用光电耦合器件或继电器,避免信号的直接连接。

3) 输入信号的处理

输入接口接收机床操作面板的各开关信号、按钮信号、机床上的各种限位开关信号及数控系统各个功能模块的运行状态信号。若输入信号是触点输入信号,还要消除其振动。

4) 输出信号的处理

输出接口的各种机床工作状态灯的信息送至机床操作面板上显示,将控制机床辅助动作信号送至电气柜,从而控制机床主轴单元、刀库单元、液压单元、冷却单元及其他单元的继电器和接触器。

5) 进行模拟量和数字量的转换

由于 CNC 装置的微处理器只能处理数字量,对于需要模拟量控制的地方,需要 D/A(数/模)转换电路;反之将模拟量输入到 CNC 装置,需要 A / D(模/数)转换电路。

2. 数控机床的接口规范

ISO 4336:1982(E)"机床/数控接口"国际标准指出了数控装置、电气控制设备与机床之间的接口规范,共分为 4 类:

A——与驱动有关的连接电路;

B——与测量系统及传感器有关的连接电路;

C——电源及保护电路;

D——开关信号和代码信息连接电路。

A 类指与驱动命令有关的连接电路接口。

B类指数控系统与检测系统和测量传感器的连接电路接口。它们这两类接口传送的是数控系统与伺服驱动单元(即速度控制环)、伺服电动机、位置检测和速度检测之间的控制信息及反馈信息,它们属于数字控制、伺服控制及检测控制。

C类是指电源及保护电路接口。该类接口电路由数控机床强电线路中的电源控制电路构成。强电线路由电源变压器、控制变压器、各种断路器、保护开关、接触器、功率继电器及熔断器等连接而成。强电线路作用是为驱动单元、主轴电动机、辅助电动机、电磁铁、电磁阀、离合器等功率执行元件供电。强电线路不能与低压下工作的控制电路或弱电线路直接连接,只能通过中间继电器、断路器、热动开关等器件转换成在直流低压下工作的触点的开、合动作,才能成为继电器逻辑电路和PLC可接收的电信号。反之,由CNC系统输出的信号,应先去驱动小型中间继电器,然后用中间继电器的触点接通强电线路中的功率继电器/接触器,从而接通主回路(强电回路)。

D类是指通断信号和代码信号连接电路接口,如CNC系统与机床参考点、限位、面板开关等的连接信号。当数控机床没有PLC时,上述信号在CNC装置和机床之间直接传送。当数控机床有PLC时,上述信号除极少数的高速信号外,均通过PLC传送。

5.7.2 华中数控系统 HNC-210B 的主要接口

HNC-210系列数控装置(HNC-210A、HNC-210B、HNC-210C)采用先进的开放式体系结构,内置嵌入式工业PC、高性能32位中央处理器,配置8.4″(HNC-210A)/10.4″(HNC-210B)/15″(HNC-210C)彩色液晶显示屏和标准机床工程面板,集成进给轴接口、主轴接口、手持单元接口、内嵌式PLC接口、支持工业以太网总线扩展,采用电子盘程序存储方式,支持USB盘、DNC、以太网等程序交换功能,见表5-13。HNC-210系列数控装置具有高性能、配置灵活、结构紧凑、易于使用、可靠性高的特点,主要适用于数控车、铣床和加工中心的控制。图5.33所示为HNC-210B数控装置与其他装置、单元连接的总体框图。

表5-13 HNC-210B 数控装置各接口的记号及名称

接口记号	接口名称	接口记号	接口名称
XS1	电源接口	XS9	主轴接口0(提供含脉冲指令接口)
XS2	外接PC键盘接口	XS90	主轴接口1—主轴编码器
XS3	以太网接口	XS91	主轴接口1—I/O(提供模拟电压指令接口)
XS4	CF卡接口	XSl0/XS11/XS12	开关量输入接口
XS5	RS-232接口	XS20/XS21XS22	开关量输出接口
XS6A	远程输入端子板接口	XS30～XS37	模拟式、脉冲式(含步进式)进给轴控制接口
XS6B	远程输出端子板接口	XS40～XS43	串行式HSV-11型伺服轴控制接口

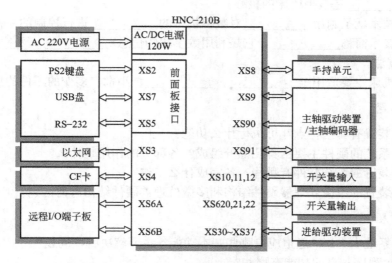

图 5.33 HNC－210B 数控设备的结构框图

本 章 小 结(Summary)

本章主要对数控系统组成和工作原理进行了整体讲解。通过本章的学习，需要达到以下要求：

(1) 掌握 CNC 系统的基本概念、组成主要功能。

(2) 了解 CNC 装置的特点和软硬件构成。

(3) 掌握 CNC 数控装置的硬件结构和工作原理。

(4) 掌握 CNC 数控装置的软件结构和工作原理。

(5) 了解数控机床中的 PLC 类型和实现。

(6) 了解 CNC 系统的常见接口。

推荐阅读资料(Recommended Readings)

1. 汪木兰. 数控原理与系统. 北京：机械工业出版社，2008.

2. 杨晓京，等. 几种开放式微机数控系统比较. 制造业自动化，2002(24)：17－19.

3. 费继友，周茉. 基于 ARM＋FPGA 的嵌入式数控装置设计. 吉林化工学院学报，2010，12(2)：61－65.

思考与练习(Exercises)

一、填空题

1. CNC 三个字符代表的英文单词为_____、_____、_____。

2. 数控机床由_____、_____、_____、_____和_____组

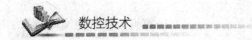

成，其中_____是数控机床的核心。

3. 数控技术就是利用_____对数控机床的_____进行控制的一种方式。

4. 数控技术简称_____，它是利用数字化的信息对_____及_____进行控制的一种方法。

5. 数控机床主要适用于_____、_____、小批、多变的零件的加工。

二、简答题

1. CNC 装置有哪些特点？可执行什么功能？

2. CNC 系统的硬件主要由哪几部分组成？各部分的作用是什么？

3. CNC 装置的系统软件有哪些？各完成什么工作？

4. CNC 装置的单微处理器硬件结构和多微处理器硬件结构有何区别？

三、思考题

1. CNC 系统中，I/O 通道应有哪些基本功能？主要解决哪些问题？

2. 前后台程序各自的功能有哪些？

第6章
数控机床主轴驱动与控制
(Chapter Six Drive and Control of CNC Machine Tool Spindle)

 本章教学要点

能力目标	知识要点
熟悉主轴伺服系统功能，掌握其基本要求	数控机床主轴伺服系统的功能、基本要求
理解主轴驱动装置分类，掌握其特点	主轴驱动装置的特点、分类
熟悉主轴调速与控制原理，掌握其基本方法	主轴调速与控制
理解主轴准停控制结构，掌握其控制方法	主轴准停控制

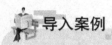**导入案例**

数控机床的"芯片"——电主轴

传统机床主轴是通过传动装置带动主轴旋转而工作的，电主轴的主要特点是将电动机置于主轴内部，通过驱动电源直接驱动主轴进行工作，实现了电动机、主轴的一体化功能。与传统机床主轴相比，电主轴具有十分明显的优势。由于主轴由内装式电动机直接驱动，省去了传送带、齿轮、联轴器等中间变速和传动装置，具有结构简单紧凑、效率高、噪声低、振动小和精度高等特点，而且利用交流变频技术，电主轴可以在额定转速范围内实现无级变速，以适应机床工作时各种工况和负载变化的需要。

电主轴是将机床主轴与主轴电动机融为一体的高新技术产品。电主轴实际是指电主轴系统，由电主轴、驱动控制器、编码器、润滑装置、冷却装置等组成。国产电主轴的价位从几万元到十几万元不等，电主轴技术水平的高低、性能的优劣都直接决定和影响着数控机床整机的技术水平和性能，也制约着主机的发展。

因此，有专家认为，电主轴在数控机床中的作用类似计算机中的芯片，将电主轴称为数控机床的"芯片"。也有日本学者将包括电主轴在内的关键功能部件产业统称为"中场"产业，取足球"中场"寓意，表明其重要位置。

电主轴系统是数控机床三大高新技术之一。随着数控技术及切削刀具的飞跃发展，越来越多的机械制造装备都在不断向高速、高精、高效、高智能化发展，电主轴已成为最能适宜上述高性能工况的数控机床核心功能部件之一，尤其是在多轴联动、多面体加工、并联机床、复合加工机床等诸多先进产品中，电主轴的优异特点是机械主轴单元不能替代的。

数控机床主轴驱动系统是机床的关键部件之一，其输出性能对数控机床的整体水平是至关重要的。主轴驱动远不同于一般工业驱动，它不但要求较高的速度精度、动态刚度，而且要求连续输出的高转矩能力和非常宽的恒功率运行范围。那么，数控机床主轴驱动系统有何功能要求？如何分类？主轴如何调速与控制？主轴为何要准停？准停如何实现？这些问题将在本章作出解答。

6.1 概 述(Summary)

1. 主轴驱动系统的功能

主轴驱动系统通过控制主轴电动机的旋转方向和转速，从而调节主轴上安装的刀具或工件的切削力矩和切削速度，配合进给运动，加工出理想的零件。因此，主轴驱动的主要功能是为各类工件的加工提供所需的切削功率。此外，当数控机床具有螺纹加工、恒线速加工及准停要求(如加工中心换刀)时，对主轴也提出了相应的位置控制要求，所以此类数控机床还具有主轴与进给联动功能和准停控制功能。

2. 数控机床对主轴驱动系统的要求

随着对数控加工效率、精度、质量及加工能力要求的不断提高，传统的主轴驱动已经不能满足数控机床的需要。现代数控机床对主轴驱动系统提出了更高的要求。

(1) 调速范围宽并实现无级调速。为保证加工时能选用合适的切削用量，以获得最佳的生产率、加工精度和表面质量，要求主轴具有较宽的调速范围。对于具有自动换刀功能的数控加工中心，为适应各种刀具、工序和各种材料的加工要求，对主轴的调速范围要求更高，而且还要求主轴能在较宽的转速范围内根据数控系统的指令自动实现无级调速，并减少中间传动环节，简化主轴箱。

目前主轴驱动装置的恒转矩调速范围已可达 $1:100$，恒功率调速范围也可达 $1:30$，一般过载 1.5 倍时，可持续工作时间达到 30min。

主轴变速分为有级变速、无级变速和分段无级变速三种形式，其中有级变速仅用于经济型数控机床，大多数数控机床均采用无级变速或分段无级变速。在无级变速中，变频调速主轴一般用于普及型数控机床，交流伺服主轴则用于中、高档数控机床。

(2) 恒功率范围宽。主轴在全速范围内均能提供切削所需功率，并尽可能在全速范围内提供主轴电动机的最大功率。由于主轴电动机与驱动装置的限制，主轴在低速段均为恒转矩输出。为满足数控机床低速、强力切削的需要，常采用分段无级变速的方法，即在低速段采用机械减速装置，以扩大输出转矩。

(3) 要求主轴在正、反向转动时均可进行自动加、减速控制，并且加、减速时间要短，即要求具有四象限驱动能力。目前一般伺服主轴可以在 1s 内从静止加速到 6000r/min。

(4) 具有位置控制能力。即进给功能(C 轴功能)和定向功能(准停功能)，以满足加工中心自动换刀、刚性攻螺纹、螺纹切削以及车削中心的某些加工工艺的需要。

(5) 具有较高的精度与刚度、传动平稳、噪声低。数控机床加工精度的提高与主轴系统的精度密切相关。为了提高传动件的制造精度与刚度，采用齿轮传动时齿轮齿面应采用高频感应加热淬火工艺以增加耐磨性。最后一级一般用斜齿轮传动，使传动平稳。采用带传动时应采用齿形带。应采用精度高的轴承及合理的支撑跨距，以提高主轴的组件的刚性。在结构允许的条件下，应适当增加齿轮宽度，提高齿轮的重叠系数。变速滑移齿轮一般都用花键传动，采用小径定心。侧面定心的花键对降低噪声更为有利，因为这种定心方式传动间隙小，接触面大，但加工需要专门的刀具和花键磨床。

(6) 良好的抗振性和热稳定性。数控机床加工时，可能由于持续切削、加工余量不均匀、运动部件不平衡以及切削过程中的自振等原因引起冲击力和交变力，使主轴产生振动，影响加工精度和表面粗糙度，严重时甚至可能损坏刀具和主轴系统中的零件，使其无法工作。主轴系统的发热使其中的零部件产生热变形，降低传动效率，影响零部件之间的相对位置精度和运动精度，从而造成加工误差。因此，主轴组件要有较高的固有频率，较好的动平衡，且要保持合适的配合间隙，并要进行循环润滑。

3. 主轴驱动系统的分类

主轴驱动系统是数控机床的大功率执行机构，其功能是接受数控系统的速度指令代码(S 代码)及辅助功能指令代码(M 代码)，驱动主轴进行切削加工。主轴驱动系统包括主轴驱动器和主轴电动机。主轴驱动系统按电源方式分为直流驱动系统和交流驱动系统。

1）直流驱动系统

直流驱动系统在 20 世纪 70 年代初至 80 年代中期在数控机床上占据主导地位，这是由于直流电动机具有良好的调速性能、输出力矩大、过载能力强、精度高、控制原理简单、易于调整。但是直流电动机具有机械换向的弱点，电刷和换向器易磨损，需经常维护，且换向器换向时会产生火花，最高速度受到限制，具有结构复杂、制造困难、制造成本高等缺点，因此应用受到很多限制。

2）交流驱动系统

随着微电子技术的迅速发展，加之交流伺服电动机材料、结构及控制理论有了突破性的进展，20 世纪 80 年代初期推出了交流驱动系统，标志着新一代驱动系统的开始，由于交流驱动系统保持了直流驱动系统的优越性，而且交流电动机无需维护，便于制造，不受恶劣环境影响，所以目前直流驱动系统已逐步被交流驱动系统所取代。从 90 年代开始，交流伺服驱动系统已走向数字化，驱动系统中的电流环、速度环的反馈控制已全部数字化，系统的控制模型和动态补偿均由高速微处理器实时处理，增强了系统自诊断能力，提高了系统的快速性和精度。

4．交流主轴电动机

目前，交流主轴驱动中大多采用三相鼠笼式感应电动机。三相鼠笼式感应电动机的结构主要有定子和转子两大部分，还有端盖、轴承、接线盒等附件，如图 6.1 所示。定子由机座、定子铁心和绕组构成。转子由轴、转子铁心和鼠笼式转子绕组构成。鼠笼式转子导体有铜条和铝条两种，铸铝式转子是在铁槽中浇铸铝条及两端的端环，构成鼠笼状的短路绕组。为改善电动机的起动性能，通常采用斜槽结构，即转子槽沿轴向不与轴平行，而是扭斜一角度。采用铜条为转子导条时，将铜条嵌入转子槽中，两端焊接在铜环上，也是短路绕组。

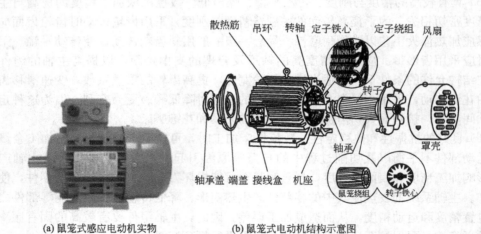

(a) 鼠笼式感应电动机实物　　　　(b) 鼠笼式电动机结构示意图

图 6.1　鼠笼式电动机

三相鼠笼式感应电动机的工作原理：电动机在定子绕组加三相交流电后，会形成旋转磁场，其转子上的闭合的导条会因为切割定子磁场的磁力线而感应出电动势和电流，而带电（电流）的导体在磁场中就会产生运动，这样电动机转子就旋转起来了。

三相鼠笼式感应电动机的优点是结构简单、价格便宜、运行可靠、维修成本低和使用寿命长等。

5. 主轴驱动系统的实现方案及使用范围

1）普通鼠笼式异步电动机配齿轮变速箱

这是最经济的一种方法主轴配置方式，但只能实现有级调速，由于电动机始终工作在额定转速下，经齿轮减速后，在主轴低速下输出力矩大，重切削能力强，非常适合粗加工和半精加工的要求。如果加工产品比较单一，对主轴转速没有太高的要求，配置在数控机床上也能起到很好的效果；它的缺点是噪声比较大，由于电动机工作在工频下，主轴转速范围不大，不适合有色金属和需要频繁变换主轴速度的加工场合。

2）普通鼠笼式异步电动机配简易型变频器

可以实现主轴的无级调速，主轴电动机只有工作在 500r/min 以上才能有比较满意的力矩输出，否则，特别是车床很容易出现堵转的情况，一般会采用两挡齿轮或传送带变速，但主轴仍然只能工作在中高速范围，另外因为受到普通电动机最高转速的限制，主轴的转速范围受到较大的限制。

这种方案适用于需要无级调速但对低速和高速都不要求的场合，如数控钻铣床。国内生产的简易型变频器较多。

3）普通鼠笼式异步电动机配通用变频器

目前进口的通用变频器，除了具有 U/f 曲线调节，一般还具有无反馈矢量控制功能，会对电动机的低速特性有所改善，配合两级齿轮变速，基本上可以满足车床低速（100～200r/min）小加工余量的加工，但同样受最高电动机速度的限制。这是目前经济型数控机床比较常用的主轴驱动系统。

4）专用变频电动机配通用变频器

一般采用有反馈矢量控制，低速甚至零速时都可以有较大的力矩输出，有些还具有定向甚至分度进给的功能，是非常有竞争力的产品。以先马 YPNC 系列变频电动机为例，电压三相 200V、220V、380V、400V 可选；输出功率 1.5～18.5kW；变频范围 2～200Hz；30min150％过载能力；支持 V/f 控制、$V/f+$PG（编码器）控制、无 PG 矢量控制、有 PG 矢量控制。提供通用变频器的厂家以国外公司为主，如西门子、安川、富士、三菱、日立等。

对于中档数控机床而言主要采用这种方案。其主轴传动仅采用两挡变速甚至仅一挡即可实现 100～200 r/min 时车、铣的重力切削。一些有定向功能的还可以应用于要求精镗加工的数控镗铣床。但若应用在加工中心上，还不很理想，必须采用其他辅助机构完成定向换刀的功能，而且也不能达到刚性攻螺纹的要求。

5）伺服主轴驱动系统

伺服主轴驱动系统具有响应快、速度高、过载能力强的特点，还可以实现定向和进给功能，当然价格也是最高的，通常是同功率变频器主轴驱动系统的 2 倍以上。伺服主轴驱动系统主要应用于加工中心上，用以满足系统自动换刀、刚性攻螺纹、主轴 C 轴进给功能等对主轴位置控制性能要求很高的加工。

6）电主轴

电主轴是主轴电动机的一种结构形式，驱动器可以是变频器或主轴伺服，也可以不要驱动器。电主轴由于电动机和主轴合二为一，没有传动机构，因此，大大简化了主轴的结

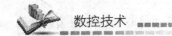

构，并且提高了主轴的精度，但是抗冲击能力较弱，而且功率还不能做得太大，一般在10kW以下。由于结构上的优势，电主轴主要向高速方向发展，一般在 10 000r/min 以上。

安装电主轴的机床主要用于精加工和高速加工，如高速精密加工中心。另外，在雕刻机和有色金属以及非金属材料加工机床上应用较多，这些机床由于只对主轴高转速有要求，因此，往往不用主轴驱动器。

阅读材料

电 主 轴

高速数控机床(CNC)是装备制造业的技术基础和发展方向之一，是装备制造业的战略性产业。高速数控机床的工作性能，首先取决于高速主轴的性能。数控机床高速电主轴单元影响加工系统的精度、稳定性及应用范围，其动力性能及稳定性对高速加工起着关键的作用。高速主轴单元的类型主要有电主轴、气动主轴、水动主轴等。不同类型的高速主轴单元输出功率相差较大。

1. 电主轴结构

电动机的转子直接作为机床的主轴，主轴单元的壳体就是电动机机座，并且配合其他零部件，实现电动机与机床主轴的一体化。图 6.2 所示为电主轴的结构图。

图6.2　电主轴的结构图

目前，随着电气传动技术(变频调速技术、电动机矢量控制技术等)的迅速发展和日趋完善，高速数控机床主传动系统的机械结构已得到极大的简化，基本上取消了带轮传动和齿轮传动。机床主轴由内装式电动机直接驱动，从而把机床主传动链的长度缩短为零，实现了机床的"零传动"。这种主轴电动机与机床主轴"合二为一"的传动结构形式，使主轴部件从机床的传动系统和整体结构中相对独立出来，因此可做成"主轴单元"，俗称"电主轴"(Electric Spindle, Motor Spindle)。由于当前电主轴主要采用的是交流高频电动机，故也称为"高频主轴"(High Frequency Spindle)。由于没有中间传动环节，有时又称它为"直接传动主轴"(Direct Drive Spindle)。

2. 电主轴的优点

电主轴具有结构紧凑、质量小、惯性小、振动小、噪声低、响应快等优点，而且转速高、功率大，简化机床设计，易于实现主轴定位，是高速主轴单元中的一种理想结构。电主轴轴承采用高速轴承技术，耐磨耐热，寿命是传统轴承的几倍。

3. 电主轴所融合的技术

电主轴是最近几年在数控机床领域出现的将机床主轴与主轴电动机融为一体的新技

术，它与直线电动机技术、高速刀具技术一起，将会把高速加工推向一个新时代。电主轴是一套组件，它包括电主轴本身及其附件：电主轴、高频变频装置、油雾润滑器、冷却装置、内置编码器、换刀装置。

1) 高速轴承技术

电主轴通常采用动静压轴承、复合陶瓷轴承或电磁悬浮轴承。

动静压轴承具有很高的刚度和阻尼，能大幅度提高加工效率、加工质量、延长刀具寿命、降低加工成本，这种轴承寿命多半无限长。

复合陶瓷轴承目前在电主轴单元中应用较多，这种轴承滚动体使用热压 Si_3N_4 陶瓷球，轴承套圈仍为钢圈，标准化程度高，对机床结构改动小，易于维护。

电磁悬浮轴承高速性能好，精度高，容易实现诊断和在线监控，但是由于电磁测控系统复杂，这种轴承价格十分昂贵，而且长期居高不下，至今没有得到广泛应用。

2) 高速电机技术

电主轴是电动机与主轴融合在一起的产物，电动机的转子即为主轴的旋转部分，理论上可以把电主轴看作一台高速电动机。关键技术是高速度下的动平衡。

3) 润滑

电主轴的润滑一般采用定时定量油气润滑；也可以采用脂润滑，但相应的速度要打折扣。所谓定时，就是每隔一定的时间间隔注一次油。所谓定量，就是通过一个称为定量阀的器件，精确地控制每次润滑油的油量。而油气润滑，指的是润滑油在压缩空气的携带下，被吹入陶瓷轴承。油量控制很重要，太少，起不到润滑作用；太多，在轴承高速旋转时会因油的阻力而发热。

4) 冷却装置

为了尽快给高速运行的电主轴散热，通常对电主轴的外壁通以循环冷却剂，冷却装置的作用是保持冷却剂的温度。

5) 内置脉冲编码器

为了实现自动换刀以及刚性攻螺纹，电主轴内置一脉冲编码器，以实现准确的相角控制以及与进给的配合。

6) 自动换刀装置

为了应用于加工中心，电主轴配备了自动换刀装置，包括碟形簧、拉刀油缸等。

7) 高速刀具的装卡方式

广为熟悉的 BT、ISO 刀具，已被实践证明不适合于高速加工。这种情况下出现了 HSK、SKI 等高速刀具。

8) 高频变频装置

要实现电主轴每分几万甚至十几万转的转速，必须用一高频变频装置来驱动电主轴的内置高速电动机，变频器的输出频率必须达到上千或几千赫。

　　➡ 资料来源：http://baike.baidu.com/view/983401.htm

6. 常用的主轴驱动系统

1) FANUC(法那科)公司主轴驱动系统

从 20 世纪 80 年代开始，该公司已使用了交流主轴驱动系统，直流驱动系统已被交流

驱动系统所取代。目前三个系列交流主轴电动机为：S 系列电动机，额定输出功率范围 1.5～37kW；H 系列电动机，额定输出功率范围 1.5～22kW；P 系列电动机，额定输出功率范围 3.7～37kW。该公司交流主轴驱动系统的特点为：①采用微处理器控制技术，进行矢量计算，从而实现最佳控制；②主回路采用晶体管 PWM 逆变器，使电动机电流非常接近正弦波形；③具有主轴定向控制、数字和模拟输入接口等功能。

2）SIEMENS（西门子）公司主轴驱动系统

SIEMENS 公司生产的直流主轴电动机有 1GG5、1GF5、1GL5 和 1GH5 四个系列，与这四个系列电动机配套的 6RA24、6RA27 系列驱动装置采用晶闸管控制。20 世纪 80 年代初期，该公司又推出了 1PH5 和 1PH6 两个系列的交流主轴电动机，功率范围为 3～100kW。驱动装置为 6SC650 系列交流主轴驱动装置或 6SC611A（SIMODRIVE 611A）主轴驱动模块，主回路采用晶体管 SPWM 变频器控制的方式，具有能量再生制动功能。另外，采用微处理器 80186 可进行闭环转速、转矩控制及磁场计算，从而完成矢量控制。通过选件实现 C 轴进给控制，在不需要 CNC 的帮助下，实现主轴的定位控制。

3）DANFOSS（丹佛斯）公司系列变频器

该公司目前应用于数控机床上的变频器系列常用的有：VLT2800，可并列式安装方式，具有宽范围配接电动机功率：0.37～7.5kW 200V/400；VLT5000，可在整个转速范围内进行精确的滑差补偿，并在 3ms 内完成。在使用串行通信时，VLT 5000 对每条指令的响应时间为 0.1ms，可使用任何标准电动机与 VLT 5000 匹配。

4）HITACHI（日立）公司系列变频器

HITACHI 公司的主轴变频器应用于数控机床上通常有：L100 系列通用型变频，额定输出功率范围为 0.2～7.5kW，V/f 特性可选恒转矩/降转矩，可手动/自动提升转矩，载波频率 0.5～16Hz 连续可调。日立 SJ100 系列变频器，是一种矢量型变频，额定输出功率范围为 0.2～7.5kW，载波频率在 0.5～16Hz 内连续可调，加减速过程中可分段改变加减速时间，可内部/外部启动直流制动；日立 SJ200/300 系列变频器，额定输出功率范围为 0.75～132kW，具有 2 台电动机同时无速度传感器矢量控制运行且电动机常数在/离线自整定。

5）HNC（华中数控）公司系列主轴驱动系统

HSV‐20S 是武汉华中数控股份有限公司推出的全数字交流主轴驱动器，采用最新的专用运动控制 DSP、大规模现场可编程逻辑阵列（FPGA）和智能化功率模块（IPM）等当今最新技术设计，具有 025、050、075、100 多种型号规格，具有很宽的功率选择范围。该驱动器结构紧凑、使用方便、可靠性高，用户可根据要求选配不同型号驱动器和交流主轴电动机，形成高可靠、高性能的交流主轴驱动系统。

6.2 主轴驱动与控制（Spindle Drive and Control）

6.2.1 数控装置对主轴驱动的控制

数控装置对主轴要完成的两个最基本的控制任务是旋转方向的控制和转速大小的控制。实现该控制任务的方式有三种：

（1）数控装置通过主轴模拟电压输出接口输出 0～10V 模拟电压至主轴驱动装置（变频器或伺服驱动装置），电压极性控制电动机的正反转实现，电压的大小控制电动机的转速，从而实现无级调速。

（2）数控装置通过主轴模拟电压输出接口输出 0～10V 模拟电压至主轴驱动装置控制转速大小（无级调速），电动机正反转通过 PLC 的开关量信号来控制。

（3）数控装置通过输出几位开关量信号控制相应的接触器实现主轴的有级调速。

6.2.2　主轴无级调速

由于直流电动机已逐渐被淘汰，主轴驱动常使用交流电动机，由于受永磁体的限制，交流同步电动机功率做得很大时，电动机成本太高，因此目前在数控机床的主轴驱动中，均采用鼠笼式感应电动机。目前，交流主轴电动机广泛采用变频器来进行调速。变频器调速具有平滑、调速范围大、效率高、启动电流小、运行平稳，而且节能效果明显的优点。

图 6.3 所示为西门子 802C 数控系统的变频调速控制连接图。主轴电动机的正反转通过继电器 KA2 和 KA3 控制，转速大小通过 X7 口模拟电压值大小控制。

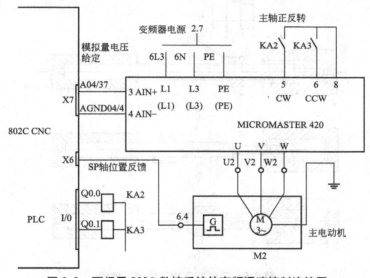

图 6.3　西门子 802C 数控系统的变频调速控制连接图

6.2.3　主轴分段无级调速

1. 主轴分段无级调速原理

采用电动机无级调速，使主轴齿轮箱的结构大大简化，但其低速段输出力矩常常无法满足数控机床强力切削的要求。如单纯片面追求无级调速，势必要增大主轴电动机的功率，从而使主轴电动机与驱动装置的体积、质量及成本大大增加。因此数控机床常采用1～4 挡齿轮变速与无级调速相结合的方式，即所谓的分段无级调速。当机床需要重力切削时，可以通过 M 代码进行齿轮减速，从而可以增大输出转矩。主轴分段无级调速通常采用齿轮自动变速，达到同时满足低速转矩和最高主轴转速的要求。一般说来，数控系统均提供 4 挡变速功能的要求，而数控机床通常使用 2 挡即可满足要求。

数控机床在加工时，主轴是按零件加工程序中主轴速度指令所指定的转速来自动运行。数控系统通过两类主轴速度指令信号来进行控制，即用模拟量信号或数字量信号（程序中的 S 代码）来控制主轴电动机的驱动调速电路，同时采用开关量信号（程序中用 M41～M44 代码）来控制机械齿轮变速自动换挡的执行机构，如图 6.4 所示。

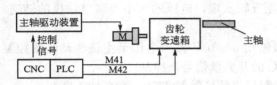

图 6.4　主轴调速系统简图

2. 自动换挡的实现

自动换挡的实现是由数控系统根据当前 S 指令值的大小判断齿轮变速的挡位，并通过 M41～M44 自动控制换挡机构切换到相应的齿轮挡，从而改变主轴的输出转矩。常用的自动换挡机构有液压拨叉和电磁离合器两种方法。

1）液压拨叉换挡

液压拨叉是一种用液压缸带动齿轮移动的变速机构。图 6.5 为三位液压拨叉的原理图。

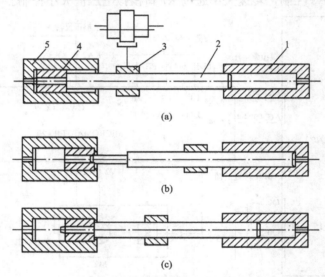

图 6.5　三位液压拨叉换挡原理图
1、5—液压缸；2—活塞杆；3—拨叉；4—套筒

三位液压拨叉换挡主要有液压缸、活塞杆、拨叉和套筒组成，通过改变不同的通油方式可以使三联齿轮获得三个不同的变速位置。其换挡原理如下：

当液压缸 1 通压力油而液压缸 5 排油卸压时，活塞杆 2 带动拨叉 3 使三联齿轮移到左端极限位置，此时左端齿轮处于啮合状态，如图 6.5(a)所示。

当液压缸 5 通压力油而液压缸 1 排油卸压时，活塞杆 2 和套筒 4 一起向右移动，在套筒 4 碰到液压缸 5 的端部之后，活塞杆 2 继续右移到极限位置，此时三联齿轮被拨叉 3 移到右端极限位置，此时右端齿轮处于啮合状态，如图 6.5(b)所示。

当压力油同时进入左右两缸时，由于活塞杆 2 的两端直径不同，使活塞杆向左移动。在设计活塞杆 2 和套筒 4 的截面面积时，应使油压作用在套筒 4 的圆环上向右的推力大于活塞杆 2 向左的推力，因而套筒 4 仍然压在液压缸 5 的右端，使活塞杆 2 紧靠在套筒 4 的右端，此时，拨叉和三联齿轮被限制在中间位置，此时中间齿轮处于啮合状态，如图 6.5(c)所示。

因此，通过控制压力油进入液压缸的方式，可以实现三种不同齿轮啮合比，从而得到不同转矩。需要指出的是要注意的是每个齿轮到位，需要有到位检测元件（如感应开关）检测，该信号能有效说明变挡已经结束。液压拨叉换挡缺点是需附加一套液压装置，因而增加了其结构的复杂性。

2）电磁离合器换挡

电磁离合器换挡是利用电磁效应接通或切断运行的元件，从而实现自动换挡。在数控机床中常使用无滑环摩擦片式电磁离合器和牙嵌式电磁离合器换挡机构。

6.3 主轴准停控制（Spindle Stop Control）

主轴准停功能又称主轴定位功能，当主轴停止时，能控制其停于固定位置（定位于圆周上特定角度）。主轴准停的目的主要有两个：

1）自动换刀

在数控钻床、数控铣床以及镗铣为主的加工中心上，切削转矩通常是通过主轴上的端面键和刀柄上的键槽来传递的，因此每一次自动换刀时，都必须使刀柄上的键槽对准主轴的端面键，因而要求主轴每次停在一个固定的准确的位置上。图 6.6 为数控加工中心用刀柄实物图。换刀准停指令一般采用 M06。

2）镗孔退刀

在精镗孔退刀时，为了避免刀尖划伤已加工表面，采用主轴准停控制，使刀尖停在一个固定的位置，以便主轴偏移一定尺寸后，使刀尖离开工件表面进行退刀。图 6.7(a)为镗孔退刀示意图。同理，在通过前壁小孔镗内壁大孔时，同样也需要采用主轴准停控制，使刀尖停在一个固定的位置，以便主轴偏移一定尺寸后，使刀尖通过前壁小孔进入箱体内对大孔进行镗削，通过小孔镗大孔如图 6.7(b)所示。镗孔退刀时控制主轴准停的指令一般采用 M19。

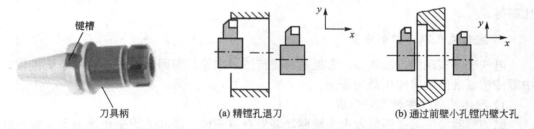

图 6.6 数控加工中心用刀柄

图 6.7 主轴准停镗孔示意图

主轴准停的控制方式包括机械准停和电气准停两种类型。

6.3.1 机械准停控制

1. 机械准停控制概述

机械方式采用机械凸轮机构或光电盘方式进行粗定位，然后有一个液动或气动的定位

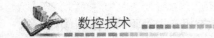

销插入主轴上的销孔或销槽实现精确定位，完成换刀后定位销退出，主轴才开始旋转。机械准停装置比较准确可靠，但结构较复杂，在早期数控机床上使用较多。

2. 机械准停装置的工作原理

图 6.8 所示为一种带 V 形槽的机械准停装置，主要由无触点开关 1、感应块 2、带 V

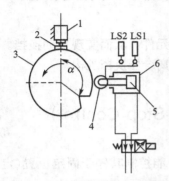

图 6.8 带 V 形槽的机械准停装置
1—无触点开关；2—感应块；
3—带 V 形槽的定位盘；4—定向滚轮；
5—定位活塞；6—定位液压缸

形槽的定位盘 3、定向滚轮 4、定位活塞 5、定位液压缸 6 等组成。准停装置装在主轴尾部，当它停下后，主轴即被停住。

带 V 形槽的机械准停装置的工作过程：CNC 发出停车 M19 指令→主轴以低速旋转（约 20r/min）→延时继电器延时一段时间（4～6s）→接通无触点开关 1 的电源→感应块 2 触发无触点开关后→主电动机停转并断开主传动链→主轴因惯性继续转动→无触点开关信号同时发信号给液压缸 6→液压缸 6 的右腔进油→定位活塞 5 左移→定向滚轮 4 在定位盘上滚动→定向滚轮 4 顶入定位盘 3 的 V 形槽→行程开关 LS2 发出信号，主轴准停完成。

当定位活塞 5 向右移到位时，压下行程开关 LS1 时，行程开关 LS1 发出定向滚轮 4 退出 V 形槽的信号，此时主轴可启动工作。

6.3.2 电气准停控制

现代数控铣床一般都采用电气式主轴准停装置，只要数控系统发出指令信号主轴就可以准确地定向。

1. 电气准停控制的优点

电气准停控制的优点是：①简化机械结构；②准停时间缩短；③可靠性增加；④性价比高等。

2. 主轴电气准停控制分类

电气准停实现的方法较多，常见的有磁传感器准停、编码器准停和数控系统准停。其中磁传感器准停装置应用最为普遍。

1）磁传感器型主轴准停装置

磁传感器型主轴准停装置由主轴驱动装置自身完成。图 6.9 为磁传感器型主轴准停装置原理图。图中在主轴上安装了一个磁发体，并在距离磁发体旋转外轨迹 1～2mm 处固定一个磁传感器，经过放大器与主轴驱动单元连接。当主轴驱动单元接收到数控系统发来的准停信号时，主轴速度变为准停时的设定速度，当主轴驱动单元接收到磁传感器信号后，主轴驱动立即进入磁传感器作为反馈元件的位置闭环控制，目标位置即为准停位置。准停后，主轴驱动装置向数控系统发出准停完成信号。

2）编码器型主轴准停装置

图 6.10 为编码器型主轴准停装置原理图。编码器准停装置是通过主轴电动机内部安

装的位置编码器或在机床主轴上直接安装一个与主轴 1：1 同步旋转的位置编码器来实现准停控制。主轴驱动装置内部自动转换，使主轴驱动处于速度控制或位置控制状态。准停角度可由外部开关量任意设定。编码器型准停控制由主轴驱动装置完成，灵活性比磁传感器型准停好。

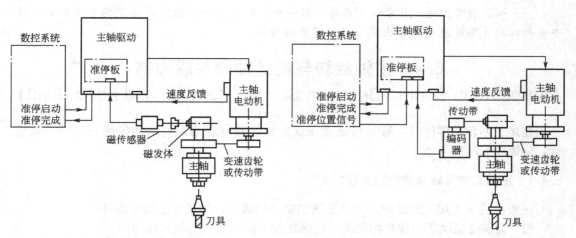

图 6.9　磁传感器型主轴准停装置原理图　　　　图 6.10　编码器型主轴准停装置原理图

3）数控系统控制主轴准停装置

图 6.11 所示数控系统控制主轴准停装置原理图，其准停功能是由具有主轴闭环控制功能的数控系统完成的。准停的角度可由数控系统内部设定成任意值，并通过数控代码 M19（或 M19S××）执行。主轴定向准停的具体控制过程，不同的系统其控制执行过程略有区别。

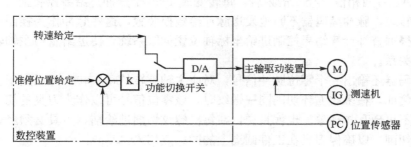

图 6.11　数控系统控制主轴准停装置原理图

当执行准停指令时，数控系统先将 M19 送至 PLC，处理后送出控制信号，控制主轴电动机由静止迅速升速或在原来运行的较高速度下迅速降速到定向准停设定的速度运行，寻找主轴编码器零位脉冲 Z，然后进入位置闭环控制状态，并按系统参数设定定向准停。若执行 M19 无 S 指令，则主轴准停于相对 Z 脉冲的某一默认位置（可通过数控系统参数设定）；若执行 M19S 指令，则主轴准停于相对零位脉冲的×× 角度位置处。

小知识：主轴准停有时不准的解决方法

当主轴准停出现不准的现象时，可反复执行定位指令 M19 进行定位，查看是否频繁的出现准停不准的现象；

（1）如果每次都不准，但每次准停的位置相同，就通过调整参数进行修正，伺服主轴在系统参数上调整，变频主轴在变频器上调整。

（2）如果偶尔出现不准，且偏差不大，检查电动机定位系统，如果有外部定位开关的，先检查定位开关的灵敏性；如果没有，检查伺服与电动机编码器线。

（3）如果频繁出现，且定位偏差每次不一样，时大时小，通常是应用内部定位的，检查电动机与主轴的连接是否出现松动不同步的情况。

6.4 主轴旋转与进给轴的关联控制
(Association Control Between Spindle Rotation and Feed Shaft)

在加工回转类零件时，有时候还要保证主轴旋转与进给轴的运动按照一定的关系进行，如螺纹和端面的加工。

6.4.1 主轴旋转与轴向进给的关联控制

在数控机床上加工螺纹时，为保证切削螺纹的螺距，需要保证以下条件：

（1）为保证螺纹不出现乱扣现象，应保证加工同一螺纹的切入点相同。

（2）在加工等螺距螺纹时，应保证带动工件旋转的主轴每转 1 周，进给轴进给的位移量为螺距。

（3）在加工有规律的递增或递减的变螺距螺纹时，应使带动工件旋转的主轴转数与进给轴的进给量按照一定的规律递减或递增。

为保证上述要求，一般在数控机床的主轴上安装脉冲编码器来检测主轴的转角、相位和零位等信号。常用的主轴脉冲发生器每转的脉冲数为 1024，输出相位差为 90? 的 A、B 两相信号。A、B 两相信号经 4 倍频后，每转变成 4096 个脉冲进给数控装置。

主轴旋转时，脉冲编码器不断地发送脉冲给数控装置，这些脉冲作为控制坐标轴进给的脉冲源。根据查补计算结果控制进给坐标轴位置伺服系统，使进给量与主轴转数保持所要求的比例关系。

脉冲编码器还输出一个零位脉冲信号，对应主轴旋转的每一转，可以用于主轴绝对位置的定位。例如，在多次循环切削同一螺纹时，该零位信号可以作为刀具的切入点，以确保螺纹螺距不出现乱扣现象。也就是说，在每次螺纹切削进给前，刀具必须经过零位脉冲定位后才能切削，以确保刀具在工件圆周上的同一点切入。

左螺纹或右螺纹是通过改变主轴的旋转方向控制的，而主轴方向的判别是通过脉冲编码器发出正变的 A、B 两相脉冲信号相位的先后顺序判别出来的。

在加工螺纹时还应注意主轴转速的恒定性，以免因主轴转速的变化而引起跟踪误差的变化，影响螺纹的正常加工。

6.4.2 主轴旋转与径向进给的关联控制

在利用数控车床或数控磨床加工端面时，为了保证加工端面的平整光洁，就必须使该表面的表面粗糙度 Ra 小于或等于某值。由机械加工工艺知识可知，要使表面粗糙度为某值，需保证工件与切削刃接触点处的切削速度为一恒定值，即要实现恒线速度加工。由于在加工端面时，刀要不断地做径向进给运动，从而使刀具的切削直径逐渐减小。由切削

速度 v_c 与主轴转速 n 的关系 $v_c = 2\pi nd$ 可知，若保持切削速度 v_c 恒定不变，当切削直径 d 逐渐减小时，主轴转速 n 必须逐渐增大。因此，数控装置必须设计相应的控制软件来完成主轴转速的调整。

端面加工过程中，切削直径变化的增量为

$$\Delta d_i = 2F\Delta t_i$$

式中，Δd_i 为切削直径变化量；F 为径向进给速度；Δt_i 为切削时间。则根据切削直径变化量 Δd_i 可以计算出当前切削直径

$$d_i = d_{i-1} - \Delta d_i$$

根据切削速度与主轴转速的关系，实时计算出主轴转速 n

$$n = \frac{v}{2\pi d_i}$$

将计算出的主轴转速值送至主轴驱动系统，调节出相应的转速，从而以保证主轴旋转与刀具径向进给之间的关联关系。

应当注意，计算出的主轴转速不能越过其允许的极限转速。当采用恒线速度加工端面时，一般会使用 G50 S×× 来限制最高转速。

6.5 数控机床主轴伺服系统实例
(Servo System Instance of CNC Machine Tool)

数控主轴伺服系统品牌较多，这里以国产华中数控 HNC-210 为例说明。

6.5.1 数控装置与主轴伺服系统的控制连接形式

HNC-210 数控装置可连接各种主轴驱动装置，实现正、反转、定向、调速等控制，还可以外接主轴编码器，实现螺纹车削和铣床上的刚性攻螺纹功能。

HNC-210 数控装置的主轴控制接口包括两组(图6.12)：

主轴控制接口 0：XS9；

主轴控制接口 1：XS90、XS91；

为了方便接线，接口(XS9、XS91)内均集成了与主轴控制相关的 PLC 输入/输出信号，其中 XS9 内的 PLC 输入输出信号是独立的；XS91 内的 PLC 输入/输出信号与 PLC 接口(XS11、XS20)内的同名信号为并联关系。使用者可以根据实际需要选择。

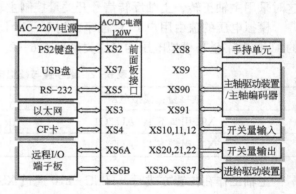

图6.12 数控装置与主轴控制接口连接框图

XS9 与 XS90 内的主轴编码器接口是并联关系。

1. 主轴启停

主轴启停控制由 PLC 承担，一般定义接通有效，这样当 Y1.0 接通时可控制主轴装置正转，Y1.1 接通时，主轴装置反转，二者都不接通时，主轴装置停止旋转。在使用某

些主轴变频器或主轴伺服单元时也用 Y1.0、Y1.1 作为主轴单元的使能信号。

部分主轴装置的运转方向由速度给定信号的正、负极性控制，这时可将主轴正转信号用作主轴使能控制，主轴反转信号不用。

部分主轴控制器有速度到达和零速信号，由此时可使用主轴速度到达和主轴零速输入，实现 PLC 对主轴运转状态的监控。

与主轴启停有关的信号见表 6-1。

表 6-1　与主轴启停有关的输入/输出开关量信号

信号说明	标号(X/Y 地址)		所在接口	信号名	脚号
	铣	车			
输入开关量					
主轴速度到达	X3.1	X3.1	XS11	I25	23
主轴零速	X3.2			I26	10
输出开关量					
主轴正转	Y1.0	Y1.0	XS20	O08	9
主轴反转	Y1.1	Y1.1		O09	21

2. 主轴速度控制

主轴工作在速度方式时，HNC-210 通过 XS91 主轴接口中的模拟量输出可控制主轴转速，其中 AOUT1 的输出范围为 -10~+10V 用于双极性速度指令输入的主轴驱动单元或变频器，这时采用使能信号控制主轴的启、停。电压正负控制转向，电压大小控制转速大小。AOUT2 的输出范围为 0~+10V，用于单极性速度指令输入的主轴驱动单元或变频器，这时采用主轴正转、主轴反转信号开关量控制主轴的正、反转。

模拟电压的值由用户 PLC 程序送到 Y[12]、Y[13] 确定，Y[12]、Y[13] 组成的 16 位数字量与模拟电压的对应关系见表 6-2。

表 6-2　数字量与模拟电压的对应关系

数字量：模拟电压	-0x7FFF~+0xFFFF
X91 引脚下 1：AUTO1	-10V~+10V
X91 引脚下 1：AUTO1	0V~+10V

主轴工作在位置方式时，HNC-210 通过 XS9 主轴接口中的脉冲指令的频率和相位关系控制主轴转速和方向，和进给轴的控制方式相同。

3. 主轴定向控制

实现主轴定向控制的方案一般有：
(1) 采用带主轴定向功能的主轴驱动单元；
(2) 采用伺服主轴即主轴工作在位控方式下；
(3) 采用机械方式实现。

对应于第一种控制方式，由 PLC 发生主轴定向命令即 Y1.3 接通，主轴单元完成定向后送回主轴定向完成信号 X3.3。表 6-3 为与主轴定向有关的输入/输出开关量信号。

表 6-3 与主轴定向有关的输入/输出开关量信号

信号说明	标号(X/Y 地址) 铣	所在接口	信号名	脚号
输入开关量				
主轴定向完成	X3.3	XS11	I27	27
输出开关量				
主轴定向	Y1.3	XS20	O11	20

第二种控制方式，主轴作为一个伺服轴控制，可在需要时由用户 PLC 程序控制定向到任意角度。

第三种控制方式，根据所采用的具体方式，用户可自行定义有关的 PLC 输入/输出点，并编制相应 PLC 程序控制外部电磁阀、液压阀驱动机械机构实现定向。

三种主轴定向控制的方案及控制方式见表 6-4。

表 6-4 主轴定向控制的方案及控制方式

序号	控制的方案	控制方式及说明
1	用带主轴定向功能的主轴驱动单元	标准铣床 C 程序中定义了相关的输入/输出信号。由 PLC 发生主轴定向命令，即 Y1.3 接通主轴单元完成定向后送回主轴定向完成信号 X3.3
2	用伺服主轴即主轴工作在位控方式下	主轴作为一个伺服轴控制，可在需要时由用户 PLC 程序控制定向到任意角度
3	用机械方式实现	根据所采用的具体方式，用户可自行定义有关的 PLC 输入/输出点，并编制相应 PLC 程序

4. 主轴换挡控制

主轴自动换挡通过 PLC 控制完成。

使用主轴变频器或主轴伺服时，需要在用户 PLC 程序中根据不同的挡位确定主轴速度指令(模拟电压)的值。

车床通常为手动换挡，如果安装了主轴编码器，则需要在用户 PLC 程序中根据主轴编码器反馈的主轴实际转速自动判断主轴目前的挡位，以调整主轴速度指令(模拟电压)的值。

主轴自动换挡的过程根据实际确定，请参考 PLC 编程手册。

5. 主轴编码器连接

通过主轴接口 XS9 或 XS90 可外接主轴编码器，用于螺纹加工、攻螺纹等，本数控装置可接入两种输出类型的编码器，差分 TTL 方波或单极性 TTL 方波。

一般建议使用差分编码器，从而确保长的传输距离的可靠性及提高抗干扰能力。

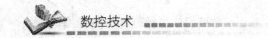

6.5.2 数控装置与主轴伺服系统的控制连接实例

1. 主轴连接实例——普通三相异步电动机

当用无调速装置的交流异步电动机作为主轴电动机时，只需利用数控装置输出开关量控制中间继电器和接触器，即可控制主轴电动机的正转、反转、停止。如图 6.13 所示。图中，KA3、KM3 控制电动机正转，KA4、KM4 控制电动机反转。

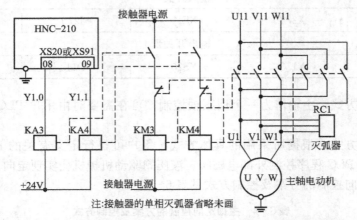

图 6.13 HNC-210 数控装置与普通三相异步主轴电机的连接

可配合主轴机械换挡实现有级调速，还可外接主轴编码器实现螺纹车削或刚性攻螺纹。

2. 主轴连接实例——交流变频主轴

采用交流变频器控制交流变频电动机，可在一定范围内实现主轴的无级变速，这时需利用数控装置的主轴控制接口（XS91）中的模拟量电压输出信号作为变频器的速度给定，采用开关量输出信号控制主轴启、停（或正、反转）。一般连接如图 6.14 所示。

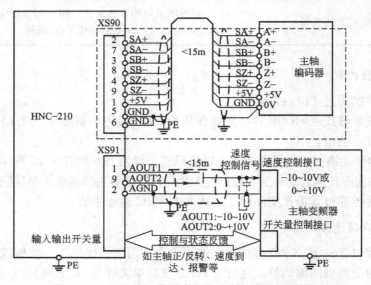

图 6.14 HNC-210 数控装置与主轴变频器的接线图

若反馈来自主轴驱动装置，则连接如图 6.15 所示。

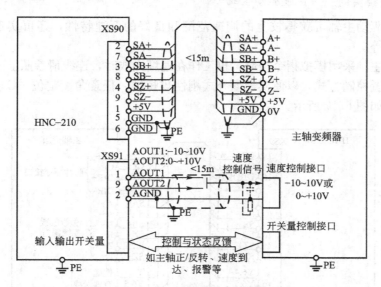

图 6.15 HNC－210 数控装置与主轴变频器的接线图

主轴变频器的主要接口如图 6.16 所示。

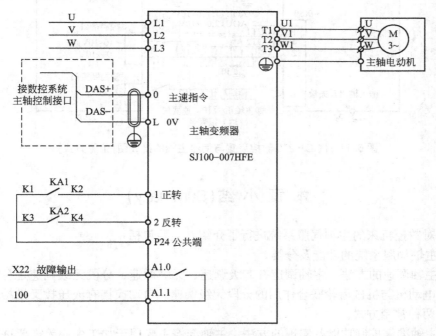

图 6.16 主轴变频器的接口

采用交流变频主轴时，由于低速特性不很理想，一般需配合机械换挡以兼顾低速特性和调速范围。

需要车削螺纹或攻螺纹时，可外接主轴编码器。

3. 主轴连接实例——伺服驱动主轴

采用伺服驱动主轴可获得较宽的调速范围和良好的低速特性，还可实现主轴定向控制、位置控制等。

伺服驱动主轴采用模拟指令控制，仅工作在速度方式时，连线请参照上一节。

当需要位置控制方式，以便实现插补式刚性攻螺纹、任意角度定位、C轴插补等功能时，一般连接如图6.17所示。

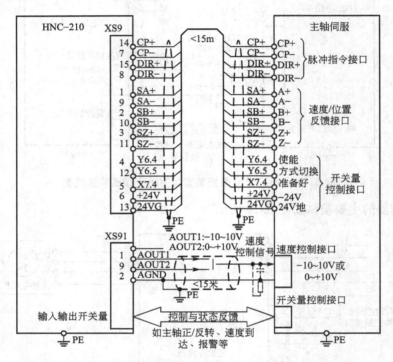

图6.17　HNC-210数控装置与伺服主轴的接线图(位置方式)

本 章 小 结(Summary)

本章对数控机床的主轴伺服系统进行了介绍，主要包括：

(1) 主轴伺服系统的功能及分类。

(2) 主轴调速的方法。主轴调速有有级调速、无级调速、分段无级调速之分，现在的机床多用电动机与机械齿轮联合作用的分段无级调速。自动换挡有液压拨叉换挡和电磁离合器换挡两种常用方式。

(3) 主轴准停控制功能及实现的方法。主轴准停主要用于加工中心等需要进行刀具更换的数控机床中以实现准停换刀动作，可分为机械准停控制和电气准停控制两种，其中电气准停控制又分为磁传感器型主轴准停控制、编码器型主轴准停控制和数控系统控制型主轴准停控制。

(4) 主轴旋转与进给轴的关联控制功能。

（5）通过国产华中数控 HNC-210 为例说明了数控机床主轴伺服系统构成方案。

推荐阅读资料(Recommended Readings)

1. 杨玥. 主轴驱动系统和主轴电动机发展趋势. 广西轻工业，2008(3)：37-38.

2. 王丽梅，王炎，郭庆鼎，等. 数控机床主轴驱动中的交流电机及其控制策略. 电工技术学报，1999(3)：35-38.

3. 李良福. 国外高速加工机床用主轴电机的发展状况. 机械制造与自动化，2002(2)：3-5.

思考与练习(Exercises)

一、填空题

1. _____又称主轴定位功能，当主轴停止时，能控制其停于固定位置（定位于圆周上特定角度）。

2. 主轴准停的控制方式包括_____和_____两种类型。

3. 在数控机床上加工螺纹时，一般在数控机床的主轴上安装_____。

4. 主轴电气准停的方法通常有：_____、_____和_____三种。

二、选择题

1. 在机械准停中，LS1 与 LS2 信号____同时有。

    A. 可以   B. 不可以

2. 为了实现刀具在主轴上的自动装卸，在主轴部件上必须有____。

    A. 齿轮变速装置   B. 主轴准停装置   C. 刀具长度自动测量装置

3. 一台采用 FANUC 系统的数控车床，在加工过程中，主轴不能按指令（M19）要求进行正常的"定向准停"，主轴驱动器"定向准停"控制板上的 ERROR（错误）指示灯亮，主轴一直保持慢速转动，定位不能完成。已知主轴在正常旋转时动作正常（M03 S＊＊），准停方式为磁性传感器准停。问故障最可能的原因是____。

    A. 主轴驱动器异常   B. 磁性传感器信号丢失   C. 数控系统故障

三、根据所学知识读图 6.18 并回答下列问题。

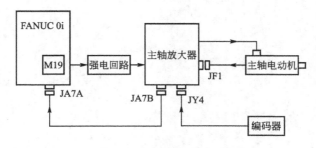

图 6.18　第三题图

1. 该图是_____的连接图。
2. 图中接口 JY4 的作用是_____。
3. 图中接口 JF1 的作用是_____。

四、简答题

1. 简述主轴伺服系统的功能以及数控机床对主轴驱动系统的要求。
2. 主轴驱动装置分为哪几类？并对其进行描述。
3. 什么是分段无级调速？怎样实现主轴分段无级调速？
4. 什么是主轴准停控制？数控机床为什么要实现准停控制？
5. 简述电气准停控制的方法。

第7章

数控机床进给驱动与控制
(Chapter Seven Feed Drives and Control of CNC Machine Tool)

 本章教学要点

能力目标	知识要点
了解伺服系统的分类；掌握数控机床进给伺服系统的基本性能及组成	进给伺服系统基础
掌握步进电动机的工作原理、特点和主要特性；理解步进电动机驱动的驱动控制和升降速控制	步进电动机
了解常见位置检测元件的分类及要求；理解常见位置检测元件的结构及工作原理	位置检测元件
了解直流伺服电动机、交流伺服电动机、直线电动机等元件的工作原理及应用	伺服电动机
了解闭环位置控制系统的基本组成及实现	闭环位置控制系统

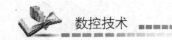

数控技术

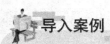导入案例

圆加工轨迹

如果我们想编写一个在 XY 平面内加工的正圆程序，如图 7.1（a）所示。应用所学的编程知识，这个已经可以完全解决。然而我们在加工时有没有注意和思考过，数控机床

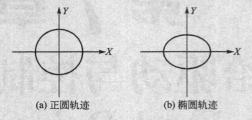

在按照我们编写的程序进行加工时，有时可能和我们设计的不一样，刀具可能会走出椭圆形的轨迹，如图 7.1（b）所示。这是什么原因呢？

这是由于数控机床进给伺服系统调整的关系。那么数控机床进给伺服系统是什么呢？它是怎么工作的呢？又是如何调整的呢？

图 7.1　圆加工轨迹

7.1　进给伺服系统概述（Servo System Overview）

1. 进给伺服系统的功能

数控机床进给伺服系统是以数控机床移动部件（如工作台、刀架等）的位置和速度为控制对象的自动控制系统。如果说 CNC 装置是数控机床的"大脑"，发布命令的指挥机构，那么，进给伺服系统就是数控机床的"四肢"，是一种"执行机构"，它忠实而准确地执行由 CNC 装置发来的运动命令。进给伺服系统接受来自 CNC 装置的进给脉冲，经变换和放大，再驱动各加工坐标轴按指令脉冲运动。这些轴有的带动工作台，有的带动刀架，通过几个坐标轴的综合联动，使刀具相对于工件产生各种复杂的机械运动，加工出所要求的复杂形状工件。

2. 进给伺服系统的分类

通常将进给伺服系统分为开环系统和闭环系统。开环系统通常主要以步进电动机作为控制对象，因此也称为步进驱动系统。闭环系统通常以直流伺服电动机或交流伺服电动机作为控制对象，因此对应的系统也可以称为直流伺服驱动系统和交流伺服驱动系统。

在开环系统中只有前向通路，无反馈回路，CNC 装置生成的插补脉冲经功率放大后直接控制步进电动机的转动。插补脉冲输出频率决定了步进电动机的转速，进而控制工作台的运动速度；输出脉冲的数量控制步进电动机的转角大小，从而实现了控制工作台的位移。数控开环进给伺服系统在步进电动机轴上或工作台上无速度或位置反馈信号。数控机床的开环进给伺服系统一般结构如图 7.2 所示。

在闭环伺服系统中，以检测元件为核心组成反馈回路，检测执行机构的速度和位置，由速度和位置反馈信号来调节伺服电动机的速度和位移，进而来控制执行机构的速度和位移。数控机床的闭环进给伺服系统一般结构如图 7.3 所示。

图 7.3 所示的闭环进给伺服系统是一个双闭环系统，内环是速度环，外环是位置环。

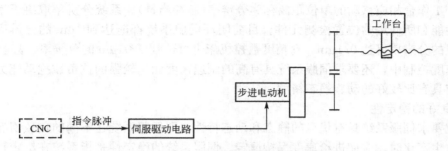

图7.2 数控机床开环进给伺服系统结构图

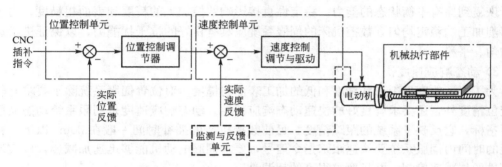

图7.3 数控机床闭环进给伺服系统结构图

速度环中用作速度反馈的检测装置为测速发电机、脉冲编码器等。速度控制单元是一个独立的单元部件，它由速度调节器、电流调节器及功率驱动放大器等各部分组成。位置环由CNC装置中的位置控制模块、速度控制单元、位置检测及反馈控制等各部分组成。位置控制主要是对机床运动坐标轴进行控制，轴控制是要求最高的位置控制，不仅对单个轴的运动速度和位置精度的控制有严格要求，而且在多轴联动时，还要求各移动轴有很好的动态配合，才能保证加工效率、加工精度和表面粗糙度。

3. 数控机床对进给伺服系统的要求

数控机床集中了传统的自动机床、精密机床和万能机床三者的优点，将高效率、高精度和高柔性集于一体。而数控机床技术水平的提高首先依赖于进给和主轴驱动特性的改善以及功能的扩大，为此数控机床对进给伺服系统的位置控制、速度控制、伺服电动机、机械传动等方面都有很高的要求。由于各种数控机床所完成的加工任务不同，它们对进给伺服系统的要求也不尽相同。一般对进给伺服系统要求有以下几个方面：

1) 高精度

为了满足数控加工精度的要求，关键是保证数控机床的定位精度和进给跟踪精度。这也是伺服系统静态特性和动态特性指标是否优良的具体表现。伺服系统的精度指输出量能够复现输入量的精确程度。由于数控机床执行机构的运动是由伺服电动机直接驱动的，为了保证移动部件的定位精度和零件轮廓的加工精度，要求伺服系统应具有足够高的定位精度和联动坐标的协调一致精度。一般数控机床要求的定位精度为 $1\sim0.1\mu m$，高档设备的定位精度要求达到 $\pm0.01\sim\pm0.005\mu m$。

相应地，对伺服系统的分辨率也提出了要求。当伺服系统接受CNC装置送来的一个脉冲时，工作台相应移动的单位距离称为分辨率（脉冲当量）。系统分辨率取决于系统稳定工作的性能和所使用的位置检测元件。目前闭环伺服系统都能达到 $1\mu m$ 的分辨率。数控测量装置的分辨率可达 $0.1\mu m$。高精度数控机床也可达到 $0.01\mu m$ 的分辨率，甚至更小。

在速度控制中，还要求伺服系统具有高的调速精度和比较强的抗负载扰动能力，即伺服系统应具有比较好的动、静态精度。

2）良好的稳定性

这就要求伺服系统具有优良的静态和动态特性，即伺服系统在不同的负载情况下或切削条件发生变化时，应使进给速度保持恒定。伺服系统的稳定性是指系统在给定输入作用下，经过短时间的调节后达到新的平衡状态；或在外界干扰作用下，经过短时间的调节后重新恢复到原有平衡状态的能力。稳定性直接影响数控加工的精度和表面粗糙度，为了保证切削加工的稳定均匀，数控机床的伺服系统应具有良好的抗干扰能力，以保证进给速度的均匀、平稳。

3）动态响应速度快

为了保证轮廓切削形状精度和低的加工表面粗糙度，对位置伺服系统除了要求有较高的定位精度外，还要求有良好的快速动态响应特性。动态响应速度是伺服系统动态品质的重要指标，它反映了系统的跟踪精度。目前数控机床的插补时间一般在 20ms 以下，在如此短的时间内伺服系统要快速跟踪指令信号，要求伺服电动机能够迅速加减速，以实现执行部件的加减速控制，并且要求很小的超调量。

4）调速范围宽

为了适应不同的加工条件，如所加工零件的材料、类型、尺寸、部位以及刀具的种类和冷却方式等的不同，要求数控机床进给能在很宽的范围内无级变化。这就要求伺服电动机有很宽的调速范围和优良的调速特性。经过机械传动后，电动机转速的变化范围即可转化为进给速度的变化范围。数控机床的调速范围 R_N 是指数控机床要求伺服电动机能够提供的最高转速 n_{max} 和最低转速 n_{min} 之比，即

$$R_N = \frac{n_{max}}{n_{min}} \tag{7.1}$$

式中，n_{max} 和 n_{min} 分别为额定负载时的电动机最高转速和最低转速。

对一般数控机床而言，进给速度范围在 $0\sim 24 m/min$ 时，都可满足加工要求。通常在这样的速度范围内还可以提出以下更细致的技术要求：

（1）在 $1\sim 24000 mm/min$ 即 $1:24000$ 调速范围内，要求速度均匀、稳定、无爬行，且速降小。

（2）在 $1 mm/min$ 以下时具有一定的瞬时速度，但平均速度很低。

（3）在零速时，即工作台停止运动时，要求电动机有电磁转矩以维持定位精度，使定位误差不超过系统的允许范围，即电动机处于伺服锁定状态。

由于位置伺服系统是由速度控制单元和位置控制环节两大部分组成的，如果对速度控制系统也过分地追求像位置伺服控制系统那么大的调速范围而又要可靠稳定地工作，那么速度控制系统将会变得相当复杂，既提高了成本又降低了可靠性。

一般来说，对于进给速度范围为 $1:20000$ 位置控制系统，在总的开环位置增益为 $20 1/s$ 时，只要保证速度控制单元具有 $1:1000$ 的调速范围就可以满足需要，这样可使速度控制单元线路既简单又可靠。当然，代表当今世界先进水平的实验系统，速度控制单元

调速范围已达 1：100000。

7.2　步进电动机及其驱动控制(Stepping Motor and Drive Control)

7.2.1　步进电动机的工作原理与特点

在数控机床的开环伺服系统中，执行元件是步进电动机。通常该系统中无位置、速度检测环节，其精度主要取决于步进电动机的步距角和相关传动链的精度。步进电动机的最高转速通常比直流伺服电动机和交流伺服电动机低，且在低速时容易产生振动，影响加工精度。但步进电动机伺服系统的制造与控制比较容易，在速度和精度要求不太高的场合有一定的使用价值，同时步进电动机细分技术的应用，使步进电动机开环伺服系统的定位精度显著提高，并可有效地降低步进电动机的低速振动，从而使步进电动机伺服系统得到更加广泛的应用，特别适合于中、低精度的经济型数控机床和普通机床的数控化改造。

步进电动机是一种用电脉冲信号进行控制，并将电脉冲信号转换成相应的角位移的执行器。其角位移量与电脉冲数成正比，其转速与电脉冲频率成正比，通过改变脉冲频率就可以调节电动机的转速。因此，在以步进电动机为执行元件的开环进给伺服系统中，刀具（或工件）进给速度、位移的调节，可以通过控制电脉冲的频率和数量来实现，进给运动方向可以通过改变通电相序先后顺序来实现。

1. 步进电动机的结构

目前，我国使用的步进电动机多为反应式步进电动机。图 7.4 所示是一典型三相反应式步进电动机的结构原理图。它与普通电动机一样，也是由定子和转子构成，其中定子又分为定子铁心和定子绕组。定子铁心由电工钢片叠压而成，定子绕组是绕置在定子铁心六个均匀分布的齿上的线圈，在直径方向上相对的两个齿上的线圈串联在一起，构成一相控制绕组。因此，图 7.4 所示的步进电动机可构成 A、B、C 三相控制绕组，故为三相步进电动机。若电动机的任一相绕组通电，便形成一组定子磁极，其方向即图中所示的 NS 极。在定子的每个磁极上面向转子的部分，又均匀分布着五个小齿，这些小齿呈梳状排列，齿槽等宽，齿间夹角为 9°。转子上没有绕组，只有均匀分布的 40 个齿，其大小和间距与定子上的完全相同。但三相定子磁极上的小齿在空间位置上依次错开 1/3 齿距（即 3°），如图 7.5 所示。当 A 相磁极上的小齿与转子上的小齿对齐时，B 相磁极上的齿刚好超前（或滞后）转子齿 1/3 齿距角，C 相磁极齿超前（或滞后）转子齿 2/3 齿距角。步进电动机每走一步所转过的角度称为步距角，其大小等于错齿的角度。错齿角度的大小取决于转子上的齿数，转子上的齿数越多，步距角越小，步进电动机的位置精度越高，其结构也越复杂。

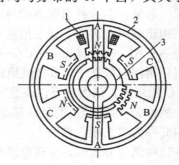

图 7.4　反应式步进电动机结构原理图
1—绕组；2—定子铁心；3—转子铁心

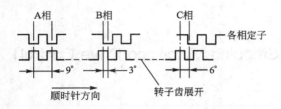

图 7.5　步进电动机的齿距

2. 步进电动机的工作原理

图 7.6 所示为一台三相反应式步进电动机的工作原理图。

从图 7.6 可知，电动机定子上有六个极，每极上都装有控制绕组，每两个相对的极组成一相。转子是四个均匀分布的齿，上面设有绕组。当 A 相绕组通电时，转子上的齿 1、3 被磁极 A 吸住，因此转子齿 1、3 和定子极 A、A′对齐，如图 7.6(a)所示。当 A 相断电，B 相绕组通电时，磁极 A 产生的磁场消失，磁极 B 产生磁场，因磁通总是沿着磁阻最小的路径闭合，因此距离磁极 B 最近的齿 2、4 被吸引，从而使转子将沿逆时针方向转过 α 角，使转子齿 2、4 和定子极 B、B′对齐，如图 7.6(b)所示，从图中分析可知 $\alpha=30°$。如果再使 B 相断电，C 相绕组通电时，转子将沿逆时针继续转过 30°角，使转子齿 1、3 和定子极 C、C′对齐，如图 7.6(c)所示。如此循环往复，并按 A—B—C—A 的顺序通电，电动机便按一定的速度沿逆时针方向转动。电动机的转速直接取决于绕组与电源接通或断开的变化频率。同理，若按 A—C—B—A 的顺序通电，电动机将反向转动。电动机绕组与电源的接通或断开，通常是由电子逻辑电路来控制的。

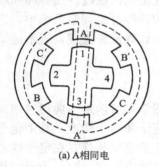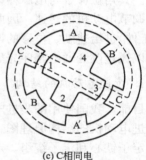

(a) A相同电　　　　(b) B相同电　　　　(c) C相同电

图 7.6　反应式步进电动机工作原理

电动机定子绕组每改变一次通电状态，称为一拍。此时电动机转子转过的空间角度称为步距角 α。上述通电方式称为三相单三拍。"单"是指每次通电时，只有一相绕组通电；"三拍"是指经过三次切换绕组的通电状态为一个循环，第四拍通电时就重复第一拍通电的情况。可见，在这种通电方式时，三相步进电动机的步距角 α 应为 30°。

三相步进电动机除了单三拍通电方式外，还经常工作在三相六拍通电方式。这时通电顺序为 A—AB—B—BC—C—CA—A 或 A—AC—C—CB—B—BA—A，即先接通 A 相绕组；以后再同时接通 A、B 相绕组；然后断开 A 相绕组，使 B 相绕组单独接通；再同时接通 B、C 相绕组，依次进行。在这种通电方式时，定子绕组需经过六次切换才能完成一个循环，故称为"六拍"，而且在通电时，有时是单个绕组接通，有时又是两个绕组同时接通，因此称为"三相六拍"。

在这种通电方式时，步进电动机的步距角与"单三拍"时的情况有所不同，如图 7.7 所示。当 A 相绕组通电时，和单三拍运行的情况相同，转子齿 1、3 和定子极 A、A′对齐，如图 7.7(a)所示。当 A、B 绕组同时通电时，使转子齿 2、4 又将在定子极 B、B′的吸引下，使转子沿逆时针方向转动，直到转子齿 1、3 和定子极 A、A′之间的作用力被转子齿 2、4 和定子极 B、B′之间的作用力所平衡为止，如图 7.7(b)所示。当 A 相断电，只有 B 相绕组通电时，转子将继续沿逆时针方向转过一个角度使转子齿 2、4 和定子极 B、B′对齐，如图 7.7(c)所示。若继续按 BC—C—CA—A 的顺序通电，那么步进电动机就按逆时针方向继续转动。如果通电顺序改为 A—AC—C—CB—B—BA—A 时，电动机将按顺时针方向转动。采用三相六拍通电方式后，步进电动机由 A 相绕组单独通电到 B 相绕组单独通电，中间还要经过 A、B 两相同时通电这个状态，也就是说要经过两拍，转子才转过 30°。所以这种通电方式下，三相步进电动机的步距角 $\alpha = 30°/2 = 15°$。

(a) A相同电   (b) B相同电   (c) C相同电

图 7.7　单、双六拍工作示意图

实际使用中，单三拍通电方式由于在切换时一相绕组断电而另一相绕组开始通电容易造成失步。此外，由单一绕组通电吸引转子，也容易使转子在平衡位置附近产生振荡，运行的稳定性较差，所以很少采用。通常将它改成"双三拍"通电方式，即按 AB—BC—CA—AB 的通电顺序运行，这时每个通电状态均为两相绕组同时通电。在双三拍通电方式下，它的步距角和单三拍通电方式相同也是 30°。

以上介绍的反应式步进电动机结构简单，步距角较大，如在数控机床中应用会影响到加工工件的精度。实际中采用的一般是小步距角的步进电动机。

3. 步进电动机的特点

（1）步进电动机受脉冲的控制，其转子的角位移量和转速严格地与输入脉冲的数量和脉冲频率成正比，没有累积误差。控制输入步进电动机的脉冲数就能控制位移量；改变通电频率可改变电动机的转速。

（2）当停止送入脉冲，只要维持控制绕组的电流不变，电动机便停在某一位置上不动，不需要机械制动。

（3）改变通电顺序可改变步进电动机的旋转方向。

（4）步进电动机的缺点是效率低，拖动负载的能力不大，脉冲当量（步距角）不能太大，调速范围不大，最高输入脉冲频率一般不超过 18kHz。

7.2.2　步进电动机的主要特性

1. 步距角 α 和步距误差

步进电动机的步距角（step angle）是决定步进伺服系统脉冲当量的重要参数。步距角不受电压、波动和负载变化的影响，也不受温度、振动等环境因素的干扰。

每输入一个脉冲信号，步进电动机所转过的角度称为步距角，以 α 表示。步距角 α 的大小由转子的齿数 z、运行相数 m 和通电方式所决定，它们之间的关系可以表示为

$$\alpha = \frac{360°}{mzk} \tag{7.2}$$

式中，m 为运行相数；z 为转子的齿数；k 为状态系数，相邻两次通电相数相同，$k=1$；相邻两次通电相数不同，$k=2$。

步距角 α 越小，精度越高。由式(7.2)可以看出，增加相数和增加转子齿数都可减小步距角，目前多用增加齿数的方法减小步距角。

步距误差是指步进电动机运行时，转子每一步实际转过的角度与理论步距角之差值。连续走若干步时，上述步距误差的累积值称为步距的累积误差。影响步距误差的主要因素有：转子齿的分度精度、定子磁极与齿的分度精度、铁心叠压及装配精度、气隙的不均匀程度和各相励磁电流的不对称程度等。由于步进电动机转过一转后，将重复上一转的稳定位置，即步进电动机的步距累积误差将以一转为周期重复出现。

2. 步进电动机的转速 n

若步进电动机的通电脉冲频率为 f，则步进电动机的转速为

$$n = \frac{60f}{mzk} \tag{7.3}$$

式中，f 为步进电动机的通电脉冲频率。

电动机的相数和齿数越多，电动机在一定的脉冲频率下，转速越低。但是相数越多，电源就越复杂，成本也就越高。

3. 静态矩角特性、最大静态转矩 M_{jmax} 和起动转矩 M_q

矩角特性是步进电动机的一个重要特性，它是指步进电动机产生的静态转矩 M_j 与失调角 θ 的变化规律。空载时，若步进电动机某相绕组通电，根据步进电动机的工作原理，电磁力矩会使得转子齿槽与该相定子齿槽相对齐，这时，转子上没有力矩输出。如果在电动机轴上加一逆时针方向的负载转矩 M，则步进电动机转子就要逆时针方向转过一个角度 θ 才能重新稳定下来，这时转子上受到的电磁转矩 M_j 和负载转矩 M 相等。我们称 M_j 为静态转矩，θ 为失调角。不断改变 M 值，对应的就有 M_j 值及 θ 角，得到 M_j 与 θ 的函数曲线，如图 7.8 所示。我们称 $M_j = f(\theta)$ 曲线为转矩-失调角特性曲线，或称为矩角特性。图中画出了三相步进电动机按照 A—B—C—A 的方式通电时，A、B、C 各相的矩角特性曲线，三相矩角特性曲线在相位上互差 1/3 周期。曲线上峰值所对应的转矩称为最大静态转矩，用 M_{jmax} 表示，它表示步进电动机承受负载的能力。M_{jmax} 愈大，自锁力矩愈大，静态误差愈小。换句话说，最大静态转矩 M_{jmax} 愈大，电动机带负载的能力愈强，运行的快速性和稳定性愈好。

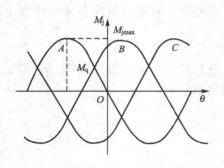

图 7.8　步进电动机静态矩角特性曲线

图 7.8 中曲线 A 和曲线 B 的交点所对应的力矩 M_q 是电动机运行状态的最大起动转矩。当负载力矩 M_f 小于 M_q 时，电动机才能正常起动运行，否则，将造成失步，电动机也不能正常起动。一般

地，随着电动机相数的增加，由于矩角特性曲线变密，相邻两矩角特性曲线的交点上移，会使 M_q 增加；改变 m 相 m 拍通电方式为 m 相 $2m$ 拍通电方式，同样会使 M_q 得以提高。

4. 起动频率 f_q

空载时，步进电动机由静止突然起动而不丢步地进入正常运行状态所允许的最高起动频率称为起动频率或突跳频率 f_q。起动频率与机械系统的转动惯量有关，随着负载转动惯量的增加，起动频率下降。若同时存在负载转矩则起动频率会进一步降低。在实际应用中，由于负载转矩的存在可采用的起动频率要比起动惯频特性中标出的数据低。

5. 连续运行的最高工作频率 f_{max}

步进电动机起动以后其运行速度能跟踪指令脉冲频率连续上升而不丢步的最高工作频率，称为连续运行最高工作频率 f_{max}，在实际运用中，运行频率比起动频率高得多。通常用自动升降频的方式，即先在低频下使步进电动机起动，然后逐渐升至运行频率。当需要步进电动机停转时，则先将脉冲信号的频率逐渐降低至起动频率以下，再停止输入脉冲，步进电动机才能不失步地准确停止。影响连续运行频率的有负载性质和大小，步进电动机的绕组电感及驱动电源。

6. 矩频特性与动态转矩

矩频特性是描述步进电动机连续稳定运行时输出的最大转矩与连续运行频率之间的关系曲线。图 7.9 所示，该特性曲线上每一频率 f 所对应的转矩为动态转矩 M_d。可见，动态转矩的基本趋势是随连续运行频率的增大而降低。

步进电动机的最大输出转矩随连续运行频率的升高而下降。这是因为步进电动机的绕组是感性的，在绕组中通电时，电流上升缓慢，使有效转矩变小；绕组断电时，电流逐渐下降，产生与转向相反的转矩，输出转矩变小。随着连续运行频率的升高，电流波形的前后沿占通电时间的比例越来越大，输出转矩也就越来越小。步进电动机的绕组电感以及驱动电源对矩频特性影响很大。

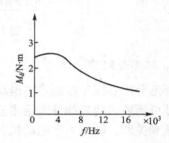

图 7.9　步进电动机的矩频特性曲线

7. 加减速特性

步进电动机的加减速特性是描述步进电动机由静止到工作频率和由工作频率到静止的加减速过程中，定子绕组通电状态的变化频率与时间的关系。当要求步进电动机起动到大于突跳频率的工作频率时，变化速度必须逐渐上升；同样，从最高工作频率或高于突跳频率的工作频率停止时，变化速度必须逐渐下降。逐渐上升和下降的加速时间、减速时间不能过小，否则会出现失步或超步。人们用加速时间常数和减速时间常数来描述步进电动机的升速和降速特性，如图 7.10 所示。

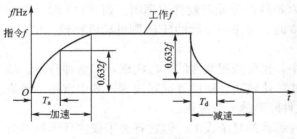

图 7.10　加减速特性曲线

8. 保持转矩（holding torque）

步进电动机通电但没有转动时，定子锁住转子的力矩。它是步进电动机最重要的参数之一。通常步进电动机在低速时的力矩接近保持转矩。由于步进电动机的输出力矩随速度的增大而不断衰减，输出功率也随速度的增大而变化，所以保持转矩就成为了衡量步进电动机的最重要参数之一。

除以上介绍的几种特性外，惯频特性和动态特性等也都是步进电动机很重要的特性。其中，惯频特性所描述的是步进电动机带动纯惯性负载时起动频率和负载转动惯量之间的关系；动态特性所描述的是步进电动机各相定子绕组通断电时的动态过程，它决定了步进电动机的动态精度。

7.2.3 步进电动机的驱动控制

数控装置根据进给速度指令，通过译码与脉冲发生器（硬件或软件）产生与进给速度相对应的一定频率的指令脉冲，再经环形脉冲分配器，按步进电动机的通电方式进行脉冲分配，并经功率放大后送给步进电动机的各相绕组，以驱动步进电动机旋转，如图 7.11 所示。

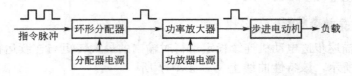

图 7.11　步进电动机驱动系统框图

1. 环形分配器

环形分配器用于控制步进电动机通电运行方式，其作用是将数控装置的插补脉冲按步进电动机所要求的规律分配给步进电动机驱动电路的各相输入端，以控制励磁绕组中电流的开通和关断。同时由于电动机有正、反转要求，所以环形脉冲分配器的输出不仅是周期性的，而且是可逆的，因此称为环形分配器。根据完成环形脉冲分配功能的部件，可将其分为硬件环形分配器和软件环形分配器两类。

1）硬件环形脉冲分配

早期设计硬件环形脉冲分配器电路时，都是根据步进电动机通电方式真值表或逻辑关系式采用逻辑门电路和触发器来实现的。图 7.12(a) 所示为三相硬件环形分配器驱动控制示意图。图中 CLK 为指令脉冲、DIR 为旋转方向、FULL/HALF 为整步/半步的控制。

图 7.12(b) 所示某数控机床 X 轴三相六拍脉冲分配器硬件原理图。当 $X=1$ 时，每来一个脉冲(CP)则电动机正转一步；当 $X=0$ 时，每来一个脉冲(CP)则电动机反转一步。

2）软件环形脉冲分配

在计算机控制的步进电动机驱动系统中，也可采用软件的方法实现环形脉冲分配。软件环形分配器的设计方法有很多，如查表法、比较法、移位寄存器法等，其中常用的是查表法。表 7-1 为步进电动机的三相六拍软件环形脉冲分配表。

采用软件进行脉冲分配虽然增加了软件编程的复杂程度，但它省去了硬件环形脉冲分配器，系统减少了器件，降低了成本，也提高了系统的可靠性。

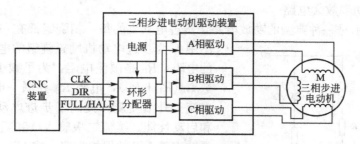

(a) 三相硬件环形分配器驱动控制示意图

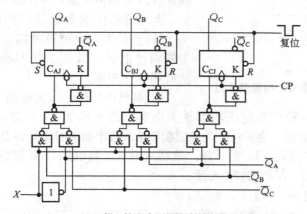

(b) 三相六拍脉冲分配器硬件原理图

图 7.12　硬件环形分配器

表 7-1　步进电动机的三相六拍软件环形脉冲分配表

步序		导电相	工作状态	数值(十六进制)	程序的数据表
正转　反转			CBA		TAB
		A	0 0 1	01H	TAB0　DB　01H
		AB	0 1 1	03H	TAB1　DB　03H
		B	0 1 0	02H	TAB2　DB　02H
		BC	1 1 0	06H	TAB3　DB　06H
		C	1 0 0	04H	TAB4　DB　04H
		CA	1 0 1	05H	TAB5　DB　05H

2. 步进电动机伺服系统的功率驱动

　　环形分配器输出的电流很小(毫安级)，需要功率放大后，才能驱动步进电动机。放大电路的结构对步进电动机的性能有着十分重要的作用。功放电路的类型很多，从使用元件来分，有功率晶体管、可关断晶闸管、混合元件等组成放大电路；从工作原理来分有单电压、高低电压切换、恒流斩波、调频调压、细分电路等。从工作原理上讲，目前用的多是恒流斩波、调频调压和细分电路等。

1）单电压功率放大电路

图 7.13 所示是一种典型的功放电路，步进电动机的每一相绕组都有一套这样的电路。

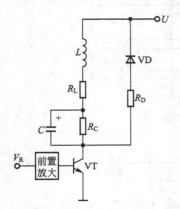

图 7.13　单电源功率放大电路原理图

图中 L 为步进电动机励磁绕组的电感、R_L 为绕组的电阻，R_C 是限流电阻，为了减少回路的时间常数 $L/(R_L+R_C)$，电阻 R_C 并联一电容 C，使回路电流上升沿变陡，提高了步进电动机的高频性能和启动性能。续流二极管 VD 和阻容吸收回路 R_C 是功率管 VT 的保护电路，在 VT 由导通到截止瞬间，释放电动机电感产生的高的反电动势。

此电路的优点是电路结构简单，不足之处是 R_C 消耗能量大，电流脉冲前后沿不够陡，在改善了高频性能后，低频工作时会使振荡有所增加，使低频特性变坏。

2）高低电压功率放大电路

图 7.14 所示是一种高低电压功率放大电路。图中电源 U_1 为高电压电源，为 $80\sim150V$，U_2 为低电压电源，为 $5\sim20V$。在绕组指令脉冲到来时，脉冲的上升沿同时使 VT_1 和 VT_2 导通。由于二极管 VD_1 的作用，使绕组只加上高电压 U_1，绕组的电流很快达到规定值。到达规定值后，VT_1 的输入脉冲先变成下降沿，使 VT_1 截止，电动机由低电压 U_2 供电，维持规定电流值，直到 VT_2 输入脉冲下降沿到来，VT_2 截止。下一绕组循环这一过程。由于采用高压驱动，电流增长快，绕组电流前沿变陡，提高了电动机的工作频率和高频时的转矩。同时由于额定电流是由低电压维持，只需阻值较小的限流电阻 R_C，故功耗较低。不足之处是在高低压衔接处的电流波形在顶部有下凹，影响电动机运行的平稳性。

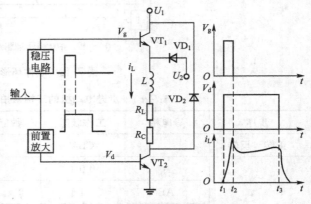

图 7.14　高低压驱动电路原理图

3）斩波恒流功放电路

斩波恒流功放电路如图 7.15（a）所示。该电路的特点是工作时 V_{in} 端输入方波步进信号：当 V_{in} 为"0"电平，由与门 A_2 输出 V_b 为"0"电平，功率管（达林顿管）VT 截止，绕组 W 上无电流通过，采样电阻 R_3 上无反馈电压，A_1 放大器输出高电平；而当 V_{in} 为高电平时，由与门 A_2 输出的 V_b 也是高电平，功率管 VT 导通，绕组 W 上有电流，采样电阻上 R_3 上出现反馈电压 V_f，由分压电阻 R_1、R_2 得到设定电压与反馈电压相减，来决定 A_1 输出电平的高低，来决定 V_{in} 信号能否通过与门 A_2。若 $V_{ref} > V_f$ 时 V_{in} 信号通过与门，形成 V_b 正脉冲，打开功率管 VT；反之，$V_{ref} < V_f$ 时 V_{in} 信号被截止，无 V_b 正脉冲，功率管 VT 截止。这样在一个 V_{in} 脉冲内，功率管 VT 会多次通断，使绕组电流在设定值上、下波动。各点的波形如图 7.15（b）所示。

在这种控制方法中，绕组上的电流大小和外加电压大小 $+U$ 无关，由于采样电阻 R_3 的反馈作用，使绕组上的电流可以稳定在额定的数值上，是一种恒流驱动方案，所以对电源的要求很低。

这种驱动电路中绕组上的电流不随步进电动机的转速而变化，从而保证在很大的频率范围内，步进电动机都输出恒定的转矩。这种驱动电路虽然复杂但绕组的脉冲电流边沿陡，由于采样电阻 R_3 的阻值很小（一般小于 1Ω），所以主回路电阻较小，系统的时间常数较小，反应较快，功耗小、效率高。这种功放电路在实际中经常使用。

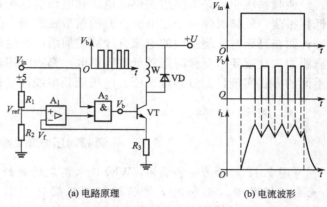

(a) 电路原理   (b) 电流波形

图 7.15　斩波驱动电路原理图

4）细分驱动电路

步进电动机驱动线路，如果按照环形分配器决定的分配方式，控制电动机各相绕组的导通或截止，从而使电动机产生步进所需的旋转磁动势拖动转子步进旋转，则步距角只有两种：整步工作或半步工作。而步距角的大小由电动机结构所确定，如果要求步进电动机有更小的步距角，更高的分辨率，或者为了电动机振动、噪声等原因，可以在每次输入脉冲切换时，只改变相应绕组中额定的一部分，则电动机的合成磁动势也只旋转步距角的一部分，转子的每步运行也只有步距角的一部分。这里，绕组电流不是一个方波，而是阶梯波，额定电流是台阶式的投入或切除，电流分成多少个台阶（图 7.16(a)），则转子就以同样的步数转过一个步距角，这种将一个步距角细分成若干步的驱动方法，称为细分驱动。

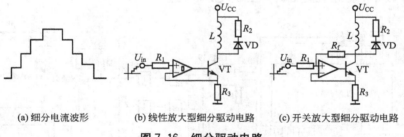

(a) 细分电流波形   (b) 线性放大型细分驱动电路   (c) 开关放大型细分驱动电路

图 7.16　细分驱动电路

细分驱动电路的功率放大部分有线性放大型和开关放大型两种。典型电路图分别如图 7.16(b) 和 (c)。图 (b) 所示电路采用带电流反馈的线性功率放大形式，由微步脉冲分配器输出数字信号，经 D 转换为模拟量进行控制。这种电路形式特别适用于步进电动机在较低速下运行和精确定位。开关放大型细分驱动电路如图 (c) 所示，放大器工作在开关状态，类似于斩波驱动电路，通过调节电流参考电平来控制绕组电流的大小。

细分驱动电路的特点是使步距角减小，提高了匀速性和控制精度，并能减弱或消除振荡。

5）调频调压驱动

在单电压功率放大及高低电压功率放大等电路中，为了提高系统的高频响应，一般可以提高供电电压，加快电流上升前沿，但这样做的结果可能会引起步进电动机低频振荡加剧，甚至失步。

调频调压驱动是对绕组提供的电压和电动机运行频率之间直接建立联系，即为了降低低频振荡，低频时保证绕组电流上升的前沿较缓慢，使转子到达新的平衡位置时不产生过冲；而在高频时使绕组中的电流有较陡的前沿，产生足够的绕组电流，提高电动机驱动负载能力。这就要求低频时用较低电压供电，高频时用较高电压供电。电压随频率变化可用不同的方法实现，如分频段调压、电压随频率线性变化等。

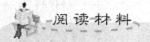

调频调压驱动实例

图 7.17 所示为一种利用 PWM 技术实现的调频调压驱动实用电路。该电路是一种无电压调整器、无电流反馈的调频调压驱动电路，由频压转换器、三角波发生器、PWM 信号发生器、斩波信号发生器、环形分配器、驱动级、保护级等组成。频率/电压转换器其主要功能是将输入的时钟脉冲转换为直流电平信号，由 F/V 转换芯片 LM2917 及外围电路组成。CP 脉冲从引脚 1 输入，直流电平从引脚 5 输出。当输入 $f_{CP}=0$ 时，对应步进电动机的锁定状态，要求有一定的绕组电流产生足够的静转矩，该电压值很小，因此对应频压转换器的直流输出电平也只需很小的数值 V_{min}，该值可以通过引脚 4 上的三个电阻进行调整，其中主要调整 10kΩ 的电位器。当时钟脉冲 f_{CP} 增加时，直流电平输出将按线性增加，其斜率取决于引脚 2 上的电容、引脚 3 上的电阻 R 以及芯片承受电源电压 V_{CC} 的大小，则输出直流电平为

$$V=V_{min}+kf_{CP}$$

三角波发生器由 74LS04 所组成的脉冲振荡器及其输出电路组成。脉冲振荡器输出方波脉冲，通过 10kΩ 的电阻和 0.01μF 的电容形成三角波输出，其频率取决于振荡器电阻、电容的大小，也就是后面产生斩波脉冲的频率。

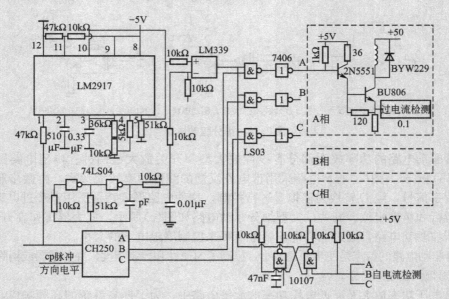

图 7.17　调频调压驱动实用电路

比较器 LM339 及外围电路用于产生 PWM 信号。比较器的正输入端来自频率/电压转换器的直流电平，负输入端来自三角波发生器。当三角波电平高于直流电平时，比较器输出低电平，反之输出高电平。可见比较器输出为方波信号，当 CP 脉冲频率较低时，比较器输出较窄的正脉冲，反之输出较宽的正脉冲。比较器输出脉宽的宽度随着 CP 脉冲频率呈线性变化。

环形分配器采用集成芯片 CH250，产生的导通信号为高电平有效。步进电动机每一相均有独立的合成斩波信号，斩波合成器由双输入与非门 74LS03 组成。与非门输入的一端接 PWM 信号，另一端接绕组导通信号，由于与非门输出为被 PWM 调制的相绕组导通信号，再经一级反向 7406 后成为送入各相驱动电路的斩波合成信号。

斩波合成信号经 2N5551 放大后推动功率管 BU806 对相绕组提供励磁电流。当输入信号为高电平时，BU806 导通，电源电压全部加到绕组上，绕组电流上升；当输入信号为低电平时，功率管截止，绕组电流通过续流二极管 BYW229 继续流动，消耗内部磁能。当下一个斩波脉冲到来时，电源又重新对绕组供电。当 CP 脉冲频率较高时，电动机绕组得到的电压平均值也较高，由于反电动势和电感的作用，绕组上的电流仍处于额定状态，系统发生故障时电动机处于堵转状态，此时反电动势为零，电动机绕组电流急剧增加，导致驱动器损坏。因此电路加有过电流保护环节，每相驱动级用 0.1Ω 电阻对通电电流进行采样，送入过电流检测电路中。任意一相一旦发生过电流，RS 触发器将输出低电平，封锁 74LS03 的三个与非门，使导通信号不能通过，达到过电流保护作用。

7.2.4 步进电动机的运动控制

1. 位移量的控制

数控装置发出 N 个进给脉冲，经驱动电路放大后，变换成步进电动机定子绕组通、断电的次数 N，使步进电动机定子绕组的通电状态改变 N 次，因而也就决定了步进电动机的角位移。该角位移再经减速齿轮、丝杠、螺母之后转变为工作台的位移量 L。可见。这种对应关系可表示为：进给脉冲的数量 N→定子绕组通电状态变化次数 N→步进电动机转子角位移→机床工作台位移量 L。

通常用脉冲当量来衡量数控机床的加工精度。脉冲当量是指相对于每一脉冲信号的机床运动部件的位移量，又称为最小设定单位。根据工作台位移量的控制原理，可推得开环系统的脉冲当量 δ 为

$$\delta = \frac{\alpha h}{360i} \tag{7.4}$$

式中，α 为步进电动机步距角；h 为滚珠丝杠螺距(mm)；i 为减速齿轮的减速比。

需要指出的是，增设减速齿轮的目的一方面可以调整速度，另一方面可以增大转矩，降低电动机功率。目前，由于细分技术的使用，一般不使用减速齿轮机构，而是步进电动机直接驱动滚珠丝杠。

2. 进给速度的控制

系统中进给脉冲频率 f 经驱动放大后，就转化为步进电动机定子绕组通、断电状态变

化的频率，因而就决定了步进电动机的转速 ω，该 ω 经减速齿轮、丝杠、螺母之后，转化为工作台的进给速度 v。可见，这种对应关系可表示为：进给脉冲频率 f→定子绕组通、断电状态的变化频率 f→步进电动机转速 ω→工作台的进给速度 v。据此可得开环系统进给速度 v 为

$$v = 60f\delta \tag{7.5}$$

式中，f 为输入到步进电动机的脉冲频率(Hz)；δ 为开环系统的脉冲当量。

3. 运动方向的控制

改变步进电动机输入脉冲信号的循环顺序方向，就可以改变步进电动机定子绕组中电流的通、断循环顺序，从而使步进电动机实现正转和反转，相应的工作台的进给方向就被改变。

综上所述，在步进电动机驱动的开环数控系统中，输入的进给脉冲数量、频率、方向经驱动控制电路和步进电动机后，可以转化为工作台的位移量、进给速度和进给方向，从而控制工作台以给定的方向和一定速度实现既定的运动轨迹。

4. 自动升降速控制

步进电动机的转速取决于脉冲频率、转子齿数和拍数。其角速度与脉冲频率成正比，而且在时间上与脉冲同步。因而在转子齿数和运行拍数一定的情况下，只要控制脉冲频率即可获得所需速度。数控机床在加工过程中，要求步进电动机能够实现平滑的启动、停止或变速，这就要求对步进电动机的控制脉冲频率作相应的处理。为了保证步进电动机在加减速过程中能够正常、可靠地工作，不出现过冲和丢步现象，进入步进电动机定子绕组的电平信号的频率变化要平滑，而且应有一定的时间常数。因此，当步进电动机的速度变化比较大时，必须按照一定规律自动完成升降速的过程。

步进电动机自动升降速过程可以通过硬件电路实现，也可以通过软件控制实现。现代CNC系统多采用软件方法实现，通常只要按照一定的规律(如直线规律或指数规律等)改变延时时间常数或改变定时器中的定时时间常数的大小，即可完成步进电动机的升降速的控制。

7.2.5 提高步进伺服系统精度的措施

步进伺服系统是一个开环系统，在此系统中，步进电动机的质量、机械传动部分的结构和质量以及控制电路的完善与否，均影响到系统的工作精度。要提高系统的工作精度，可从这几个方面考虑：改善步进电动机的性能，减小步距角；采用精密传动副，减少传动链中传动间隙等。但这些因素往往由于结构和工艺的关系而受到一定的限制。为此，需要从控制方法上采取一些措施，弥补其不足。

1. 反向间隙补偿

在进给传动结构中，提高传动元件的制造精度并采取消除传动间隙的措施，可以减小但不能完全消除传动间隙。机械传动链在改变转向时，由于间隙的存在，最初的若干个指令脉冲只能起到消除间隙的作用，造成步进电动机的空走，而工作台无实际移动，因此产生了传动误差。反向间隙补偿的基本方法是：事先测出反向间隙的大小并存储，设为 N_d；每当接收到反向位移指令后，在改变后的方向上增加 N_d 个进给脉冲，使步进电动机转动越过传动间隙，从而克服因步进电动机的空走而造成的反向间隙误差。

2. 螺距误差补偿

在步进式开环伺服驱动系统中，丝杠的螺距累积误差直接影响着工作台的位移精度，若想提高开环伺服驱动系统的精度，就必须予以补偿。螺距误差可以通过软件和硬件两种方法实现。

1）硬件补偿

硬件补偿原理如图 7.18 所示。通过对丝杠的螺距进行实测，得到丝杠全程的误差分布曲线。误差有正有负，当误差为正时，表明实际的移动距离大于理论的移动距离，应该采用扣除进给脉冲指令的方式进行误差的补偿，使步进电动机少走一步；当误差为负时，表明实际的移动距离小于理论的移动距离，应该采取增加进给脉冲指令的方式进行误差的补偿，使步进电动机多走一步。具体的做法如下：

（1）安装两个补偿杆分别负责正误差和负误差的补偿。

（2）在两个补偿杆上，根据丝杠全程的误差分布情况及如上所述螺距误差的补偿原理，设置补偿开关或挡块。

（3）当机床工作台移动时，安装在机床上的微动开关每与挡块接触一次，就发出了一个误差补偿信号，对螺距误差进行补偿，以消除螺距的积累误差。

螺距误差的硬件补偿实现较为复杂，因此目前应用不多，采用较多的是软件补偿方法。

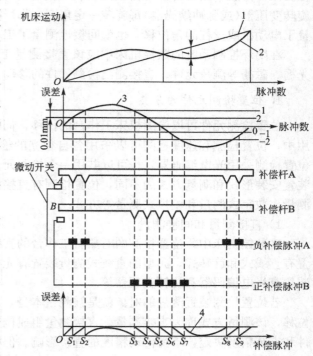

图 7.18 螺距误差补偿原理

2）软件补偿

软件补偿的原理是在机床坐标系中，在无补偿的条件下，在轴线测量行程内将测量行程分为若干段，测量出各目标位置（指令位置）的平均偏差，将测出的误差值输入到数控系统的螺距补偿误差表中。当工作台移动时，系统根据当前位置和指令位置在螺距补偿误差表中计算出实际的补偿值，对指令位置进行补偿，产生实际输出值控制，实现误差的补偿。数控系统以机床零点为基准，在不同的指令位置，按补偿表中的误差值进行补偿。数控系统在每段数据插补过程中均进行误差补偿，以获得最高精度。

7.3 常用位置检测元件（Common Position Detector）

闭环数控系统的位置控制是将插补计算的理论位置与实际反馈位置相比较，用其差值

去控制进给电动机。而实际反馈位置的采集，则是由一些位置检测元件来完成的。这些检测元件有旋转变压器、感应同步器、脉冲编码器、光栅、磁栅等。

7.3.1　位置检测元件的分类及要求

位置检测元件是数控机床伺服系统的重要组成部分，检测、发送反馈信号，构成闭环或半闭环控制系统。在半闭环控制的数控机床中闭环路内不包括机械传动环节，它的位置检测元件一般采用旋转变压器或高分辨率的脉冲编码器，装在进给电动机或丝杠的端头，旋转变压器（或脉冲编码器）每旋转一定角度，都严格地对应着工作台移动的一定距离。测量了电动机或丝杠的角位移，也就间接地测量了工作台的直线位移。

在闭环控制系统的数控机床中应该直接测量工作台的直线位移，可采用感应同步器、光栅、磁栅等测量元件，直接测出检测元件的移动，即测量出工作台的实际位移值。

1. 位置检测元件的分类

位置检测元件可以检测机床工作台的位移、伺服电动机转子的角位移和速度。实际应用中，位置检测和速度检测可以采用各自独立的检测元件，如速度检测采用测速发电机，位置检测采用光电编码器，也可以共用一个检测元件，如都用光电编码器。根据位置检测装置安装形式和测量方式的不同，位置检测有直接测量和间接测量、增量式测量和绝对式测量、数字式测量和模拟式测量等方式。

1) 直接测量和间接测量

在数控机床中，位置检测的对象有工作台的直线位移及旋转工作台的角位移，检测装置有直线式和旋转式。典型的直线式测量装置有光栅、磁栅、感应同步器等。旋转式测量装置有光电编码器和旋转变压器等。

若位置检测装置测量的对象就是被测量本身，即直线式测量直线位移，旋转式测量角位移，该测量方式称为直接测量。直接测量组成位置闭环伺服系统，其测量精度由测量元件和安装精度决定，不受传动精度的直接影响。但检测装置要和行程等长，这对大型机床是一个限制。

若位置检测装置测量出的数值通过转换才能得到被测量，如用旋转式检测装置测量工作台的直线位移，要通过角位移与直线位移之间的线性转换求出工作台的直线位移。这种测量方式称为间接测量。间接测量组成位置半闭环伺服系统，其测量精度取决于测量元件和机床传动链二者的精度。因此，为了提高定位精度，常常需要对机床的传动误差进行补偿。间接测量的优点是测量方便可靠，且无长度限制。

2) 增量式测量和绝对式测量

增量式测量装置只测量位移增量，即工作台每移动一个基本长度单位，检测装置便发出一个检测信号，此信号通常是脉冲形式。增量式检测装置均有零点标志，作为基准起点。数控机床采用增量式检测装置时，在每次接通电源后要回参考点操作，以保证测量位置的正确。绝对式测量是指被测的任一点位置都从一个固定的零点算起，每一个测点都有一个对应的编码，常以二进制数据形式表示。

3) 数字式测量和模拟式测量

数字式测量是以量化后的数字形式表示被测量，得到的测量信号为脉冲形式，以计数后得到的脉冲个数表示位移量。其特点是便于显示、处理；测量精度取决于测量单位，与量程基本无关；抗干扰能力强。

模拟式测量是将被测量用连续的变量来表示，模拟式测量的信号处理电路较复杂，易受干扰，数控机床中常用于小量程测量。

用于数控机床上的检测元件的类型很多，见表7-2。

表7-2 位置检测装置的分类

类型	数字式		模拟式	
	增量式	绝对式	增量式	绝对式
回转型	增量式光电脉冲编码器、圆光栅	绝对式光电脉冲编码器	旋转变压器、圆形磁栅、圆感应同步器	多极旋转变压器、圆形感应同步器
直线型	长光栅、激光干涉仪	多通道透射光栅、编码尺	直线感应同步器、磁栅、光栅	直线感应同步器、绝对式磁尺

2. 对检测元件的要求

检测元件检测各种位移和速度，并将发出反馈信号与数控装置发出的指令信号进行比较，若有偏差，经过放大后控制执行部件，使其向消除偏差的方向运动，直至偏差为零为止。闭环控制的数控机床的加工精度主要取决于检测系统的精度。因此，精密检测元件是高精度数控机床的重要保证。一般来说，数控机床上使用的检测元件应满足以下要求：

（1）满足数控机床的精度和速度要求。随着数控机床的发展，其精度和速度要求越来越高。从精度上讲，通常要求其检测装置的检测精度在 $\pm 0.002 \sim 0.02$ mm/m 之间，测量系统分辨率在 $0.001 \sim 0.01$ mm 之间；从速度上讲，进给速度已从 10m/min 提高到 $20 \sim 30$ m/min，主轴转速也达到 10000r/min，有些高达 100000r/min，因此要求检测装置必须满足数控机床高精度和高速度的要求。不同类型数控机床对检测装置的精度和适应的速度要求是不同的，对大型机床以满足速度要求为主，对中、小型机床和高精度机床以满足精度为主。

（2）具有高可靠性和高抗干扰性。检测装置应具有强的抗电磁干扰的能力，对温、湿度敏感性低，工作可靠。

（3）使用维护方便，适合机床运行环境。测量装置安装时要达到安装精度要求，同时整个测量装置要有较好的防尘、防油雾、防切屑等防护措施，以适应使用环境。

（4）成本低。

7.3.2 光栅尺

在高精度的数控机床上，可以使用光栅作为位置检测装置，将机械位移转换为数字脉冲，反馈给 CNC 装置，实现闭环控制。由于激光技术的发展，光栅制作精度得到很大的提高，现在光栅精度可达微米级，再通过细分电路可以做到 $0.1 \mu m$ 甚至更高的分辨率。

1. 光栅的种类

根据形状可分为圆光栅和长光栅。长光栅主要用于测量直线位移；圆光栅主要用于测量角位移。

根据光线在光栅中是反射还是透射分为透射光栅和反射光栅。透射光栅的基体为光学玻璃。光源可以垂直射入，光电元件直接接受光照，信号幅值大。光栅每毫米中的线纹多，可达 200 线/mm(0.005mm)，精度高。但是由于玻璃易碎，热膨胀系数与机床的金属部件不一致，影响精度，不能做得太长。反射光栅的基体为不锈钢带(通过照相、腐蚀、刻线)，反射光栅和机床金属部件一致，可以做得很长。但是反射光栅每毫米内的线纹不能太多。线纹密度一般为 25～50 线/mm。

2. 光栅的结构和工作原理

光栅由标尺光栅和光学读数头两部分组成。图 7.19 为光栅结构示意图。标尺光栅一般固定在机床的活动部件上，如工作台。光栅读数头装在机床固定部件上。指示光栅装在光栅读数头中。标尺光栅和指示光栅的平行度及二者之间的间隙(0.05～0.1mm)要严格保证。当光栅读数头相对于标尺光栅移动时，指示光栅便在标尺光栅上相对移动。

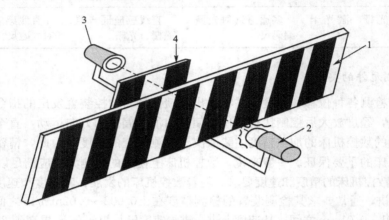

图 7.19　光栅结构示意图
1—标尺光栅；2—光源；3—光电二极管；4—指示光栅

光栅读数头又称光电转换器，它把光栅莫尔条纹变成电信号。图 7.20 所示为垂直入射读数头。读数头由光源、聚光镜、指示光栅、光敏元件和驱动电路等组成。

当指示光栅上的线纹和标尺光栅上的线纹呈一小角度 θ 放置时，造成两光栅尺上的线纹交叉。在光源的照射下，交叉点附近的小区域内黑线重叠形成明暗相间的条纹，这种条纹称为"莫尔条纹"。"莫尔条纹"与光栅的线纹几乎成垂直方向排列，如图 7.21 所示。

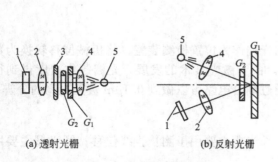

图 7.20　光栅读数头
1—光敏元件；2、4—透镜；3—狭缝；5—光源
G_1—标尺光栅；G_2—指示光栅

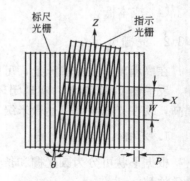

图 7.21　光栅的莫尔条纹

3. 莫尔条纹的特点

(1) 当用平行光束照射光栅时，莫尔条纹由亮带到暗带，再由暗带到光带的透过光的强度近似于正(余)弦函数。

(2) 放大作用。用 W 表示莫尔条纹的宽度，P 表示栅距，θ 表示光栅线纹之间的夹角，则

$$W = \frac{P}{\sin\theta}$$

由于 θ 很小，$\sin\theta \approx \theta$，则

$$W \approx \frac{P}{\theta}$$

(3) 平均误差作用。莫尔条纹是由若干光栅线纹干涉形成的，这样栅距之间的相邻误差被平均化了，消除了栅距不均匀造成的误差。

(4) 莫尔条纹的移动与栅距之间的移动成比例。当干涉条纹移动一个栅距时，莫尔条纹也移动一个莫尔条纹宽度 W，若光栅移动方向相反，则莫尔条纹移动的方向也相反。莫尔条纹的移动方向与光栅移动方向相垂直。这样测量光栅水平方向移动的微小距离就用检测垂直方向的宽大的莫尔条纹的变化代替。

4. 直线光栅尺检测装置的辨向原理

莫尔条纹的光强度近似呈正(余)弦曲线变化，光电元件所感应的光电流变化规律近似为正(余)弦曲线。经放大、整形后，形成脉冲，可以作为计数脉冲，直接输入到计算机系统的计数器中计算脉冲数，进行显示和处理。根据脉冲的个数可以确定位移量，根据脉冲的频率可以确定位移速度。

用一个光电传感器只能进行计数，不能辨向。如果要进行辨向，至少用两个光电传感器。图 7.22 所示为光栅传感器的安装示意图。通过两个狭缝 S_1 和 S_2 的光束分别被两个光电传感器 P_1、P_2 接收。当光栅移动时，莫尔条纹通过两个狭缝的时间不同，波形相同，相位差 90°。至于哪个超前，决定于标尺光栅移动的方向。如图 7.22 所示，当标尺光栅向右移动时，莫尔条纹向上移动，缝隙 S_2 的信号输出波形超前 1/4 周期；同理，当标尺光栅向左移动，莫

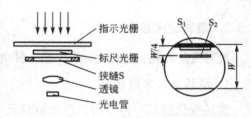

图 7.22　光栅传感器的安装示意图

尔条纹向下移动，缝隙 S_1 的输出信号超前 1/4 周期。根据两狭缝输出信号的超前和滞后可以确定标尺光栅的移动方向。

5. 提高光栅检测分辨精度的细分电路

为了提高光栅检测装置的精度，可以提高刻线精度和增加刻线密度。但是刻线密度大于 200 线/mm 以上的细光栅刻线制造困难，成本高。为了提高精度和降低成本，通常采用倍频的方法来提高光栅的分辨精度，如图 7.23(a)所示为采用四倍频方案的光栅检测电路的工作原理。光栅刻线密度为 50 线/mm，采用四个光电元件和四个狭缝，每隔 1/4 光栅节距产生一个脉冲，分辨精度可以提高四倍，并且可以辨向。

当指示光栅和标尺光栅相对运动时，硅光电池接受到正弦波电流信号。这些信号送到差动放大器，再通过整形，使之成为两路正弦及余弦方波。然后经过微分电路获得脉冲。由于脉冲是在方波的上升沿上产生，为了使 0°、90°、180°、270° 的位置上都得到脉冲，必须把正弦和余弦方波分别反相一次，然后再微分，得到了四个脉冲。为了辨别正向和反向运动，可以用一些与门把四个方波 sin、−sin、cos 和 −cos（即 A、B、C、D）和四个脉冲进行逻辑组合。当正向运动时，通过与门 $Y_1 \sim Y_4$ 及或门 H_1 得到 $A'B+AD'+C'D+B'C$ 四个脉冲的输出。当反向运动时，通过与门 $Y_5 \sim Y_8$ 及或门 H_2 得到 $BC'+AB'+A'D+C'D$ 四个脉冲的输出。其波形如图 7.23(b) 所示，这样虽然光栅栅距为 0.02mm，但是经过四倍频以后，每一脉冲都相当于 $5\mu m$，分辨精度提高了四倍。此外，也可以采用八倍频、十倍频等其他倍频电路。

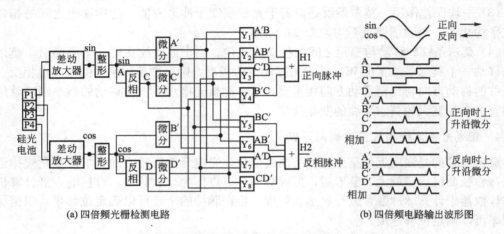

(a) 四倍频光栅检测电路　　　　　　(b) 四倍频电路输出波形图

图 7.23　光栅测量装置的四细分电路与波形

7.3.3　旋转变压器

旋转变压器是一种微电动机，是一种电磁感应式角位移检测元件。

1. 旋转变压器的结构

旋转变压器是一种常用的转角检测元件。由于其结构简单，动作灵敏，工作可靠，对环境无特殊要求，抗干扰强，维护方便，输出信号幅度大，且精度能满足一般的检测要求，因此被广泛地应用在数控机床上。旋转变压器在结构上和两相绕线转子异步电动机相似，由定子和转子组成。定子绕组为变压器的一次侧，转子绕组为变压器的二次侧。定子绕组通过固定在壳体上的接线柱直接引出。转子绕组有两种不同的引出方式。根据转子绕组两种不同的引出方式，旋转变压器分有刷式和无刷式两种结构。

图 7.24(a) 是有刷式旋转变压器。它的转子绕组通过集电环和电刷直接引出，其特点是结构简单，体积小，但因电刷与集电环为机械滑动接触，所以可靠性差，寿命也较短。

图 7.24(b) 是无刷式旋转变压器。它没有电刷和集电环，由两大部分组成，即旋转变压器本体和附加变压器。附加变压器的一次侧、二次侧铁心及其线圈均为环形，分别固定于转子轴和壳体上，径向留有一定的间隙。旋转变压器本体的转子绕组与附加变压器的一次绕组连在一起，在附加变压器一次绕组中的电信号，即转子绕组中的电信号，通过电磁

耦合，经附加变压器二次绕组间接地送出去。这种结构避免了有刷式旋转变压器电刷与集电环之间的不良接触造成的影响，提高了可靠性和使用寿命长，但其体积、质量和成本均有所增加。

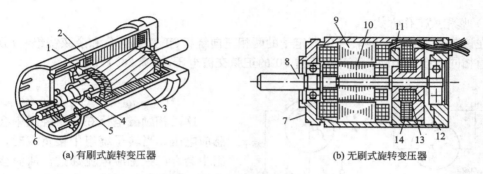

(a) 有刷式旋转变压器　　　　　　　　(b) 无刷式旋转变压器

图 7.24　旋转变压器结构图

1—转子绕组；2—定子绕组；3—转子；4—整流子；5—电刷；6—接线柱；
7—壳体；8—转子轴；9—旋转变压器定子；10—旋转变压器转子；
11—变压器定子；12—变压器转子；13—变压器一次绕组；14—变压器二次绕组

2. 旋转变压器的工作原理

旋转变压器是根据互感原理工作的。它的结构保证了其定子和转子之间的磁通呈正（余）弦规律。定子绕组加上励磁电压，通过电磁耦合，转子绕组产生感应电动势。如图 7.25 所示，其所产生的感应电动势的大小取决于定子和转子两个绕组轴线在空间的相对位置。二者平行时，磁通几乎全部穿过转子绕组的横截面，转子绕组产生的感应电动势最大；二者垂直时，转子绕组产生的感应电动势为零。感应电动势随着转子偏转的角度呈正（余）弦变化。

$$E_2 = nU_1\cos\theta = nU_m\sin\omega t\cos\theta \tag{7.6}$$

式中，E_2 为转子绕组感应电动势；U_1 为定子励磁电压；U_m 为定子绕组的最大瞬时电压；θ 为两绕组之间的夹角；n 为电磁耦合系数变压比。

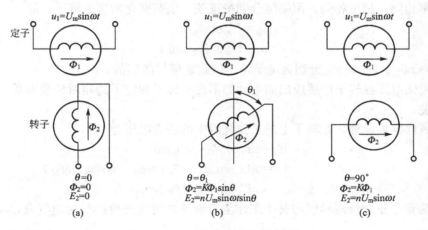

图 7.25　旋转变压器的工作原理

3. 旋转变压器的应用

旋转变压器作为位置检测装置，有两种工作方式：鉴相式工作方式和鉴幅式工作方式。

1）鉴相式工作方式

在该工作方式下，旋转变压器定子的两相正向绕组（正弦绕组 S 和余弦绕组 C）分别加上幅值相同，频率相同，而相位相差 90° 的正弦交流电压（图 7.26），即

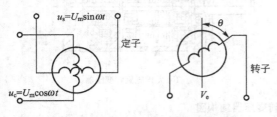

$$u_s = U_m \sin\omega t$$
$$u_C = U_m \cos\omega t$$

这两相励磁电压在转子绕组中会产生感应电压。当转子绕组中接负载时，其绕组中会有正弦感应电流通过，从而会造成定子和转子间的气隙中合成磁通畸变。为了克服该缺点，转子绕组通常是两相正向绕组，二者相互垂直。其中一个绕组作为输出信号，另一个绕组接高阻抗作为补偿。根据线性叠加原理，在转子上的工作绕组中的感应电压为

图 7.26 旋转变压器定子两相激磁绕组

$$E_2 = nu_s \cos\theta - nu_c \sin\theta$$
$$= nU_m(\sin\omega t \cos\theta - \cos\omega t \sin\theta)$$
$$= nU_m \sin(\omega t - \theta) \tag{7.7}$$

式中，θ 为定子正弦绕组轴线与转子工作绕组轴线之间的夹角；ω 为励磁角频率。

由式（7.7）可见，旋转变压器转子绕组中的感应电压 E_2 与定子绕组中的励磁电压同频率，但是相位不同，其相位严格随转子偏角 θ 而变化。测量转子绕组输出电压的相位角 θ，即可测得转子相对于定子的转角位置。在实际应用中，把定子正弦绕组励磁的交流电压相位作为基准相位，与转子绕组输出电压相位作比较，来确定转子转角的位置。

2）鉴幅式工作方式

在这种工作方式中，在旋转变压器定子的两相正向绕组（正弦绕组 S 和余弦绕组 C）分别加上频率相同，相位相同，而幅值分别按正弦、余弦变化的交流电压，即

$$u_s = U_m \sin\theta_{电} \sin\omega t$$
$$u_c = U_m \cos\theta_{电} \sin\omega t$$

式中，$U_m \sin\theta_{电}$、$U_m \cos\theta_{电}$ 分别为定子两绕组励磁信号的幅值。

定子励磁电压在转子中感应出的电动势不但与转子和定子的相对位置有关，还与励磁的幅值有关。

根据线性叠加原理，在转子上的工作绕组中的感应电压为

$$E_2 = nu_s \cos\theta_{机} - nu_c \sin\theta_{机}$$
$$= nU_m \sin\omega t(\sin\theta_{电}\cos\theta_{机} - \cos\theta_{电}\sin\theta_{机})$$
$$= nU_m \sin(\theta_{电} - \theta_{机})\sin\omega t \tag{7.8}$$

式中，$\theta_{机}$ 为定子正弦绕组轴线与转子工作绕组轴线之间的夹角；$\theta_{电}$ 为电气角；ω 为励磁角频率。

若 $\theta_{机} = \theta_{电}$，则 $E_2 = 0$。

当 $\theta_\text{机} = \theta_\text{电}$ 时，表示定子绕组合成磁通 Φ 与转子绕组平行，即没有磁感线穿过转子绕组线圈，因此感应电压为 0。当磁通 Φ 垂直于转子线圈平面时，即（$\theta_\text{机} - \theta_\text{电} = \pm 90°$）时，转子绕组中感应电压最大。在实际应用中，根据转子误差电压的大小，不断修正定子励磁信号 $\theta_\text{电}$（即励磁幅值），使其跟踪 $\theta_\text{机}$ 的变化。

由式(7.8)可知，感应电压 E_2 是以 ω 为角频率的交变信号，其幅值为 $U_\text{m}\sin(\theta_\text{机} - \theta_\text{电})$。若电气角 $\theta_\text{电}$ 已知，那么只要测出 E_2 的幅值，便可以间接地求出 $\theta_\text{机}$ 的值，即可以测出被测角位移的大小。当感应电压的幅值为 0 时，说明电气角的大小就是被测角位移的大小。旋转变压器在鉴幅工作方式时，不断调整 $\theta_\text{电}$，让感应电压的幅值为 0，用 $\theta_\text{电}$ 代替对 $\theta_\text{机}$ 的测量，$\theta_\text{电}$ 可通过具体电子线路测得。

7.3.4 感应同步器

1. 感应同步器的结构和工作原理

感应同步器也是一种电磁式的位置检测传感器，主要部件由定尺和滑尺组成，它广泛应用于数控机床中。感应同步器由几伏的电压励磁，励磁电压的频率为 10kHz，输出电压较小，一般为励磁电压的 1/10 到几百分之一。感应同步器的结构形式有圆盘式和直线式两种，圆盘式用来测量转角位移，而直线式用来测量直线位移。图 7.27 所示为直线式感应同步器结构示意图。

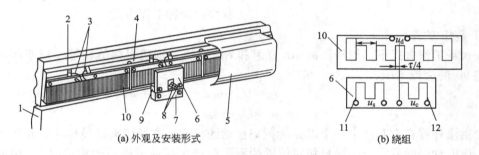

图 7.27　直线式感应同步器结构示意图
1—定部件(床身)；2—运动部件(工作台或刀架)；3—定尺绕组引线；4—定尺座；
5—防护罩；6—滑尺；7—滑尺座；8—滑尺绕组引线；9—调整垫；
10—定尺；11—正弦励磁绕组；12—余弦励磁绕组

定尺和滑尺的基板采用与机床床身材料热膨胀系数相近的钢板制成。经精密的照相腐蚀工艺制成印制绕组。再在尺子的表面上涂一层保护层。滑尺的表面有时还贴上一层带绝缘的铝箔，以防静电感应。

标准的直线式感应同步器定尺长度为 250mm，宽度为 40mm，尺上是单向、均匀、连续的感应绕组；滑尺长 100mm，尺上有两组励磁绕组，一组为正弦励磁绕组，其电压为 u_s，另一组为余弦励磁绕组，其电压为 u_c。感应绕组和励磁绕组节距相同，均为 2mm，用 τ 表示。当正弦励磁绕组与感应绕组对齐时，余弦励磁绕组与感应绕组相差 $\tau/4$，也就是滑尺上的两个绕组在空间位置上相差 $\tau/4$。在数控机床实际检测中，感应同步器常采用多块定尺连接，相邻定尺间隔通过调整，以使总长度上的累积误差不大于单块定尺的最大偏差。定尺和滑尺分别装在机床床身和移动部件上，两者平行放置，保持 0.2～0.3mm 间

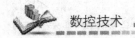

隙，以保证定尺和滑尺的正常工作。

感应同步器的工作原理与旋转变压器基本一致。使用时，在滑尺绕组通以一定频率的交流电压，由于电磁感应，在定尺的绕组中产生了感应电压，其幅值和相位决定于定尺和滑尺的相对位置。图 7.28 所示为滑尺在不同的位置时定尺上的感应电压。当定尺与滑尺重合时，如图中的 a 点，此时的感应电压最大。当滑尺相对于定尺平行移动后，其感应电压逐渐变小。在错开 1/4 节距的 b 点，感应电压为零。依此类推，在 1/2 节距的 c 点，感应电压幅值与 a 点相同，极性相反；在 3/4 节距的 d 点又变为零。当移动到一个节距的 e 点时，电压幅值与 a 点相同。这样，滑尺在移动一个节距的过程中，感应电压变化了一个余弦波形。滑尺每移动一个节距，感应电压就变化一个周期。

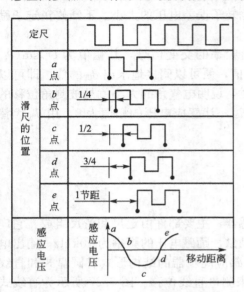

图 7.28 滑尺在不同位置时定尺上的感应电压

按照供给滑尺两个正交绕组励磁信号的不同，感应同步器的测量方式分为鉴相式和鉴幅式两种工作方式。

1) 鉴相方式

在这种工作方式下，给滑尺的 sin 绕组和 cos 绕组分别通以幅值相等、频率相同、相位相差 90° 的交流电压：

$$u_s = U_m \sin\omega t$$
$$u_c = U_m \cos\omega t$$

励磁信号将在空间产生一个以 ω 为频率移动的行波。磁场切割定尺导片，并产生感应电压，该电动势随着定尺与滑尺相对位置的不同而产生超前或滞后的相位差 θ。根据线性叠加原理，在定尺上的工作绕组中的感应电压为

$$U_0 = nu_s\cos\theta - nu_c\sin\theta$$
$$= nU_m(\sin\omega t\cos\theta - \cos\omega t\sin\theta)$$
$$= nU_m\sin(\omega t - \theta) \tag{7.9}$$

式中，ω 为励磁角频率；n 为电磁耦合系数；θ 为滑尺绕组相对于定尺绕组的空间相位角，$\theta = \dfrac{2\pi x}{P}$。

可见，在一个节距内 θ 与 x 是一一对应的，通过测量定尺感应电压的相位 θ，可以测量定尺对滑尺的位移 x。数控机床的闭环系统采用鉴相系统时，指令信号的相位角 θ_1 由数控装置发出，由 θ 和 θ_1 的差值控制数控机床的伺服驱动机构。当定尺和滑尺之间产生了相对运动，则定尺上的感应电压的相位发生了变化，其值为 θ。当 $\theta \neq \theta_1$ 时，使机床伺服系统带动机床工作台移动。当滑尺与定尺的相对位置达到指令要求值时，即 $\theta = \theta_1$，工作台停止移动。

2) 鉴幅方式

给滑尺的正弦绕组和余弦绕组分别通以频率相同、相位相同、幅值不同的交流电压：

$$u_s = U_m \sin\theta_电 \sin\omega t$$
$$u_c = U_m \cos\theta_电 \sin\omega t$$

若滑尺相对于定尺移动一个距离 x，其对应的相移为 $\theta_机$，$\theta_机 = \dfrac{2\pi x}{P}$。

根据线性叠加原理，在定尺上工作绕组中的感应电压为

$$U_0 = n U_s \cos\theta_机 - n U_c \sin\theta_机$$
$$= n U_m \sin\omega t (\sin\theta_电 \cos\theta_机 - \cos\theta_电 \sin\theta_机)$$
$$= n U_m \sin(\theta_机 - \theta_电)\sin\omega t \qquad (7.10)$$

由式(7.10)可知，若电气角 $\theta_电$ 已知，只要测出 U_0 的幅值 $n U_m \sin(\theta_机 - \theta_电)$，便可以间接地求出 $\theta_机$。若 $\theta_电 = \theta_机$，则 $U_0 = 0$。说明电气角 $\theta_电$ 的大小就是被测角位移 $\theta_机$ 的大小。采用鉴幅工作方式时，不断调整 $\theta_电$，让感应电压的幅值为 0，用 $\theta_电$ 代替对 $\theta_机$ 的测量，$\theta_电$ 可通过具体电子线路测得。

定尺上的感应电压的幅值随指令给定的位移量 $x_1(\theta_电)$ 与工作台的实际位移 $x(\theta_机)$ 的差值按正弦规律变化。鉴幅型系统用于数控机床闭环系统中时，当工作台未达到指令要求值时，即 $x \neq x_1$，定尺上的感应电压 $U_0 \neq 0$。该电压经过检波放大后控制伺服执行机构带动机床工作台移动。当工作台移动到 $x = x_1(\theta_电 = \theta_机)$ 时，定尺上的感应电压 $U_0 = 0$，工作台停止运动。

2. 感应同步器的特点

(1) 精度高。因为定尺的节距误差有平均补偿作用，所以尺子本身的精度能做得较高，其精度可以达到 ± 0.001mm，重复精度可达 0.002mm。直线式感应同步器对机床位移的测量是直接测量，不经过任何机械传动装置，测量精度取决于尺子的精度。

感应同步器的灵敏度或称为分辨力，取决于一个周期进行电气细分的程度，灵敏度的提高受到电子细分电路中信噪比的限制，但是通过线路的精心设计和采取严密的抗干扰措施，可以把电噪声减到很低，并获得很高的稳定性。

(2) 对环境的适应性较强。因为感应同步器定尺和滑尺的绕组是在基板上用光学腐蚀方法制成的铜箔锯齿形的印制电路绕组，铜箔与基板之间有一层极薄的绝缘层。可在定尺的铜绕组上面涂一层耐腐蚀的绝缘层，以保护尺面；在滑尺的绕组上面用绝缘粘结剂粘贴一层铝箔，以防静电感应。定尺和滑尺的基板采用与机床床身热膨胀系数相近的材料，当温度变化时，仍能获得较高的重复精度。

(3) 维修简单、寿命长。感应同步器的定尺和滑尺互不接触，因此无任何摩擦、磨损，使用寿命长，不怕灰尘、油污及冲击振动。同时由于它是电磁耦合器件，所以不需要光源、光敏元件，不存在元件老化及光学系统故障等问题。

(4) 测量长度不受限制。当测量长度大于 250mm 时，可以采用多块定尺接长的方法进行测量。行程为几米到几十米的中型或大型机床中，工作台位移的直线测量大多数采用直线式感应同步器来实现。

(5) 工艺性好，成本较低，便于成批生产。

(6) 与旋转变压器相比，感应同步器的输出信号比较微弱，需要一个放大倍数很高的前置放大器。

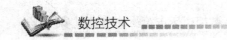

3. 感应同步器安装和使用应注意的事项

(1) 感应同步器在安装时必须保持两尺表面平行、两尺面间间隙约为 0.25mm，倾斜度小于 0.5°，装配面波纹度在 0.01mm/250mm 以内。滑尺移动时，晃动的间隙及平行度误差的变化小于 0.1mm。

(2) 感应同步器大多装在容易被切屑及切屑液浸入的地方，所以必须加以防护，否则切屑夹在间隙内，会使定尺和滑尺绕组刮伤或短路，使装置发生无动作及损坏。

(3) 电路中的阻抗和励磁电压不对称以及励磁电流失真度超过 2%，将对检测精度产生很大的影响，因此在调整系统时，应加以注意。

(4) 由于感应同步器感应电动势低，阻抗低，所以应加强屏蔽以防止干扰。

7.3.5 旋转编码器

旋转编码器通常有增量式和绝对式两种类型。它通常安装在被测轴上，随被测轴一起转动，将被测轴的位移转换成增量脉冲形式或绝对式的代码形式。

1. 增量式旋转编码器

常用的增量式旋转编码器为增量式光电编码器，如图 7.29 所示。光电编码器由带聚光镜的发光二极管（LED）、光栏板、光电码盘、光敏元件及信号处理电路组成。其中，光电码盘是在一块玻璃圆盘上镀上一层不透光的金属薄膜，然后在上面制成圆周等距的透光和不透光相间的条纹构成的，光栏板上具有和光电码盘相同的透光条纹。光电码盘也可由不锈钢薄片制成。当光电码盘旋转时，光线通过光栏板和光电码盘产生明暗相间的变化，由光敏元件接收。光敏元件将光电信号转换成电脉冲信号。光电编码器的测量精度取决于它所能分辨的最小角度，而这与光电码盘圆周的条纹数有关，即分辨角为

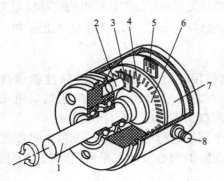

图 7.29　增量式光电编码器结构示意图
1—转轴；2—发光二极管；3—光栏板；
4—零标志；5—光敏元件；6—光电码盘；
7—印制电路板；8—电源及信号连接座

$$\alpha = \frac{360°}{条纹数} \tag{7.11}$$

如条纹数为 2048，则分辨角 $\alpha = \dfrac{360°}{2048} \approx 0.176°$。

数控机床通常需要驱动电动机正、反转来满足运动需要，为判断电动机转向，光电编码器的光栏板上有三组条纹 A 和 $\overline{A}$、B 和 $\overline{B}$ 及 C 和 $\overline{C}$，如图 7.30 所示。A 组和 B 组的条纹彼此错开 1/4 节距，两组条纹相对应的光敏元件所产生的信号彼此相差 90°，当光电码盘正转时，A 信号超前 B 信号 90°，当光电码盘反转时 B 信号超前 A 信号 90°。利用这一相位关系即可判断电动机转向。另外，在光电码盘里圈还有一条透光条纹 C，用以产生每转信号，即光电码盘每转一圈产生一个脉冲，该脉冲称为一转信号或零标志脉冲，作为测量基准。

光电编码器的输出信号 A 和 $\overline{A}$、B 和 $\overline{B}$ 及 C 和 $\overline{C}$ 为差动信号。差动信号大大提高了传输

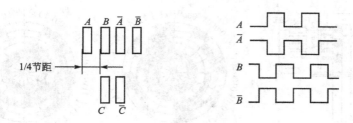

图 7.30　A、B 条纹位置及信号

的抗干扰能力。在数控系统中，分辨力是指一个脉冲所代表的基本长度单位。为进一步提高分辨力，常对上述 A、B 信号进行倍频处理。例如，配置 1000 脉冲/r 光电编码器的伺服电动机直接驱动 10mm 螺距的滚珠丝杠，经 4 倍频处理后，相当于 4000 脉冲/r 的角度分辨力，对应工作台的直线分辨力由倍频前的 0.01mm 提高到 0.0025mm。

2. 绝对式旋转编码器

绝对式旋转编码器可直接将被测角度用数字代码表示出来，且每一个角度位置均有对应的测量代码，因此这种测量方式即使断电，只要再通电就能读出被测轴的角度位置，即具有断电记忆力功能。

下面以接触式码盘和绝对式光电码盘为例分别介绍绝对式旋转编码器测量原理。

1）接触式码盘

图 7.31 所示为接触式码盘示意图。图 7.31(b) 为 4 位 BCD 码盘。它是在一个不导电基体上做出许多金属区使其导电，其中涂黑部分为导电区，用"1"表示，其他部分为绝缘区，用"0"表示。这样，在每一个径向上，都有由"1"、"0"组成的二进制代码。最里一圈是公用的，它和各码道所有导电部分连在一起，经电刷和电阻接电源正极。除公用圈以外，4 位 BCD 码盘的 4 圈码道上也都装有电刷，电刷经电阻接地，电刷布置如图 7.31(a) 所示。由于码盘与被测轴连在一起，而电刷位置是固定的，当码盘随被测轴一起转动时，电刷和码盘的位置发生相对变化，若电刷接触的是导电区域，则经电刷、码盘、电阻和电源形成回路，该回路中的电阻上有电流流过，为"1"；反之，若电刷接触的是绝缘区域，则形不成回路，电阻上无电流流过，为"0"。由此根据电刷的位置得到由"1"和"0"组成的 4 位 BCD 码。通过图 7.31(b) 可看到电刷位置与输出代码的对应关系。码盘码道的圈数就是二进制的位数，且高位在内，低位在外。由此可以推断出，若是 n 位二进制码盘，就有 n 圈码道，且圆周均为 2^n 等分，即共有 2^n 个数来表示码盘的不同位置，所能分辨的角度为

$$\alpha = \frac{360°}{2^n} \tag{7.12}$$

$$分辨力 = \frac{1}{2^n} \tag{7.13}$$

显然，位数 n 越大，所能分辨的角度越小，测量精度就越大。

图 7.31(c) 为 4 位格雷码盘，其特点是任意两个相邻数码间只有 1 位是变化的，可消除非单值性误差。

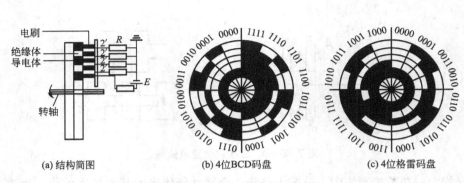

(a) 结构简图　　　　　(b) 4位BCD码盘　　　　　(c) 4位格雷码盘

图7.31　接触式码盘

2) 绝对式光电码盘

　　绝对式光电码盘与接触式码盘结构相似，只是其中的黑白区域不表示导电区和绝缘区，而是表示透光区和不透光区。其中黑的区域指不透光区，用"0"表示；白的区域指透光区，用"1"表示。如此，在任意角度都有"1"和"0"组成的二进制代码。另外，在每一码道上都有一组光敏元件，这样，不论码盘转到哪一角度位置，与之对应的各光敏元件受光的输出为"1"，不受光的输出为"0"，由此组成 n 位二进制编码。图7.32为8码道光电码盘示意图。

图7.32　8码道光电码盘(1/4)

3. 编码器在数控机床中的应用

　　(1) 位移测量。在数控机床中编码器和伺服电动机同轴连接或连接在滚珠丝杠末端用于工作台和刀架的直线位移测量。在数控回转工作台中，通过在回转轴末端安装编码器，可直接测量回转工作台的角位移。

　　由于增量式光电编码器每转过一个分辨角就发出一个脉冲信号，因此，根据脉冲的数量、传动比及滚珠丝杠螺距即可得出移动部件的直线位移量。如某带光电编码器的伺服电动机与滚珠丝杠直连(传动比 1∶1)，光电编码器 1024 脉冲/r，丝杠螺距 8mm，在一转时间内计数 1024 脉冲，则在该时间段里，工作台移动的距离为 8(mm/r)÷1024(脉冲/r) 1024(脉冲)＝8mm。

　　(2) 主轴控制。当数控车床主轴安装有编码器后，则该主轴具有 C 轴插补功能，可实现主轴旋转与 z 坐标轴进给的同步控制；恒线速切削控制，即随着刀具的径向进给及切削直径的逐渐减小或增大，通过提高或降低主轴转速，保持切削线速度不变；主轴定向控制等。

　　(3) 测速。光电编码器输出脉冲的频率与其转速成正比，因此，光电编码器可代替测速发电机的模拟测速而成为数字测速装置。

　　(4) 编码器应用于交流伺服电动机控制中，用于转子位置检测；提供速度反馈信号；提供位置反馈信号。

　　(5) 零标志脉冲用于回参考点控制。数控机床采用增量式的位置检测装置时，数控机床在接通电源后要做回参考点的操作。这是因为机床断电后，系统就失去了对各坐标轴位置的记忆，所以在接通电源后，必须让各坐标轴回到机床某一固定点上，这一固定点就是机床坐标系的原点或零点，也称机床参考点。使机床回到这一固定点的操作称为回参考点或回零操作。参考点位置是否正确与检测装置中的零标志脉冲有很大的关系。

7.3.6 电感式与霍尔接近开关

接近开关是工程中经常用到的一种元件设备。一般来说，接近开关常见的有电容式、电感式和霍尔接近开关三种。电感式接近开关必须检测金属材料。电容式传感器可用无接触的方式来检测任意一个物体。与只能检测金属物的电感式传感器比较，电容式传感器也可以检测非金属的材料。霍尔接近开关由霍尔元件组成，有低能耗，无损性长寿命的特点。

当接近开关靠近被检测的物体时，其内部的电路开关打开，而当其离开被检测物体时，开关关闭，这也是接近开关名字的含义。

1. 电感式接近开关

电感式接近开关由三大部分组成：振荡器、开关电路及放大输出电路，如图7.33所示。振荡器产生一个交变磁场。当金属目标接近这一磁场，并达到感应距离时，在金属目标内产生涡流，从而导致振荡衰减，以至停振。振荡器振荡及停振的变化被后级放大电路处理并转换成开关信号，触发驱动控制器件，从而达到非接触式之检测目的。

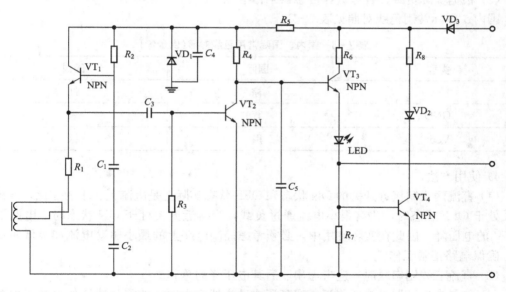

图7.33 电感式接近开关的原理图

电感式接近开关由于其具有体积小、重复定位精度高、使用寿命长、抗干扰性能好、可靠性高、防尘、防油及振动等特点，被广泛用于各种自动化生产线，机电一体化设备及石油、化工、军工、科研等多种行业。

1）工作原理

电感式接近开关是一种利用涡流感知物体的传感器，它由高频振荡电路、放大电路、整形电路及输出电路组成。

振荡器是由绕在磁心上的线圈而构成的LC振荡电路。振荡器通过传感器的感应面，在其前方产生一个高频交变的电磁场,当外界的金属物体接近这一磁场,并达到感应区时,在金属物体内产生涡流效应,从而导致 LC 振荡电路振荡减弱或停止振荡,这一振荡变化,被后置电路放大处理并转换为一个具有确定开关输出信号,从而达到非接触式检测的目标。

2) 电感式接近开关传感器的电气指标

(1) 工作电压:指电感式接近开关传感器的供电电压范围,在此范围内可以保证传感器的电气性能及安全工作。

(2) 工作电流:指电感式接近开关传感器连续工作时的最大负载电流。

(3) 电压降:指在额定电流下开关导通时,在开关两端或输出端所测量到的电压。

(4) 空载电流:指在没有负载时,测量所得的传感器自身所消耗的电流。

(5) 剩余电流:指开关断开时,流过负载的电流。

(6) 极性保护:指防止电源极性误接的保护功能。

(7) 短路保护:指超过极限电流时,输出会周期性地封闭或释放,直至短路被清除。

3) 电感式接近开关传感器的选用

(1) 根据安装要求,合理选用外形及检测距离。

(2) 根据供电,合理选用工作电压。

(3) 根据实际负载,合理选择传感器工作电流。

国内、国际常用色线对照见表 7 - 3。

表 7 - 3　国内、国际常用色线对照(供参考)

类型	国际	国内
+V	棕	红
GND	蓝	黑
Vout	黑	绿

4) 使用方法

(1) 直流两线制接近开关的 ON 状态和 OFF 状态实际上是电流大、小的变化,当接近开关处于 OFF 状态时,仍有很小电流通过负载,当接近开关处于 ON 状态时,电路上约有 5V 的电压降,因此在实际使用中,必须考虑控制电路上的最小驱动电流和最低驱动电压,确保电路正常工作。

(2) 直流三线制串联时,应考虑串联后其电压降的总和。

(3) 如果在传感器电缆线附近,有高压或动力线存在时,应将传感器的电缆线单独装入金属导管内,以防干扰。

(4) 使用两线制传感器时,连接电源时,需确定传感器先经负载再接至电源,以免损坏内部元件。当负载电流<3mA 时,为保证可靠工作,需接假负载。

2. 霍尔接近开关

当一块通有电流的金属或半导体薄片垂直地放在磁场中时,薄片的两端就会产生电位差,这种现象就称为霍尔效应。两端具有的电位差值称为霍尔电动势 U,其表达式为

$$U = \frac{KIB}{D} \tag{7.14}$$

式中，K 为霍尔系数；I 为薄片中通过的电流；B 为外加磁场（洛伦兹力 Lorrentz）的磁感应强度；D 为薄片的厚度。

由此可见，霍尔效应的灵敏度高低与外加磁场的磁感应强度成正比的关系。

霍尔开关就属于这种有源磁电转换器件，它是在霍尔效应原理的基础上，利用集成封装和组装工艺制作而成，它可方便地把磁输入信号转换成实际应用中的电信号，同时又具备工业场合实际应用易操作和可靠性的要求。

霍尔开关的输入端是以磁感应强度 B 来表征的，当 B 值达到一定的程度时，霍尔开关内部的触发器翻转，霍尔开关的输出电平状态也随之翻转。输出端一般采用晶体管输出，和其他传感器类似，有 NPN、PNP、常开型、常闭型、锁存型（双极性）、双信号输出之分。

霍尔开关具有无触电、低功耗、长使用寿命、响应频率高等特点，内部采用环氧树脂封灌成一体化，所以能在各类恶劣环境下可靠地工作。霍尔开关可应用于接近传感器、压力传感器、里程表等。

7.4　直流伺服电动机及其驱动装置
(DC Servo Motors and Its Driving Device)

7.4.1　直流伺服电动机工作原理

直流伺服电动机具有良好的起动、制动和调速特性，可以方便地在宽范围内实现平滑无级调速。尤其是大惯量宽调速直流伺服电动机在数控机床中广泛的应用，为现代数控机床的执行元件提供了较为理想的动力。大惯量宽调速直流伺服电动机分为电励磁和永久磁铁励磁两种，在数控机床中占主导地位的是永久磁铁激磁式（永磁式）电动机。下面主要介绍永磁式直流伺服电动机。

1. 永磁直流伺服电动机的基本结构

永磁直流伺服电动机的结构与普通直流电动机基本相同。它主要包括三大部分：定子、转子、电刷与换向片，如图 7.34 所示。定子磁极是永久磁铁。转子也称电枢，由硅钢片叠压而成，表面镶有线圈。电刷与电动机外加直流电源相连，换向片与电枢导体相接。

永磁直流伺服电动机提高力矩/惯量比是通过提高输出力矩来实现的。具体措施有：

（1）增加定子磁极对数并采用高性能的磁性材料，如稀土钴、铁氧体等以产生强磁场，该磁性材料性能稳定且不易退磁。

（2）在同样的转子外径和电枢电流的情况下，增加转子上的槽数和槽的截面积。由此，电动机

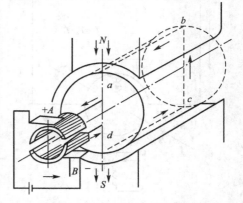

图 7.34　永磁直流伺服电动机

的机械时间常数和电气时间常数都有所减小，这样就提高了快速响应性。

2. 永磁直流伺服电动机的特点

永磁直流伺服电动机由机壳、定子磁极和转子电枢三部分组成。其中定子磁极是个永久磁体，它一般采用铝镍钴合金、铁氧体、稀土钴等材料制成，这种永久磁体具有较好的磁性能的稳定性，可以产生极大的峰值转矩。其电枢铁心上有较多斜槽和齿槽，齿槽分度均匀，与极弧宽度配合合理。因此，永磁直流伺服电动机具有以下特点：

（1）能承受高的峰值电流以满足数控机床快的加减速要求。

（2）大惯量的结构使其在长期过载工作时具有大的热容量，电动机的过载能力高。

（3）具有大的力矩/惯量比，快速性好。由于电动机自身惯量大，外部负载惯量相对较小，提高了机械抗干扰能力。因此伺服系统的调速与负载几乎无关，大大方便了机床的安装调试工作。

（4）低速高转矩和大惯量结构可以与机床进给丝杠直接连接，省去了齿轮等传动机构，提高了机床进给传动精度。

（5）一般没有换向极和补偿绕组，通过仔细选择电刷材料和磁场的结构，电动机在较大的加速度状态下有良好的换向性能。

（6）绝缘等级高，从而保证电动机在反复过载的情况下仍有较长的寿命。

（7）在电动机轴上装有精密的测速发电机、旋转变压器或脉冲编码器，从而可以得到精密的速度和位置检测信号，以反馈到速度控制单元和位置控制单元。当伺服电动机用于垂直轴驱动时，电动机内部可安装电磁制动器，以克服滚珠丝杠垂直安装时的非自锁现象。

3. 永磁直流伺服电动机的工作原理

如图 7.35 所示，当电枢绕组通以直流电时，在定子磁场作用下产生电动机的电磁转矩，电刷与换向片保证电动机所产生的电磁转矩方向恒定，从而使转子沿固定方向均匀地带动负载连续旋转。只要电枢绕组断电，电动机立即停转，不会出现"自转"现象。

按图 7.35 规定好各量的正方向，电动机在稳态运行下的基本方程式为

$$\begin{cases} E_a = C_e n \Phi \\ U_a = E_a + I_a R_a \\ T = C_t \Phi I_a \\ T = T_L = T_2 + T_0 \\ \Phi = 常数 \end{cases} \quad (7.15)$$

式中，U_a 为电枢电压；I_a 为电枢电流；R_a 为电枢回路总电阻；n 为电动机转速；E_a 为电枢感应电动势；T 为电磁转矩；T_L 为负载转矩；T_2 为电动机输出转矩；T_0 为电动机本身的各种损耗引起的阻转矩；C_t 为转矩常数；C_e 为电动势常数；Φ 为励磁磁通。

电磁转矩平衡方程式 $T = T_L = T_2 + T_0$ 表示在稳态运行时，电动机的电磁转矩和电动机轴上

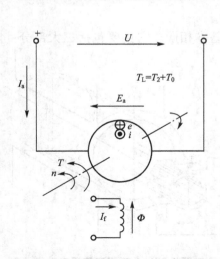

图 7.35 永磁直流伺服电动机电路原理

的负载转矩互相平衡。在实际中，有些电动机经常运行在转速变化的情况下，如电动机的起动、停止，因此必须考虑转速变化时的转矩平衡关系。根据力学中刚体的转动定律，则有

$$T - T_L = J \frac{d\omega}{dt} \tag{7.16}$$

式中，J 为负载和电动机转动部分的转动惯量；ω 为电动机的角速度。

根据电动机的电压平衡方程式 $U_a = E_a + I_a R_a$，并考虑电枢感应电动势 $E_a = C_e n \Phi$ 和电动机电磁转矩 $T = C_t \Phi I_a$，得

$$n = \frac{U_a}{C_e \Phi} - \frac{R_a}{C_e \Phi} I_a \tag{7.17}$$

或

$$n = \frac{U_a}{C_e \Phi} - \frac{R_a}{C_e C_t \Phi^2} T \tag{7.18}$$

式(7.17)和式(7.18)即为用电流和转矩表示的电动机机械特性。

由式(7.17)、式(7.18)可知，当电动机加上一定电源电压 U_a 和磁通 Φ 保持不变时，转速 n 与电动机电磁转矩 T 的关系，即 $n = f(T)$ 曲线是一条向下倾斜的直线，如图7.36所示。转速变化的大小用转速调整率 Δn 来表示为

$$\Delta n = \frac{n_0 n_N}{n_N} \times 100\% \tag{7.19}$$

式中，n_0 为电动机空载转速；n_N 为电动机额定转速。

图7.36中的机械特性与纵轴坐标的交点是理想空载转速 n_0'。实际运行时电动机的空载转速 n_0 要比 n_0' 小些。图中上翘虚线是当电动机电枢电流较大时，考虑了电枢反应的去磁效应减少气隙主磁通的机械特性。具有这种特性的电动机，应设法避免其运行时产生的不稳定。

永磁直流伺服电动机通过改变电枢电源电压即可得到一簇彼此平行的曲线，如图7.37所示。由于电动机的工作电压一般以额定电压为上限，故只能在额定电压以下改变电源电压。当电动机负载转矩 T_L 不变，励磁磁通 Φ 不变时，升高电枢电压 U_a，电动机的转速就升高；反之，降低电枢电压 U_a，转速就下降；在 $U_a = 0$ 时，电动机则不转。当电枢电压的极性改变时，电动机的转向就随着改变。因此，永磁直流伺服电动机可以把电枢电压作为控制信号，实现电动机的转速控制。

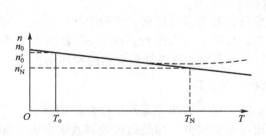

图7.36 直流伺服电动机的机械特性

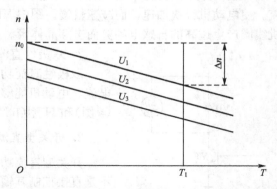

图7.37 永磁直流伺服电动机的变压特性曲线

这样根据式(7.17)及以上的分析,永磁直流伺服电动机转速的调节方法可以归纳成以下三种:

(1) 改变电枢回路电压 U。电动机加以恒定励磁,用改变电枢两端电压 U 的方式来实现调速控制,此方法也称为电枢控制。

(2) 改变电枢回路电阻 R_a。

(3) 减弱励磁磁通 Φ。电枢加以恒定电压,用改变励磁磁通的方法来实现调速控制,此方法也称为磁场控制。

改变电枢回路电压 U 可满足数控机床的调速需要,利用减小输入功率来减小输出功率,具有恒转矩的调速特性、机械特性和经济性能好等优点。

对于要求在一定范围内无级平滑调速的系统来说,以改变电枢电压的方式最好;改变电枢回路电阻只能实现有级调速,调速平滑性比较差;减弱磁通,虽然具有控制功率小和能够平滑调速等优点,但调速范围不大,往往只是配合调压方案,在基速(即电动机额定转速)以上作小范围的升速控制。因此,直流伺服电动机的调速主要以电枢电压调速为主。

7.4.2 直流伺服驱动装置

直流伺服电动机的驱动电路(也称为功率放大器)是用于放大控制信号并向电动机提供必要能量的电子装置。它的性能将直接影响系统性能。功率放大器应该能够提供足够的电功率,具有相当宽的频带和尽可能高的效率。

1. 线性直流功率放大器

线性直流功率放大器是指放大器中的功率元件工作于线性状态的放大器,其输出电压或电流同控制信号成比例关系。

优点:线路相对简单,电磁干扰比较小。

缺点:大量功率消耗在功率元件上,效率很低。

一般用于高精度定位与恒速控制的小功率直流伺服电动机或要求电磁干扰较小的系统。

主要包括单极性功率放大器和双极性功率放大器两种。

1) 单极性直流功率放大器

单极性功率放大器是功率放大器中最简单的一种,图 7.38 是一个最简单的单极性功率放大器的原理图。这种放大器仅具有单象限控制能力,即仅能提供正的电压和正的电流。使电动机很快加速,而减速较慢。图中 VD 为续流二极管,以防电流急剧减小时电动机线圈产生过高的自感电动势而击穿晶体管。

2) 双极性直流功率放大器

双极性直流功率放大器可以输出正、负两个极性的电压和电流,电动机能够正、反两个方向运行。图 7.39 表示了 T 型(a 图)和 H 型(b 图)两种典型的双极性放大器的原理图。

2. 开关型直流功率放大器

开关型直流功率放大器中的功率元件工作在开关状态,它不是直接控制其输出电压的幅值,而是通过控制其输出电压的占空比,使其输出电压的平均值同控制信号成比例。

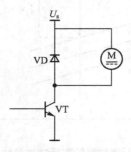

图 7.38 单极性电路

优点：效率很高。

缺点：电磁干扰较大。一般应用于几百瓦至几十千瓦的系统中。

开关型直流功率放大器可分为脉冲宽度调制型（pulse width modulation，PWM）和脉冲频率调制型（pulse frequency modulation，PFM）两类，也有两种形式混合。脉宽调节（PWM）是在脉冲周期不变时，在大功率开关晶体管的基极上，加上脉宽可调的方波电压，改变主晶闸管的导通时间，从而改变脉冲的宽度。脉频调节（PFM）是在导通时间不变的情况下，只改变开关频率或开关周期，也就是只改变晶闸管的关断时间。两点式控制是当负载电流或电压低于某一最低值时，使开关管 VT 导通；当电压达到某一最大值时，使开关管 VT 关断。导通和关断的时间都是不确定的。脉冲频率调制型多用于纯电感性负载，如电磁线圈。电动机控制则广泛采用脉宽调制型功率放大器。脉宽调速系统主要由以下两部分组成：脉宽调制器和主回路。

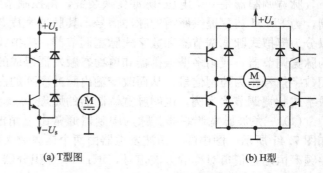

(a) T 型图　　　　　　　　(b) H 型

图 7.39　双极性功率放大器原理图

1）PWM 系统的主回路

由于功率晶体管比晶闸管具有优良的特性，因此在中、小功率驱动系统中，功率晶体管已逐步取代晶闸管，并采用了目前应用广泛的脉宽调制方式进行驱动。

开关型功率放大器的驱动回路有两种结构形式，一种是 H 型（也称桥式），另一种是 T 型。这里介绍常用的 H 型，其电路原理如图 7.40 所示。图中 $VD_1 \sim VD_4$ 为续流二极管，用于保护功率晶体管 $VT_1 \sim VT_4$，M 是直流伺服电动机。

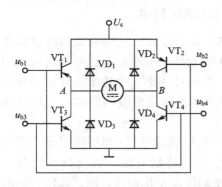

图 7.40　H 型双极模式 PWM 功率转换电路

H 型电路在控制方式分为双极型和单极型，下面介绍双极型功率驱动电路的原理。四个功率晶体管分为两组，VT_1 和 VT_4 是一组，VT_2 和 VT_3 为另一组，同一组的两个晶体管同时导通或同时关断。一组导通另一组关断，两组交替导通和关断，不能同时导通。将一组控制方波加到一组大功率晶体管的基极，同时将反向后该组的方波加到另一组的基极上就可实现上述目的。若加在 u_{b1} 和 u_{b4} 上的方波正半周比负半周宽，因此加到电动机电枢两端的平均电压为正，电动机正转。反之，则电动机反转。若方波电压的正、负宽度相等，加在电枢的平均电压等于零，电动机不转，这时电枢回路中的电流没有续断，而是一个交变的电流，这个电流使电动机发生高频颤动，有利于减少静摩擦。

2）脉宽调制器

脉宽调制的任务是将连续控制信号变成方波脉冲信号，作为功率转换电路的基极输入信号，改变直流伺服电动机电枢两端的平均电压，从而控制直流电动机的转速和转矩。方波脉冲信号可由脉宽调制器生成，也可由全数字软件生成。

脉宽调制器是一个电压-脉冲变换装置，由控制系统控制器输出的控制电压 U_C 进行控制，为 PWM 装置提供所需的脉冲信号，其脉冲宽度与 U_C 成正比。常用的脉宽调节器可以分为模拟式脉宽调节器和数字式脉宽调节器，模拟式是用锯齿波、三角波作为调制信号的脉宽调节器，或用多谐振荡器和单稳态触发器组成的脉宽调节器。数字式脉宽调节器是用数字信号作为控制信号，从而改变输出脉冲序列的占空比。下面以三角波脉宽调节器和数字式脉宽调节器为例，说明脉宽调制器的原理。

(1) 三角波脉宽调制器。脉宽调制器通常由三角波（或锯齿波）发生器和比较器组成，如图 7.41 所示。图中的三角波发生器由两个运算放大器构成，IC1 - A 是多谐振荡器，产生频率恒定且正负对称的方波信号，IC1 - B 是积分器，把输入的方波变成三角波信号 U_t 输出。三角波发生器输出的三角波应满足线性度高和频率稳定的要求。只有满足这两个要求才能满足调速要求。

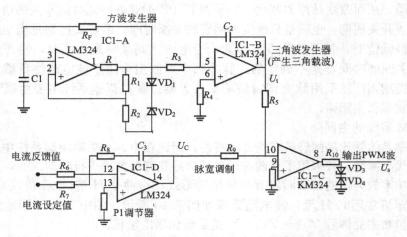

图 7.41　三角波发生器及 PWM 脉宽调制原理图

三角波的频率对伺服电动机的运行有很大的影响。由于 PWM 功率放大器输出给直流电动机的电压是一个脉冲信号，有交流成分，这些不做功的交流成分会在电动机内引起功耗和发热，为减少这部分的损失，应提高脉冲频率，但脉冲频率又受功率元件开关频率的限制。目前脉冲频率通常在 2～4kHz 或更高，脉冲频率是由三角波调制的，三角波频率等于控制脉冲频率。

比较器 IC1 - C 的作用是把输入的三角波信号 U_t 和控制信号 U_C 相加输出脉宽调制方波。当外部控制信号 $U_C=0$ 时，比较器输出为正、负对称的方波，直流分量为零。当 $U_C>0$ 时，U_C+U_t 对接地端是一个不对称三角波，平均值高于接地端，因此输出方波的正半周较宽，负半周较窄。U_C 越大，正半周的宽度越宽，直流分量也越大，所以电动机正向旋转越快。反之，当控制信号 $U_C<0$ 时，U_C+U_t 的平均值低于接地端，IC1 - C 输出的方波正半周较窄，负半周较宽。U_C 的绝对值越大，负半周的宽度越宽，因此电动机反转越快。

这样改变了控制电压 U_C 的极性，也就改变了 PWM 变换器的输出平均电压的极性，从而改变了电动机的转向。改变 U_C 的大小，则调节了输出脉冲电压的宽度，进而调节电动机的转速。

（2）数字式脉宽调制器。在数字脉宽调制器中，控制信号是数字，其值可确定脉冲的宽度。只要维持调制脉冲序列的周期不变，就可以达到改变占空比的目的。用微处理器实现数字脉宽调节器可分为软件和硬件两种方法，软件法占用较多的计算机机时，对控制不利，但柔性好，投资少。目前常用的是硬件法。

在全数字数控系统中，可用定时器生成可控方波；有些新型的单片机内部设置了可产生 PWM 控制方波的定时器，用程序控制脉冲宽度的变化。图 7.42 是用单片机 8031 控制的全数字系统，其中用 8031 的 P0 口向定时器 1 和 2 送数据。当指令速度改变时，由 P0 口向定时器送入新的计数值，用来改变定时器输出的脉冲宽度。速度环和电流环的检测值经模/数转换后的数字量也由 P0 口读入，经计算机处理后，再由 P0 口送给定时器，及时改变脉冲宽度，从而控制电动机的转速和转矩。

图 7.42 中的左半部分是数字式脉宽调制器，右半部分则是 PWM 调速系统的主回路。

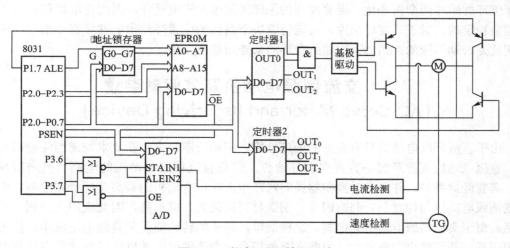

图 7.42 数字 PWM 控制系统

3. 全数字直流调速系统原理

全数字调速系统是一种先进的调速系统，其最大特点是除功率放大元件和执行元件的输入信号与输出信号为模拟量外，其余的控制信号均为数字信号。由于计算机的计算速度很高，对速度检测值和电流检测值的处理时间也很短的。计算机要在几毫秒时间内计算出速度环和电流环的输入输出值及产生控制方波的数据，控制电动机的转速和转矩。

（1）采样周期

全数字控制的特点是按每个端采样周期间断给出控制数据的。采样周期受闭环系统频带宽度和时间常数影响，电流环的采样周期为 $1 \sim 3.3$ms，当电磁常数 Ti 很小时，采样时间应小于 1ms；速度环的采样时间可为 $10 \sim 15$ms。在每个采样周期内，计算机必须完成一次全部控制数据计算，输出一次控制数据，对电动机的速度和转矩进行一次控制。采样周期越短，控制越及时，但采样时间越短，采样精度越难保证。采样周期也受计算机的计算速度影响，计算机必须有充足的时间执行完全部程序，否则不能给出控制数据。

（2）数字 PI 调节器

在全数字系统中，速度环和电流环不是靠 PI 调节器调节，而是由计算机计算出的数

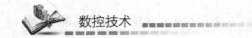

据调节，因其计算公式的功能与 PI 调节器功能相同，故而称为数字 PI 调节器。根据模拟 PI 调节器的工作原理，并按每一采样周期给出一次数据的离散化思想，求出速度环和电流环的差分方程，根据差分方程计算出每一采样周期的控制值。差分方程的形式如下：

$$Y_n = k_1 \Delta U_n + k_2 \sum_{i=0}^{n} \Delta U_i \qquad (7.20)$$

式中，K_1 为为放大倍数，相当于比例环节的放大倍数 K_P，K_2 相当于积分环节的时间常数 $\frac{1}{\tau}$；ΔU_n 为当前的给定值与前一次给定值之差；ΔU_i 为每个采样周期的采样值与给定值之差；Y_n 为每个采样时间输出的控制值。

式(7.20)可以用于速度环和电流环，由于电流环的给定值就是速度环输出的控制值，因此电流环在每个速度环的采样周期内都获得新的给定值。式(7.20)用在电流环时，ΔU_n 随速度环的采样周期而变化。但速度环的采样周期远大于电流环，因此在电流环内 ΔU_n 还是相当稳定的。对于速度环来说，给定值取决于前面的位置环给出的速度指令值，与采样周期比是长期不变的。而 ΔU_i 则随所在环的采样周期而变化。

7.5　交流伺服电动机及其驱动装置
(AC Servo Motor and Its Driving Device)

由于直流伺服电动机具有良好的调速性能，因此长期以来，在要求调速性能较高的场合，直流电动机调速系统一直占据主导地位。但是直流伺服电动机的电刷和换向器易磨损，需要经常维护；并且有时换向器换向时产生火花，电动机的最高速度受到限制；而且直流伺服电动机结构复杂，制造困难，铜铁材料消耗大，成本高，因此应用上受到一定的限制。由于交流伺服电动机无电刷，结构简单，转子的转动惯量较直流电动机小，使得动态响应好，并且输出功率较大，因此在有些场合，交流伺服电动机已经取代了直流伺服电动机，并且在数控机床上得到了广泛的应用。

交流伺服电动机分为交流永磁式伺服电动机和交流感应式伺服电动机。交流永磁式电动机相当于交流同步电动机，其具有硬的机械特性及较宽的调速范围，常用于进给伺服系统；感应式相当于交流感应异步电动机，它与同容量的直流电动机相比，质量可轻 1/2，价格仅为直流电动机的 1/3，常用于主轴伺服系统。

7.5.1　交流伺服电动机工作原理

永磁交流伺服电动机属于同步型交流伺服电动机，具有响应快、控制简单的特点，因而被广泛应用于数控机床。它是一台机组，由永磁同步电动机、转子位置传感器、速度传感器等组成。

1. 交流伺服电动机的结构

如图 7.43 和图 7.44 所示，永磁交流伺服电动机主要由三部分组成：定子、转子和检测元件(转子位置传感器和测速发电机)。其中定子有齿槽，内装三相对称绕组，形状与普通异步电动机的定子相同。但其外圆大多是多边形，且无外壳，以利于散热，避免电动机发热对机床精度的影响。

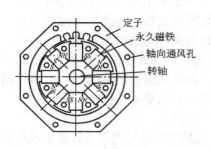

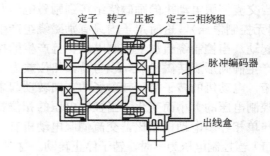

图 7.43　永磁交流伺服电动机横剖面　　**图 7.44　永磁交流伺服电动机纵剖面**

根据交流伺服电动机的转子形式的不同，可分为如下两类。

1）笼形转子交流伺服电动机

这种交流伺服电动机的笼形转子和三相异步电动机的笼形转子一样，但笼形转子的导条采用高电阻率的导电材料制造，如青铜、黄铜。另外，为了提高交流伺服电动机的快速响应性能，可以把笼形转子做得又细又长，以减小转子的转动惯量。

2）杯型转子交流伺服电动机

如图 7.45 所示，杯型交流伺服电动机有两个定子：外定子和内定子，外定子铁心槽内安放有励磁绕组和控制绕组，而内定子一般不放绕组，仅作为磁路的一部分；空心杯转子位于内外绕组之间，通常用非磁性材料（如铜、铝或铝合金）制成，在电动机旋转磁场作用下，杯型转子内感应产生涡流，涡流再与主磁场作用产生电磁转矩，使杯型转子转动起来。由于使用内外定子，气隙较大，故励磁电流较大，体积也较大。

空心杯转子的壁厚为 0.2～0.6mm，因而其转动惯量很小，故电动机快速响应性能好，而且运转平稳平滑，无抖动现象，因此被广泛采用。

2. 交流伺服电动机的工作原理

交流伺服电动机的工作原理与单相异步电动机相似，如图 7.46 所示。电动机定子上有两相绕组，一相称为励磁绕组 f，接到交流励磁电源 U_f 上，另一相为控制绕组 C，接入控制电源 U_C，两绕组在空间上互差 90°，励磁电压 U_f 和控制电压 U_C 频率相同。

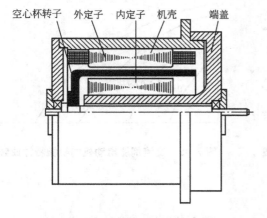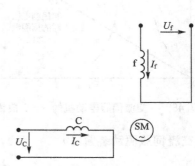

图 7.45　杯型转子交流伺服电动机　　**图 7.46　交流伺服电动机的工作原理**

当交流伺服电动机的励磁绕组接到励磁电压 U_f，若控制绕组加上的控制电压 U_C 为零时（即无控制电压），这时定子内只有励磁绕组产生的脉动磁场，电动机无起动转矩，转子不能起动。当控制绕组加上控制电压，且产生的控制电流与励磁电流的相位不同时，则定子内产生椭圆形旋转磁场（若 I_C 与 I_f，相位差为 90°时，即为圆形旋转磁场），于是产生启动力矩，电动机的转子沿旋转磁场的方向转动起来。在负载恒定的情况下，电动机的转速将随控制电压的大小而变化，当控制电压的相位相反时，伺服电动机将反转。

与单相异步电动机相比，交流伺服电动机有三个特点。

（1）当控制电压为零时，转子停止转动。这时，虽然励磁电压仍存在，似乎成单相运行状态，但和单相异步电动机不同。若单相电动机起动运行后，出现单相后仍转动。伺服电动机则不同，单相电压时设备不能转动。因为在设计交流伺服电动机时，增大了转子电阻，所以在控制电压为零时，交流伺服电动机的转矩特性曲线如图 7.47 所示。当控制电压为零时，脉动磁场分成的正反向旋转磁场产生的转矩 T'、T'' 的合成转矩 T 与单相异步电动机不同。合成转矩的方向与旋转方向相反，所以电动机在控制电压为零时，能立即停止，体现了控制信号的作用（有控制电压时转动，无控制电压时不转），以免失控。

（2）交流伺服电动机的转子电阻设计得较大，起动迅速，稳定运行范围大，如图 7.48 所示，在转差率 S 从 0 到 1 的范围内，伺服电动机都能稳定运转。

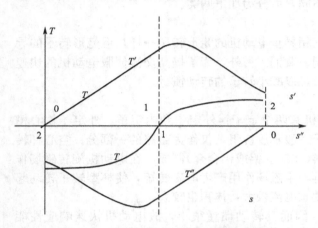

图 7.47　交流伺服电动机的转矩特性曲线

（3）如图 7.49 所示，当负载一定时，控制电压越高，转子的转速越高；当控制电压一定时，增加负载，则转子的转速下降。同时，当控制电压的极性改变时，转子的转向也随之改变。

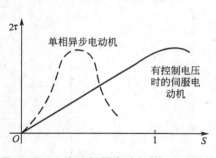

图 7.48　交流伺服电动机的 τ-S 曲线

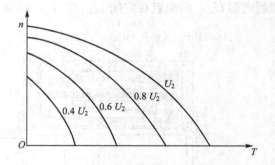

图 7.49　交流伺服电动机的机械特性曲线

7.5.2　交流伺服驱动装置

1. 交流伺服电动机调速主电路

我国工业用电的频率是固定的 50Hz，有些欧美国家工业用电的固有频率是 60Hz，因此交流伺服电动机的调速系统必须采用变频的方法改变电动机的供电频率。常用的方法有两种：直接的交流-交流变频和间接的交流-直流-交流变频，如图 7.50 所示。交流-交流变频是用晶闸管整流器直接将工频交流电直接变成频率较低的脉动交流电，正组输出正脉冲，反组输出负脉冲，这个脉动交流电的基波就是所需的变频电压。这种方法获得的交流电波动较大。而间接的交流-直流-交流变频是先将交流电整流成直流电，然后将直流电压变成矩形脉冲波动电压，这个脉动交流电的基波就是所需的变频电压。这种方法获得的交流电的波动小，调频范围宽，调节线性度好。数控机床常采用这种方法。

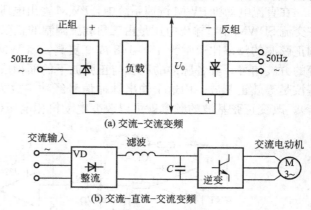

图 7.50　交流伺服电动机的调速主回路

间接的交流-直流-交流变频中根据中间直流电压是否可调，又可分为中间直流电压可调 PWM 逆变器和中间直流电压不可调 PWM 逆变器，根据中间直流电路上的储能元件是大电容或大电感可将其分为电压型 SPWM 逆变器和电流型 PWM 逆变器。在电压型逆变器中，控制单元的作用是将直流电压切换成一串方波电压，所用器件是大功率晶体管、巨型功率晶体管 GTR（giant transistor）或是可关断晶闸管 GTO（gate turn - off thyristor）。交流-直流-交流变频中典型的逆变器是固定电流型 SPWM 逆变。

通常交流-直流-交流型变频器中交流-直流的变换是将交流电变成为直流电，而直流-交流变换是将直流变成为调频、调压的交流电，采用脉冲宽度调制逆变器来完成。逆变器分为晶闸管和晶体管逆变器，数控机床上的交流伺服系统多采用晶体管逆变器，它克服或改善了晶闸管相位控制中的一些缺点。

2. 交流伺服系统的控制回路

交流伺服电动机可以利用供电频率的改变来进行调速，因此交流伺服系统的核心是形成供电频率可变的变频器。过去的变频器采用的功率开关元件是晶闸管，利用相位控制原理进行控制，这种方法产生的电压谐波分量比较大，功率因数差，转矩脉动大，动态响应慢。现在的变频调速大量采用 PWM 型变频器，采用脉宽调制原理，克服或改善了相控调速中的一些缺点。常见的 PWM 型变频器有 SPWM、DMPWM、NPWM、矢量角 PWM、最佳开关角 PWM、交流跟踪 PWM 等十几种。

SPWM 波调制也称为正弦波 PWM 调制（sine wave pulse width modulation），是一种 PWM 调制。SPWM 波调制变频器不仅适合于交流永磁式伺服电动机，也适合于交流感应式伺服电动机。SPWM 采用正弦规律脉宽调制原理，其调制的基本特点是等距、等幅，但不等宽。它的规律总是中间脉冲宽而两边脉冲窄，且各个脉冲面积和正弦波下面积成比例。因其脉宽按正弦规律变化，具有功率因数高，输出波形好等优点，因而在交流调速系统中获得广泛应用。

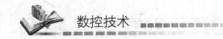

1）一相 SPWM 波调制原理

在直流电动机 PWM 调速系统中，PWM 输出电压是由三角载波调制电压得到的。同理，在交流 SPWM 中，输出电压是由三角载波调制的正弦电压得到的，如图 7.51 所示。三角波和正弦波的频率比通常为 15～168 或 9 更高。SPWM 的输出电压 U_0 是幅值相等，宽度不等的方波信号。其各脉冲的面积与正弦波下的面积成比例，其脉宽基本上按正弦分布，其基波是等效正弦波。用这个输出脉冲信号经功率放大后作为交流伺服电动机的相电压（电流）。改变正弦基波的频率就可以改变电动机相电压（电流）的频率，实现调频调速的目的。

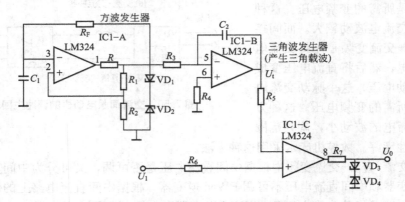

图 7.51　双极性 SPWM 波调制原理（一相）

在调制过程中可以是双极调制（图 7.52 所示），也可以是单极调制。在双极性调制过程中同时得到正负完整的输出 SPWM 波。当控制电压 U_1 高于三角波电压 U_t 时，比较器输出电压为"高"电平，反之输出"低"电平，只要正弦控制波 U_1 的最大值低于三角波的幅值，调制结果必然形成等幅、不等宽的 SPWM 脉宽调制波。双极性调制能同时调制出正半波和负半波。而单极性调制只能调制出正半波或负半

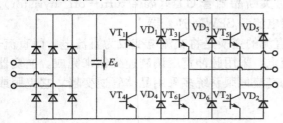

图 7.52　双极性 SPWM 通用型主回路

波，再将调制波倒相得到另外半波形，然后相加得到一个完整的 SPWM 波。

双极式控制时，功率管同一桥臂上、下两个开关器件交替通断，处于互补工作方式。因此由输入的正弦控制信号和三角波调制所得的脉冲波的基波是和输入正弦波等同的正弦输出信号。这种 SPWM 调制波能够有效地抑制高次谐波电压。

2）三相 SPWM 波的调制

在三相 SPWM 调制中三角调制波 U_t 是共用的，而每一相有一个输入正弦波信号和一个 SPWM 调制器。输入的 U_a、U_b、U_c 信号是相位相差 120° 的正弦交流信号，其幅值和频率都可调。用来改变输出的等效正弦波的幅值和频率，以实现对电动机的控制。

SPWM 调制波经功率放大后才可驱动电动机。在双极性 SPWM 通用型主回路中，左边是桥式整流电路，其作用是将工频交流电变为直流电；右边是逆变器，用 $VT_1 \sim VT_6$ 六个大功率开关管将直流电变为脉宽按正弦规律变化的等效正弦交流电，用以驱动交流伺服电动机。图 7.53 中输出的 SPWM 调制波 U_{0a}、U_{0b}、U_{0c} 及其方向波来控制图 7.52 中

$VT_1 \sim VT_6$ 的基极，$VD_7 \sim VD_{12}$ 是续流二极管，用来导通电动机绕组产生的反电动势，功放的输出端（右端）接在电动机上。由于电动机绕组电感的滤波作用，其电流变成为正弦波。三相输出电压（电流）的相位上相差 120°。

由 SPWM 的调制原理可知，调制主回路功率器件在输出电压的半周内要多次开关，而器件本身的开关能力与主回路的结构及其换流能力有关。所以开关频率和调制度对 SPWM 调制有重要的影响。

由于功率器件的开关损耗限制了脉宽调制的脉冲频率，且各种功率开关管的频率都有一定的限制，使得所调制的脉冲波有最小脉宽与最小间隙的限制，以保证脉冲宽度小于开关器件的导通时间和关断时间，这就要求输入参考信号的幅值小于三角波峰值。

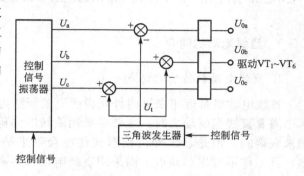

图 7.53 三相 SPWM 波调制原理框图

设调制系数为 M：

$$M=\frac{U_1}{U_t} \tag{7.21}$$

式中，U_1 为正弦控制电压的峰值，U_t 为三角波载波的峰值电压，理想情况下 M 在 $0 \sim 1$ 之间内变化，实际上 M 总是小于 1，且不要接近 1。这是因为 $M=1$，三角波尖角处调制的方波的时间间隙很小，若小于功率管的最小开关时间，则功率管不能正常工作。

3）SPWM 的同相调制和异相调制

将三角载波频率 f_t 与正弦控制波频率 f_r 之比称为载波比 N，即 $N=f_t/f_r$，N 通常为 3 的整数倍，如 15、18、21、30、36、42、60、72、84、120、168 等，以保证调制波的对称性。

同步调制时 N 为常数，变频时三角波频率和输入正弦波控制信号频率同步变化，因此在一个正弦控制波周期内输出的矩形脉冲数量是固定的。若 N 为 3 的整数倍，则在同步调制中能够保证逆变器输出波形正负对称，且三相输出波形互差 120°。同步调制的缺点是低频段相邻两脉冲的间距增大，谐波会显著增加，电动机会产生较大的脉动转矩和较大的噪声。

异步调制时 N 为变数，这种情况下是只改变正弦控制信号的频率 f_r，保持三角调制波频率 f_t 保持不变，就可以实现 N 为变数的目的。这样在低频段时 SPWM 输出波在每个正弦控制波周期内有较多的脉冲个数，脉冲频率越低，脉冲个数越多，这样可以减少多次谐波和电动机转矩的波动及噪声。异步调制的优点是改善了低频工作特性，但输出的波形不对称，且有相位的变化，易引起电动机工作不平稳，在正弦控制波频率较高时比较明显，因此异步调制适用于频率较低的条件下。

除了上述两种调制方法外，还有分段同步调制。SWAP 调制的实质是根据三角载波与正弦控制波的交点来确定功率开关管的通断时刻，可以用模拟电子电路、数字电路或专用大规模集成电路等硬件来实现，也可以用计算机或单片机等通过软件方法来调制 SWAP 波形。

7.6 直线电动机及其在数控机床中的应用简介
(Linear Motor and Its Application Introduction to CNC Machine Tools)

7.6.1 直线电动机简介

1. 直线电动机传动的优点

直线电动机是近年来国内外积极研究的新型电动机之一。长期以来，在各种工程技术中需要直线型驱动力时，主要是采用旋转电动机并通过曲柄连杆或蜗轮蜗杆等传动机构来获得的。但是，这种传动形式往往会带来结构复杂，质量大，体积大，啮合精度差，且工作不可靠等缺点。而采用直线电动机不需要中间转换装置，能够直接产生直线运动。

各种新技术和需求的出现和拓展推动了直线电动机的研究和生产，目前在交通运输、机械工业和仪器仪表工业中，直线电动机已得到推广和应用。在自动控制系统中，采用直线电动机作为驱动、指示和信号元件也更加广泛。例如，在快速记录仪中，伺服电动机改用直线电动机后，可以提高仪器的精度和频带宽度；在雷达系统中，用直线自整角机代替电位器进行直线测量可提高精度，简化结构；在电磁流速计中，可用直线测速机来量测导电液体在磁场中的流速；在高速加工技术中，采用直线电动机可获得比传统驱动方式高几倍的定位精度和快速响应速度。另外，在录音磁头和各种记录装置中，也常用直线电动机传动。

与旋转电动机传动相比，直线电动机传动主要具有下列优点：

（1）直线电动机由于没有中间转换环节，因而使整个传动机构得到简化，提高了精度，减少了振动和噪声。

（2）快速响应。用直线电动机驱动时，不存在中间传动机构的惯量和阻力矩的影响，因而加速和减速时间短，可实现快速启动和正反向运行。

（3）仪表用的直线电动机，可以省去电刷和换向器等易损零件，提高可靠性，延长使用寿命。

（4）直线电动机由于散热面积较大，容易冷却，所以允许较高的电磁负荷，可提高电动机的容量定额。

（5）装配灵活性大，往往可将电动机和其他机件合成一体。

一般来讲，对每一种旋转电动机都有其相应的直线电动机，如直线感应电动机、直线直流电动机和直线同步电动机（包括直线步进电动机）等多种类型。在伺服系统中，和传统元件相应，也可制成直线运动形式的信号和执行元件。

2. 直线电动机的原理

与旋转电动机不同，直线电动机是能够直接产生直线运动的电动机，但它却可以看成是从旋转电动机演化而来，如图 7.54 示。设想把旋转电动机沿径向剖开，并将圆周展开成直线，就得到了直线电动机。旋转电动机的径向、周向和轴向，在直线电动机中对应地称为法向、纵向和横向；旋转电动机的定子、转子在直线电动机中称为初级和次级。

当直线电动机初级的多相绕组中通入多相电流后，同旋转电动机一样，也会产生一个

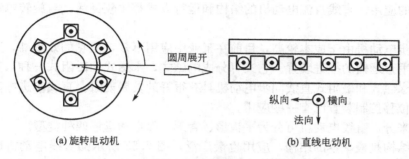

(a) 旋转电动机　　　　　　　　　(b) 直线电动机

图 7.54　从旋转电动机到直线电动机的演化

气隙基波磁场，只不过这个磁场的磁通密度波 $B\delta$ 是沿直线运动的，故称为行波磁场，如图 7.55 所示。显然，行波的移动速度与旋转磁场在定子内圆表面上的线速度是一样的，用 V_s 表示，称为同步速度。

$$V_s = 2f\tau(\text{cm/s}) \tag{7.22}$$

式中，τ 为极距(cm)；f 为电源频率(Hz)。

在行波磁场切割下，次级导条将产生感应电动势和电流，所有导条的电流和气隙磁场相互作用，便产生切向电磁力。如果初级是固定不动的，那么次级就顺着行波磁场运动的方向做直线运动。若次级移动的速度用 V 表示，则滑差率 s 为

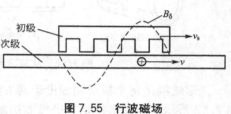

图 7.55　行波磁场

$$s = \frac{V_s - V}{V_s} \tag{7.23}$$

$$V = (1-s)V_s = 2f\tau(1-s) \tag{7.24}$$

从式(7.24)可以看出，直线感应电动机的速度与电动机极距及电源频率成正比，因此改变极距或电源频率都可改变电动机的速度。

与旋转电动机一样，改变直线电动机初级绕组的通电相序，可改变电动机运动的方向，因而可使直线电动机做往复直线运动。

直线电动机的其他特性，如机械特性、调节特性等都与交流伺服电动机相似，通常也是通过改变电源电压或频率来实现对速度的连续调节，这里不再重复。

3. 直线电动机的结构与分类

如前所述，直线电动机由相应旋转电动机转化而来，因此与旋转电动机对应，直线电动机可分为直线感应电动机、直线同步电动机、直线直流电动机和其他直线电动机（如直线步进电动机）。旋转电动机的定子和转子，在直线电动机中称为初级和次级。直线电动机初级和次级的长短不同，这是为了保障在运动过程中初级和次级始终处于耦合状态。

在直线电动机中，直线感应电动机应用最广，因为它的次级可以是整块均匀的金属材料，即采用实心结构，成本较低，适宜做得较长。直线感应电动机由于存在纵向和横向边缘效应，其运行原理和设计方法与旋转电动机有所不同。

直线直流电动机由于可以做得惯量小、推力大（当采用高性能的永磁体时），在小行程

场合有较多的应用。直线直流电动机的结构和运行方式都比较灵活，与旋转电动机相比差别较大。

直线同步电动机由于成本较高，目前在工业中应用不多，但它的效率高，适宜作为高速的水平或垂直运输的推进装置。它又可分成电磁式、永磁式和磁阻式三种，其中由电子开关控制的永磁式和磁阻式直线同步电动机具有很好的发展前景。直线步进电动机作为高精度的直线位移控制装置已有一些应用。

按结构来分，直线电动机可分为平板形、管形、弧形和盘形四种类型。

平板形结构是最基本的结构，应用也最广泛，图 7.55 所示的直线电动机即为平板形结构。如果把平板形结构沿极再卷起来，就得到了管形结构，如图 7.56 所示的演化过程。管形结构的优点是没有绕组端部，不存在横向边缘效应，次级的支承也比较方便；缺点是铁心必须沿周向叠片，才能阻挡由交变磁通在铁心中感应的涡流，这在工艺上比较复杂，并且散热条件也比较差。

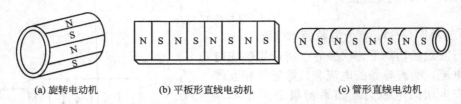

(a) 旋转电动机　　(b) 平板形直线电动机　　(c) 管形直线电动机

图 7.56　从旋转电动机到管形直线电动机的演化

弧形结构是将平板形初级沿运动方向改成弧形，并安装在圆柱形次级的柱面外侧，如图 7.57 所示。盘形结构是将平板形初级安装在盘形次级的端面外侧，并使次级切向运动，如图 7.58 所示。弧形和盘形结构虽然做圆周运动，但它们的运行原理和设计方法与平板形结构相似，仍属于直线电动机。

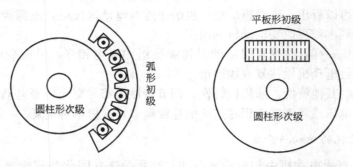

图 7.57　弧形直线电动机　　　　图 7.58　盘形直线电动机

平板形和盘形直线电动机根据其初级的数目分为单边结构和双边结构。仅在次级的一侧安装初级，称为单边结构；在次级的两侧各安装一个初级，称为双边结构。双边结构可以消除单边磁拉力（当初级和次级都具有铁心时），次级的材料利用率也较高。

直线电动机按初级与次级之间的相对长度来分可分为短初级和短次级，按初级运动还是次级运动来分可分为动初级和动次级。图 7.59 和图 7.60 分别表示一种单边短初级结构和一种双边短次级结构。

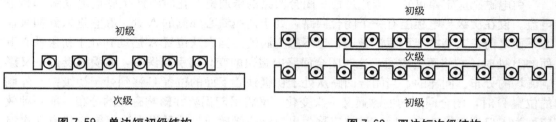

图 7.59　单边短初级结构　　　　　　　图 7.60　双边短次级结构

4. 直线感应电动机纵向边缘效应

1) 直线感应电动机静态纵向边缘效应

图 7.61 是一种单边短初级直线感应电动机的典型结构示意图。由图可以看出，直线感应电动机的初级铁心的纵向两端形成了两个纵向边缘，铁心和绕组不能像旋转电动机那样在两端相互连接，这是直线感应电动机的初级与旋转电动机的定子的明显差别。如当采用双层绕组时，直线感应电动机的初级铁心槽数要比相应的旋转电动机的槽数多，这样才能放下三相绕组。在铁心两端的一些槽内只放置一层线圈边，而空出了半个槽。如图 7.62 所示为 4 极、每极每相槽数为 1 的三相直线感应电动机双层整距绕组的展开图，其槽数为 15，比相应的旋转电动机多出 3 个，使得直线电动机三相绕组之间的互感不相等，电动机运行在不对称状态，并引起负序磁场和零序磁场，零序磁场又会引起脉振磁场。这两类磁场在次级运行的过程中将产生阻力和附加损耗，这些现象称为直线感应电动机的静态纵向边缘效应。

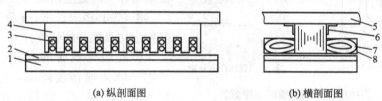

（a）纵剖面图　　　　　　　　　　　（b）横剖面图

图 7.61　单边平板形短初级直线电动机

1—次级铁心；2—次级导电板；3—三相绕组；4—初级铁心；5—支架；
6—固定用角铁；7—绕组端部；8—环氧树脂

2) 直线感应电动机的动态纵向边缘效应

当次级沿纵向运动时还存在另一种边缘效应，称为动态纵向边缘效应。图 7.63 是动态纵向边缘效应的示意图。

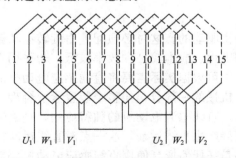

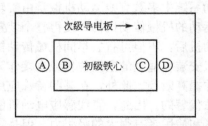

图 7.62　直线感应电动机三相绕组展开图　　图 7.63　动态纵向边缘效应解释示意图

由电磁感应定律可知，当穿过任一闭合回路的磁通链变化时将产生感应电动势和感应电流。设在次级导电板上有一个闭合回路，处于初级铁心外侧的 A 处。在它进入到初级铁心下面之前，它基本上不匝链磁通，也不感应涡流。当它从位置 A 运动到处于初级铁心下面的 B 处时，它将匝链磁通，这时闭合回路内磁通的变化将引起涡流，而涡流反过来又影响磁场的分布。同样的，当闭合回路从处于初级铁心下面的位置 C 移到处于初级铁心外侧的位置 D 时，闭合回路内的磁通又一次变化，又将引起涡流并影响磁场的分布。前一种效应称为入口端边缘效应，后一种效应称为出口端边缘效应。这种纵向边缘效应只有在次级运动时才会发生，为了加以区分，称为动态纵向边缘效应。

动态纵向边缘效应与次级的运动速度有关，速度越高，效应越严重。需要指出的是，即使速度达到同步速时，此效应同样存在。动态纵向边缘效应所产生的涡流将增加电动机的损耗，并降低功率因数，从而使电动机的输出功率减小。这种效应在高同步转速、低转差运行的直线感应电动机中尤为严重。

5. 直线感应电动机的横向边缘效应

当直线感应电动机采用实心结构时，在行波磁场的作用下，次级导电板中的感应电流呈涡流形状。即使在初级铁心范围内，次级电流也存在纵向分量。在它的作用下，气隙磁通密度沿横向的分布呈马鞍状。这种效应称为横向边缘效应。图 7.64 给出了次级电流和气隙磁通密度的分布情况。图中，l 是初级铁心横向长度，c 是次级导电板横向伸出初级铁心的长度。

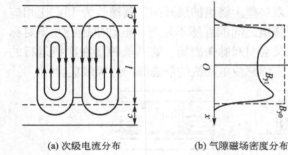

(a) 次级电流分布   (b) 气隙磁场密度分布

图 7.64 直线感应电动机横向边缘效应

横向边缘效应的存在，使电动机的平均气隙磁通密度降低，电动机的输出功率减小。同时，次级导电板的损耗增大，电动机的效率降低。横向边缘效应的大小与次级导电板横向伸出初级铁心的长度 c 与极距 τ 的比值 c/τ 有关。c/τ 越大，横向边缘效应越小。通常取 $c/\tau = 0.4$ 左右较合适。c/τ 超过 0.4 后，对横向边缘效应的影响就不显著了。

7.6.2 直线电动机在数控机床中的应用

1. 直线电动机的应用原则

传动系统中多数直线运动机械是由旋转电动机驱动的。这时必须配置由旋转运动转变为直线运动的机械传动机构，使得整个装置体积庞大、成本较高和效率较低。若采用直线感应电动机后，不但可省去早间机械传动机构，并可根据实际需要将直线感应电动机的初级和次级安装在适当的空间位置或直接作为运动机械的一部分，使整个装置紧凑合理，降低成本并提高效率。此外，在某些特殊应用场合，直线感应电动机的独特应用，是旋转电动机无法代替的。因此，直线感应电动机能够直接产生直线运动，这一点对直线运动机械的设计者和使用者有很大的吸引力。但是，并不是在任何场合使用直线感应电动机都能取得良好效果。为此必须首先了解直线感应电动机的应用原则，以便能恰到好处地应用它。

1）合适的运动速度

直线感应电动机的运动速度与同步速有关，而同步速又正比于极距。因此运动速度的选择范围依赖于极距的选择范围。极距太小会降低槽的利用率、增大槽漏抗和减小品质因数，从而降低电动机的效率和功率因数。极距的下限通常取 3cm。极距可以没有上限，但当电动机的输出功率一定时，初级铁心的纵向长度是有限的，另外为了减小纵向边缘效应，电动机的极数不能太少，故极距不可能太大。对于工业用直线感应电动机，极距的上限一般取 30cm。即在工频条件下，同步速的选择范围相应地为 3～30m/s。考虑到直线感应电动机的转差率较大，运动速度的选择范围为 1～25m/s。当运动速度低于这一选择范围的下限时，一般不宜使用直线感应电动机，除非使用变频电源，通过降低电源的频率来降低运动速度。

2）合适的推力

旋转电动机可以适应很大的推力范围，将旋转电动机配上不同的变速箱，可以得到不同的转速和转矩。特别是在低速的场合，转矩可以扩大几十倍到几百倍，以至于用一个很小的旋转电动机就能推动一个很大的负载，当然功率是守恒的。对于直线感应电动机，由于它无法用变速箱改变速度和推力，因此它的推力不能扩大。要得到比较大的推力，只有依靠加大电动机的功率、尺寸，这不是很经济。一般，在工业应用中，直线感应电动机适用于推动轻负载，如克服滚动摩擦来推动小车，这时电动机的尺寸不大，在制造成本、安装使用和供电耗电等方面都比较理想。

3）合适的往复频率

在工业应用中，直线感应电动机都是往复运动的。为了达到较高的劳动生产率，要求有较高的往复频率。这意味着电动机要在较短的时间内走完整个行程，完成加速和减速的过程，也就是要起动一次和制动一次。往复频率越高，电动机的正加速度（起动时）和负加速度（制动时）也越大，加速度所对应的推力也越大，有时加速度所对应的推力甚至大于推动负载所需的推力。推力的提高导致电动机的尺寸加大，而其质量加大又引起加速度所对应的推力进一步提高，有时可能产生恶性循环。为此，在设计电动机时，应当充分重视对加速度的控制。根据合适的加速度计算出走完行程所需的时间，由此决定电动机的往复频率。在整个装置的设计中，应尽量减小运动部分的质量，以便减小加速度所对应的推力。

4）合适的定位精度

在许多应用场合，电动机运动到位时由机械限位使之停止运动。为了在到位时冲击较小，可以加上机械缓冲装置。在没有机械限位的场合，可通过电气控制的方法来实现。例如，一个比较简单的定位办法是，在到位前通过行程开关控制，对电动机做反接制动或能耗制动，使在到位时停下来。但由于直线感应电动机的机械特性是软特性，电源电压变化或负载变化都会影响电动机在开始制动时的初速度，从而影响停止时的位置。当电源电压偏低或负载偏大时，电动机可能到不了位；反之可能超位。因此，这种定位办法只能用于电源电压稳定且负载恒定的场合。否则，应当配上带有测速传感器和可控交流调压器的自动控制装置。

除此之外，对采用直线电动机的直线运动方案还应当在制造成本、运行费用和使用维修等各方面进行比较分析。

2. 直线电动机的应用实例

1）活塞车削数控单元

采用直线电动机的直线运动机构由于具有响应快、精度高的特点，已成功地应用于异型截面工件的 CNC 车削和磨削加工中。针对产量最大的非圆截面零件，国防科技大学非圆切削研究中心开发了基于直线电动机的高频大行程数控进给单元。当用于数控活塞机床时，工作台尺寸为 600mm×320mm，行程 100mm，最大推力为 160N，最大加速度可达 13g。由于直线电动机次级和工作台已固定在一起，所以只能采用闭环控制，如图 7.65 所示为该单元的控制系统简图。

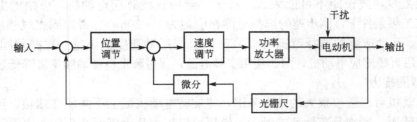

图 7.65　直线电动机位置控制器的原理框图

这是一个双闭环系统，内环是速度环，外环是位置环。采用高精度光栅尺作为位置检测元件。定位精度取决于光栅的分辨率，系统的机械误差可以由反馈消除，获得较高的精度。

2) 采用直线电动机的开放式数控系统

这种采用 PC 与开放式可编程运动控制器构成数控系统。以通用计算机及 Windows 为平台，以 PC 上的标准插件形式的运动控制器为控制核心，实现了数控系统的开放。图 7.66 所示为基于直线电动机的开放式数控系统原理图。

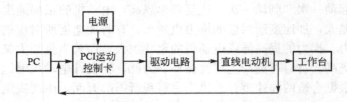

图 7.66　基于直线电动机的开放式数控系统原理图

该系统采用在 PC 的扩展槽中插入运动控制卡的方案组成，系统由 PC、运动控制卡、伺服驱动器、直线电动机、数控工作台等部分组成。数控工作台由直线电动机驱动，伺服控制和机床逻辑控制均由运动控制器完成，运动控制器可编程，以运动子程序的方式解释执行数控程序。

当今工业控制技术中的主流总线形式是 PCI 总线，它有很多优点，如即插即用(plug and play)、中断共享等。PCI 总线具有严格的标准和规范，保证了它具有良好的兼容性，可靠性高；传送数据速率高(132Mbit/s 或 264Mbit/s)；PCI 总线与 CPU 无关，与时钟频率无关，适用于各种平台，支持多处理器和并行工作；PCI 总线还具有良好的扩展性，通过 PCI - PCI 桥路，可进行多级扩展。PCI 总线为用户提供了极大的方便，是目前 PC 上最先进、最通用的一种总线。

系统软件在 Windows 平台上开发，采用模块化程序设计，由用户输入、输出界面、预处理模块等组成。用户输入、输出界面实现用户的输入、系统的输出。用户输入的主要功能是让用户输入数控代码，发出控制命令，进行系统参数配置，生成数控机床零件加工程序(G 代码指令)。预处理模块读取 G 代码指令后，通过编译生成能够让运动控制卡运行的程序，从而驱动直线电动机，完成直线或圆弧插补。

7.7 进给运动闭环位置控制
(Closed Loop Position Control System of Feed Motion)

7.7.1 进给运动闭环位置控制概述

由于开环控制的精度不能很好地满足数控机床的要求，为了提高伺服系统的控制精度，最基本的办法是采用闭环控制方式，即不但有前驱控制指令部分，而且还有检测反馈部分，指令信号与反馈信号相比较后得到偏差信号，实现以偏差控制的闭环控制系统。

在闭环控制中，对数控机床移动部件的移动用位置检测装置进行检测并将测量结果反馈到输入端与指令信号进行比较。如果二者存在偏差，将此偏差信号进行放大，控制伺服电动机带动机床移动部件向指令位置进给，只要适当地设计系统校正环节的结构与参数，就能实现数控系统所要求的精确控制。

图 7.67 所示为闭环伺服系统结构框图。从系统的结构来看，闭环控制系统可看作以位置调节为外环，速度调节为内环的双闭环控制系统，系统的输入是位置指令，输出是机床移动部件的位移。分析系统内部的工作过程，它是先把位置输入转换成相应的速度给定信号后，再通过速度控制单元驱动伺服电动机，再实现实际位移控制的。

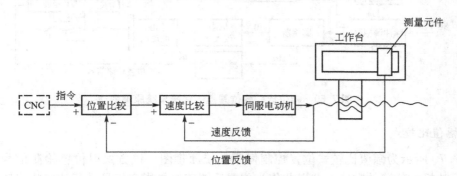

图 7.67 闭环伺服系统结构框图

闭环控制可以获得较高的精度和速度，但制造和调试费用大，一般应用于大、中型和精密数控机床。

7.7.2 典型的进给运动闭环位置控制方式简介

按照位置环控制信号不同，闭环系统还可以分成脉冲比较式、相位比较式、幅值型比较式和数据采样式。

1. 脉冲比较式

图 7.68 所示为用于工件轮廓加工的一个坐标进给伺服系统，它包含速度控制单元和位置控制外环，由于它的位置环是按给定输入脉冲数和反馈脉冲数进行比较而构成闭环控制的，所以称该系统为脉冲比较式位置伺服系统。

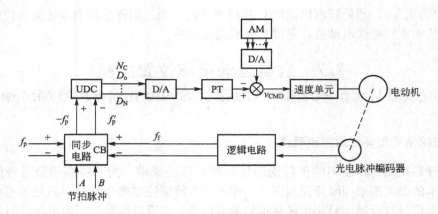

图 7.68　脉冲比较式位置控制伺服系统原理图

2. 相位比较式

图 7.69 为采用相位比较法实现位置闭环控制的伺服系统原理图。相位比较式伺服系统是高性能数控机床中所使用的一种伺服系统。相位比较式伺服系统的核心问题是，如何把位置检测转换为相应的相位检测，并通过相位比较实现对驱动执行元件的速度控制。

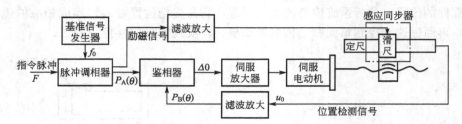

图 7.69　相位比较式位置控制伺服系统原理图

3. 幅值比较式

图 7.70 所示为幅值比较式位置控制伺服系统原理图。该方式以位置检测信号的幅值大小来反映机械位移的数值，并以此作为位置反馈信号与指令信号进行比较构成闭环控制系统。该系统的特点之一是所用的位置检测元件应工作在幅值工作方式。感应同步器和旋转变压器都可以用于幅值伺服系统。幅值伺服系统实现闭环控制的过程与相位伺服系统有许多相似之处。

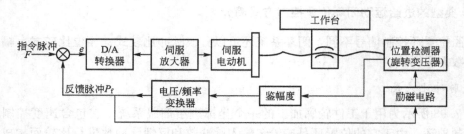

图 7.70　幅值比较式位置控制伺服系统原理图

4. 数据采样式

图 7.71 所示为数据采样式位置控制伺服系统原理图。数据采样式进给伺服系统的位置控制功能是由软件和硬件两部分共同实现的。软件负责跟随误差和进给速度指令的计算；硬件接受进给指令数据，进行 D/A 转换，为速度控制单元提供命令电压，以驱动坐标轴运动。光电脉冲编码器等位置检测元件将坐标轴的运动转化成电脉冲，电脉冲在位置检测组件中进行计数，被微处理器定时读取并清零。计算机所读取的数字量是坐标轴在一个采样周期中的实际位移量。

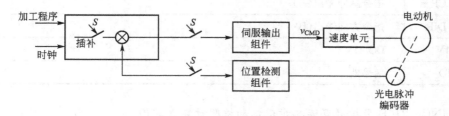

图 7.71　数据采样式位置控制伺服系统原理图

7.8　数控机床进给伺服系统应用实例
(The Application Example of CNC Machine Tool Servo System)

现以 HNC-210B 数控装置为例介绍进给伺服系统的构成。HNC-210B 数控装置采用脉冲式轴控制接口，提供脉冲＋方向、双向脉冲、正交脉冲三种脉冲指令类型，具备反馈接口，可以控制脉冲指令式的伺服驱动和步进驱动装置，其特点是通用性强，信号传递抗干扰能力强，不会发生漂移，但构成全闭环需在驱动装置中完成。HNC-210B 最多可提供 8 个脉冲式轴接口，连接插座为 XS30～XS37。

进给轴控制接口内集成了必要的开关量信号，并可以通过进给轴控制接口为驱动装置的 PLC 电路提供 DC 24V 电源。

1. HNC-210B 数控装置进给轴控制接口

HNC-210B 数控装置进给轴控制接口如图 7.72 所示，信号含义见表 7-4。

```
8:DIR−                          15:DIR+
7:CP−                           14:CP+
6:+24V                          13:GND
5:X*                            12:Y*
4:Y*                            11:Z−
3:Z+                            10:B−
2:B+                            9:A−
1:A+
```

图 7.72　进给轴控制接口图

表 7-4　进给轴控制接口信号

信号名	说　　明
A＋、A	编码器 A 相位置反馈信号
B＋、B	编码器 B 相位置反馈信号
Z＋、Z	编码器 Z 相脉冲反馈信号

（续）

信号名	说　明
X*	5 脚：轴准备好信号。X9.0～X9.7 分别对应 XS30～XS37
Y*	4 脚：使能信号。 Y7.0，Y7.2，Y7.4，Y7.6，Y8.0，Y8.2，Y8.4，Y8.6 分别对应 XS30～XS37
	12 脚：方式切换信号。 Y7.1，Y7.3，Y7.5，Y7.7，Y8.1，Y8.3，Y8.5，Y8.7 分别对应 XS30～XS37
CP+、CP−	指令脉冲输出（A）
DIR+、DIR−	指令方向输出（B）
+24V	DC 24V
GND	信号地

2. HNC-210B 数控装置连接步进电动机驱动装置实例

HNC-210B 数控装置通过 XS30～XS37 最多可控制 8 个步进电动机驱动装置。图 7.73 为 HNC-210B 连接步进电动机驱动装置的总体框图。图 7.74 为 HNC-210B 连接 SH-50806A 五相混合式步进电动机驱动装置示意图。

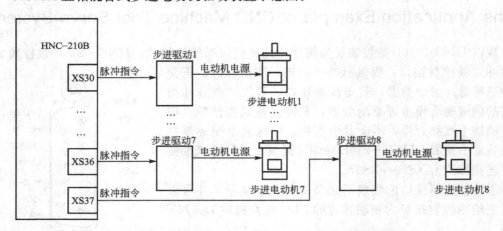

图 7.73　HNC-210B 采用步进电动机驱动器的总体框图

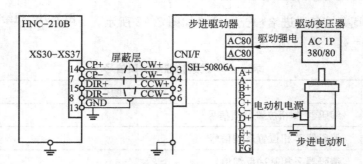

图 7.74　HNC-210B 控制步进电动机驱动器的连接图

3. HNC-210B 数控装置连接脉冲接口伺服驱动装置实例

HNC-210B 数控装置通过 XS30～XS37 最多可控制 8 个伺服驱动装置。图 7.75 为 HNC-210B 连接伺服驱动装置的示意图。图 7.76 为 HNC-210B 连接脉冲接口伺服驱动器的实例。

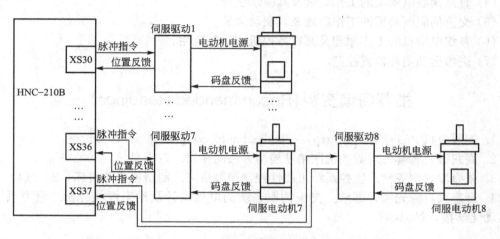

图 7.75　HNC-210B 连接伺服驱动装置的示意图

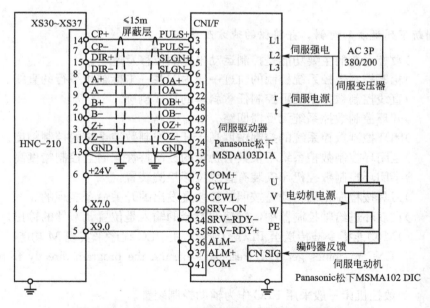

图 7.76　HNC-210B 连接脉冲接口伺服驱动器的实例

本 章 小 结(Summary)

本章主要介绍了数控机床的进给驱动与控制的有关问题。数控机床的进给驱动与控制即数控机床的伺服系统。伺服系统的高性能在很大程度上决定了数控机床的高效率、高精

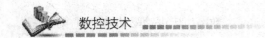

度，所以说伺服系统是数控机床的重要组成部分。通过本章的学习，需要掌握以下内容：

(1) 数控机床对进给伺服系统的要求。

(2) 步进电动机的工作原理及其驱动控制。

(3) 常用位置检测元件种类及原理。

(4) 直流伺服电动机的工作原理及其驱动装置。

(5) 交流伺服电动机的工作原理及其驱动装置。

(6) 直线电动机的工作原理及其在数控机床中的应用。

(7) 进给运动闭环位置控制。

推荐阅读资料(Recommended Readings)

1. 伺服电机. 百度百科. http：//baike. baidu. com/view/515079. htm.

2. 高东敏，翟喜民. 数控机床精度检测方法的探讨. 汽车科技，2002(3).

3. 张海波，贾亚洲. 数控系统可靠性控制模型研究. 制造技术与机床，2010(4).

4. 舒志兵，陈先锋，邵峻. 交流伺服系统的电气设计及动态性能分析. 电力系统及其自动化学报，2004(4).

思考与练习(Exercises)

一、判断下列说法的对错，并将错的地方改正

1. (　　　)数控系统的主要功能是控制运动坐标的位移及速度。

2. (　　　)轮廓控制数控系统控制的轨迹一般为与某一坐标轴相平行的直线。

3. (　　　)直线控制数控系统可控制任意斜率的直线轨迹。

4. (　　　)开环控制数控系统无反馈回路。

5. (　　　)闭环控制数控系统的控制精度高于开环控制数控系统的控制精度。

6. (　　　)全闭环控制数控系统不仅具有稳定的控制特性，而且控制精度高。

7. (　　　)半闭环控制数控机床安装有直线位移检测装置。

8. (　　　)刀具按程序正确移动是按照数控装置发出的开关命令实现的。

9. (　　　)在双环进给轴控制器中，转速调节器的输入是位置调节器的输出。

10. (　　　)M功能指令被传送至 PLC - CPU，用 PLC 程序来实现 M 功能。

11. (　　　)CNC machines generally read and execute the program directly from punched tapes.

12. (　　　)数控机床一般采用 PLC 作为辅助控制装置。

二、填空题

1. 只有在位置偏差(跟随误差)为＿＿＿＿＿时，工作台才停止在要求的位置上。

2. 半闭环控制中，CNC 精确控制电动机的旋转角度，然后通过＿＿＿＿＿传动机构，将角度转换成工作台的直线位移。

3. 开环伺服系统主要特征是系统内没有＿＿＿＿＿装置，通常使用＿＿＿＿＿为伺服执行机构。

4. 辅助控制装置的主要作用是接受数控装置输出的_____指令信号，主要控制装置是_____。

5. 数控机床控制系统包括了_____、_____、_____、_____、_____、_____。

6. 进给伺服系统是以_____为控制量的自动控制系统，它根据数控装置插补运算生成的_____，精确地变换为机床移动部件的位移，直接反映了机床坐标轴跟踪运动指令和实际定位的性能。

7. 闭环和半闭环控制是基于_____原理工作的。

8. 数控机床的基本组成包括_____、_____、_____、_____、_____、_____，以及机床本体。

9. 无论是半闭环还是闭环进给系统，都要求传动部件刚度好、间隙小。在_____系统中，传动部件的间隙直接影响进给系统的定位精度；在_____系统中，传动部件的间隙影响进给系统的稳定性。

三、选择题

1. 欲加工一条与 X 轴成 30°的直线轮廓，应采用（　　）数控机床。
   A. 点位控制　　　　B. 直线控制　　　　C. 轮廓控制

2. 经济型数控车床多采用（　　）控制系统。
   A. 闭环　　　　B. 半闭环　　　　C. 开环

3. 数控机床伺服系统是以（　　）为直接控制目标的自动控制系统。
   A. 机械运动速度　　　　　　　　B. 机械位移
   C. 切削力　　　　　　　　　　　D. 机械运动精度

4、采用开环进给伺服系统的机床上，通常不安装（　　）。
   A. 伺服系统　　　　　　　　　　B. 制动器
   C. 数控系统　　　　　　　　　　D. 位置检测器件

5. 数控系统中 CRT 显示的坐标轴现在位置值是控制器的指令值还是坐标轴实际位置值（如编码器的反馈值）？（　　）
   A. 指令值　　　　　　　　　　　B. 实际值
   C. 开环系统中为指令值，闭环系统中通过参数设置为实际值或指令值

6. （　　）是 CNC 控制系统的基本功能。
   A. 输入、输出、插补　　　　　　B. 输入、插补、伺服控制
   C. 输入、输出、伺服　　　　　　D. 输入、显示、插补

7. 按数控系统的控制方式分类，数控机床分为开环控制数控机床、（　　）、闭环控制数控机床。
   A. 点位控制数控机床　　　　　　B. 点位直线控制数控机床
   C. 半闭环控制数控机床　　　　　D. 轮廓控制数控机床

8. 数控机床的组成如图 7.77 所示，其中（　　）把来自 CNC 装置的微弱指令信号通过调节、放大后驱动伺服电动机，通过传动系统驱动机床运动，使工作台精确定位或使刀具与工件按规定的轨迹做相对运动，最后加工出符合图样要求的零件。
   A. ①　　　　B. ②　　　　C. ④　　　　D. ⑤

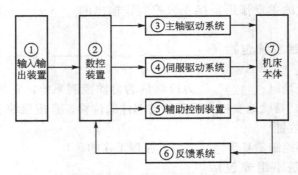

图 7.77　数控机床的组成

四、按要求回答问题或完成任务。

1. 请画出半闭环控制数控系统的框图，并说出半闭环与全闭环之间的区别。

2. 试从控制精度、系统稳定性及经济性三方面，比较数控系统开环系统、半闭环系统、全闭环系统的区别。

3. 试用框图说明 CNC 系统的组成原理，并解释各部分的作用。

五、对照图形，试说出图 7.78 中各部分英文词组对应的中文术语。

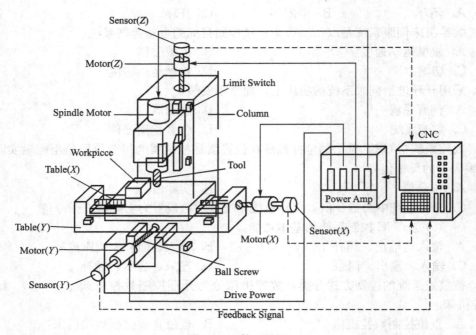

图 7.78　第五题图

第 8 章

数控机床选用、安装调试、维护与故障诊断简介

(Chapter Eight Selection, Installation and Debugging, Maintenance and Faults Diagnosis of CNC Machine Tools in Brief)

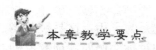 本章教学要点

能力目标	知识要点
了解数控机床的选用原则	数控机床的选用
掌握数控机床的安装调试与验收	数控机床的安装调试与验收
掌握数控机床的维护	数控机床的维护
了解数控机床故障诊断技术	数控机床故障诊断技术简介

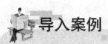导入案例

数控车床故障分析与排除一例

1. 故障现象

某数控车床在使用中出现手动移动正常，自动回零时移动一段距离后不动，重新开机，手动移动又正常。

2. 故障分析与排除

该数控车床使用经济数控，步进电动机，手动移动时由于速度稍慢移动正常，自动回零时快速移动距离较长，出现机械卡住现象。根据故障进行分析，主要是机械原因，后经询问，才得知该机床因发现加工时尺寸不准，将另一台机床上的电动机拆来使用，后来出现了该故障，经仔细检查是因变速箱中的齿轮间隙太小引起的，重新调整后正常。

小提示：这是一例人为因素造成的故障，在修理中如不加注意经常会发生，因此在工作中应引起重视，避免这种现象的发生。

数控机床是高度机电一体化的技术装备，它与传统的机械设备装备相比，内容上虽然也包括机械、电气、液压与气动方面的故障，但就其维修和诊断方面的重要性来说，则是侧重于电子系统、机械、液压、气动乃至光学等方面装置的交节点上。要正确地选用数控机床，合理地安装调试，实现对数控设备的管理、维护和保养，从而，充分提高数控机床的利用率。

8.1　数控机床的选用(Selection of CNC Machine Tools)

8.1.1　数控机床的选用原则

1. 实用性

选用数控机床的目的是解决生产中某一个或几个问题。因此选是为了用，这是最首要的。实用性就是要使选中的数控机床最终能最大限度地实现预定的目标。例如，选数控机床是为了加工复杂的零件，还是为了提高加工效率？是为了提高精度，还是为了集中工序，缩短周期？或者是为了实现柔性加工要求？有了明确的目标，有针对性地选用机床，才能以合理的投入，获得最佳效果。以往机床企业在开发机床产品时，常常是提高机床的万能性，使一种机床具有较多的功能，使用户在选用机床时有很大的选择余地。但这必然造成结构复杂，生产成本提高，制造周期加长，而且用户购置机床的投资也增加。而在机床的实际使用中，对每一个具体用户来说又往往是只用其中少部分功能，结果造成功能浪费。因此，近几年来，国外机床企业发展机床产品有一个新的趋势：现代数控机床的发展趋向是功能专门化和品种多样化。这种变革，大大地简化了机床结构，降低了生产成本，并且缩短了交货周期，给用户带来了极大的好处。用户在选用数控机床时需要有明确的使用要求，这样才能以合理的投入获得最佳的效果。

2. 经济性

经济性是指所选用的数控机床在满足加工要求的条件下，所支付的代价是最经济的或者是较为合理的。经济性往往是和实用性相联系的，机床选得实用，那么经济上也会合理。在这方面要注意的是不要以高代价换来功能过多而又不合用的较复杂的数控机床。否则，不仅是造成了不必要的浪费，而且也会给使用、维护保养及修理等方面带来困难。

3. 可操作性

选用的数控机床要与本企业的操作和维修水平相适应。选用了一台较复杂、功能齐全、较为先进的数控机床，如果没有合适的人员去操作使用、没有熟悉的技工去维护修理，那么再好的机床也不可能用好，也发挥不了应有的作用。因此，在选用数控机床时要注意对加工零件的工艺分析、考虑到零件加工工序的制订、数控编程、工装准备、机床安装与调试，以及在加工过程中进行的故障排除与及时调整的可能性，这样才能保证机床能长时期正常运转。高档的、复杂的数控机床，可能在操作时非常简单，而加工前准备和使用中的调试和维修却比较复杂。因此，在选用数控机床时，要注意力所能及。

4. 稳定可靠性

稳定可靠性是指机床本身的质量。稳定可靠性既有数控系统的问题，也有机械部分的问题，尤其是数控系统(包括伺服驱动)部分。数控机床如果不能稳定可靠地工作，那就完全失去了意义。要保证数控机床工作时稳定可靠，在选用时，一定要选择名牌产品(包括主机、系统和配套件)，因为这些产品技术上成熟、有一定生产批量和已有相当的用户。

以上的数控机床选用原则，只能提示在选用数控机床中应该注意到的一些问题。理解数控机床与普通机床之间的差别，了解数控机床选用中的复杂性，因此不要简单地像订购通用机床那样去选购数控机床。在国外，机床企业接受数控机床的订货时都要经过双方详细的讨论，才能最后确定下来，并且还有一些咨询服务机构来帮助用户选择和用好数控机床。在国内，也已经注意到这个方面，不少生产企业开始加强售前服务，帮助用户做好数控机床的选择，但在程度上还很不够，因此需要由用户作客观的判别。此外，专门的咨询服务机构已经出现，但为数不多，工作也还有待于在实践中积累经验。

8.1.2 数控机床选用的基本要点

1. 数控机床选用前方案比较与效益分析

无论新厂建设还是老厂技术改造，投资计划及其生产设备的合理添置，直接关系到企业的效益和生产能力的提高。具体选择方案前首先应了解数控机床的使用范围和加工特点，其二，决定是购置新的整台数控机床还是进行机床数控化改造。选用时必须认真地进行技术、经济分析比较，即根据企业的产品发展需要、生产工艺要求，以及企业的投资实力等来综合考虑。

在概略计算时，也常用额外投资回收期 T 的长短来评价其经济效益。数控机床额外投资回收期 T 可按下式计算

$$T=\frac{Y_a-Y_b}{(K_a-K_b)+(Z_a-Z_b)}=\frac{\Delta Y}{\Delta K+\Delta Z}$$

式中，T 为数控机床额外投资回收期(年)；Y_a 为数控机床投资费(元)；Y_b 为普通机床投资费(元)；K_a 为数控机床加工的年工艺成本(元/年)；K_b 为普通机床加工的年工艺成本(元/年)；Z_a 为数控机床的年折旧费(元/年)；Z_b 为普通机床的年折旧费(元/年)；ΔY 为数控机床额外投资额(元)；ΔK 为数控机床加工年工艺成本节省额(元/年)；ΔZ 为数控机床额外年折旧费提取额(元/年)。

在进行经济效益分析时，常用数控机床的使用年限、产品的市场生命期(即产品稳定生产年限)或其他有关规定作为计划回收期。当数控机床额外投资回收期短于计划回收期，工艺方案的经济性即认为是合理的，数控机床额外投资回收期越短，经济效益越佳。在涉及数控机床额外投资回收期长短的诸参数中，工件加工的复杂程度、数控机床投资费、生产批量和作业班次的多少是最活跃的参数。通常在初步估算后，对上述参数作适当的调整，即可取得理想的结果。

2. 确定典型加工零件

确定典型加工对象是数控机床选型的基础。数控机床品种繁多，而且每一种机床的性能与使用范围是有限的，只有在一定的条件下，加工一定种类、一定工艺内容的工件才能达到最佳效果。对于一些形状简单、易加工的零件，或大批量生产而不浪费辅助工时的零件，并不能充分发挥数控机床多功能、柔性强、加工精度高、自动化程度高的优势。选购数控机床首先必须确定用户所要加工的典型零件。

3. 数控机床规格的选择

数控机床的规格应根据确定的典型零件来选择。数控机床的主要规格选择反映在数控坐标的行程和主轴电动机功率方面。数控坐标的行程范围反映机床能容纳工件的大小和加工时间；主轴电动机功率反映机床的切削能力，即生产率。对加工中心、数控铣床和镗床，其三个基本直线坐标反映机床允许的加工空间，一般情况下加工件的轮廓尺寸应在机床的加工空间范围以内，机床工作台面的大小也基本确定了加工空间。在少数情况下也可以有工件尺寸大于机床坐标行程的，这时必须要求工件在工作台上安装位置要合理，工件上要加工的区域正处在机床行程范围以内，而且在机床工作台允许承载能力之内，还要考虑是否与机床换刀空间、工作台回转时干涉、与机床防护罩，以及其他附件干涉等一系列问题。

4. 数控机床精度的选择

数控机床精度的选择是用户选型时的重点。选择数控机床的精度等级，应根据典型零件关键部位加工精度的要求来确定。

数控机床的定位精度和重复定位精度综合反映了该轴各运动部件的综合精度，尤其是重复定位精度，它反映了机床在该控制轴行程内任意定位点的定位稳定性。这是衡量该控制轴能否稳定可靠工作的基本指标。目前的数控系统软件功能比较丰富，一般都具有螺距误差补偿功能和反向间隙补偿功能，以消除误差。进给传动死区误差可以用反向间隙补偿功能来补偿。控制系统的补偿功能只能对机床传动各环节的系统误差进行有效补偿，对随机误差则无能为力。这些误差因素最后都能在定位重复性误差上综合反映。所以一台数控机床在进给传动链上的高质量集中反映在它的高重复定位精度，必须要选配合适的附件、刀柄刃具、合理的工艺措施等。

5. 坐标轴数和联动轴数

在数控机床的所有功能中，坐标轴数和联动轴数是主要选择内容。对于用户来说，坐标轴数和联动轴数越多，则机床功能越强。每增加一个标准坐标轴，则机床价格增加30%～40%，故不能盲目追求坐标轴数量。例如，要选择一台通用的卧式加工中心，可能会遇到各种零件，应该在基本轴 X、Y、Z 的基础上选择 B 轴（旋转工作台）。由于增加了一个轴，加工范围从一个面变成了任意角度，四轴联动完全可以加工大多数零件。除了极少数零件外，再选择 A 轴的价值就很低了。

6. 数控系统的选择

目前数控机床的数控系统的种类规格繁多，为了能使数控系统更好地满足用户要求，更好地与机床相匹配，在选择机床及其数控系统时，应根据数控机床的性能合理地选择数控系统的功能；订购数控系统时要争取把需要的系统功能一次订全，避免遗漏，否则以后补订会给用户造成很大经济损失，甚至有些功能不能在原系统上增补或不能正常使用。

在选用数控系统时，除了需有快速运动、直线及圆弧插补、刀具补偿和固定循环等基本功能外，还需结合使用要求，可选择几何软件包、切削过程动态图形显示、参数编程、自动编程软件包和离线诊断程序等功能。

目前在我国使用比较广泛的有德国 SIEMENS 公司、日本 FANUC 公司、美国 A－B 公司等的数控系统，此外，我国的数控系统这几年发展十分迅速，功能和性能也日渐完善，如华中数控系统、广州数控系统等，其功能也已经达到世界先进水平。

7. 数控机床刚度的选择

数控机床的刚度直接影响到生产率和加工精度。数控机床的刚度取决于机床结构和质量。以加工中心为例，大致有两种架构形式，一种是由工具铣床演变而来的，主要由立柱、升降台和滑枕组成。滑枕运动为 Z 轴，一般可进行立卧主轴转换。另一种是由卧式镗床演变而来的，立柱在导轨上做前后运动为 Z 轴，铣头在立柱上做上下运动为 Y 轴，一般不能进行立卧主轴转换。就这两种结构来说，后者刚度较高，但万能性较差。

8. 数控机床可靠性的确定

数控机床的可靠性包括两个方面的含义：一是在使用寿命期内故障尽可能少，二是机床连续运转稳定可靠。在选购数控机床时，一般选择正规或著名厂家的品牌机床，并通过走访老用户了解使用情况和售后服务情况的方法，对所选择机型的可靠性作出估计。定购多台数控机床时，应尽可能选用同一厂家的机床或同一厂家的数控系统，这样会在定购备件、故障诊断与维修方面带来方便，同样可提高机床的运行可靠性。

9. 辅助功能

数控机床的辅助功能很多，如零件在线测量、机上对刀、砂轮修正与自动补偿、断刀监测、刀具磨损监测、刀具内冷却方式、切屑输送装置和刀具寿命管理等。选择辅助功能要以实用为原则，比如砂轮修正与自动补偿对于数控磨床来说很重要，刀具冷却方式对于镗孔和深孔钻削来说十分必要。相反，断刀监测、刀具磨损监测、刀具寿命管理就不是零

件加工中必不可少的功能。

10. 功能预留

在选择数控机床的时候，还有一个较难处理的功能预留问题。它不是一个技术问题，而是企业的战略决策问题。因此，要处理好功能预留问题，应结合企业的产品结构、发展与投资规划。对于生产线上用的数控机床，主要考虑效率和价格指标问题，则可不必考虑功能预留。对于中小批量生产用的数控机床，要考虑产品经常变化及适合各种零件的加工，功能比效率和价格更为重要，则必须考虑数控机床功能的预留。

8.2 数控机床的安装调试与验收
(Installation, Debugging and Acceptance of CNC Machine Tools)

8.2.1 数控机床的安装调试

数控机床的安装调试是指机床到用户后安装到工作场地，直到正常工作这一阶段的工作。对于小型数控机床，这项工作比较简单，而大中型数控机床由于机床厂发货时已将机床解体成几个部分，到用户后需要进行重新组装和重新调试，工作较为复杂。

1. 安装前的准备

安装前的准备工作主要有：
(1) 厂房设施、必要的环境条件。
(2) 地基准备：按照地基图打好地基，并预埋好电、油、水管线。
(3) 工具仪器准备：起吊设备、安装调试中所用工具、机床检验工具和仪器。
(4) 辅助材料：如煤油、机油、清洗剂、棉纱棉布等。

2. 机床主体初就位和连接

当数控机床运到用户后，按开箱手续把机床部件运至安装场地。然后，按说明书中的介绍把组成机床的各大部件分别在地基上就位。就位时，垫铁、调整垫块和地脚螺栓等相应对号入座。然后把机床各部件组装成整机部件，组装完成后就进行电缆、油管和气管的连接。机床说明书中有电气接线图和气、液压管路图，应据此把有关电缆和管道按标记一一对号接好。

此阶段注意事项如下：
(1) 机床拆箱后首先找到随机的文件资料，找出机床装箱单，按照装箱单清点各包装箱内零部件、电缆、资料等是否齐全。
(2) 机床各部件组装前，首先去除安装连接面、导轨和各运动面上的防锈涂料，做好各部件外表清洁工作。
(3) 连接时特别要注意清洁工作和可靠的接触及密封，并检查有无松动和损坏。电缆插上后一定要拧紧紧固螺钉，保证接触可靠。油管、气管连接中要特别防止异物从接口中进入管路，造成整个液压系统故障，管路连接时每个接头都要拧紧。电缆和油管连接完毕后，要做好各管线的就位固定，防护罩壳的安装，保证整齐的外观。
(4) 滚珠螺母应在有效行程内运动，必须在行程两端配置限位，避免螺母越程脱离丝杠轴，而使滚珠脱落。

　　3. 数控系统的连接和调试

　　(1) 数控系统的开箱检查。无论是单个购入的数控系统还是与机床配套整机购入的数控系统，到货开箱后都应进行仔细检查。检查包括系统本体和与之配套的进给速度控制单元和伺服电动机、主轴控制单元和主轴电动机。

　　(2) 外部电缆的连接。外部电缆连接是指数控装置与外部 MDI/CRT 单元、强电柜、机床操作面板、进给伺服电动机动力线与反馈线、主轴电动机动力线与反馈信号线的连接及与手摇脉冲发生器等的连接。应使这些符合随机提供的连接手册的规定。最后还应进行地线连接。

　　(3) 数控系统电源线的连接。应在切断数控柜电源开关的情况下连接数控柜电源变压器一次侧的输入电缆。

　　(4) 设定的确认。数控系统内的印制电路板上有许多用跨接线短路的设定点，需要对其适当设定以适应各种型号机床的不同要求。

　　(5) 输入电源电压、频率及相序的确认。各种数控系统内部都有直流稳压电源，为系统提供所需的 +5V，±5V，+24V 等直流电压。因此，在系统通电前，应检查这些电源的负载是否有对地短路现象。可用万用表来确认。

　　(6) 确认直流电源单元的电压输出端是否对地短路。

　　(7) 接通数控柜电源，检查各输出电压。在接通电源之前，为了确保安全，可先将电动机动力线断开。接通电源之后，首先检查数控柜中各个风扇是否旋转，就可确认电源是否已接通。

　　(8) 确认数控系统各参数的设定。

　　(9) 确认数控系统与机床侧的接口。

　　完成上述步骤，可以认为数控系统已经调整完毕，具备了与机床联机通电试车的条件。此时，可切断数控系统的电源，连接电动机的动力线，恢复报警设定。

　　数控系统安装调试时应注意的事项：

　　(1) 数控机床地线的连接十分重要，良好的接地不仅对设备和人身的安全十分重要，同时能减少电气干扰，保证机床的正常运行。地线一般都采用辐射式接地法，即数控系统电气柜中的信号地、框架地、机床地等连接到公共接地点上，公共接地点再与大地相连。数控系统电气柜与强电柜之间的接地电缆要足够粗。

　　(2) 在机床通电前，根据电路图按照各模块的电路连接，依次检查线路和各元器件的连接。重点检查变压器的一次侧、二次侧，开关电源的接线，继电器、接触器的线圈和触点的接线位置等。

　　(3) 在断电情况下进行如下检测：三相电源对地电阻测量、相间电阻的测量；单相电源对地电阻的测量；24V 直流电源的对地电阻，两极电阻的测量。如果发现问题，在未解决之前，严禁机床通电试验。

　　(4) 数控机床在通电之前要使用相序表检查三相总开关上口引入电源线相序是否正确，还要将伺服电动机与机械负载脱开，否则一旦伺服电动机电源线相序接错，会出现"飞车"故障，极易产生机械碰撞损坏机床。应在接通电源的同时，做好按压急停按钮的准备。

（5）在电气检查未发现问题的情况下，依次按下列顺序进行通电检测：三线电源总开关的接通，检查电源是否正常，观察电压表、电源指示灯；依次接通各断路器，检查电压；检查开关电源（交流 220V 转变为直流 24V）的入线及输出电压。如果发现问题，在未解决之前，严禁进行下一步试验。

（6）若正常，可进行数控系统启动，观察数控系统的现象。一切正常后可输入机床系统参数、伺服系统参数，传入 PLC 程序。关闭机床，然后将伺服电动机与机械负载连接，进行机械与电气联调。

4. 通电试机

按机床说明书要求给机床润滑，润滑点灌注规定的油液和油脂，清洗液压油箱及过滤器，灌入规定标号的液压油。液压油事先要经过过滤。接通外界输入的气源。

机床通电操作可以是一次各部分全面供电，或各部件分别供电，然后再做总供电试验。分别供电比较安全，但时间较长。通电后首先观察有无报警故障，然后用手动方式陆续启动各部件。检查安全装置是否作用，能否正常工作，能否达到额定的工作指标。总之，根据机床说明书资料粗略检查机床主要部件，功能是否正常、齐全，使机床各环节都能操作运动起来。

然后，调整机床的床身水平，粗调机床的主要几何精度，再调整重新组装的主要运动部件与主机的相对位置，用快干水泥灌注主机和各附件的地脚螺栓，把各个预留孔灌平，等水泥完全干固。

在数控系统与机床联机通电试车时，虽然数控系统已经确认，工作正常无任何报警，但应在接通电源的同时，做好按压急停按钮的准备，以备随时切断电源。

在检查机床各轴的运转情况时，应用手动连续进给移动各轴，通过 CRT 或 DPL（数字显示器）的显示值检查机床部件移动方向是否正确。然后检查各轴移动距离是否与移动指令相符。如不符，应检查有关指令、反馈参数，以及位置控制环增益等参数设定是否正确。

随后，再用手动进给以低速移动各轴，并使他们碰到超程开关，用以检查超程限位是否有效，数控系统是否在超程时发出报警。

最后，还应进行一次返回基准点动作。机床的基准点是以后机床进行加工的程序基准位置，因此，必须检查有无基准点功能及每次返回基准点的位置是否完全一致。

在数控机床通电正常后，进行机械与电气联调时应注意：

（1）先在 JOG 方式下，进行各坐标轴正、反向点动操作，待动作正确无误，再在 AUTO 方式下试运行简单程序。

（2）主轴和进给轴试运行时，应先低速后高速，并进行正、反向试验。

（3）先按下超程保护开关，验证其保护作用的可靠性，然后再进行慢速的超程试验，验证超程撞块安装的正确性。

（4）待手动动作正确后，再完成各轴返参操作。各轴返参前应反向远离参考点一段距离，不要在参考点附近返参，以免找不到参考点。

（5）进行选刀试验时，先调空刀号，观察换刀动作正确与否，待正确无误后再交换真刀。

（6）自行编制一个工件加工程序，尽可能多地包括各种功能指令和辅助功能指令，位移尺寸以机床最大行程为限。同时进行程序的增加、删除和修改操作。最后,运行该程序观察机床工作是否正常。

5. 机床精度和功能的调试

在已经固化的地基上用地脚螺栓和垫铁精调机床主床身的水平,找正水平后移动床身上的各运动部件(主柱、溜板和工作台等),观察各坐标全行程内机床的水平变换情况,并相应调整机床几何精度使之在允许误差范围之内。再调整时,主要以调整垫铁为主,必要时可稍微改变导轨上的镶条和预紧滚轮等。

让机床自动运动到刀具交换位置,用手动方式调整装刀机械手和卸刀机械手相对主轴的位置。在调整中采用一个校对心棒进行检测,有误差时可调整机械手的行程,移动机械手支座和刀库位置等,必要时还可以修改换刀位置点的设定(改变数控系统内的参数设定)。调整完毕后紧固各调整螺钉及刀库地脚螺栓,然后装上几把接近规定允许质量的刀柄,进行多次从刀库到主轴的往复自动交换,要求动作准确无误,不撞击,不掉刀。

带 APC 交换工作台的机床要把工作台运动到交换位置,调整托盘站与交换台面的相对位置,达到工作台自动换刀时动作平稳、可靠、正确。然后在工作台面上装上 70%~80%的允许负载,进行多次自动交换动作,达到正确无误后再紧固各有关螺钉。

仔细检查数控系统和 PLC 装置中参数设定值是否符合随机资料中规定数据,然后试验各主要操作功能、安全措施、常用指令执行情况等。

在机床调整过程中,一般要修改和机械有关的数空参数。例如,各轴的原点位置等修改和机床部件相关位置有关参数,如刀库刀盒坐标位置等。修改后的参数应在验收后记录或存储在介质上。

检查辅助功能及附件的正常工作,如机床的照明灯,冷却防护罩盒各种护板是否完整;往切削液箱中加满切削液,试验喷管是否能正常喷出切削液;在用冷却防护罩条件下切削液是否外漏;排屑器能否正确工作;机床主轴箱的恒温油箱能否起作用等。

6. 试运行

数控机床安装调试完毕后,要求整机在带一定负载条件下经过一段较长时间的自动运行较全面地检查机床功能及工作可靠性。运行时间尚无统一的规定,一般采用每天运行 8h,连续运行 2~3 天;或 24h 连续运行 1~2 天。这个过程称为安装后的试运行。

考核程序中应包括:主要数控系统的功能使用,自动更换取用刀库中三分之二的刀具,主轴的最高、最低及常用的转速,快速和常用的进给速度,工作台面的自动交换,主要 M 指令的使用等。试运行时机床刀库上应插满刀柄,取用刀柄质量应接近规定质量,交换工作台面上也应加上负载。在试运行时间内,除操作失误引起的故障以外,不允许机床有故障出现,否则表明机床的安装调试存在问题。

8.2.2 数控机床的验收

1. 数控设备调试验收的必要性

数控机床是现代制造技术的基础装备,随着数控机床的广泛应用与普及,机床的验收工作越来越受到重视,但很多用户对数控机床的验收还存在着偏差。新机检验的主要目的是为了判别机床是否符合其技术指标,判别机床能否按照预定的目标精密地加工零件。在许多时候，新机验收都是通过加工一个有代表性的典型零件决定机床能否通过验收。当该机床是用于专门加工某一种零件时，这种验收方法是可以接受的。但是对于更具有通用性的数控机床，这种切削零件的检验方法显然不能提供足够信息来精确地判断机床的整体精度指标。只有通过对机床的几何精度和位置精度进行检验，才能反映出机床本身的制造精度。在这两项精度检验合格的基础上，然后再进行零件加工检验，以此来考核机床的加工性能。对于安置在生产线上的新机，还需通过对工序能力和生产节拍的考核来评判机床的工作能力。但是，在实际检验工作中，往往有很多的用户在新机验收时都忽视了对机床精度的检验，他们以为新机在出厂时已做过检验，在使用现场安装只需调一下机床的水平，只要试加工零件经检验合格就认为机床通过验收。这些用户往往忽视了以下几方面的问题：

（1）新机通过运输环节到达现场，由于运输过程中产生的振动和变形，其水平基准与出厂检验时的状态已完全两样，此时机床的几何精度与其在出厂检验时的精度产生偏差。

（2）即使不计运输环节的影响，机床水平的调整也会对相关的几何精度项目产生影响。

（3）由于位置精度的检测元件如编码器、光栅等是直接安装在机床的丝杠和床身上的，几何精度的调整会对其产生一定的影响。

（4）气压、温度、湿度等外部条件发生改变，也会对位置精度产生影响。

（5）由检验所得到的位置精度偏差，还可直接通过数控机床的误差补偿软件及时进行调整，从而改善机床的位置精度。

检验新机床时仅采用考核试加工零件精度的方法来判别机床的整体质量，并以此作为验收的唯一标准是远远不够的，必须对机床的几何精度、位置精度及工作精度做全面的检验，只有这样才能保证机床的工作性能，否则就会影响设备的安装和使用，造成较大的经济损失。

在数控机床到达用户方，完成初次的调试验收工作后，也并不意味着调试工作的彻底结束。在实际的生产企业中，常常采用这样的设备管理方法：安装调试完成后，设备投入生产加工中，只有等到设备加工精度达不到最初的要求时，才停工进行相应的调试。这样很多企业无法接受这样的停工的损失，所以在日常的工作中也可以按照"六自由度测量的快速机床误差评估"方法解决这个问题，大量减少测试时间，这样小车间也可以提前控制加工过程，最终通向零故障以及更少对事后检查的依赖。

六自由度测量的快速机床误差评估方法是测量系统一次安装调试后，可同时测量六个数控机床精度项目的误差值，与传统的单一精度项目测量方法相比，可大大缩短仪器的装调、检测时间。

2. 数控设备调试验收的流程

就验收过程而言，数控机床验收可以分为两个环节：

1) 在制造厂商工厂的预验收

预验收的目的是为了检查、验证机床能否满足用户的加工质量及生产率，检查供应商提供的资料、备件。其主要工作包括：

（1）检验机床主要零部件是否按合同要求制造。

（2）各机床参数是否达到合同要求。

（3）检验机床几何精度及位置精度是否合格。

（4）机床各动作是否正确。

（5）对合同未要求部分检验，如发现不满意处可向生产厂家提出，以便及时改进。

（6）对试件进行加工，检查是否达到精度要求。

（7）做好预验收记录，包括精度检验及要求改进之处，并由生产厂家签字。

如果预验收通过，则意味着用户同意该机床向用户厂家发运，当货物到达用户处后，用户将支付该设备的大部分金额。所以，预验收是非常重要的步骤，不可忽视。

2）在设备采购方的最终验收

最终验收工作主要根据机床出厂合格证上规定的验收标准及用户实际能提供的检测手段，测定机床合格证上的各项指标。检测结果作为该机床的原始资料存入技术档案中，作为今后维修时的技术指标依据。

不管是预验收还是最终验收，根据 GB/T 9061—2006《金属切削机床 通用技术条件》标准中的规定，调试验收应该包括的内容如下：

（1）外观质量。

（2）附件和工具的检验。

（3）参数的检验。

（4）机床的空运转实验。

（5）机床的负荷实验。

（6）机床的精度检验。

（7）机床的工作实验。

（8）机床的寿命实验。

（9）其他。

3. 数控设备调试验收的常见标准

数控机床调试和验收应当遵循一定的规范进行，数控机床验收的标准有很多，通常按性质可以分为两大类：通用类标准和产品类标准。

1）通用类标准

这类标准规定了数控机床调试验收的检验方法、测量工具的使用、相关公差的定义、机床设计、制造、验收的基本要求等。例如，我国的标准 GB/T 17421.1—1998《机床检验通则 第 1 部分：在无负荷或精加工条件下机床的几何精度》、GB/T 17421.2—2000《机床检验通则 第 2 部分：数控轴线的定位精度和重复定位精度的确定》、GB/T 17421.4—2003《机床检验通则 第 4 部分：数控机床的圆检验》。这些标准等同于 ISO 230 标准。

2）产品类标准

这类标准规定了具体型式的机床的几何精度和工作精度的检验方法，以及机床制造和调试验收的具体要求。例如，我国的 GB/T 25661.1—2010《高架横梁移动龙门加工中心 第 1 部分：精度检验》、GB/T 18400.1—2010《加工中心检验条件 第 1 部分：卧式和带附加主轴头机床的几何精度检验（水平 Z 轴）》、GB/T 18400.7—2010《加工中心检验条件 第 7 部分：精加工试件精度检验》等。具体型式的机床应当参照合同约定和相关的中外标准进行具体的调试验收。

当然在实际的验收过程中，也有许多的设备采购方按照德国 VDI/DGQ3441 标准或日

本的 JIS B6201、JIS B6336、JIS B6338 标准或国际标准 ISO 230。不管采用什么样的标准需要非常注意的是不同的标准对"精度"的定义差异很大，验收时一定要弄清各个标准精度指标的定义及计算方法。

8.3 数控机床的维护(Maintenance of CNC Machine Tools)

8.3.1 数控机床的日常维护

数控机床具有机、电、液集于一身，技术密集和知识密集的特点，是一种自动化程度高、结构复杂且又昂贵的先进加工设备。为了充分发挥其效益，减少故障的发生，必须做好日常维护工作，所以要求数控机床维护人员不仅要有机械、加工工艺，以及液压气动方面的知识，也要具备电子计算机、自动控制、驱动及测量技术等知识，这样才能全面了解、掌握数控机床，及时搞好维护工作。

为了延长机械和电器件的使用寿命和零部件的磨损周期，防止各种故障，特别是恶性事故的发生，减少不必要的事故，延长整台数控系统的使用寿命，加强数控系统的日常维护保养是十分必要的。不重视日常维护，等到出现了故障才去解决，这是得不偿失的。操作者、维修和编程人员必须熟悉操作、维修、诊断手册等资料，以及有关数控机床使用说明书等。

1. 数控机床主要的日常维护工作的内容

(1) 选择合适的使用环境：数控车床的使用环境(如温度、湿度、振动、电源电压、频率及干扰等)会影响机床的正常运转，所以在安装机床时应严格要求做到符合机床说明书规定的安装条件和要求。在经济条件许可的条件下，应将数控车床与普通机械加工设备隔离安装，以便于维修与保养。

(2) 应为数控车床配备数控系统编程、操作和维修的专门人员：这些人员应熟悉所用机床的机械部分、数控系统、强电设备、液压、气压等部分及使用环境、加工条件等，并能按机床和系统使用说明书的要求正确使用数控车床。

(3) 长期不用数控车床的维护：在数控车床闲置不用时，应经常经数控系统通电，在机床锁住情况下，使其空运行。在空气湿度较大的梅雨季节应该天天通电，利用电气元件本身发热驱走数控柜内的潮气，以保证电子部件的性能稳定可靠。

(4) 数控系统中硬件控制部分的维护：每年让有经验的维修电工检查一次。检测有关的参考电压是否在规定范围内，如电源模块的各路输出电压、数控单元参考电压等；检查系统内各电气元件连接是否松动；检查各功能模块使用风扇运转是否正常并清除灰尘；检查伺服放大器和主轴放大器使用的外接式再生放电单元的连接是否可靠，清除灰尘；检测各功能模块使用的存储器后备电池的电压是否正常，一般应根据厂家的要求定期更换。对于长期停用的机床，应每月开机运行 4h，这样可以延长数控机床的使用寿命。

(5) 机床机械部分的维护：操作者在每班加工结束后，应清扫干净散落于拖板、导轨等处的切屑；在工作时注意检查排屑器是否正常以免造成切屑堆积，损坏导轨精度，危及滚珠丝杠与导轨的寿命；在工作结束前，应将各伺服轴回归原点后停机。

(6) 机床主轴电动机的维护：维修电工应每年检查一次伺服电动机和主轴电动机。着重检查其运行噪声、温升，若噪声过大，应查明原因，是轴承等机械问题还是与其相配的放大器的参数设置问题，采取相应措施加以解决。对于直流电动机，应对其电刷、换向器等进行检查、调整、维修或更换，使其工作状态良好。检查电动机端部的冷却风扇运转是否正常并清扫灰尘；检查电动机各连接插头是否松动。

（7）机床进给伺服电动机的维护：对于数控车床的伺服电动机，要每 $10\sim12$ 个月进行一次维护保养，加速或者减速变化频繁的机床要每 2 个月进行一次维护保养。维护保养的主要内容有：用干燥的压缩空气吹除电刷的粉尘，检查电刷的磨损情况，如需更换，需选用规格相同的电刷，更换后要空载运行一定时间使其与换向器表面吻合；检查、清扫电枢换向器以防止短路；如装有测速发电机和脉冲编码器时，也要进行检查和清扫。数控车床中的直流伺服电动机应每年至少检查一次，一般应在数控系统断电的情况下，并且电动机已完全冷却的情况下进行检查。取下橡胶刷帽，用螺钉旋具拧下刷盖取出电刷；测量电刷长度，如 FANUC 直流伺服电动机的电刷由 10mm 磨损到小于 5mm 时，必须更换同一型号的电刷；仔细检查电刷的弧形接触面是否有深沟和裂痕，以及电刷弹簧上是否有打火痕迹。如有上述现象，则要考虑电动机的工作条件是否过分恶劣或电动机本身是否有问题。用不含金属粉末及水分的压缩空气导入装电刷的刷孔，吹净粘在刷孔壁上的电刷粉末。如果难以吹净，可用螺钉旋具尖轻轻清理，直至孔壁全部干净为止，但要注意不要碰到换向器表面。重新装上电刷，拧紧刷盖。如果更换了新电刷，应使电动机空运行跑合一段时间，以使电刷表面和换向器表面相吻合。

2. CNC 系统的日常维护

CNC 系统的日常维护主要包括以下几方面：

（1）严格制订并且执行 CNC 系统的日常维护的规章制度。

根据不同数控机床的性能特点，严格制订其 CNC 系统的日常维护的规章制度，并且在使用和操作中要严格执行。

（2）应尽量少开数控柜门和强电柜的门。

因为，在机械加工车间的空气中往往含有油雾、尘埃，它们一旦落入数控系统的印制电路板或者电气元件上，则易引起元器件的绝缘电阻下降，甚至导致电路板或者电气元件的损坏。所以，在工作中应尽量少开数控柜门和强电柜的门。

（3）定时清理数控装置的散热通风系统，以防止数控装置过热。

散热通风系统是防止数控装置过热的重要装置。为此，应每天检查数控柜上各个冷却风扇运转是否正常，每半年或者一季度检查一次风道过滤器是否有堵塞现象，如果有则应及时清理。

（4）注意 CNC 系统的输入/输出装置的定期维护。

（5）定期检查和更换直流电动机电刷。

在 20 世纪 80 年代生产的数控机床，大多数采用直流伺服电动机，这就存在电刷的磨损问题，为此对于直流伺服电动机需要定期检查和更换直流电动机电刷。

（6）经常监视 CNC 装置用的电网电压。

CNC 系统对工作电网电压有严格的要求。例如，FANUC 公司生产的 CNC 系统，允许电网电压在额定值的 $85\%\sim110\%$ 的范围内波动，否则会造成 CNC 系统不能正常工作，甚至会引起 CNC 系统内部电子元件的损坏。为此要经常检测电网电压，并控制在额定值

的 $-15\%\sim+10\%$ 内。

（7）存储器用电池的定期检查和更换。

通常，CNC 系统中部分 CMOS 存储器中的存储内容在断电时靠电池供电保持。一般采用锂电池或者可充电的镍镉电池。当电池电压下降到一定值时，就会造成数据丢失，因此要定期检查电池电压。当电池电压下降到限定值或者出现电池电压报警时，就要及时更换电池。更换电池时一般要在 CNC 系统通电状态下进行，这才不会造成存储参数丢失。一旦数据丢失，在调换电池后，可重新输入参数。

（8）CNC 系统长期不用时的维护。

当数控机床长期闲置不用时，也要定期对 CNC 系统进行维护保养。在机床未通电时，用备份电池给芯片供电，保持数据不变。机床上电池在电压过低时，通常会在显示屏幕上给出报警提示。在长期不使用时，要经常通电检查是否有报警提示，并及时更换备份电池。经常通电可以防止电气元件受潮或印制电路板受潮短路或断路等。长期不用的机床每周至少通电两次。具体做法是首先应经常给 CNC 系统通电，在机床锁住不动的情况下，让机床空运行。其次，在空气湿度较大的梅雨季节，应天天给 CNC 系统通电，这样可利用电气元件本身的发热来驱走数控柜内的潮气，以保证电气元件的性能稳定可靠。生产实践证明，如果长期不用的数控机床，过了梅雨天后则往往一开机就容易发生故障。

此外，对于采用直流伺服电动机的数控机床，如果闲置半年以上不用，则应将电动机的电刷取出来，以避免由于化学腐蚀作用而导致换向器表面的腐蚀，确保换向性能。

（9）备用印制电路板的维护。对于已购置的备用印制电路板应定期装到 CNC 装置上通电运行一段时间，以防损坏。

（10）CNC 系统发生故障时的处理。一旦 CNC 系统发生故障，操作人员应采取急停措施，停止系统运行，并且保护好现场，协助维修人员做好维修前期的准备工作。

3. 数控机床日常维护的时间安排

数控机床日常维护包括每班维护和周末维护，由操作人员负责。

1）每班维护

班前要查看设备有无异状，油箱及润滑装置的油质、油量，安全装置及电源等是否良好，确认无误后，先空车运转待润滑情况及各部位正常后方可工作。设备运行中要严格遵守操作规程，注意观察运转情况，发现异常立即停机处理，对不能自己排除的故障应填写"设备故障清单"交维修部检修，修理完毕由操作人员验收签字，修理工在清单上记录检修及更换部件情况。下班前切断电源，用约 15min 的时间清扫擦拭设备，在设备滑动导轨部位涂油，清理工作场地，保持设备整洁。

2）周末维护

在每周末和节假日前，用 $1\sim2h$ 较彻底地清洗设备，清除油污。

8.3.2　数控机床的预防性维护

数控机床在运行一定时间后，某些电气元件或机械部件难免会出现一些损坏或故障，对于这种高精度、高效益且又昂贵的设备，如何延长电气元件的使用寿命和零部件的磨损周期，预防各种故障，特别是将恶性事故消灭在萌芽状态，从而提高机床的无故障工作时间和使用。

做好预防性维护工作是使用好数控机床的一个重要环节，数控维修人员、操作人员及管理人员应共同做好这项工作。搞好数控机床的维护保养，关键在于有个切实可行的维修保养制度，领导要重视，设备主管单位要定期检查制度执行情况，以确保机床始终处于良好的运行状态，避免和减少恶性事故的发生。

1. 预防性维护的主要方法

1）严格遵守操作规程

数控机床的编程、操作和维修人员，必须经过专门的技术培训，熟悉所用机床的机械、数控系统、强电设备、液压、气动部分的有关知识以及机床的使用环境、加工条件等。能按机床和数控系统使用说明书的要求正确、合理地使用，应尽量避免因操作不当引起的故障。通常，数控机床的故障相当一部分是由于操作、编程人员对机床的掌握程度太低而造成的，同时设备管理人员应编制出完善合理的操作规程，要求操作人员严格按照操作规程的要求进行正常维护工作，做好交接班记录，填写好点检卡。

2）防止数控系统和驱动单元过热

由于结构复杂、精度高，因此对温度控制较严，一般数控机床都要求环境温度为20℃左右，同时机床本身也有较好的散热通风系统，在保证环境温度的同时，也应保证机床散热系统的正常工作。要定期检查电气柜各冷却风扇的工作状态，应根据车间环境状况每半年或一季度检查清扫一次。数控及驱动装置过热往往会引起许多故障，如控制系统失常，工作不稳定，严重的还能造成模块烧坏。

3）监视数控系统的电网电压

通常数控系统允许的电网电压波动范围在85%～110%，如果超出此范围，轻则数控系统工作不稳定，重则造成重要的电子元器件损坏。因此要经常注意电网电压的波动，对于电网质量比较恶劣的地区，应及时配置合适的稳压电源，可降低故障。

4）机床要求有良好的接地

现在有很多企业仍在使用三相四线制，机床零地共接。这样往往会给机床带来诸多隐患。有些数控系统对地线要求很严格。例如，德国DMU公司生产的五轴联动加工中心，由于没有使用单独接地线，多次造成机床误动作甚至烧毁了一套驱动系统。因此，为了增强数控系统的抗干扰能力最好使用单独的接地线。

5）机床润滑部位的定期检查

为了保证机械部件的正常传动，润滑工作就显得非常重要。要按照机床使用说明书上规定的内容对各润滑部位定期检查，定期润滑。

6）定期清洗液压系统中的过滤器

过滤器如果堵塞，往往会引起故障。例如，液压系统中的压力传感器、流量传感器信号不正常，导致机床报警。有些油缸带动的执行机构动作缓慢，导致超时报警或执行机构动作不到位等情况。

7）定期检查气源情况

数控设备基本上都要使用压缩空气，用来清洁光栅尺、吹扫主轴及刀具，油雾润滑，以及用汽缸带动一些机械部件传动等。要求气源达到一定的压力并且要经过干燥和过滤。如果气源湿度较大或气管中有杂质，会对光栅尺造成极大的影响甚至会损坏光栅尺。同时油雾润滑中的气源中如含有水和杂质会直接影响润滑，尤其是高精度高转速的主轴。

8）液压油和切削液要定期更换

由于液压系统是封闭网路，液压油使用一定时间后，油质会有所改变，影响液压系统的正常工作。因此必须按规定定期更换。

9）定期检查机床精度

数控机床维修使用一段时间后，其精度肯定有所下降，甚至有可能出废品。通过对机床几何精度的检测，有可能发现机床的某些隐患，如某些部件松动等。用激光干涉仪对位置精度定期检测，如发现精度有所下降，可通过数控系统的补偿功能对位置精度进行补偿，恢复机床精度，提高效率。

10）定期检查和更换直流电动机电刷

一些老数控机床上使用的大部分是直流电动机，其电刷的过度磨损会影响其性能，必须定期检查电刷。数控车床、数控铣床、加工中心等应每年检查一次，频繁加速机床（如冲床等）应每两个月检查一次。

11）要注意电控柜的防尘和密封

车间内空气中飘浮着灰尘和金属粉末，电控柜如果防尘措施不好，金属粉末很容易积聚在电路板上，使电气元件间绝缘电阻下降，从而出现故障甚至使元器件损坏。这一点对于电火花加工设备和火焰切割设备尤为重要。另外有些车间卫生较差，老鼠较多，如果电控柜密封不好，会经常出现老鼠钻进电控柜内咬断控制线，甚至将车间内肥皂、水果皮等带到电路板上，这样不仅会造成元器件损坏，严重的会使数控系统完全不能工作，这一点在日常维修中已多次遇到，应引起足够重视。

12）存储器用电池要定期检查和更换

通常数控系统中部分 CMOS 存储器中的存储内容在断电时靠电池供电保持，一般采用锂电池或可充电镍镉电池。当电池电压下降到一定值就会造成参数丢失，因此要定期检查电池，及时更换。更换电池时一般要在数控系统通电状态下进行，以免造成参数丢失。

13）注意机床数据的备份和技术资料的收集

数控机床尤其是较为复杂的加工中心仅机床参数就有几千个，还有 PLC 程序以及宏程序等。而数控机床有时会发生主板或硬盘故障或者由于外界干扰等原因造成数据丢失。如果没有备份数据的话，将是一件非常麻烦的事，有可能造成系统瘫痪。同时对数控设备的维修，技术资料显得非常重要，有些机床生产厂家提供的资料不全，给维修工作带来很多不便。因此平时的维修工作中一定要注意相关技术资料的收集。

14）定期检查机床制冷单元运行情况

很多机床尤其是加工中心都配有制冷单元，制冷单元运行的好坏，直接影响机床精度和使用寿命。例如，瑞士 DIXI 公司生产的五轴联动加工中心使用 GE FANUC 181 系统，机床 CRT 屏幕上可以随时调出机床关键部位及空调的温度变化情况。如果制冷单元效果不好，主轴在高速旋转时温度曲线表中主轴温升就非常快。此时操作人员如果不及时采取措施，轻则影响产品精度，重则损坏主轴。因此要经常清洗制冷单元进、出风口的过滤网，注意空调高低压保护情况，防止制冷剂的泄漏等。

15）数控设备在长期不用时的维护

当数控设备长期闲置不用时，也应定期进行保养。首先应经常给系统通电，在机床锁住不动的情况下让其空运行，利用电气元件本身的发热驱走数控柜内潮气，以保证电子元器件的性能稳定可靠。

小提示：

（1）经常闲置不用的机床，尤其是在梅雨季节后，开机时往往容易发生各种故障。如果闲置时间较长，应将直流电动机电刷取出来，以免由于化学腐蚀损坏换向器。

（2）任何一台数控机床经长时间工作后都是要损坏的。但是，延长元器件的使用寿命和机械零、部件的磨损周期，防止故障，尤其是恶性事故的发生，从而延长数控机床的使用寿命，是对数控机床进行维护保养的宗旨。每台数控机床的维护保养要求，在其《机床使用说明书》上均有规定。这就要求机床的使用者要仔细阅读《机床使用说明书》，熟悉机械结构、控制系统及附件的维护保养要求。做好这些工作，有利于大大减少机床的故障率。

8.4 数控机床的可靠性和故障诊断简介
（Reliability and Faults Diagnosis of CNC Machine Tools）

8.4.1 数控机床的可靠性

数控机床除了具有高精度、高效率和高技术的要求之外，还应该具有高可靠性。提高数控机床的可靠性已成为当前数控机床制造企业自身生存和发展的关键。数控机床是否可靠成为广大用户选购数控机床的重要标准。我国数控机床近年来在生产和应用领域都有较快的发展，但与工业发达国家相比，仍存在较大差距。提高数控机床的可靠性已成为当前机床制造企业自身生存和发展的关键。

1. 可靠性的重要性

1）可靠性成市场竞争之焦点

高速、高效、高精度、高可靠性，是现代数控机床发展的主要趋势。目前国内数控机床的研发，主要面向高档次，追求高速、精密和多轴联动复合加工等。然而，随着复合功能的增多和密集型技术的引入，不可靠因素和故障隐患增多，在运转和使用过程中发生故障的概率增加，系统一旦发生故障，其先进性能和功能不能维持，降低或失去了使用价值。而且，由于高档数控装备复合功能密集，体积庞大，结构复杂，加工工况多变等，使得可靠性问题成为制约国内高档数控机床发展的主要瓶颈。

我国是世界上数控机床消费的大国，数控机床，特别是高档数控机床的进口量居高不下。究其原因，产品的可靠性是影响市场占有率的关键因素。近些年来，虽然我国机床行业的许多企业与有关高校合作，实施可靠性技术，国产机床的可靠性水平在稳步增长，但与发达国家同类产品相比差距仍然明显。我国众多行业的数控机床用户，不选购国产机床的主要原因就是产品的可靠性不能满足用户要求。机床市场的激烈竞争主要是产品可靠性的竞争，能否占领市场是影响我国数控装备产业存亡和发展的关键。

2）可靠性是重大专项的战略决策

目前，国家"高档数控机床与基础制造装备"科技重大专项正在逐步实施，对数控装备（数控机床、数控系统和功能部件）的可靠性技术研究及产品可靠性提升和考核给予了高度关注。重大专项中共性技术课题的第一项就是"可靠性设计与性能试验技术"，其研究目标明确指出："提供在数控机床、重型装备、数控系统及功能部件上能付诸应用的可靠

性设计方法、试验分析方法和精度保持措施,在高速、精密数控机床、重型装备、数控系统及主要功能部件上验证应用。"科技重大专项对产品可靠性研究的要求,抓住了当前数控机床行业的要害和急需解决的关键技术,是非常正确的战略决策。

3)可靠性要达到世界先进水平

当前国产数控机床可靠性的主要指标 MTBF 与国外同类产品相比几乎相差一倍,特别是高档数控机床的差距更明显。通过实施重大专项,促使国产高档数控机床的可靠性水平接近或达到世界先进水平,解决困扰数控机床产业技术发展的工程难题。

要研究和分析作为工作母机的高档数控机床产品的可靠性特点,明确研发产品现场运行过程可能存在的各种故障隐患。数控机床是制造机器的机器,因而具有功能可靠性和参数可靠性的双重要求。

提高数控机床可靠性,就是减少或避免产品工作过程中所发生的各种故障,因此要依据预研产品或类似产品的多发故障,探寻故障的主要隐患及其影响因素。

2. 衡量可靠性的标准

衡量可靠性的标准为平均无故障时间(mean time between failures, MTBF)。平均无故障时间是指可修复产品的相邻两次故障间系统能正常工作的时间的平均值。

$$MTBF = 总工作时间/总故障时间$$

平均修复时间(mean time to restore, MTTR)是指数控系统从出现故障到能正常工作所用的平均修复时间。

$$MTTR = 总故障停机时间/总故障次数$$

由于数控设备免不了出现故障,这就要求排除故障的修理时间越短越好。用平均有效度 A 来衡量,其计算方法如下:

$$A = MTTR/(MTBF + MTTR)$$

我国"机床数字控制系统通用技术条件"中规定,用 MTBF 衡量数控产品的可靠性,要求数控系统 MTBF 不低于 3000h。

8.4.2 数控机床故障诊断技术简介

数控机床是一种技术含量很高的机、电、仪一体化的高效复杂的自动化机床,机床在运行过程中,零部件不可避免地会发生不同程度、不同类型的故障,因此,熟悉机械故障的特征,掌握数控机床机械故障诊断的常用方法和手段,对确定故障的原因和排除有着重大的作用。

1. 数控机床故障诊断原则与基本要求

所谓数控机床系统发生故障(或称失效)是指数控机床系统丧失了规定的功能。故障可按表现形式、性质、起因等分为多种类型。但不论哪种故障类型,在进行诊断时,都可遵循一些原则和诊断技巧。

1)排障原则

主要包括以下几个方面:

(1)充分调查故障现象,首先对操作者的调查,详细询问出现故障的全过程,有些什么现象产生,采取过什么措施等。然后要对现场做细致的勘测。

(2)查找故障的起因时,思路要开阔,无论是集成电器,还是机械、液压,只要有可能是引起该故障的原因，都要尽可能全面地列出来。然后进行综合判断和优化选择，确定最有可能产生故障的原因。

（3）先机械后电气，先静态后动态原则。在故障检修之前，首先应注意排除机械性的故障。再在运行状态下，进行动态的观察、检验和测试，查找故障。而对通电后会发生破坏性故障的，必须先排除危险后，方可通电。

2）故障诊断要求

除了丰富的专业知识外，进行数控故障诊断作业的人员需要具有一定的动手能力和实践操作经验，要求工作人员结合实际经验，善于分析思考，通过对故障机床的实际操作分析故障原因，做到以不变应万变，达到举一反三的效果。完备的维修工具及诊断仪表必不可少，常用工具如螺钉旋具、钳子、扳手、电烙铁等，常用检测仪表如万用表、示波器、信号发生器等。除此以外，工作人员还需要准备好必要的技术资料，如数控机床电器原理图样、结构布局图样、数控系统参数说明书、维修说明书、安装、操作、使用说明书等。

2. 故障处理的思路

不同数控系统设计思想千差万别，但无论哪种系统，它们的基本原理和构成都是十分相似的。因此在机床出现故障时，要求维修人员必须有清晰的故障处理的思路：调查故障现场，确认故障现象、故障性质，应充分掌握故障信息，做到"多动脑，慎动手"，避免故障的扩大化。根据所掌握故障信息明确故障的复杂程度，并列出故障部位的全部疑点。准备必要的技术资料，如机床说明书、电气控制原理图等，以此为基础分析故障原因，制定排除故障的方案，要求思路开阔，不应将故障局限于机床的某一部分。在确定故障排除方案后，利用万用表、示波器等测量工具，用试验的方法验证并检测故障。逐级定位故障部位，确认出故障属于电气故障还是机械故障，是系统性的还是随机性的，是自身故障还是外部故障等。通常找到故障原因后问题会马上迎刃而解。

3. 故障处理方法

数控机床的数控系统是数控机床的核心所在，它的可靠运行直接关系到整个设备运行的正常与否。下面总结提炼出一些判断与排除数控机床故障的方法。

（1）充分利用数控系统硬件、软件报警功能。

在现代数控系统中均设置有众多的硬件报警指示装置，设置硬件报警指示装置有利于提高数控系统的可维护性。数控机床的 CNC 系统都具有自诊断功能。在数控系统工作期间，能够适时使用自诊断程序对系统进行快速诊断。一旦检测到故障，就会立即将故障以报警的方式显示在 CRT 上或点亮面板上报警指示灯，而且这种自诊断功能还能够将故障分类报警。

（2）数控机床简单故障报警处理的方法。

通常，数控机床具有较强的自警功能，能够随时监控系统硬件和软件的工作状态，数控机床的大部分故障能够出现报警提示，可以根据故障提示确定机床的故障，及时处理、排除故障，提高机床完好率和使用效率。

（3）直接观察法。直接观察法就是利用人的感觉器官注意发生故障时（或故障发生后）的各种外部现象并判断故障的可能部位的方法。这是处理数控系统故障首要的切入点，往往也是最直接、最行之有效的方法，对于一般情况下"简单"故障通过这种直接观察，就能解决问题。

（4）利用状态显示诊断功能判断故障的方法。

现代数控系统不但能够将故障诊断信息显示出来，而且还能够以诊断地址和诊断数据的形式，提供诊断的各种状态。

（5）发生故障及时核对数控系统参数判断故障的方法。

数控机床的数控系统的参数变化会直接影响到数控机床的性能，使数控机床发生故障，甚至整机不能正常工作。因此，在对故障的分析诊断过程中，尽管采取了一些措施，仍然不能解决问题、排除故障，或者对故障出处不够明朗，应该改变思路，从人们所说的"软"故障着手。检查核对数控系统的参数，确定是否是因为数控系统参数变化所导致的故障。

（6）备板置换法（替代法）。用同功能的备用板替换被怀疑有故障的模板。

（7）敲击法。数控系统由各种电路板组成，电路板上、插接件等处有虚焊或接口槽接触不良都会引起故障。可用绝缘物轻轻敲打疑点处，若故障出现，则敲击处很可能就是故障部位。

（8）升温法。设备运行较长时间或环境温度较高时，机床就会出现故障，可用电吹风、红外灯照射可疑的元件或组件，确定故障点。

（9）功能程序测试法。当数控机床加工造成废品而无法确定是编程、操作不当还是数控系统故障时，或是闲置时间较长的数控机床重新投入使用时。将 G、M、S、T、F 功能的全部指令编写一个试验程序并运行在这台机床，可快速判断哪个功能不良或丧失。

（10）隔离法。隔离法是将某些控制回路断开，从而达到缩小查找故障区域的目的。

例如，某加工中心，在手动（JOG）方式下，进给平稳，但自动则不正常。首先要确定是数控系统故障还是伺服系统故障，先断开伺服速度给定信号，用电池电压作信号，故障依旧。说明数控系统没有问题。进一步检查是 Y 轴夹紧装置出故障。

（11）测量比较法。为了检测方便，在模板或单元上设有检测端子，用万用表、示波器等仪器对这些端子的电平或波形进行测试，将测试值与正常值进行比较，可以分析和判断故障的原因及故障的部位。各种故障诊断方法各有特点，要根据故障现象的特点灵活地组合应用。

4．故障排除的确认及善后工作

故障排除以后，维修工作还不能算完成，尚需从技术与管理两方面分析故障产生的深层次原因，采取适当措施避免故障再次发生。必要时可根据现场条件使用成熟技术对设备进行改造与改进。完成故障排除的确认，故障处理完毕。整理好线路，把机床的所有动作均试运转一遍，正常可交付使用，同时让操作工继续做好运行观察。一段时间后，询问一下操作工机床的运行状况，并再次对故障点进行全面检查。最后做维修记录，详细记录维修的整个过程，包括维修时间、更换件型号规格及故障原因分析等。

8.4.3　FANUC 数控机床故障诊断与排除两例

1．故障实例一：按下方向键不运动的故障维修

1）故障现象

某配套 FANUC 0T 的数控车床，在手动（JOG）操作时，出现按下"＋Z"键，机床不运动，但在其余各方向的手动均正常的现象。

2）分析及处理过程

当−Z 及其余坐标轴均正常运动的情况下，可以确认数控系统、驱动器以及手动的速度等均正常，+Z 不运动的原因可以大致归纳如下：

（1）+Z 到达软件或硬件极限。

（2）在伺服驱动器上加入了正向运动限制信号。

（3）+Z 方向键开关损坏。

（4）与 Z 有关的参数设定错误。

经分析，若+Z 到达软件或硬件极限，则系统应有报警显示；若在伺服驱动器上加入了正向运动限制信号，则在手轮方式下+Z 通常也不能运动，但在本机床上手轮运动正常，因此初步排除了(1)、(2)两种可能性。

通过 PLC 状态诊断检查发现，+Z 方向信号(DCN117.2)始终为"0"，对应的+Z 输入信号 X2.1 也为"0"。由于该机床的机床操作面板为机床厂自制，检查发现，其中的按键+Z 已经损坏，更换按键后，机床即恢复正常。

2．故障实例二：手轮工作不正常的故障维修

1）故障现象

某配套 FANUC 0 系统的数控铣床，当用手摇脉冲发生器（手轮）工作时，出现有时能动，有时却不动的现象，而且在不动时，CRT 的位置显示画面也不变化。

2）分析及处理过程

发生此类故障一般都是由手摇脉冲发生器发生故障或系统主板不良等原因引起的，为此，一般可先进行系统的状态诊断（如通过检查诊断参数 DGN100 的第 7 位的状态，可以确认系统是否处于机床锁住状态）。

在本例中，由于转动手摇脉冲发生器时，有时系统工作正常，可以排除机床锁住、系统参数、轴互锁信号、方式信号等方面的错误，检查应重点针对手摇脉冲发生器和手摇脉冲发生器接口电路进行。

进一步检查发现，故障原因是手摇脉冲发生器接口板上 RV05 专用集成块不良，经更换后，故障消除。

本 章 小 结（Summary）

本章对数控机床的选用、安装调试、维护与故障诊断等方面进行了简要的介绍：

（1）数控机床选用的基本原则和选择要点。

（2）数控机床的安装调试与验收的一般步骤和注意事项。

（3）数控机床的日常维护。

（4）数控机床的故障诊断与排除的一般方法。

推荐阅读资料（Recommended Readings）

1．任建平．现代数控机床故障诊断及维修．北京：国防工业出版社．

2．白恩远．现代数控机床伺服及检测技术．北京：国防工业出版社．

思考与练习（Exercises）

一、填空题

1. 数控机床的选择原则是_____、_____、_____和稳定可靠性。

2. 数控机床的定位精度和_____综合反映了该轴各运动部件的综合精度。

3. 数控机床的规格应根据确定的_____来选择。

4. 滚珠螺母应在有效行程内运动，必须在行程两端配置_____，避免螺母越程脱离丝杠轴，而使_____脱落。

5. 带 APC 交换工作台的机床要把工作台运动到_____，调整托盘站与交换台面的相对位置，达到工作台自动换刀时动作_____、_____。

6. 数控机床验收的标准有很多，通常按性质可以分为两大类：_____和_____。

7. 当数控设备长期闲置不用时，也应定期进行保养。首先应经常给系统_____，在机床锁住不动的情况下让其_____。如果闲置时间较长，应将直流电动机电刷取出来。

8. 维修电工应_____检查一次伺服电动机和主轴电动机。

9. 一旦 CNC 系统发生故障，操作人员应采取_____措施，停止系统运行，并且保护好现场。

10. _____是指可修复产品的相邻两次故障间系统能正常工作的时间的平均值。

11. _____是将某些控制回路断开，从而达到缩小查找故障区域的目的。

二、选择题

1. 选择机床的精度等级，应根据典型零件关键部位的（　　）要求来确定。
    A. 表面粗糙度　　　　B. 加工精度　　　　C. 表面波纹度　　　　D. 实际用途

2. （　　）反映了机床在该控制轴行程内任意定位点的定位稳定性。
    A. 重复定位精度　　　B. 定位精度　　　　C. 几何精度　　　　D. 脉冲当量

3. 预验收的目的是为了检查、验证机床能否满足用户的（　　）及生产率，检查供应商提供的资料、备件。
    A. 加工质量　　　　　B. 加工时间　　　　C. 表面质量　　　　D. 进给速度

4. 六自由度测量的快速机床误差评估方法是测量系统一次安装调试后，可同时测量（　　）个数控机床精度项目的误差值。
    A. 3　　　　　　　　B. 4　　　　　　　　C. 5　　　　　　　　D. 6

5. 数控车床、数控铣床、加工中心等直流电动机电刷应（　　）检查一次。
    A. 每周　　　　　　　B. 每月　　　　　　C. 每季度　　　　　D. 每年

6. 在空气湿度较大的梅雨季节，应（　　）给 CNC 系统通电。
    A. 每天　　　　　　　B. 每周　　　　　　C. 每月　　　　　　D. 每年

7. 衡量可靠性的标准为（　　）。
    A. 总故障停机时间　　　　　　　　　　B. 总故障时间
    C. 平均无故障时间　　　　　　　　　　D. 总故障次数

8. (　　)就是利用人的感觉器官注意发生故障时(或故障发生后)的各种外部现象并判断故障的可能部位的方法。

    A. 测量比较法　　　　　　　　B. 直接观察法

    C. 隔离法　　　　　　　　　　D. 敲击法

三、简答题

1. 数控机床的选用原则是什么?

2. 数控机床的安装调试包括哪几部分?

3. 就验收过程而言,数控机床验收可以分为哪几个环节?

4. 机床主体初就位和连接应注意什么?

5. 数控机床主要的日常维护工作包括哪些内容?

6. 数控机床的预防性维护包括哪些内容?

7. 数控机床的故障诊断原则有哪些?

8. 数控机床的故障处理方法有哪些?

附录一　部分数控系统 G 代码一览表

附表 1-1　SIEMENS 802D 数控系统的准备功能 G 代码

G 代码	组别	数车功能	数铣功能	备注	G 代码	组别	数车功能	数铣功能	备注
G0		快速线性移动	相同	模态	G500*		取消可设定零点设置	相同	模态
G1*		带进给率的线性插补	相同	模态	G54		第一可设定零点偏置	相同	模态
G2	1	顺时针圆弧插补	相同	模态	G55		第二可设定零点偏置	相同	模态
G3		逆时针圆弧插补	相同	模态	G56	8	第三可设定零点偏置	相同	模态
G4	2	暂停	相同	非模态	G57		第四可设定零点偏置	相同	模态
G17		指定 XY 平面	相同*	模态	G58		第五可设定零点偏置	相同	模态
G18	6	指定 ZX 平面*	相同	模态	G59		第六可设定零点偏置	相同	模态
G19		指定 YZ 平面	相同	模态	G74	2	回参考点（原点）	相同	非模
G33		恒螺距的螺纹切削	相同	模态	G75		回固定点	相同	非模
G331	1	×	螺纹插补	模态	G90*	14	绝对尺寸	相同	模态
G332		×	不带补偿夹具切削内螺纹——退刀	模态	G91		增量尺寸	相同	模态
G40*		半径补偿取消	相同	模态	G94	15	端面车削循环	×	模态
G41	7	刀具半径左刀补	相同	模态	G95		恒表面速度设置	×	模态
G42		刀具半径右刀补	相同	模态	G450*		圆弧过渡，即刀补时拐角走圆角	相同	模态
G53	3	按程序段方式取消可设定零点设置	相同	模态	G451	18	等距线的交点，刀具在工件转角处切削	相同	模态
G70	13	英制尺寸	相同	模态					
G71*		公制尺寸	相同	模态					

注："*"表示机床默认状态。

附表 1-2　华中 HNC-21 数控系统的准备功能 G 代码

G 代码	组别	数车功能	数铣功能	备注	G 代码	组别	数车功能	数铣功能	备注
G00		快速定位	相同	模态	G07	16	×	虚轴制定	模态
G01*		直线插补	相同	模态	G09	00	×	准停校验	非模
G02	01	顺圆插补	相同	模态	G17		×	XY 平面*	模态
G03		逆圆插补	相同	模态	G18	02	ZX 平面*	ZX 平面	模态
G04	00	暂停	相同	非模	G19		×	YZ 平面	模态

（续）

G代码	组别	数车功能	数铣功能	备注	G代码	组别	数车功能	数铣功能	备注
G20	08	英寸输入	相同	模态	G65	00	×	子程序调用	非模
G21*		毫米输入	相同	模态	G68	05	×	旋转变换	模态
G22		×	脉冲当量	模态	G69*		×	旋转取消	模态
G24	03	×	镜像开	模态	G71	06	内(外)径粗车复合循环	×	模态
G25		×	镜像关	模态	G72		端面粗车复合循环	×	模态
G28	00	返回刀参考点	相同	非模	G73		闭环车削复合循环	高速深孔加工循环	模态
G29		由参考点返回	相同	非模	G74	06	×	反攻螺纹循环	模态
G32	01	螺纹切削		模态	G76	06	螺纹切削复合循环	精镗循环	模态
G36*	17	直径编程		模态	G80*	06	圆柱(圆锥)面内(外)径切削循环	固定循环取消	模态
G37		半径编程		模态	G81	06	端面车削循环	钻孔循环	模态
G40*	09	刀尖半径补偿取消	刀具半径补偿取消	模态	G82		直(锥)螺纹切削循环	带停顿的单孔循环	模态
G41		左刀补	左半径补偿	模态	G83		×	深孔加工循环	模态
G42		右刀补	右半径补偿	模态	G84		×	攻螺纹循环	模态
G43	10	×	刀具长度正向补偿	模态	G85	06	×	镗孔循环	模态
G44		×	刀具长度负向补偿	模态	G86		×	镗孔循环	模态
G49*		×	刀具长度补偿取消	模态	G87		×	反镗循环	模态
G50	04	×	缩放关	模态	G88		×	镗孔循环	模态
G51		×	缩放开	模态	G89		×	镗孔循环	模态
G52	00	×	局部坐标系设定	非模	G90*	13	绝对编程	相同	模态
G53		×	直接坐标系编程	非模	G91		相对编程	相同	模态
G54*	11	选择工件坐标系1	相同	模态	G92	00	工件坐标系设定	相同	非模
G55		选择工件坐标系2	相同	模态	G94*	14	每分进给速率	相同	模态
G56		选择工件坐标系3	相同	模态	G95		每转进给速率	相同	模态
G57		选择工件坐标系4	相同	模态	G96	16	恒线速度切削	×	模态
G58		选择工件坐标系5	相同	模态	G97		恒线速度切削取消	×	模态
G59		选择工件坐标系6	相同	模态	G98*	15	×	固定循环返回起始点	模态
G60	00	×	单方向定位	非模	G99		×	固定循环返回到R点	模态
G61*	12	×	精确停止校验方式	模态					
G64		×	连续方式	模态					

注："＊"表示机床默认状态。

346

附录二　数控常用术语中英文对照

为了方便读者阅读相关数控资料和国外数控产品的相关手册，在此选择了常用的数控词汇及其英语对应单词，供广大读者参考和使用。

倍率 override

补偿 compensation

比例 scale

参考位置 reference position

插补 interpolation

程序段格式 block format

程序号 program number

程序名 program name

程序段 block

程序结束 end of program

程序段结束 end of block

程序暂停 program stop

粗糙的 rough

粗加工 rough cutting

操作 operation

齿轮 gear

刀具偏置 tool offset

刀具长度偏置 tool length offset

刀具半径偏置 tool radius offset

刀具半径补偿 cutter compensation

刀具轨迹进给速度 tool path feed rate

刀具轨迹 tool path

刀具功能 tool function

地址 address

登记、注册 register

笛卡儿(直角)坐标系 cartesian coordinates

分辨率 resolution

辅助功能 miscellaneous function

工件 work piece

工件坐标系 work piece coordinate system

工件坐标原点 work piece coordinate origin

工序单 planning sheet

工作台 workbench

攻螺纹 tapping

公差 tolerance

固定循环 fixed cycle，canned cycle

计算机数值控制 computerized numerical control，CNC

机床坐标系 machine coordinate system

机床坐标原点 machine coordinate origin

机床零点 machine zero

绝对尺寸/绝对坐标值 absolute dimension/absolute coordinates

计算机零件编程 computer part programming

绝对编程 absolute programming

进给 feed

进给率 feedrate

进给功能 feed function

进给保持 feed hold

精加工 finish

加工中心机刀库(A. T. C. system)

加工程序 machine program

通用加工中心 machining centers，general

卧式加工中心 machining centers，horizontal

立式加工中心 machining centers，vertical

立式双柱加工中心 machining centers，vertical double – column type

控制字符 control character

零件程序 part program

零点偏置 zero offset

轮廓 zero offset

螺纹 thread

命令增量 least command Increment

面板 panel

磨损补偿 wear compensation

逆时针圆弧 counterclockwise arc，CCW

偏移量 offset

顺时针圆弧 clockwise arc

手工零件编程 manual part programming

辅助功能 miscellaneous function

伺服 servo

伺服机构 servo – mechanism

数据结束 end of data

数控铣床 CNC milling machines

数控车床 CNC lathes

数控弯折机 CNC bending presses

数控镗床 CNC boring machines

数控钻床 CNC drilling machines

数控电火花线切削机 CNC EDM wire-cutting machines

数控电火花机 CNC electric discharge machines

数控雕刻机 CNC engraving machines

数控磨床 CNC grinding machines

镗削 boring

图纸 drafting

圆弧插补 circular interpolation

圆角 rounded corner

自动换刀装置 automatic tool changer，ATC

轴 axis

增量尺寸/增量坐标值 incremental dimension/Incremental coordinates

最小输入增量 least input increment

直线插补 line interpolation

直径 diameter

执行 perform

增量编程 increment programming

字符 character

指令码/机器码 instruction code/machine code

指令方式 command mode

主轴 spindle

主轴速度功能 spindle speed function

执行程序 executive program

准备功能 preparatory function

子程序 subprogram

钻削 drilling

误差 error

附录三　常用刀具材料
特性、用途及优点

刀具材料	主要特性	用途	优点
高速钢(HSS)	比工具钢硬	低速或不连续切削	刀具寿命较长,加工的表面较平滑
高性能高速钢	强韧、抗边缘磨损性强	可粗切或精切几乎任何材料,包括铁、钢、不锈钢、高温合金、非铁和非金属材料	切削速度可比高速钢高,强度和韧性较粉末冶金高速钢好
粉末冶金高速钢	良好的抗热性和抗碎片磨损	切削钢、高温合金、不锈钢、铝、碳钢及合金钢和其他不易加工的材料	切削速度可比高性能高速钢高15%
硬质合金	耐磨损、耐热	可锻铸铁、碳钢、合金钢、不锈钢、铝合金的精加工	寿命比一般传统碳钢高20倍
陶瓷	高硬度、耐热冲击性好	高速粗加工,铸铁和钢的精加工,也适合加工有色金属和非金属材料,不适合加工铝、镁、钛及其合金	高速切削速度可达5000m/s
立方氮化硼 CBN	超强硬度和耐磨性好	硬度大于 450HBW 材料的高速切削	刀具寿命长
聚晶金刚石	超强硬度和耐磨性好	粗切和精切铝等有色金属和非金属材料	刀具寿命长

附录四 铣刀每齿进给量和铣削加工切削速度参考值

附表 4-1 铣削加工每齿进给量参考值

工件材料	粗加工 f_z/mm		精加工 f_z/mm	
	高速钢铣刀	硬质合金铣刀	高速钢铣刀	硬质合金铣刀
钢	0.10～0.15	0.10～0.25	0.02～0.05	0.10～0.15
铸铁	0.12～0.20	0.15～0.30	0.02～0.05	0.10～0.15

附表 4-2 铣削加工切削速度参考值表

工件材料	硬度/HBS	V_c/(m/min)	
		高速钢铣刀	硬质合金铣刀
钢	＜225	18～42	66～150
	225～325	12～36	54～120
	325～425	6～21	36～75
铸铁	＜190	21～36	66～150
	190～260	9～18	45～90
	260～320	4.5～10	21～30

附录五 硬质合金车刀粗车进给量及切削速度参考值

附表 5-1 硬质合金车刀粗车外圆及端面的进给量

工件材料	刀杆尺寸	工件直径	背吃刀量/mm				
			≤3	>3～5	>5～8	>8～12	>12
			进给量 f/(mm/r)				
碳素结构钢、合金结构钢及耐热钢	16×25	20	0.3～0.4				
		40	0.4～0.5	0.3～0.4			
		60	0.5～0.7	0.4～0.6	0.3～0.5		
		100	0.6～0.9	0.5～0.7	0.5～0.6	0.4～0.5	
		400	0.8～1.2	0.7～1.0	0.6～0.8	0.5～0.6	
	20×30 25×25	20	0.3～0.4				
		40	0.4～0.5	0.3～0.4			
		60	0.5～0.7	0.5～0.7	0.4～0.6		
		100	0.8～1.0	0.7～0.9	0.5～0.7	0.4～0.7	
		400	1.2～1.4	1.0～1.2	0.8～1.0	0.6～0.9	0.4～0.6
铸铁及铜合金	16×25	40	0.4～0.5				
		60	0.5～0.8	0.5～0.8	0.4～0.6		
		100	0.8～1.2	0.7～1.0	0.6～0.8	0.5～0.7	
		400	1.0～1.4	1.0～1.2	0.8～1.0	0.6～0.8	
	20×30 25×25	40	0.4～0.5				
		60	0.5～0.9	0.5～0.8	0.4～0.7		
		100	0.9～1.3	0.8～1.2	0.7～1.0	0.5～0.8	
		400	1.2～1.8	1.2～1.6	1.0～1.3	0.9～1.1	0.7～0.9

注：1. 加工断续表面及有冲击的工件时，表内进给量应乘系数 $K=0.75～0.85$。

2. 在无外皮加工时，表内进给量应乘系数 $K=1.1$。

3. 加工耐热钢及其合金时，进给量不大于 1mm/r。

4. 加工淬硬钢时，进给量应减小。当钢的硬度为 44～56HRC 时，乘系数 $K=0.8$；当钢的硬度为 57～62HRC 时，乘系数 $K=0.5$。

5. 可转位刀片的允许最大进给量不应超过其刀尖圆弧半径数值的 80%。

附表 5-2　硬质合金外圆车刀常用切削速度参考值　　（单位：m/min）

工件材料	热处理状态	$a_p=0.3\sim2mm$ $f=0.08\sim0.3mm/r$	$a_p=2\sim6mm$ $f=0.3\sim0.6mm/r$	$a_p=6\sim10mm$ $f=0.6\sim1mm/r$
低碳钢 易切钢	热 轧	140～180	100～120	70～90
中碳钢	热 轧	130～160	90～110	60～80
	调 质	100～130	70～90	50～70
合金结构钢	热 轧	100～130	70～90	50～70
	调 质	80～110	50～70	40～60
工具钢	退 火	90～120	60～80	50～70
灰铸铁	HBS＜190	90～120	60～80	50～70
	HBS＝190～250	80～110	50～70	40～60
高锰钢（w_{Mn}13%）			10～20	
铜及铜合金		200～250	120～180	90～120
铝及铝合金		300～600	200～400	150～200
铸铝合金 （w_{Si}13%）		100～180	80～150	60～100

参 考 文 献

[1] 焦振学. 微机数控技术 [M]. 北京：北京理工大学出版社，2000.

[2] 李峻勤，费仁元. 数控机床及其使用与维修 [M]. 北京：国防工业出版社，2000.

[3] 刘雄伟. 数控机床操作与编程培训教程 [M]. 北京：机械工业出版社，2001.

[4] 全国数控培训网络天津分中心. 数控机床 [M]. 北京：机械工业出版社，1997.

[5] 张普礼. 机械加工设备 [M]. 北京：机械工业出版社，1999.

[6] 叶伟昌. 机械工程及自动化简明设计手册 [M]. 北京：机械工业出版社，2001.

[7] 王贵明. 数控实用技术 [M]. 北京：机械工业出版社，2000.

[8] 任玉田，等. 机床计算机数控技术 [M]. 北京：北京理工大学出版社，1996.

[9] 董献坤. 数控机床结构与编程 [M]. 北京：机械工业出版社，1998.

[10] 毕承恩，丁乃建，等. 现代数控机床 [M]. 北京：机械工业出版社，1991.

[11] 李诚人，等. 机床计算机数控 [M]. 西安：西北工业大学出版社，1993.

[12] 宋本基，张铭钧. 数控技术 [M]. 哈尔滨：哈尔滨工程大学出版社，2001.

[13] 王润孝，秦现生. 机床数控原理与系统 [M]. 西安：西北工业大学出版社，1997.

[14] 朱晓春. 数控技术 [M]. 2版. 北京：机械工业出版社，2009.

[15] 吴祖育，秦鹏飞. 数控机床 [M]. 3版. 上海：上海科学技术出版社，2000.

[16] 夏伯雄. 数控原理与数控系统 [M]. 北京：中国水利水电出版社，2010.

[17] 杨有君. 数字控制技术与数控机床 [M]. 北京：机械工业出版社，1999.

[18] 廖效果，朱启逑. 数字控制机床 [M]. 武汉：华中理工大学出版社，1995.

[19] 王宝成. 现代数控机床实用教程 [M]. 天津：天津科学技术出版社，2000.

[20] 陈维山，赵杰. 机电系统计算机控制 [M]. 哈尔滨：哈尔滨工业大学出版社，1999.

[21] 王永章，等. 机床的数字控制技术 [M]. 哈尔滨：哈尔滨工业大学出版社，1995.

[22] 刘大茂. 单片机原理及其应用 [M]. 上海：上海交通大学出版社，2001.

[23] 刘跃南，雷学东. 机床计算机数控及其应用 [M]. 北京：机械工业出版社，1999.

[24] 陈伯时. 电力拖动自动控制系统 [M]. 2版. 北京：机械工业出版社，1997.

[25] 张俊生. 金属切削机床与数控机床 [M]. 北京：机械工业出版社，1998.

[26] 汤振宁. 数控技术 [M]. 北京：清华大学出版社，2011.

[27] 杜国臣. 数控机床编程 [M]. 北京：机械工业出版社，2004.

[28] 张超英. 数控机床加工工艺 [M]. 北京：机械工业出版社，2003.

[29] 龚仲华. 数控技术 [M]. 北京：机械工业出版社，2004.

[30] 李郝林. 机床数控技术 [M]. 北京：机械工业出版社，2004.

[31] 董玉红. 数控技术 [M]. 北京：高等教育出版社，2004.

[32] 顾京. 数控机床加工程序编制 [M]. 北京：机械工业出版社，2006.

[33] 张洪江，侯书林. 数控机床与编程 [M]. 北京：北京大学出版社，2009.

[34] 卢红，王三武，黄继雄. 数控技术 [M]. 北京：机械工业出版社，2010.

[35] 彭永忠，张永春. 数控技术 [M]. 北京：北京航空航天大学出版社，2009.

[36] 王明红. 数控技术 [M]. 北京：清华大学出版社，2009.

[37] 刘践丰. 先进制造技术的发展趋势 [J]. 机械制造与研究，2008，37(2)：78-80.

[38] 沈兵，厉承兆. 数控系统故障诊断与维修手册 [M]. 北京：机械工业出版社，2009.

[39] 白斌. 数控系统参数应用技巧 [M]. 北京：化学工业出版社，2009.

[40] 叶晖，马俊彪，黄富. 图解 NC 数控系统：FANUC 0i 系统维修技巧 [M]. 2版. 北京：机械工业出版社，2009.

北京大学出版社教材书目

❖ 欢迎访问教学服务网站 www.pup6.com，免费查阅已出版教材的电子书(PDF 版)、电子课件和相关教学资源。

❖ 欢迎征订投稿。联系方式：010-62750667，童编辑，13426433315@163.com，pup_6@163.com，欢迎联系。

序号	书　名	标准书号	主　编	定价	出版日期
1	机械设计	978-7-5038-4448-5	郑　江，许　瑛	33	2007.8
2	机械设计	978-7-301-15699-5	吕　宏	32	2013.1
3	机械设计	978-7-301-17599-6	门艳忠	40	2010.8
4	机械设计	978-7-301-21139-7	王贤民，霍仕武	49	2014.1
5	机械设计	978-7-301-21742-9	师素娟，张秀花	48	2012.12
6	机械原理	978-7-301-11488-9	常治斌，张京辉	29	2008.6
7	机械原理	978-7-301-15425-0	王跃进	26	2013.9
8	机械原理	978-7-301-19088-3	郭宏亮，孙志宏	36	2011.6
9	机械原理	978-7-301-19429-4	杨松华	34	2011.8
10	机械设计基础	978-7-5038-4444-2	曲玉峰，关晓平	27	2008.1
11	机械设计基础	978-7-301-22011-5	苗淑杰，刘喜平	49	2013.6
12	机械设计基础	978-7-301-22957-6	朱　玉	38	2013.8
13	机械设计课程设计	978-7-301-12357-7	许　瑛	35	2012.7
14	机械设计课程设计	978-7-301-18894-1	王　慧，吕　宏	30	2014.1
15	机械设计辅导与习题解答	978-7-301-23291-0	王　慧，吕　宏	26	2014.1
16	机械原理、机械设计学习指导与综合强化	978-7-301-23195-1	张占国	63	2014.1
17	机电一体化课程设计指导书	978-7-301-19736-3	王金娥　罗生梅	35	2013.5
18	机械工程专业毕业设计指导书	978-7-301-18805-7	张黎骅，吕小荣	22	2012.5
19	机械创新设计	978-7-301-12403-1	丛晓霞	32	2012.8
20	机械系统设计	978-7-301-20847-2	孙月华	32	2012.7
21	机械设计基础实验及机构创新设计	978-7-301-20653-9	邹旻	28	2014.1
22	TRIZ 理论机械创新设计工程训练教程	978-7-301-18945-0	蒯苏苏，马履中	45	2011.6
23	TRIZ 理论及应用	978-7-301-19390-7	刘训涛，曹　贺等	35	2013.7
24	创新的方法——TRIZ 理论概述	978-7-301-19453-9	沈萌红	28	2011.9
25	机械工程基础	978-7-301-21853-2	潘玉良，周建军	34	2013.2
26	机械 CAD 基础	978-7-301-20023-0	徐云杰	34	2012.2
27	AutoCAD 工程制图	978-7-5038-4446-9	杨巧绒，张克义	20	2011.4
28	AutoCAD 工程制图	978-7-301-21419-0	刘善淑，胡爱萍	38	2013.4
29	工程制图	978-7-5038-4442-6	戴立玲，杨世平	27	2012.2
30	工程制图	978-7-301-19428-7	孙晓娟，徐丽娟	30	2012.5
31	工程制图习题集	978-7-5038-4443-4	杨世平，戴立玲	20	2008.1
32	机械制图(机类)	978-7-301-12171-9	张绍群，孙晓娟	32	2009.1
33	机械制图习题集(机类)	978-7-301-12172-6	张绍群，王慧敏	29	2007.8
34	机械制图(第 2 版)	978-7-301-19332-7	孙晓娟，王慧敏	38	2014.1
35	机械制图	978-7-301-21480-0	李凤云，张　凯等	36	2013.1
36	机械制图习题集(第 2 版)	978-7-301-19370-7	孙晓娟，王慧敏	22	2011.8
37	机械制图	978-7-301-21138-0	张　艳，杨晨升	37	2012.8
38	机械制图习题集	978-7-301-21339-1	张　艳，杨晨升	24	2012.10
39	机械制图	978-7-301-22896-8	臧福伦，杨晓冬等	60	2013.8
40	机械制图与 AutoCAD 基础教程	978-7-301-13122-0	张爱梅	35	2013.1
41	机械制图与 AutoCAD 基础教程习题集	978-7-301-13120-6	鲁　杰，张爱梅	22	2013.1
42	AutoCAD 2008 工程绘图	978-7-301-14478-7	赵润平，宗荣珍	35	2009.1
43	AutoCAD 实例绘图教程	978-7-301-20764-2	李庆华，刘晓杰	32	2012.6
44	工程制图案例教程	978-7-301-15369-7	宗荣珍	28	2009.6
45	工程制图案例教程习题集	978-7-301-15285-0	宗荣珍	24	2009.6
46	理论力学（第 2 版）	978-7-301-23125-8	盛冬发，刘　军	38	2013.9
47	材料力学	978-7-301-14462-6	陈忠安，王　静	30	2013.4

48	工程力学(上册)	978-7-301-11487-2	毕勤胜，李纪刚	29	2008.6
49	工程力学(下册)	978-7-301-11565-7	毕勤胜，李纪刚	28	2008.6
50	液压传动（第2版）	978-7-301-19507-9	王守城，容一鸣	38	2013.7
51	液压与气压传动	978-7-301-13179-4	王守城，容一鸣	32	2013.7
52	液压与液力传动	978-7-301-17579-8	周长城等	34	2011.11
53	液压传动与控制实用技术	978-7-301-15647-6	刘　忠	36	2009.8
54	金工实习指导教程	978-7-301-21885-3	周哲波	30	2014.1
55	金工实习(第2版)	978-7-301-16558-4	郭永环，姜银方	30	2013.2
56	机械制造基础实习教程	978-7-301-15848-7	邱　兵，杨明金	34	2010.2
57	公差与测量技术	978-7-301-15455-7	孔晓玲	25	2012.9
58	互换性与测量技术基础(第2版)	978-7-301-17567-5	王长春	28	2014.1
59	互换性与技术测量	978-7-301-20848-9	周哲波	35	2012.6
60	机械制造技术基础	978-7-301-14474-9	张　鹏，孙有亮	28	2011.6
61	机械制造技术基础	978-7-301-16284-2	侯书林　张建国	32	2012.8
62	机械制造技术基础	978-7-301-22010-8	李菊丽，何绍华	42	2014.1
63	先进制造技术基础	978-7-301-15499-1	冯宪章	30	2011.11
64	先进制造技术	978-7-301-22283-6	朱　林，杨春杰	30	2013.4
65	先进制造技术	978-7-301-20914-1	刘　璇，冯　凭	28	2012.8
66	先进制造与工程仿真技术	978-7-301-22541-7	李　彬	35	2013.5
67	机械精度设计与测量技术	978-7-301-13580-8	于　峰	25	2013.7
68	机械制造工艺学	978-7-301-13758-1	郭艳玲，李彦蓉	30	2008.8
69	机械制造工艺学	978-7-301-17403-6	陈红霞	38	2010.7
70	机械制造工艺学	978-7-301-19903-9	周哲波，姜志明	49	2012.1
71	机械制造基础(上)——工程材料及热加工工艺基础(第2版)	978-7-301-18474-5	侯书林，朱　海	40	2013.2
72	机械制造基础(下)——机械加工工艺基础(第2版)	978-7-301-18638-1	侯书林，朱　海	32	2012.5
73	金属材料及工艺	978-7-301-19522-2	于文强	44	2013.2
74	金属工艺学	978-7-301-21082-6	侯书林，于文强	32	2012.8
75	工程材料及其成形技术基础（第2版）	978-7-301-22367-3	申荣华	58	2013.5
76	工程材料及其成形技术基础学习指导与习题详解	978-7-301-14972-0	申荣华	20	2013.1
77	机械工程材料及成形基础	978-7-301-15433-5	侯俊英，王兴源	30	2012.5
78	机械工程材料（第2版）	978-7-301-22552-3	戈晓岚，招玉春	36	2013.6
79	机械工程材料	978-7-301-18522-3	张铁军	36	2012.5
80	工程材料与机械制造基础	978-7-301-15899-9	苏子林	32	2011.5
81	控制工程基础	978-7-301-12169-6	杨振中，韩致信	29	2007.8
82	机械工程控制基础	978-7-301-12354-6	韩致信	25	2008.1
83	机电工程专业英语(第2版)	978-7-301-16518-8	朱　林	24	2013.7
84	机械制造专业英语	978-7-301-21319-3	王中任	28	2012.10
85	机械工程专业英语	978-7-301-23173-9	余兴波，姜　波等	30	2013.9
86	机床电气控制技术	978-7-5038-4433-7	张万奎	26	2007.9
87	机床数控技术(第2版)	978-7-301-16519-5	杜国臣，王士军	35	2014.1
88	自动化制造系统	978-7-301-21026-0	辛宗生，魏国丰	37	2014.1
89	数控机床与编程	978-7-301-15900-2	张洪江，侯书林	25	2012.10
90	数控铣床编程与操作	978-7-301-21347-6	王志斌	35	2012.10
91	数控技术	978-7-301-21144-1	吴瑞明	28	2012.9
92	数控技术	978-7-301-22073-3	唐友亮　余　勃	56	2014.1
93	数控技术及应用	978-7-301-23262-0	刘　军	49	2013.10
94	数控加工技术	978-7-5038-4450-7	王　彪，张　兰	29	2011.7
95	数控加工与编程技术	978-7-301-18475-2	李体仁	34	2012.5
96	数控编程与加工实习教程	978-7-301-17387-9	张春雨，于　雷	37	2011.9
97	数控加工技术及实训	978-7-301-19508-6	姜永成，夏广岚	33	2011.9
98	数控编程与操作	978-7-301-20903-5	李英平	26	2012.8
99	现代数控机床调试及维护	978-7-301-18033-4	邓三鹏等	32	2010.11

100	金属切削原理与刀具	978-7-5038-4447-7	陈锡渠，彭晓南	29	2012.5
101	金属切削机床	978-7-301-13180-0	夏广岚，冯凭	28	2012.7
102	典型零件工艺设计	978-7-301-21013-0	白海清	34	2012.8
103	工程机械检测与维修	978-7-301-21185-4	卢彦群	45	2012.9
104	特种加工	978-7-301-21447-3	刘志东	50	2014.1
105	精密与特种加工技术	978-7-301-12167-2	袁根福，祝锡晶	29	2011.12
106	逆向建模技术与产品创新设计	978-7-301-15670-4	张学昌	28	2013.1
107	CAD/CAM 技术基础	978-7-301-17742-6	刘军	28	2012.5
108	CAD/CAM 技术案例教程	978-7-301-17732-7	汤修映	42	2010.9
109	Pro/ENGINEER Wildfire 2.0 实用教程	978-7-5038-4437-X	黄卫东，任国栋	32	2007.7
110	Pro/ENGINEER Wildfire 3.0 实例教程	978-7-301-12359-1	张选民	45	2008.2
111	Pro/ENGINEER Wildfire 3.0 曲面设计实例教程	978-7-301-13182-4	张选民	45	2008.2
112	Pro/ENGINEER Wildfire 5.0 实用教程	978-7-301-16841-7	黄卫东，郝用兴	43	2011.10
113	Pro/ENGINEER Wildfire 5.0 实例教程	978-7-301-20133-6	张选民，徐超辉	52	2012.2
114	SolidWorks 三维建模及实例教程	978-7-301-15149-5	上官林建	30	2012.8
115	UG NX6.0 计算机辅助设计与制造实用教程	978-7-301-14449-7	张黎骅，吕小荣	26	2011.11
116	CATIA 实例应用教程	978-7-301-23037-4	于志新	45	2013.8
117	Cimatron E9.0 产品设计与数控自动编程技术	978-7-301-17802-7	孙树峰	36	2010.9
118	Mastercam 数控加工案例教程	978-7-301-19315-0	刘文，姜永梅	45	2011.8
119	应用创造学	978-7-301-17533-0	王成军，沈豫浙	26	2012.5
120	机电产品学	978-7-301-15579-0	张亮峰等	24	2013.5
121	品质工程学基础	978-7-301-16745-8	丁燕	30	2011.5
122	设计心理学	978-7-301-11567-1	张成忠	48	2011.6
123	计算机辅助设计与制造	978-7-5038-4439-6	仲梁维，张国全	29	2007.9
124	产品造型计算机辅助设计	978-7-5038-4474-4	张慧姝，刘永翔	27	2006.8
125	产品设计原理	978-7-301-12355-3	刘美华	30	2008.2
126	产品设计表现技法	978-7-301-15434-2	张慧姝	42	2012.5
127	CorelDRAW X5 经典案例教程解析	978-7-301-21950-8	杜秋磊	40	2013.1
128	产品创意设计	978-7-301-17977-2	虞世鸣	38	2012.5
129	工业产品造型设计	978-7-301-18313-7	袁涛	39	2011.1
130	化工工艺学	978-7-301-15283-6	邓建强	42	2013.7
131	构成设计	978-7-301-21466-4	袁涛	58	2013.1
132	过程装备机械基础（第 2 版）	978-301-22627-8	于新奇	38	2013.7
133	过程装备测试技术	978-7-301-17290-2	王毅	45	2010.6
134	过程控制装置及系统设计	978-7-301-17635-1	张早校	30	2010.8
135	质量管理与工程	978-7-301-15643-8	陈宝江	34	2009.8
136	质量管理统计技术	978-7-301-16465-5	周友苏，杨飒	30	2010.1
137	人因工程	978-7-301-19291-7	马如宏	39	2011.8
138	工程系统概论——系统论在工程技术中的应用	978-7-301-17142-4	黄志坚	32	2010.6
139	测试技术基础(第 2 版)	978-7-301-16530-0	江征风	30	2014.1
140	测试技术实验教程	978-7-301-13489-4	封士彩	22	2008.8
141	测试技术学习指导与习题详解	978-7-301-14457-2	封士彩	34	2009.3
142	可编程控制器原理与应用(第 2 版)	978-7-301-16922-3	赵燕，周新建	33	2011.11
143	工程光学	978-7-301-15629-2	王红敏	28	2012.5
144	精密机械设计	978-7-301-16947-6	田明，冯进良等	38	2011.9
145	传感器原理及应用	978-7-301-16503-4	赵燕	35	2014.1
146	测控技术与仪器专业导论	978-7-301-17200-1	陈毅静	29	2013.6
147	现代测试技术	978-7-301-19316-7	陈科山，王燕	43	2011.8
148	风力发电原理	978-7-301-19631-1	吴双群，赵丹平	33	2011.10
149	风力机空气动力学	978-7-301-19555-0	吴双群	32	2011.10
150	风力机设计理论及方法	978-7-301-20006-3	赵丹平	32	2012.1
151	计算机辅助工程	978-7-301-22977-4	许承东	38	2013.8

如您需要免费纸质样书用于教学，欢迎登陆第六事业部门户网(www.pup6.com)填表申请，并欢迎在线登记选题以到北京大学出版社来出版您的大作，也可下载相关表格填写后发到我们的邮箱，我们将及时与您取得联系并做好全方位的服务。